波动方程混合网格有限差分数值模拟及逆时偏移

BODONG FANGCHENG HUNHE WANGGE YOUXIAN CHAFEN
SHUZHI MONI JI NISHI PIANYI

胡自多　刘　威　韩令贺　著

内容提要

本书系统阐述了面向二阶标量声波方程、一阶速度-应力声波和弹性波方程的混合网格有限差分数值模拟方法,主要包含:算法原理、数值频散和稳定性分析、数值模拟实例;常用的三种吸收边界条件方法原理和吸收效果对比;基于浸入边界法的起伏地表波动方程数值模拟算法;混合网格有限差分法在逆时偏移中的应用与效果。本书研究思路清晰,公式推导严谨,结论证据充分,实例丰富。

本书可以作为从事波动方程数值模拟研究的技术人员和高等院校师生的参考书。

图书在版编目(CIP)数据

波动方程混合网格有限差分数值模拟及逆时偏移/胡自多,刘威,韩令贺著. ─武汉:中国地质大学出版社,2023.10
ISBN 978-7-5625-5579-7

Ⅰ.①波… Ⅱ.①胡… ②刘… ③韩… Ⅲ.①波动方程-数值计算-有限差分法 Ⅳ.①O241.82

中国国家版本馆 CIP 数据核字(2023)第 069077 号

波动方程混合网格有限差分数值模拟及逆时偏移	胡自多 刘 威 韩令贺 著

责任编辑:周 豪	选题策划:李应争	责任校对:张咏梅

出版发行:中国地质大学出版社(武汉市洪山区鲁磨路388号)	邮编:430074
电 话:(027)67883511 传 真:(027)67883580	E-mail:cbb@cug.edu.cn
经 销:全国新华书店	http://cugp.cug.edu.cn

开本:787 毫米×1092 毫米 1/16	字数:420 千字	印张:16.5
版次:2023 年 10 月第 1 版	印次:2023 年 10 月第 1 次印刷	
印刷:武汉精一佳印刷有限公司		

ISBN 978-7-5625-5579-7	定价:78.00 元

如有印装质量问题请与印刷厂联系调换

序 一

油气是国家重要的战略资源,保障国家能源安全是中国石油的重大政治任务,特别是确保国内油气储量的规模发现和产量的稳定增长是关键之所在。随着国内油气勘探开发领域的不断深入和拓展,油气勘探对象日趋复杂,常规构造型的油气勘探技术已不适应复杂地质目标的准确定位和精细描述。针对陆上"双复杂"(复杂地表、复杂地下地质结构)油气勘探领域面临的诸多物探难题,中国石油广大油气勘探地球物理工作者经过多年的持续攻关与不懈探索,在"双复杂"构造、深层—超深层、复杂岩性和隐蔽性储层以及非常规油气等领域取得显著的物探技术攻关成果和油气勘探开发实效,为下一步复杂油气藏精细勘探奠定了坚实基础,基本明确了中国石油物探技术的发展方向和研究重点:一是面向极低信噪比双复杂探区,发展全方位超高密度真地表地震勘探技术;二是面向隐蔽性目标,发展"两宽两高"全数字采集和高精度储层成像技术;三是面向超高密度、海量数据,发展经济高效的自动化、智能化物探技术;四是面向剩余油气预测需求,探索研究全波场多参数全波形反演和多物理场联合勘探技术;五是面向地球物理基本原理和复杂地质目标的成像机制,深化地震物理模拟和数值模拟研究与应用,揭示复杂探区地震波场传播机理,明确复杂油气储层地震响应特征,为高精度成像和定量化储层表征提供重要理论基础。

为此,中国石油在勘探开发研究院西北分院成立地震模拟实验室,开展地震物理和数值模拟实验研究,来揭示"双复杂"探区地震波场传播机理和复杂油气储层地震响应特征。大家知道,地震波物理模拟、数值模拟技术广泛应用于地震勘探采集、处理和解释等各个阶段,随着模拟精度的提高和高性能并行计算的发展,地震数值模拟技术在勘探中发挥的作用越来越明显。

在地震波数值模拟中,波动方程数值模拟技术是研究复杂介质中地震波场传播规律的有效技术手段,也是逆时偏移和全波形反演的关键环节,一直都是勘探地球物理学家关注的重要研究方向之一。有限差分法具有计算效率高、占用内存小和编程实现简单灵活等优点,已经发展成为应用最普遍的一种波动方程数值模拟算法。但有限差分法存在比较严重的数值频散问题,并且随着传播距离的增大频散问题会更加严重,导致地震波大炮检距和深层地震波场模拟精度降低,难以准确模拟复杂岩性、薄互储层真实的地震响应特征。

本书作者经过多年潜心研究,研发了一套针对二阶标量声波方程的混合网格有限差分数值模拟技术、针对一阶速度—应力声波和弹性波方程的混合交错网格有限差分数值模拟技术,形成了可推广应用的高效三维并行计算软件,混合网格思想还可以进一步推广到粘声、粘弹介质和各向异性等更复杂介质的波场模拟中。与常规有限差分法相比,该技术方法有效降低了数值频散,提高了复杂介质中地震波场的数值模拟精度,具有较强的创新性和实用性。作者通过三维SEG/EAGE盐丘等三个经典模型的数值模拟,验证了该方法在提高模拟精度方面的有效性。

该书理论推导严谨、模拟实例丰富、可读性较强,是一次有意义的学术探索研究,代表着目前中国地球物理数值模拟的领先水平。希望从事地震波模拟研究的地球物理工作者,在今后的科研工作中,紧密结合油气勘探生产实际难题,建立中国典型盆地标准化数值模型,并开展大面积三维勘探数值模拟研究,推动波动方程数值模拟技术在实际地震勘探中的应用与发展,为中国油气地球物理技术进步和复杂领域油气大突破再立新功。

2023年6月,于北京

序 二

  油气勘探领域日趋复杂，勘探目标更加隐蔽，对高精度成像和精细储层描述提出了更高要求。数值模拟是勘探地震学的重要组成部分，也是复杂介质地震波场传播规律研究的有效手段。地震成像和储层预测等反演技术的精度，很大程度上依赖于地震数值模拟（正演）的精度，开展高精度数值模拟技术的研究，可为高精度成像和精细储层预测奠定坚实基础。

  波动方程有限差分法数值模拟技术，具有计算效率高、占用内存小和编程实现简单灵活等优点，成为当前应用最普遍的一种地震波场数值模拟方法，也是逆时偏移和全波形反演技术中首选的波场外推方法。然而，有限差分法由于网格离散导致的数值频散问题，降低了地震波场模拟精度，对强变速地层和宽频子波的地震模拟精度明显下降；另外，有限差分法对起伏地形的适应性较差，对复杂近地表条件下地震波场的模拟精度显著降低。

  针对以上问题，作者经过多年的潜心研究积累，在混合网格有限差分数值模拟以及解决起伏地表问题方面，取得了具有较强创新性和实用性的成果。一是改变常规有限差分法仅利用坐标轴网格点构建空间差分算子的传统做法，提出了联合利用坐标轴网格点和非坐标轴网格点共同构建空间差分算子，形成了一套比较完整的混合网格有限差分数值模拟技术，有效提高了数值模拟精度；二是针对起伏地表问题，把改进的浸入边界法和混合网格有限差分法结合，实现了起伏地表条件下的地震波场数值模拟，为三维复杂地表条件下波场传播规律研究提供了一种技术手段。对经典的 Marmousi 模型和三维 SEG/EAGE 盐丘模型进行数值模拟与逆时偏移的应用表明，混合网格有限差分法可以有效提高模拟与成像精度；对加拿大 Foothills 山麓模型和塔里木盆地双复杂构造模型的模拟效果表明，与浸入边界法结合可提高混合网格有限差分法对起伏地表的适应性。

作者比较系统地总结和梳理了声波、弹性波混合网格有限差分数值模拟方面的研究成果,理论推导严谨,模拟实例丰富,可读性较强,有助于推动波动方程数值模拟技术在实际地震勘探中的应用和发展。

2023 年 2 月

前　言

随着油气勘探的日益精细化,勘探工作者更加重视地震波数值模拟基础研究,直观再现复杂地质条件下地震波传播全过程,明确复杂介质中地震波的传播机理和不同模式含油气储层的地震响应特征。地震波数值模拟技术应用于地震勘探的采集、处理和解释三个重要阶段,可为参数优选、流程优化、方法研究奠定良好基础。随着数值模拟方法精度的提高和高性能并行计算的发展,地震数值模拟技术在勘探中发挥的作用会更加显著。

波动方程数值模拟技术是研究地震波传播规律的有效技术手段,也是逆时偏移和全波形反演的基础,一直都是勘探地球物理学家关注的重要研究方向之一。模拟精度和计算效率是评价波动方程数值模拟技术的两个重要指标。有限差分法具有计算效率高、内存占用少、编程实现简单灵活等优点,已经发展成为应用最普遍的一种波动方程数值模拟算法。但是,由于固有的数值频散问题,有限差分法的模拟精度相对较低。

有限差分法模拟精度取决于差分离散波动方程的差分精度,差分离散波动方程由时间差分算子和空间差分算子两部分构成,传统有限差分法通常将时间差分算子和空间差分算子分开考虑,普遍通过提高空间差分算子的差分精度来改善数值模拟精度,但差分离散波动方程的模拟精度本质上并没明显提升。笔者通过多年比较系统深入的研究,联合利用坐标轴网格点和非坐标轴网格点构建混合型空间差分算子,形成了一套二阶标量声波方程的混合网格有限差分法、一阶速度-应力声波和弹性波方程的混合交错网格有限差分法,并将差分离散波动方程看成一个整体,基于时间-空间域频散关系推导出不同混合网格和混合交错网格有限差分法的差分系数通解,有效提高了差分离散波动方程的差分精度,进而提高了有限差分法的模拟精度和稳定性。

本书是在上述研究成果的基础上系统梳理撰写而成。全书共九章，由胡自多提出编写思路和负责统稿，第一、二、三章由胡自多编写，第四、五、六、七、九章由刘威、韩令贺编写，第八章由李翔编写。本书技术研发、成果梳理、编写出版，得到赵邦六教授、曹宏教授，成都理工大学贺振华教授和研究团队，中国石油勘探开发研究院西北分院领导和专家，东方地球物理公司李培明教授，中石油塔里木油田彭更新教授的悉心指导与大力帮助，这也成为笔者期望撰写一部具有一定学术水准和实用价值的专著的原动力。在此，笔者向以上领导和专家表示最诚挚的感谢！

由于笔者水平所限，书中难免有不足甚至错误之处，恳请广大读者和专家学者予以批评指正。

目 录

第一章 绪 论	(1)
第一节 波动方程有限差分数值模拟方法的发展历程	(1)
第二节 有限差分法的基本原理及主要研究问题	(3)
第二章 二维标量波动方程混合网格有限差分数值模拟方法	(8)
第一节 二维混合网格有限差分法的基本原理	(8)
第二节 数值频散和稳定性分析	(20)
第三节 数值模拟实例	(28)
第四节 本章小结	(33)
第五节 附 录	(33)
第三章 三维标量波动方程混合网格有限差分数值模拟方法	(37)
第一节 三维混合网格有限差分法的基本原理	(37)
第二节 数值频散和稳定性分析	(50)
第三节 数值模拟实例	(59)
第四节 本章小结	(65)
第五节 附 录	(66)
第四章 二维声波混合交错网格有限差分数值模拟方法	(70)
第一节 二维混合交错网格有限差分法的基本原理	(70)
第二节 数值频散和稳定性分析	(84)
第三节 数值模拟实例	(92)
第四节 本章小结	(98)
第五节 附 录	(99)
第五章 三维声波混合交错网格有限差分数值模拟	(101)
第一节 三维混合交错网格有限差分法的基本原理	(101)
第二节 数值频散和稳定性分析	(116)
第三节 数值模拟实例	(124)
第四节 本章小结	(131)

第五节　附　录 …………………………………………………………………… (132)

第六章　弹性波混合交错网格有限差分数值模拟 …………………………………… (134)
　　第一节　二维弹性波混合交错网格有限差分法的基本原理 …………………… (134)
　　第二节　纵横波分离的弹性波方程及高精度模拟方案 ………………………… (151)
　　第三节　数值频散和稳定性分析 ………………………………………………… (152)
　　第四节　数值模拟实例 …………………………………………………………… (157)
　　第五节　本章小结 ………………………………………………………………… (167)
　　第六节　附　录 …………………………………………………………………… (168)

第七章　吸收边界条件 …………………………………………………………………… (171)
　　第一节　单程波吸收边界 ………………………………………………………… (171)
　　第二节　海绵吸收边界 …………………………………………………………… (181)
　　第三节　完全匹配层吸收边界 …………………………………………………… (181)
　　第四节　数值模拟实例及吸收边界效果对比分析 ……………………………… (188)
　　第五节　本章小结 ………………………………………………………………… (202)

第八章　起伏地表地震波场模拟 ………………………………………………………… (203)
　　第一节　起伏地表在地震模拟中的问题 ………………………………………… (203)
　　第二节　起伏地表地震波场正演模拟方法 ……………………………………… (205)
　　第三节　数值模拟实例 …………………………………………………………… (213)
　　第四节　本章小结 ………………………………………………………………… (227)

第九章　混合网格有限差分法在逆时偏移中的应用 …………………………………… (229)
　　第一节　逆时偏移的基本原理 …………………………………………………… (229)
　　第二节　逆时偏移的存储策略 …………………………………………………… (231)
　　第三节　逆时偏移噪声压制 ……………………………………………………… (237)
　　第四节　逆时偏移应用实例 ……………………………………………………… (239)
　　第五节　本章小结 ………………………………………………………………… (243)

主要参考文献 …………………………………………………………………………… (245)

第一章 绪 论

波动方程数值模拟是在已知介质物性参数的情况下，利用数值计算方法求解波动方程进而模拟地震波在介质中的传播过程，是研究复杂介质中波场传播规律的重要技术手段，是勘探地震学的重要基础研究内容。波动方程数值模拟在地震勘探的每个工作阶段都能发挥重要作用。波动方程数值模拟在地震数据采集阶段，可用于优化野外地震观测系统；在地震数据处理阶段，可用于检验处理方法和参数的合理性；在地震资料解释阶段，可用于检验和论证解释结果的正确性[1]。有限元法[2-4]、虚谱法[5,6]和有限差分法[7-9]是求解波动方程的三大主流数值算法。有限元法是基于区域分割原理和变分原理，通过对弱形式波动方程求解来模拟地震波传播过程的一种数值方法，其优点是适用于模拟任意形态的地质体，能任意逼近地层界面，缺点是占用内存大，计算效率低[10]。虚谱法利用傅里叶变换计算空间偏导数，其优点是精度高，占用内存小，缺点是网格剖分不太灵活且计算量大[11]。有限差分法具有计算量小、占用内存小和编程实现简单灵活等优点[12,13]，已经发展成为应用最普遍的一种波动方程数值模拟方法[14-18]，且广泛应用于逆时偏移[19,20]和全波形反演[21,22]研究。本章将简单介绍有限差分法的发展历程和主要研究问题。

第一节 波动方程有限差分数值模拟方法的发展历程

波动方程有限差分数值模拟方法采用时间和空间差分算子近似波动方程中的时间和空间偏微分算子，这种近似导致了时间和空间数值频散，使得有限差分法的模拟精度相对较低[23,24]。压制数值频散、提高模拟精度是有限差分法的一条重要发展主线。根据这一发展主线，波动方程有限差分数值模拟方法的发展历程可以分为两个主要阶段：第一阶段，学者认识到差分离散波动方程由时间差分算子和空间差分算子构成，通过提高时间和空间差分算子的差分精度来提高有限差分法的模拟精度；第二阶段，学者开始将差分离散波动方程看成一个整体，通过提高差分离散波动方程的差分精度以提高有限差分法的模拟精度。

在地震波数值模拟领域，Alterman 和 Karal[7]首次将有限差分法应用于二阶弹性波方程数值模拟以合成人工地震记录，他们采用二阶中心差分算子近似波动方程中的偏微分算子，时间和空间差分算子均为二阶精度。Alford 等[23]研究了二维标量声波方程有限差分数值模拟的精度问题，并指出保持时间差分算子的二阶精度不变，将空间差分算子的差分精度从二阶提升至四阶，模拟精度明显提高。随后，Kelly 等[25]研究了二阶弹性波方程有限差分数值模拟的稳定性问题，进一步完善了波动方程有限差分数值模拟方法的理论。Kane 将电磁波方程模拟的交错网格有限差分法[26]引入弹性波方程模拟领域,提出了模拟一阶速度-应力弹性波方程的交错网格有限差分法[27,28]。交错网格有限差分法将波场变量和弹性参数定义在交错的网格系统中,避免了直接对介质弹性参数求导,更能适应非均匀介质的模拟,对任意泊松比变化的模型进行模拟的结果都很稳定。Virieux采用的交错网格有限差分法中的时间和空间差分算子均为二阶差分精度,在此基础上,Levander[29]进一步发展了时间二阶、空间四阶交错网格有限差分法,提高了弹性波的数值模拟精度。Dablain[24]针对二阶标量声波方程发展时间四阶、空间十阶有限差分法,空间频散和时间频散得到有效压制,模拟精度进一步提高。但是Dablain在利用空间偏导数替换的方法计算高阶时间偏导数的过程中,忽略了对物性参数(地震波的传播速度)的空间求导,使得该方法在非均匀介质中的适用性较差,所以这种时间高阶有限差分法并没有得到广泛应用。因此,学者普遍保持时间差分算子的二阶差分精度不变,努力提高空间差分算子的差分精度来提高有限差分法的模拟精度。随后,学者又发展了时间二阶、空间任意偶数阶精度的有限差分法和交错网格有限差分法。差分系数基于泰勒级数展开的方法计算[30,31],我们称这种有限差分法和交错网格有限差分法分别为常规高阶有限差分法和常规高阶交错网格有限差分法。

常规高阶有限差分法和常规高阶交错网格有限差分法中的差分系数不仅可以采用泰勒级数展开的方法计算,还可以采用最优化算法计算。最优化算法通常采用梯度类算法(线性或非线性最小二乘方法)最小化一定波数或频率范围内的频散关系误差以求取差分系数。Kindelan[32]采用一种牛顿法的变体计算最优化差分系数。Zhang和Yao[33]采用模拟退火全局优化算法计算差分系数,并将该优化的有限差分法应用于各向异性介质的波场模拟。全局优化算法计算差分系数的计算量大,计算效率低。Chu和Stoffa[34]将有限差分算子视为对微分算子的截断,推导了基于泰勒近似的有限差分法对应的截断窗函数,并优化了该截断窗函数的权重(差分系数)。Liu[12,35]提出通过最小化相对空间域频散关系误差以计算优化差分系数,使得优化差分系数的计算过程不需要迭代,通过求解由最小二乘目标函数导出的线性方程组直接计算差分系数。

上述有限差分法和交错网格有限差分法虽然有效提高了时间差分算子或空间差分算子的差分精度,但是没有明显提高差分离散波动方程的差分精度,因此,上述方法的模拟精度仍然较低,有待进一步提高。Liu和Sen[8,36,37]的研究表明,传统高阶有限差分法、传统高阶交错网格有限差分法基于空间域频散关系和泰勒级数展开计算差分系数,它们的空间差分算子虽然能够达到任意偶数阶差分精度,但是差分离散波动方程仍然仅具有二阶差分精度。考虑到差分离散波动方程是在时间域和空间域同时求解,Liu和Sen对传统高阶有限差分法和传统高阶交错网格有限差分法的差分系数计算方法进行改进,提出了基于时空域频散关系的差分系数计算方法,发展了一种时空域高阶有限差分法和交错网格有限差分法。相比常规高阶有限差分法和交错网格有限差分法,时空域高阶有限差分法和交错网格有限差分法有效提高了波动方程的数值模拟精度与稳定性,这两种方法还在声波、黏声波和各向异性介质(VTI介质)逆时偏移领域中得到推广应用[19,38-41]。时空域高阶有限差分法和交错网格有限差分法的差分系数也可以采用最优化方法最小化时空域频散关系相对误差来计算[12,35,42]。

基于时空域频散关系计算差分系数本质上是将差分离散波动方程看成一个统一的整体,

试图通过提高差分离散波动方程的差分精度以提高有限差分法的模拟精度。时空域高阶有限差分法和交错网格有限差分法给出的二维和三维差分离散波动方程分别沿8个或24个传播方向可达到任意偶数阶差分精度,但其他传播方向仍然仅具有二阶差分精度。为了整体提高差分离散波动方程的差分精度,Liu和Sen[43]提出了二阶标量声波方程菱形网格有限差分法,使得差分离散波动方程沿任意传播方向都可以达到任意偶数阶差分精度,明显提高了标量波动方程的模拟精度,但是这种菱形网格有限差分法的计算量随着差分精度阶数的增大会急剧增加。为了有效兼顾模拟精度和计算效率,Wang等[44]和张宝庆等[45]发展了一种由常规十字交叉型网格和菱形网格联合构建的混合网格有限差分法。几乎同期,胡自多等[46,47]借鉴频率域混合网格有限差分法的构建思路,将常规直角坐标系和旋转直角坐标系中网格点构建的Laplace差分算子加权平均,构建了二阶标量波动方程时空域混合网格有限差分法[16]。随后,胡自多等[13]进一步发展了三维标量波动方程混合网格有限差分数值模拟方法。这种混合网格有限差分法能够使得差分离散波动方程达到四阶、六阶,甚至任意偶数阶差分精度。此外,在一阶速度-应力声波和弹性波方程数值模拟方面,部分学者发展了类似的混合交错网格有限差分算法。Tan和Huang[48,49]联合利用坐标轴网格点和非坐标轴网格点构建空间差分算子,提出了一阶速度-应力声波方程混合交错网格有限差分数值模拟算法,使得差分离散波动方程可以达到六阶差分精度。Ren等[50,51]进一步发展了这种混合交错网格有限差分法,使得差分离散声波和弹性波方程最多能够达到八阶差分精度。然而,这类混合交错网格有限差分法不恰当地使用了非坐标轴网格点的对称性,通常将与差分中心点距离不相等的两组非坐标轴网格点赋予相同的差分系数,使得差分系数求解困难。Liu等[52]修正了混合交错网格有限差分法的上述缺点,构建了更合理的混合交错网格有限差分法,并基于时空域频散关系和泰勒级数展开导出了差分系数通解,有效提高了速度-应力声波和弹性波方程的模拟精度。

混合网格有限差分法和混合交错网格有限差分法联合利用坐标轴网格点与非坐标轴网格点构建空间差分算子,充分利用了距离差分中心点更近的非坐标轴网格点,构建的空间差分算子更紧凑,理论上更合理,有效提高了差分离散波动方程的差分精度。前述文献资料也充分论述了它们在模拟精度和稳定性方面的优势。在今后一段时间内,混合网格有限差分法和混合交错网格有限差分法仍然是有限差分法的一个重要研究与发展方向。

第二节 有限差分法的基本原理及主要研究问题

本节将对二维标量波动方程进行有限差分近似,阐述有限差分法的基本原理,并结合地震勘探领域地震波数值模拟,指出波动方程有限差分数值模拟的主要研究问题。

一、有限差分法的基本原理

常密度介质中,二维标量波动方程为

$$\frac{1}{v^2}\frac{\partial^2 P}{\partial t^2}=\frac{\partial^2 P}{\partial x^2}+\frac{\partial^2 P}{\partial z^2}+f(t)\delta(x-x_s)\delta(z-z_s) \tag{1-1}$$

其中 $P=P(x,z,t)$ 为压力场,$v=v(x,z)$ 为压力场的传播速度,$\nabla^2 P=\partial^2 P/\partial x^2+\partial^2 P/\partial z^2$ 为

二维Laplace算子，$f(t)$为震源函数，$\delta(x)$为单位脉冲函数，(x_s,z_s)为震源坐标。

基于有限差分法求解二维标量波动方程(1-1)，需要将求解区域进行网格化，变成离散区域，图1-1为空间求解区域网格化示意图，求解的时间区间也需要离散化，这里不再给出；同时，还需要对微分形式的波动方程进行离散化。

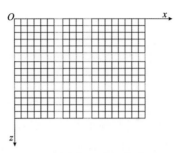

图1-1 空间求解区域网格化示意图

为了对波动方程进行离散化，将$P(x+\Delta x,z,t)$在x处进行泰勒展开得到

$$P(x+\Delta x,z,t)=P(x,z,t)+\frac{\partial P(x,z,t)}{\partial x}\Delta x+$$
$$\frac{1}{2!}\frac{\partial^2 P(x,z,t)}{\partial x^2}\Delta x^2+\frac{1}{3!}\frac{\partial^3 P(x,z,t)}{\partial x^3}\Delta x^3+O(\Delta x^4) \quad (1\text{-}2)$$

其中Δx为沿x轴方向的空间采样间隔。将$P(x-\Delta x,z,t)$在x处进行泰勒展开得到

$$P(x-\Delta x,z,t)=P(x,z,t)-\frac{\partial P(x,z,t)}{\partial x}\Delta x+\frac{1}{2}\frac{\partial^2 P(x,z,t)}{\partial x^2}\Delta x^2-$$
$$\frac{1}{3!}\frac{\partial^3 P(x,z,t)}{\partial x^3}\Delta x^3+O(\Delta x^4) \quad (1\text{-}3)$$

将式(1-2)和式(1-3)相加得到

$$\frac{\partial^2 P(x,z,t)}{\partial x^2}=\frac{P(x+\Delta x,z,t)-2P(x,z,t)+P(x-\Delta x,z,t)}{\Delta x^2}+O(\Delta x^2)$$
$$=D_{xx}P(x,z,t)+O(\Delta x^2) \quad (1\text{-}4)$$

其中D_{xx}为差分算子，$O(\Delta x^2)$表示差分算子D_{xx}的截断误差，即D_{xx}的截断误差为Δx的二阶无穷小，因此，差分算子D_{xx}具有二阶差分精度。

同理，$\partial^2 P(x,z,t)/\partial z^2$可以表示为

$$\frac{\partial^2 P(x,z,t)}{\partial z^2}=\frac{P(x,z+\Delta z,t)-2P(x,z,t)+P(x,z-\Delta z,t)}{\Delta z^2}+O(\Delta z^2)$$
$$=D_{zz}P(x,z,t)+O(\Delta z^2) \quad (1\text{-}5)$$

其中Δz为沿z轴方向的空间采样间隔，D_{zz}为差分算子，$O(\Delta z^2)$表示差分算子D_{zz}的截断误差，同样地，差分算子D_{zz}具有二阶差分精度，其截断误差为Δz的二阶无穷小。

$\partial^2 P(x,z,t)/\partial t^2$可以表示为

$$\frac{\partial^2 P(x,z,t)}{\partial t^2}=\frac{P(x,z,t+\Delta t)-2P(x,z,t)+P(x,z,t-\Delta t)}{\Delta t^2}+O(\Delta t^2)$$
$$=D_{tt}P(x,z,t)+O(\Delta t^2) \quad (1\text{-}6)$$

其中 Δt 为时间采样间隔，D_{tt} 为差分算子，$O(\Delta t^2)$ 表示差分算子 D_{tt} 的截断误差，同样地，差分算子 D_{tt} 具有二阶差分精度，其截断误差为 Δt 的二阶无穷小。

将式(1-4)、式(1-5)和式(1-6)代入标量方程得到

$$\frac{1}{v^2(x,y,z)}\frac{P(x,z,t+\Delta t)-2P(x,z,t)+P(x,z,t-\Delta t)}{\Delta t^2}=$$
$$\frac{P(x+\Delta x,z,t)-2P(x,z,t)+P(x-\Delta x,z,t)}{\Delta x^2}+ \quad (1\text{-}7)$$
$$\frac{P(x,z+\Delta z,t)-2P(x,z,t)+P(x,z-\Delta z,t)}{\Delta z^2}+$$
$$f(t)\delta(x-x_s)\delta(z-z_s)+O(\Delta x^2+\Delta z^2+\Delta t^2)$$

省略式(1-7)中 Δx、Δz 和 Δt 的二阶无穷小量得到

$$\frac{1}{v^2(x,z)}\frac{P(x,z,t+\Delta t)-2P(x,z,t)+P(x,z,t-\Delta t)}{\Delta t^2}\approx$$
$$\frac{P(x+\Delta x,z,t)-2P(x,z,t)+P(x-\Delta x,z,t)}{\Delta x^2}+ \quad (1\text{-}8)$$
$$\frac{P(x,z+\Delta z,t)-2P(x,z,t)+P(x,z-\Delta z,t)}{\Delta z^2}+$$
$$f(t)\delta(x-x_s)\delta(z-z_s)$$

方程(1-8)为近似偏微分波动方程(1-1)的差分方程。这个差分方程的截断误差为 $O(\Delta x^2+\Delta z^2+\Delta t^2)$，即截断误差是空间采样间隔 Δx、Δz 和时间采样间隔 Δt 的二阶无穷小，因此，差分方程也具有二阶差分精度。

差分方程(1-8)可以改写为

$$P(x,z,t+\Delta t)\approx 2P(x,z,t)-P(x,z,t-\Delta t)+$$
$$v^2(x,z)\Delta t^2\frac{P(x+\Delta x,z,t)-2P(x,z,t)+P(x-\Delta x,z,t)}{\Delta x^2}+ \quad (1\text{-}9)$$
$$v^2(x,z)\Delta t^2\frac{P(x,z+\Delta z,t)-2P(x,z,t)+P(x,z-\Delta z,t)}{\Delta z^2}+$$
$$v^2(x,z)\Delta t^2 f(t)\delta(x-x_s)\delta(z-z_s)$$

方程(1-9)表明，利用 t 和 $(t-\Delta t)$ 时刻的压力场 P 可以推算出 $(t+\Delta t)$ 时刻的压力场 P。因此，基于该迭代方程，遍历所有离散时间点和空间网格点，可以求解出任意离散时刻、任意空间网格点的压力场 P。

综上所述，波动方程有限差分数值模拟的基本原理可以概括为用差分算子近似微分算子，将微分形式的波动方程转化为离散形式的差分方程，再通过迭代求解差分方程计算出任意离散时刻、任意空间网格点的波场值(如压力场 P)，进而模拟地震波在地下介质中的传播过程。

二、主要研究问题

1. 数值频散

有限差分法利用差分算子近似微分算子，这种差分近似通常会导致地震波的相速度(各

频率成分的传播速度)互不相等,这种现象称为网格频散或数值频散。数值频散可以分为空间频散和时间频散两类。空间频散使得相速度小于真实速度而出现"波至拖尾",如图1-2(a)所示;时间频散使得相速度大于真实速度而出现"波至超前",如图1-2(b)所示。

固有的数值频散严重影响有限差分的模拟精度,因此,压制数值频散、提高模拟精度是有限差分法的一项重要研究内容。

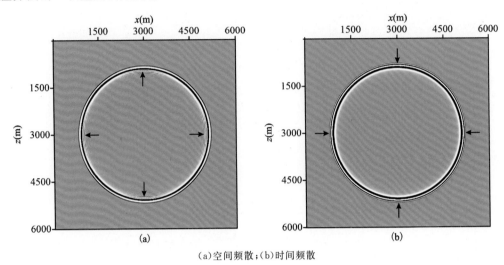

(a)空间频散;(b)时间频散

图 1-2 有限差分法模拟波场快照中的数值频散现象

2. 吸收边界

实际地下介质为半无限空间,在地震波数值模拟过程中由于受到计算机内存和计算时间的限制,需要引入人工边界对半无限的空间进行截断。人工边界的引入会令地震波在各边界产生不必要的反射波,形成较为严重的干扰波,如图1-3(a)所示。为了消除人工边界反射波产生的干扰,需要引入吸收边界以有效衰减人工边界反射波的能量,如图1-3(b)所示。

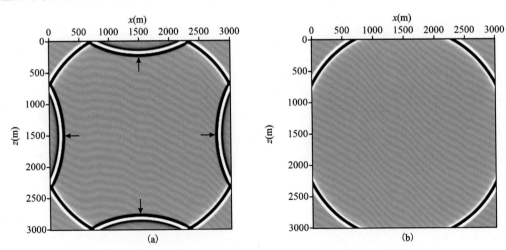

(a)存在人工边界反射波;(b)吸收边界条件有效消除人工边界反射波

图 1-3 波动方程数值模拟中的人工反射边界和吸收边界

引入合理的吸收边界,准确地模拟无界空间中的波传播,是波动方程数值模拟的又一项重要研究内容。

3.稳定性条件

时空域波动方程数值模拟广泛采用的有限差分法是条件稳定的,因此,稳定性条件也是有限差分法的重要研究内容之一。

时空域波动方程数值模拟如果采用隐式有限差分法是无条件稳定的,频率空间域波动方程有限差分数值模拟也是无条件稳定的。

第二章　二维标量波动方程混合网格有限差分数值模拟方法

在第一章第二节中阐述有限差分法的基本原理时,二维标量波动方程的时间和空间微分算子均采用二阶差分算子进行近似,得到的差分离散波动方程也仅具有二阶差分精度。直接利用这种时间二阶、空间二阶有限差分法进行标量波动方程数值求解,数值频散会比较严重,模拟精度低,虽然通过减小时间和空间采样间隔能够提高模拟精度,但会增大计算机内存占用,也会降低计算效率。为了有效兼顾计算效率和模拟精度,人们普遍采用时间二阶、空间$2M$阶差分算子近似标量波动方程中的时间和空间微分算子,我们称这种时间二阶、空间$2M$阶有限差分法为常规高阶有限差分法(记作 C-FD)。C-FD 虽然在一定程度上提高了标量波动方程的模拟精度,但是 C-FD 给出的差分离散波动方程本质上仅具有二阶差分精度,数值频散仍较严重,模拟精度较低。波动方程数值求解在时空域同时进行,而 C-FD 利用空间域频散关系和泰勒级数展开计算差分系数,存在不合理性,Liu 和 Sen[8]对 C-FD 的差分系数算法进行改进,提出利用时空域频散关系和泰勒级数展开计算差分系数,我们称这种改进差分系数算法的 C-FD 为时空域高阶有限差分法(记作 TS-FD),TS-FD 比 C-FD 能够更有效地压制数值频散,获得更高的模拟精度,然而 TS-FD 存在明显的数值各向异性。胡自多等[16]借鉴频率域混合网格有限差分法的思路,联合利用常规直角坐标系中的网格点和旋转直角坐标系中的网格点构建 Laplace 差分算子,提出了一种二维混合网格有限差分法(记作 M-FD),相比 TS-FD,M-FD 的数值各向异性更小,数值频散也更小,模拟精度进一步提高。

本章将在简述 C-FD 和 TS-FD 的原理基础上,阐述 M-FD 的构建思路和原理,并进行差分精度、数值频散和稳定性等对比分析,然后利用均匀介质模型和 Marmousi 模型进行数值模拟,对比 3 种方法的模拟精度。

第一节　二维混合网格有限差分法的基本原理

本节将从时间差分算子、空间差分算子和差分系数计算等方面系统介绍 C-FD、TS-FD 和 M-FD 的基本原理,进而分析这 3 种有限差分法的差分精度。

常密度介质中,二维标量波动方程可以表示为

$$\frac{1}{v^2}\frac{\partial^2 P}{\partial t^2} = \frac{\partial^2 P}{\partial x^2} + \frac{\partial^2 P}{\partial z^2} + f(t)\delta(x-x_s)\delta(z-z_s) \qquad (2\text{-}1)$$

其中 $P=P(x,z,t)$ 为压力场,$v=v(x,z)$ 为压力场的传播速度,$\nabla^2 P = \partial^2 P/\partial x^2 + \partial^2 P/\partial z^2$ 为

二维 Laplace 算子，$f(t)$ 为震源函数，$\delta(x)$ 为单位脉冲函数，(x_s,z_s) 为震源坐标。

C-FD、TS-FD 和 M-FD 采用的时间差分算子相同，即均采用二阶时间差分算子近似压力场 P 关于时间的偏微分算子。根据泰勒级数展开可以导出 $\partial^2 P/\partial t^2$ 的二阶差分近似表达式为[推导过程参见式(1-4)的推导过程]

$$\frac{\partial^2 P}{\partial t^2} \approx \frac{1}{\Delta t^2}(P_{0,0}^1 - 2P_{0,0}^0 + P_{0,0}^{-1}) \tag{2-2}$$

其中 $P_{m,n}^j = P(x+mh, z+nh, t+j\Delta t)$，$h$ 和 Δt 分别为时间和空间采样间隔，$P_{0,0}^0 = P(x,z,t)$ 表示任意空间位置 (x,z)、任意时刻 t 的压力场值。另外，还可以推导出，式(2-2)的截断误差为 $O(\Delta t^2)$，即时间差分算子具有二阶差分精度。

一、二维常规高阶有限差分法

二维 C-FD 和 TS-FD 均仅利用常规直角坐标系中的坐标轴网格点构建 Laplace 差分算子。如图 2-1 所示，图中的网格点可分成 M 组，每组网格点与差分中心点的距离相等，每组网格点和差分中心点可以构建一个 Laplace 差分算子。根据泰勒级数展开可以导出，与差分中心点相距 mh 的一组网格点和差分中心点构建的 Laplace 差分算子可表示为

$$\nabla^2 P \approx \frac{1}{m^2 h^2}(P_{m,0}^0 + P_{0,m}^0 - 4P_{0,0}^0 + P_{0,-m}^0 + P_{-m,0}^0) \quad (m=1,2,\cdots,M) \tag{2-3}$$

式(2-3)表明 M 组网格点和差分中心点可以构建 M 个 Laplace 差分算子。根据泰勒级数展开可以分析出，每个差分算子近似 Laplace 微分算子的截断误差均为 $O(h^2)$，即每个 Laplace 差分算子具有二阶差分精度。

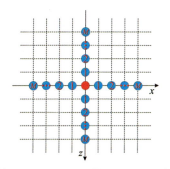

图 2-1　二维 C-FD 和 TS-FD 的 Laplace 差分算子示意图

为了提高 Laplace 差分算子的差分精度，C-FD 将 Laplace 差分算子表示为由常规直角坐标系中的坐标轴网格点构建的 M 个 Laplace 差分算子的加权平均，即

$$\nabla^2 P \approx \sum_{m=1}^{M} \frac{c_m}{m^2 h^2}(P_{m,0}^0 + P_{0,m}^0 - 4P_{0,0}^0 + P_{0,-m}^0 + P_{-m,0}^0) \tag{2-4}$$

其中 $c_m(m=1,2,\cdots,M)$ 为权系数，令 $a_m = c_m/m^2$ $(m=1,2,\cdots,M)$ 得到

$$\nabla^2 P \approx \sum_{m=1}^{M} \frac{a_m}{h^2}(P_{m,0}^0 + P_{0,m}^0 - 4P_{0,0}^0 + P_{0,-m}^0 + P_{-m,0}^0) \tag{2-5}$$

其中 $a_m(m=1,2,\cdots,M)$ 为差分系数，合理计算差分系数可以使得式(2-5)的截断误差为 $O(h^{2M})$，即 Laplace 差分算子可达到 $2M$ 阶差分精度。

将式(2-5)和式(2-2)代入方程(2-1)得到

$$\frac{P_{0,0}^1 - 2P_{0,0}^0 + P_{0,0}^{-1}}{v^2 \Delta t^2} \approx \frac{a_0 P_{0,0}^0 + \sum_{m=1}^{M} a_m (P_{m,0}^0 + P_{0,m}^0 + P_{0,-m}^0 + P_{-m,0}^0)}{h^2} + \quad (2\text{-}6)$$
$$f(t)\delta(x-x_s)\delta(z-z_s)$$

其中 $a_0 = -4\sum_{m=1}^{M} a_m$,$a_m (m=0,1,\cdots,M)$ 为差分系数。

方程(2-6)为二维 C-FD 对标量波动方程(2-1)的差分离散波动方程。由于 TS-FD 与 C-FD 采用的时间差分算子和 Laplace 差分算子完全相同,因此,方程(2-6)也是二维 TS-FD 对标量波动方程(2-1)的差分离散波动方程。

方程(2-6)可以改写为

$$P_{0,0}^1 \approx 2P_{0,0}^0 - P_{0,0}^{-1} + \frac{v^2 \Delta t^2}{h^2} \Big[a_0 P_{0,0}^0 + \sum_{m=1}^{M} a_m (P_{m,0}^0 + P_{0,m}^0 + P_{0,-m}^0 + P_{-m,0}^0) \Big] + \quad (2\text{-}7)$$
$$v^2 \Delta t^2 f(t)\delta(x-x_s)\delta(z-z_s)$$

方程(2-7)表明,利用 t 和 $(t-\Delta t)$ 时刻的压力场 P 可以推算出 $(t+\Delta t)$ 时刻的压力场 P。二维 C-FD 和 TS-FD 均通过迭代求解方程(2-7),遍历所有离散时间点和空间网格点,求解出任意离散时刻、任意空间网格点的压力场 P,实现标量波动方程数值模拟。

迭代求解方程(2-7)之前,需要计算出其中的差分系数 $a_m (m=0,1,\cdots,M)$。C-FD 和 TS-FD 的主要差别就在于它们的差分系数计算方法不同,下文将详细阐述。

二、二维混合网格有限差分法

二维 C-FD 和 TS-FD 仅利用常规直角坐标系中的坐标轴网格点构建 Laplace 差分算子,随着 M 取值的增大,新增加的网格点距离差分中心点越来越远,对提高模拟精度的贡献会越来越小。

受频率空间域混合网格有限差分法的启发[46,47],旋转直角坐标系和常规直角坐标系中 Laplace 差分算子的表达式具有一致性,推导过程见本章附录。旋转直角坐标系中的网格点也可以构建 Laplace 差分算子。利用图 2-2(a)所示的旋转直角坐标系中的网格点构建 Laplace 差分算子的表达式为

$$\nabla^2 P \approx \frac{1}{2h^2}(P_{1,-1}^0 + P_{1,1}^0 - 4P_{0,0}^0 + P_{-1,-1}^0 + P_{-1,1}^0) \quad (2\text{-}8)$$

利用图 2-2(b)所示的旋转直角坐标系中的网格点构建 Laplace 差分算子的表达式为

$$\nabla^2 P \approx \frac{1}{10h^2} \Big[(P_{2,-1}^0 + P_{1,2}^0 - 4P_{0,0}^0 + P_{-1,-2}^0 + P_{-2,1}^0) + \quad (2\text{-}9)$$
$$(P_{1,-2}^0 + P_{2,1}^0 - 4P_{0,0}^0 + P_{-2,-1}^0 + P_{-1,2}^0) \Big]$$

利用图 2-2(c)和图 2-2(d)所示的旋转直角坐标系中的网格点构建 Laplace 差分算子的表达式不再列举。

二维 M-FD 的基本构建思路是联合利用常规直角坐标系和旋转直角坐标系中的网格点构建混合型的 Laplace 差分算子。图 2-3 为 M-FD($N=1,2,3,4$)的 Laplace 差分算子示意

图,它由图 2-1 所示的常规直角坐标系中的坐标轴网格点和图 2-2 所示的旋转直角坐标系中的网格点构建的 Laplace 差分算子组合得到。M-FD 的 Laplace 差分算子充分利用了距离差分中心点更近的旋转直角坐标系中的网格点,构建的 Laplace 差分算子更紧凑,理论上更合理。

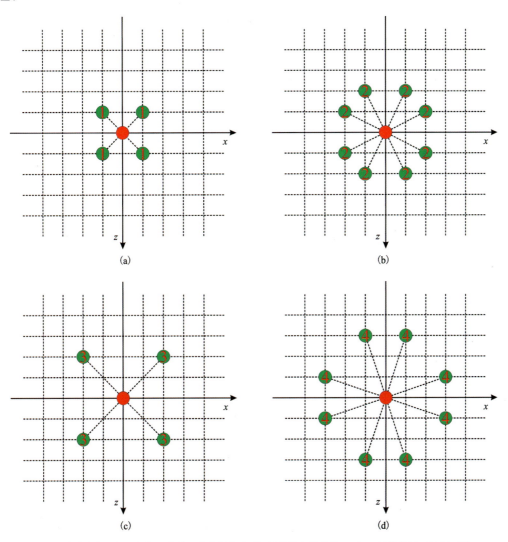

(a) 45°旋转直角坐标系中与差分中心点的距离为 $\sqrt{2}h$ 的网格点构建的 Laplace 差分算子;(b) 26.6°和 63.4°旋转直角坐标系中与差分中心点的距离为 $\sqrt{5}h$ 的网格点构建的 Laplace 差分算子;(c) 45°旋转直角坐标系中与差分中心点的距离为 $2\sqrt{2}h$ 的网格点构建的 Laplace 差分算子;(d) 18.4°和 71.6°旋转直角坐标系中与差分中心点的距离为 $\sqrt{10}h$ 的网格点构建的 Laplace 差分算子

图 2-2　二维旋转直角坐标系中网格点构建的 Laplace 差分算子示意图

图 2-3(a)中二维 M-FD($N=1$) 的 Laplace 差分算子由图 2-1 和图 2-2(a)中的 Laplace 差分算子组合而成,将式(2-4)和式(2-8)加权求和,可以得到 M-FD($N=1$) 的 Laplace 差分算子,表达式为

$$\nabla^2 P \approx \sum_{m=1}^{M} \frac{c_m}{m^2 h^2}(P_{m,0}^0 + P_{0,m}^0 - 4P_{0,0}^0 + P_{0,-m}^0 + P_{-m,0}^0) +$$

$$\frac{c_{1,1}}{2h^2}(P_{1,-1}^0 + P_{1,1}^0 - 4P_{0,0}^0 + P_{-1,-1}^0 + P_{-1,1}^0) \qquad (2\text{-}10)$$

其中 $c_m(m=1,2,\cdots,M)$ 和 $c_{1,1}$ 为权系数。

式(2-10)表明,二维 M-FD($N=1$)将 Laplace 差分算子表示为由常规直角坐标系中的坐标轴网格点构建的 M 个 Laplace 差分算子和由旋转直角坐标系中的网格点构建的 1 个 Laplace 差分算子的加权平均。实际上,二维 M-FD 就是将 Laplace 差分算子表示为由常规直角坐标系中的坐标轴网格点构建的 M 个 Laplace 差分算子和由旋转直角坐标系中的网格点构建的 N 个 Laplace 差分算子的加权平均。

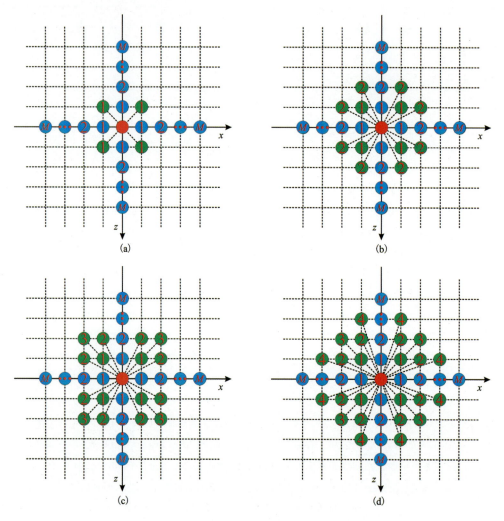

(a) M-FD($N=1$);(b) M-FD($N=2$);(c) M-FD($N=3$);(d) M-FD($N=4$)

图 2-3 二维 M-FD 的 Laplace 差分算子示意图

将式(2-10)和式(2-2)代入方程(2-1)得到

第二章　二维标量波动方程混合网格有限差分数值模拟方法

$$\frac{1}{v^2 \Delta t^2}(P_{0,0}^1 - 2P_{0,0}^0 + P_{0,0}^{-1}) \approx$$
$$\frac{1}{h^2}\Big[a_0 P_{0,0}^0 + \sum_{m=1}^{M} a_m (P_{m,0}^0 + P_{0,m}^0 + P_{0,-m}^0 + P_{-m,0}^0) +$$
$$a_{1,1}(P_{1,-1}^0 + P_{1,1}^0 + P_{-1,-1}^0 + P_{-1,1}^0)\Big] +$$
$$f(t)\delta(x - x_s)\delta(z - z_s) \tag{2-11}$$

其中 $a_m = c_m/m^2$　$(m=1,2,\cdots,M)$,$a_{1,1} = c_{1,1}/2$,$a_0 = -4\sum_{m=1}^{M} a_m - 4a_{1,1}$,为差分系数。

方程(2-11)为二维 M-FD($N=1$)对标量波动方程(2-1)的差分离散波动方程,同样地,可以导出 M-FD($N=2,3,4$)对标量波动方程(2-1)的差分离散波动方程,见本章附录。方程(2-11)同样可以通过变形得到类似方程(2-7)的迭代形式,进而利用 M-FD($N=1$)进行标量波动方程数值模拟。

三、差分系数计算

差分系数计算方法的优劣会直接影响有限差分法的模拟精度和稳定性。利用平面波理论和泰勒级数展开是目前应用最广泛的一种差分系数算法,可以导出差分系数的解析解。

忽略震源项,标量波动方程(2-1)在均匀介质中存在平面波解,其离散形式为

$$P_{m,n}^j = e^{i[k_x(x+mh)+k_z(z+nh)-\omega(t+j\tau)]}$$
$$k_x = k\cos\theta, k_z = k\sin\theta \tag{2-12}$$

式中,k 为波数,k_x 和 k_z 分别为水平波数和垂直波数,ω 为圆频率,θ 表示平面波传播方向与 x 轴正向的夹角,i 为虚单位,即 $i^2 = -1$。

1. 二维 C-FD 的差分系数算法

C-FD 计算差分系数时仅考虑空间差分算子(Laplace 差分算子)的差分精度,将离散平面波解式(2-12)代入式(2-5)得到

$$-k_x^2 - k_z^2 \approx \frac{1}{h^2}\sum_{m=1}^{M} a_m [2\cos(mk_x h) + 2\cos(mk_z h) - 4] \tag{2-13}$$

式(2-13)称为 C-FD 的 Laplace 差分算子的频散关系,也称为空间域频散关系。对其中的余弦函数进行泰勒级数展开得到

$$-k_x^2 - k_z^2 = 2\sum_{j=1}^{\infty}\sum_{m=1}^{M} m^{2j} a_m \frac{(-1)^j k_x^{2j} h^{2j-2}}{(2j)!} + 2\sum_{j=1}^{\infty}\sum_{m=1}^{M} m^{2j} a_m \frac{(-1)^j k_z^{2j} h^{2j-2}}{(2j)!} \tag{2-14}$$

令式(2-14)左右两边 $k_x^{2j} h^{2j-2}$ 或 $k_z^{2j} h^{2j-2}$ 的系数对应相等,可得到

$$\sum_{m=1}^{M} m^{2j} a_m = 1 \quad (j=1)$$
$$\sum_{m=1}^{M} m^{2j} a_m = 0 \quad (j=2,3,\cdots,M) \tag{2-15}$$

将方程(2-15)改写为矩阵方程得到

$$\begin{bmatrix} 1 & 1 & 1 & \cdots & 1 \\ 1^2 & 2^2 & 3^2 & \cdots & M^2 \\ 1^4 & 2^4 & 3^4 & \cdots & M^4 \\ \vdots & \vdots & \vdots & \ddots & \vdots \\ 1^{2M-2} & 2^{2M-2} & 3^{2M-2} & \cdots & M^{2M-2} \end{bmatrix} \begin{bmatrix} 1^2 a_1 \\ 2^2 a_2 \\ 3^2 a_3 \\ \vdots \\ M^2 a_M \end{bmatrix} = \begin{bmatrix} 1 \\ 0 \\ 0 \\ \vdots \\ 0 \end{bmatrix} \quad (2\text{-}16)$$

方程(2-16)为一个范德蒙德(Vandermonde)矩阵方程,求解此方程得到

$$a_0 = -4 \sum_{m=1}^{M} a_m, \quad a_m = \frac{(-1)^{M-1}}{m^2} \prod_{1 \leqslant k \leqslant M, k \neq m} \left(\frac{k^2}{m^2 - k^2} \right) \quad (m = 1, 2, \cdots, M) \quad (2\text{-}17)$$

式(2-17)为 C-FD 的差分系数通解。上述差分系数求解过程可以概括为将平面波解代入 Laplace 差分算子得到空间域频散关系,然后对空间域频散关系中的三角函数进行泰勒级数展开建立关于差分系数的方程组,再求解方程组得出差分系数通解。鉴于此,我们通常说 C-FD 基于空间域频散关系和泰勒级数展开计算差分系数。

2. 二维 TS-FD 的差分系数算法

TS-FD 计算差分系数时考虑差分离散波动方程的差分精度,将离散平面波解式(2-12)代入 TS-FD 对标量波动方程的差分离散波动方程(2-6),并忽略震源项得到

$$\frac{1}{v^2 \Delta t^2} [\cos(\omega \Delta t) - 1] \approx \frac{1}{h^2} \sum_{m=1}^{M} a_m [\cos(m k_x h) + \cos(m k_z h) - 2] \quad (2\text{-}18)$$

式(2-18)称为 TS-FD 给出的差分离散波动方程的频散关系,也称为时空域频散关系。由于 C-FD 和 TS-FD 给出的差分离散波动方程相同,因此,它们的时空域频散关系也完全相同。

对式(2-18)中的余弦函数进行泰勒级数展开得到

$$\sum_{j=1}^{\infty} \frac{(-1)^j r^{2j-2} k^{2j} h^{2j-2}}{(2j)!} \approx \sum_{j=1}^{\infty} \sum_{m=1}^{M} a_m \frac{(-1)^j m^{2j} (\cos^{2j}\theta + \sin^{2j}\theta) k^{2j} h^{2j-2}}{(2j)!} \quad (2\text{-}19)$$

其中 $r = v\Delta t / h$ 为 Courant 条件数,表示单位时间采样间隔 Δt 内波传播的距离与空间采样间隔 h 之比。

令方程(2-19)左右两边 $k^{2j} h^{2j-2}$ 的系数对应相等,可得到

$$\sum_{m=1}^{M} m^{2j} (\cos^{2j}\theta + \sin^{2j}\theta) a_m = r^{2j-2} \quad (j = 1, 2, \cdots, M) \quad (2\text{-}20)$$

将方程(2-20)改写为矩阵方程得到

$$\begin{bmatrix} 1 & 1 & 1 & \cdots & 1 \\ 1^2 & 2^2 & 3^2 & \cdots & M^2 \\ 1^4 & 2^4 & 3^4 & \cdots & M^4 \\ \vdots & \vdots & \vdots & \ddots & \vdots \\ 1^{2M-2} & 2^{2M-2} & 3^{2M-2} & \cdots & M^{2M-2} \end{bmatrix} \begin{bmatrix} 1^2 a_1 \\ 2^2 a_2 \\ 3^2 a_3 \\ \vdots \\ M^2 a_M \end{bmatrix} = \begin{bmatrix} \dfrac{1}{\cos^2\theta + \sin^2\theta} \\ \dfrac{r^2}{\cos^4\theta + \sin^4\theta} \\ \dfrac{r^4}{\cos^6\theta + \sin^6\theta} \\ \vdots \\ \dfrac{r^{2M-2}}{\cos^{2M}\theta + \sin^{2M}\theta} \end{bmatrix} \quad (2\text{-}21)$$

方程(2-21)为一个范德蒙德(Vandermonde)矩阵方程,直接求解此方程,导出的差分系数通解较复杂。方程(2-21)还表明,差分系数与选取的地震波传播角度 θ 有关。取 $\theta=0$,方程(2-21)可简化为

$$\begin{bmatrix} 1 & 1 & 1 & \cdots & 1 \\ 1^2 & 2^2 & 3^2 & \cdots & M^2 \\ 1^4 & 2^4 & 3^4 & \cdots & M^4 \\ \vdots & \vdots & \vdots & \ddots & \vdots \\ 1^{2M-2} & 2^{2M-2} & 3^{2M-2} & \cdots & M^{2M-2} \end{bmatrix} \begin{bmatrix} 1^2 a_1 \\ 2^2 a_2 \\ 3^2 a_3 \\ \vdots \\ M^2 a_M \end{bmatrix} = \begin{bmatrix} 1 \\ r^2 \\ r^4 \\ \vdots \\ r^{2M-2} \end{bmatrix} \quad (2\text{-}22)$$

解方程(2-22)得到

$$a_0 = -4 \sum_{m=1}^{M} a_m, \quad a_m = \frac{1}{m^2} \prod_{1 \leqslant k \leqslant M, k \neq m} \left(\frac{r^2 - k^2}{m^2 - k^2} \right) \quad (m=1,2,\cdots,M) \quad (2\text{-}23)$$

取 $\theta=\pi/4$,方程(2-21)可简化为

$$\begin{bmatrix} 1 & 1 & 1 & \cdots & 1 \\ 1^2 & 2^2 & 3^2 & \cdots & M^2 \\ 1^4 & 2^4 & 3^4 & \cdots & M^4 \\ \vdots & \vdots & \vdots & \ddots & \vdots \\ 1^{2M-2} & 2^{2M-2} & 3^{2M-2} & \cdots & M^{2M-2} \end{bmatrix} \begin{bmatrix} 1^2 a_1 \\ 2^2 a_2 \\ 3^2 a_3 \\ \vdots \\ M^2 a_M \end{bmatrix} = \begin{bmatrix} 1 \\ (\sqrt{2}r)^2 \\ (\sqrt{2}r)^4 \\ \vdots \\ (\sqrt{2}r)^{2M-2} \end{bmatrix} \quad (2\text{-}24)$$

解方程(2-24)得到

$$a_0 = -4 \sum_{m=1}^{M} a_m, \quad a_m = \frac{1}{m^2} \prod_{1 \leqslant k \leqslant M, k \neq m} \left(\frac{2r^2 - k^2}{m^2 - k^2} \right) \quad (m=1,2,\cdots,M) \quad (2\text{-}25)$$

式(2-23)和式(2-25)分别给出了 $\theta=0$ 和 $\theta=\pi/4$ 时,TS-FD 的差分系数通解。Liu 和 Sen[8]计算差分系数时取 $\theta=\pi/8$,但没有给出差分系数通解,需要通过解方程(2-21)求解差分系数。

对比 C-FD 的差分系数通解式(2-17)与 TS-FD 的差分系数通解式(2-23)或式(2-25)可以看出,C-FD 的差分系数通解是 TS-FD 的差分系数通解中取 $r=0$ 的特殊情况。C-FD 的差分系数仅与 M 的取值有关,与地震波在介质中的传播速度 v 无关。TS-FD 的差分系数与 M 的取值以及计算差分系数时选取的地震波传播角度 θ 有关,还与 $r=v\Delta t/h$ 取值相关。数值模拟过程中时间采样间隔 Δt 和空间采样间隔 h 取值固定,差分系数随速度 v 自适应变化,这是 TS-FD 比 C-FD 具有更高模拟精度的根本原因。

TS-FD 的差分系数求解过程可以概括为将平面波解代入差分离散波动方程得到时空域频散关系,然后对时空域频散关系中的三角函数进行泰勒级数展开,建立关于差分系数的方程组,再求解方程组得出差分系数通解。鉴于此,我们通常说 TS-FD 基于时空域频散关系和泰勒级数展开计算差分系数。

3. 二维 M-FD 的差分系数算法

M-FD 计算差分系数时考虑差分离散波动方程的差分精度,将离散平面波解式(2-12)代入 M-FD($N=1$)对标量波动方程的差分离散波动方程(2-11),并忽略震源项得到

$$\frac{1}{v^2 \Delta t^2}[\cos(\omega\Delta t)-1] \approx \frac{1}{h^2}\sum_{m=1}^{M}a_m[\cos(mk_xh)+\cos(mk_zh)-2]+$$
$$\frac{a_{1,1}}{h^2}[\cos(k_xh-k_zh)+\cos(k_xh+k_zh)-2] \qquad (2\text{-}26)$$

式(2-26)称为 M-FD($N=1$) 给出的差分离散波动方程的频散关系,也称为时空域频散关系。对其中的余弦函数进行泰勒级数展开得到

$$\sum_{j=1}^{\infty}\frac{(-1)^j r^{2j-2}k^{2j}h^{2j-2}}{(2j)!} \approx \sum_{j=1}^{\infty}\sum_{m=1}^{M}a_m \frac{(-1)^j m^{2j}(k_x^{2j}+k_z^{2j})h^{2j-2}}{(2j)!}+$$
$$\sum_{j=1}^{\infty}a_{1,1}\frac{(-1)^j[(k_x-k_z)^{2j}+(k_x+k_z)^{2j}]h^{2j-2}}{(2j)!} \qquad (2\text{-}27)$$

令方程(2-27)左右两边 $k_x^2 k_z^2 h^2$ 的系数对应相等,可得到

$$a_{1,1}=\frac{r^2}{6} \qquad (2\text{-}28)$$

取 $j=1,2$,令方程(2-27)左右两边 $k_x^{2j}h^{2j-2}$(或 $k_z^{2j}h^{2j-2}$)的系数对应相等,可得到

$$\sum_{m=1}^{M}m^{2j}a_m+2a_{1,1}=r^{2j-2} \quad (j=1,2) \qquad (2\text{-}29)$$

考虑到 $k_x=k\cos\theta$ 和 $k_z=k\sin\theta$,令方程(2-27)左右两边 $k^{2j}h^{2j-2}(j=3,4,\cdots,M)$ 的系数对应相等,可得到

$$r^{2j-2}=\sum_{m=1}^{M}m^{2j}(\cos^{2j}\theta+\sin^{2j}\theta)a_m+$$
$$[(\cos\theta-\sin\theta)^{2j}+(\cos\theta+\sin\theta)^{2j}]a_{1,1} \quad (j=3,4,\cdots,M) \qquad (2\text{-}30)$$

从方程(2-30)可以看出,差分系数计算结果与选取的地震波传播角度 θ 的值有关。取 $\theta=0$,方程(2-29)和方程(2-30)改写的矩阵方程为

$$\begin{bmatrix} 1 & 1 & 1 & \cdots & 1 \\ 1^2 & 2^2 & 3^2 & \cdots & M^2 \\ 1^4 & 2^4 & 3^4 & \cdots & M^4 \\ \vdots & \vdots & \vdots & \ddots & \vdots \\ 1^{2M-2} & 2^{2M-2} & 3^{2M-2} & \cdots & M^{2M-2} \end{bmatrix} \begin{bmatrix} 1^2(a_1+2a_{1,1}) \\ 2^2 a_2 \\ 3^2 a_3 \\ \vdots \\ M^2 a_M \end{bmatrix} = \begin{bmatrix} 1 \\ r^2 \\ r^4 \\ \vdots \\ r^{2M-2} \end{bmatrix} \qquad (2\text{-}31)$$

联立求解方程(2-28)和方程(2-31)得到

$$a_{1,1}=\frac{r^2}{6}, a_0=-4\sum_{m=1}^{M}a_m-4a_{1,1}, \quad a_1=\prod_{1\leqslant k\leqslant M, k\neq 1}\left(\frac{r^2-k^2}{1-k^2}\right)-\frac{r^2}{3}$$
$$a_m=\frac{1}{m^2}\prod_{1\leqslant k\leqslant M, k\neq m}\left(\frac{r^2-k^2}{m^2-k^2}\right) (m=2,3,\cdots,M) \qquad (2\text{-}32)$$

式(2-32)为取 $\theta=0$ 时,M-FD($N=1$) 的差分系数通解。θ 取其他值时,通解较为复杂,可以通过解方程(2-28)、方程(2-29)和方程(2-30)计算差分系数。M-FD($N=2,3,4$) 的差分系数也可以采用同样的方法求解,本章附录给出了取 $\theta=0$ 时,M-FD($N=2,3,4$) 的差分系数通解。

与 TS-FD 的差分系数计算过程类似，M-FD 也是基于时空域频散关系和泰勒级数展开计算差分系数。M-FD 的差分系数与 M 和 N 的取值相关，还与计算差分系数时 θ 的取值相关，并且随速度 v 自适应变化。

四、差分精度分析

差分精度是一种定量描述有限差分法模拟精度的传统方法。目前，大部分学者将时间差分算子和空间差分算子的差分精度分开分析，也就是说，他们采用时间差分算子和空间差分算子的差分精度这两个指标来描述有限差分法的模拟精度。然而，有限差分法通过迭代求解差分离散波动方程实现波动方程数值模拟，因此，我们认为差分离散波动方程的差分精度能更合理地描述有限差分法的模拟精度。

1. 二维 C-FD 的差分精度

根据二维 C-FD 的空间域频散关系式(2-13)，定义 Laplace 差分算子的误差函数 $\varepsilon_{\text{C-FD}}$ 为

$$\varepsilon_{\text{C-FD}} = \frac{1}{h^2}\sum_{m=1}^{M} a_m\left[2\cos(mk_xh)+2\cos(mk_zh)-4\right]+k_x^2+k_z^2 \tag{2-33}$$

利用泰勒展开式(2-33)中的余弦函数，并结合 C-FD 的差分系数求解过程，可以得到

$$\varepsilon_{\text{C-FD}} = 2\sum_{j=M+1}^{\infty}\sum_{m=1}^{M} a_m \frac{(-1)^j m^{2j}(k_x^{2j}+k_z^{2j})h^{2j-2}}{(2j)!} \tag{2-34}$$

式(2-34)表明，误差函数 $\varepsilon_{\text{C-FD}}$ 中 h 的最小幂指数为 $2M$，因此，C-FD 的 Laplace 差分算子具有 $2M$ 阶差分精度，即 C-FD 具有 $2M$ 阶空间差分精度。

进一步分析 C-FD 给出的差分离散波动方程的差分精度，根据 C-FD 的时空域频散关系式(2-18)，定义差分离散波动方程的误差函数 $E_{\text{C-FD}}$ 为

$$E_{\text{C-FD}} = \frac{1}{h^2}\sum_{m=1}^{M} a_m\left[\cos(mk_xh)+\cos(mk_zh)-2\right]-\frac{1}{v^2\Delta t^2}\left[\cos(\omega\Delta t)-1\right] \tag{2-35}$$

考虑到 $r=v\Delta t/h$，泰勒级数展开式(2-35)中的余弦函数，并结合 C-FD 的差分系数求解过程，可以得到

$$E_{\text{C-FD}} = \sum_{j=2}^{\infty}\left[\sum_{m=1}^{M} m^{2j}(\cos^{2j}\theta+\sin^{2j}\theta)a_m - r^{2j-2}\right]\frac{(-1)^j k^{2j} h^{2j-2}}{(2j)!} \tag{2-36}$$

式(2-36)表明，误差函数 $E_{\text{C-FD}}$ 中 h 的最小幂指数为 2，如果将 $r=v\Delta t/h$ 代入式(2-36)，会发现误差函数 $E_{\text{C-FD}}$ 中 Δt 的最小幂指数也为 2，因此，C-FD 的差分离散波动方程具有二阶差分精度。

综合上述分析可以得到：C-FD 的时间差分算子具有二阶差分精度，空间差分算子具有 $2M$ 阶差分精度；但是 C-FD 给出的差分离散波动方程仅具有二阶差分精度。

2. 二维 TS-FD 的差分精度

二维 TS-FD 与 C-FD 具有完全相同的 Laplace 差分算子表达式，它们的空间域频散关系也相同，均由式(2-13)表示。根据此式，定义 TS-FD 的 Laplace 差分算子的误差函数 $\varepsilon_{\text{TS-FD}}$ 为

$$\varepsilon_{\text{TS-FD}} = \frac{1}{h^2}\sum_{m=1}^{M} a_m \left[2\cos(mk_xh) + 2\cos(mk_zh) - 4\right] + k_x^2 + k_z^2 \quad (2\text{-}37)$$

利用泰勒级数展开式(2-37)中的余弦函数,并结合 TS-FD 的差分系数求解过程,可以得到

$$\varepsilon_{\text{TS-FD}} = 2\sum_{j=2}^{\infty}\sum_{m=1}^{M} m^{2j}(\cos^{2j}\theta + \sin^{2j}\theta)a_m \frac{(-1)^j k^{2j} h^{2j-2}}{(2j)!} \quad (2\text{-}38)$$

式(2-38)表明,误差函数 $\varepsilon_{\text{TS-FD}}$ 中 h 的最小幂指数为 2,因此,TS-FD 的 Laplace 差分算子具有二阶差分精度,即 TS-FD 具有二阶空间差分精度。

需要注意的是,C-FD 和 TS-FD 的 Laplace 差分算子表达式相同,只是差分系数计算方法不同,使得 C-FD 的 Laplace 差分算子具有 $2M$ 阶差分精度,而 TS-FD 的 Laplace 差分算子具有二阶差分精度,这说明 Laplace 差分算子的差分精度不仅取决于 Laplace 差分算子的结构(构建 Laplace 差分算子使用的网格点数),还取决于差分系数计算方法。

下面我们进一步分析 TS-FD 给出的差分离散波动方程的差分精度,根据二维 TS-FD 的时空域频散关系式(2-18),定义差分离散波动方程的误差函数 $E_{\text{C-FD}}$ 为

$$E_{\text{TS-FD}} = \frac{1}{h^2}\sum_{m=1}^{M} a_m \left[\cos(mk_xh) + \cos(mk_zh) - 2\right] - \frac{1}{v^2\Delta t^2}\left[\cos(\omega\Delta t) - 1\right] \quad (2\text{-}39)$$

利用泰勒级数展开式(2-39)中的余弦函数,并结合 TS-FD 的差分系数求解过程,可以得到

$$E_{\text{TS-FD}} = \sum_{j=2}^{\infty}\left[\sum_{m=1}^{M} m^{2j}(\cos^{2j}\theta + \sin^{2j}\theta)a_m - r^{2j-2}\right]\frac{(-1)^j k^{2j} h^{2j-2}}{(2j)!} \quad (2\text{-}40)$$

式(2-40)表明,误差函数 $E_{\text{TS-FD}}$ 中 h 的最小幂指数为 2,如果将 $r = v\Delta t/h$ 代入式(2-40),会发现误差函数 $E_{\text{TS-FD}}$ 中 Δt 的最小幂指数也为 2,因此,TS-FD 的差分离散波动方程具有二阶差分精度。

下面结合 TS-FD 的差分系数求解过程,对误差函数 $E_{\text{TS-FD}}$ 进行进一步分析。计算差分系数时取 $\theta = 0$,方程(2-20)成立,那么当 $\theta = 0、\pi/2、\pi、3\pi/2$ 时,方程(2-20)也成立,此时式(2-40)可改写为

$$E_{\text{TS-FD}} = \sum_{j=M+1}^{\infty}\left[\sum_{m=1}^{M} m^{2j}(\cos^{2j}\theta + \sin^{2j}\theta)a_m - r^{2j-2}\right]\frac{(-1)^j k^{2j} h^{2j-2}}{(2j)!} \quad (2\text{-}41)$$

需要注意的是,仅当 θ 取值为 $0、\pi/2、\pi、3\pi/2$ 时,式(2-41)成立,误差函数 $E_{\text{TS-FD}}$ 中 h 的最小幂指数为 $2M$,此时 TS-FD 的差分离散波动方程可达到 $2M$ 阶差分精度。

上述分析表明,TS-FD 选取 $\theta = 0$ 计算差分系数,差分离散波动方程沿 $\theta = 0、\pi/2、\pi、3\pi/2$ 这 4 个传播方向可以达到 $2M$ 阶差分精度;同样地,如果选取 $\theta = \pi/4$ 计算差分系数,差分离散波动方程沿 $\theta = (2n-1)\pi/4(n=1,2,3,4)$ 这 4 个传播方向可以达到 $2M$ 阶差分精度;如果选取 $\theta = \pi/8$ 计算差分系数,差分离散波动方程沿 $\theta = (2n-1)\pi/8(n=1,2,\cdots,8)$ 这 8 个传播方向可以达到 $2M$ 阶差分精度。

综合上述分析可以得到:TS-FD 的时间差分算子具有二阶差分精度,空间差分算子也仅具有二阶差分精度;TS-FD 给出的差分离散波动方程仅具有二阶差分精度,但沿特定的 4 个或 8 个传播方向可以达到 $2M$ 阶差分精度,这 4 个或 8 个传播方向取决于计算差分系数时选取的 θ 值。

3. 二维 M-FD 的差分精度

与 C-FD 和 TS-FD 的 Laplace 差分算子的差分精度分析过程类似，定义 M-FD($N=1$)的 Laplace 差分算子的误差函数 $\varepsilon_{\text{M-FD}(N=1)}$ 为

$$\varepsilon_{\text{M-FD}(N=1)} = \frac{1}{h^2}\sum_{m=1}^{M} a_m \left[2\cos(mk_x h) + 2\cos(mk_z h) - 4\right] + \frac{a_{1,1}}{h^2}\left[2\cos(k_x h - k_z h) + 2\cos(k_x h + k_z h) - 4\right] + k_x^2 + k_z^2 \tag{2-42}$$

利用泰勒级数展开式(2-42)中的余弦函数，并结合 M-FD($N=1$)的差分系数求解过程，可以得到

$$\varepsilon_{\text{M-FD}(N=1)} = 2\sum_{j=2}^{\infty}\sum_{m=1}^{M} m^{2j}(\cos^{2j}\theta + \sin^{2j}\theta) a_m \frac{(-1)^j k^{2j} h^{2j-2}}{(2j)!} + 2\sum_{j=2}^{\infty}\left[(\cos\theta - \sin\theta)^{2j} + (\cos\theta + \sin\theta)^{2j}\right] a_{1,1} \frac{(-1)^j k^{2j} h^{2j-2}}{(2j)!} \tag{2-43}$$

式(2-43)表明，误差函数 $\varepsilon_{\text{M-FD}(N=1)}$ 中 h 的最小幂指数为 2，因此，M-FD($N=1$)具有二阶空间差分精度。

下面进一步分析 M-FD($N=1$)给出的差分离散波动方程的差分精度。根据 M-FD($N=1$)的时空域频散关系式(2-26)，定义差分离散波动方程的误差函数 $E_{\text{M-FD}(N=1)}$ 为

$$E_{\text{M-FD}(N=1)} = \frac{1}{h^2}\sum_{m=1}^{M} a_m \left[\cos(mk_x h) + \cos(mk_z h) - 2\right] + \frac{a_{1,1}}{h^2}\left[\cos(k_x h - k_z h) + \cos(k_x h + k_z h) - 2\right] - \frac{1}{v^2 \Delta t^2}\left[\cos(\omega \Delta t) - 1\right] \tag{2-44}$$

利用泰勒级数展开式(2-44)中的余弦函数，并结合 M-FD($N=1$)的差分系数求解过程，可以得到

$$E_{\text{M-FD}(N=1)} = \sum_{j=3}^{\infty}\sum_{m=1}^{M} m^{2j}(\cos^{2j}\theta + \sin^{2j}\theta) a_m \frac{(-1)^j k^{2j} h^{2j-2}}{(2j)!} + \sum_{j=3}^{\infty}\left[(\cos\theta - \sin\theta)^{2j} + (\cos\theta + \sin\theta)^{2j}\right] a_{1,1} \frac{(-1)^j k^{2j} h^{2j-2}}{(2j)!} - \sum_{j=3}^{\infty} \frac{r^{2j-2}(-1)^j k^{2j} h^{2j-2}}{(2j)!} \tag{2-45}$$

式(2-45)表明，误差函数 $E_{\text{M-FD}(N=1)}$ 中 h 的最小幂指数为 4，如果将 $r=v\Delta t/h$ 代入式(2-45)，会发现误差函数 $E_{\text{M-FD}(N=1)}$ 中 Δt 的最小幂指数也为 4，因此，M-FD($N=1$)的差分离散波动方程具有四阶差分精度。

与 TS-FD 给出的差分离散波动方程的差分精度分析过程类似，结合 M-FD($N=1$)的差分系数求解过程，对误差函数 $E_{\text{M-FD}(N=1)}$ 进行进一步分析可以得出：M-FD($N=1$)选取 $\theta=0$ 计算差分系数，差分离散波动方程沿 $\theta=0$、$\pi/2$、π、$3\pi/2$ 这 4 个传播方向可以达到 $2M$ 阶差分精

度；如果选取 $\theta=\pi/4$ 计算差分系数，差分离散波动方程沿 $\theta=(2n-1)\pi/4,(n=1,2,3,4)$ 这 4 个传播方向可以达到 $2M$ 阶差分精度；如果选取 $\theta=\pi/8$ 计算差分系数，差分离散波动方程沿 $\theta=(2n-1)\pi/8,(n=1,2,\cdots,8)$ 这 8 个传播方向可以达到 $2M$ 阶差分精度。

综合上述分析可以得到：M-FD($N=1$) 的时间差分算子具有二阶差分精度，空间差分算子也仅具有二阶差分精度；M-FD($N=1$) 给出的差分离散波动方程可达到四阶差分精度，但沿特定的 4 个或 8 个传播方向可以达到 $2M$ 阶差分精度，这 4 个或 8 个传播方向取决于计算差分系数时选取的 θ 值。

利用同样的方法，可以分析出 M-FD($N=2,3,4$) 的时间差分算子、空间差分算子以及差分离散波动方程的差分精度。表 2-1 给出了二维 C-FD、TS-FD 和 M-FD($N=1,2,3,4$) 的差分精度。从表中可以看出，相比 C-FD 和 TS-FD，M-FD 没有提高时间差分算子和空间差分算子的差分精度，但有效提高了差分离散波动方程的差分精度。

表 2-1　二维 C-FD、TS-FD 和 M-FD($N=1,2,3,4$) 的差分精度

差分方法	差分精度		
	时间差分算子	空间差分算子	差分离散波动方程
C-FD	二阶	$2M$ 阶	二阶
TS-FD	二阶	二阶	二阶
M-FD($N=1$)	二阶	二阶	四阶
M-FD($N=2$)	二阶	二阶	六阶
M-FD($N=3$)	二阶	二阶	六阶
M-FD($N=4$)	二阶	二阶	八阶

第二节　数值频散和稳定性分析

数值频散的大小直接反映有限差分法的数值模拟精度；稳定性条件给出了确保有限差分法迭代过程稳定时，时间采样间隔 Δt、空间采样间隔 h 和地震波在介质中的传播速度 v 需要满足的定量关系。本节将分析二维 C-FD、TS-FD、M-FD 的数值频散和稳定性特征。

一、数值频散分析

1. 归一化相速度误差表达式

我们采用归一化相速度误差函数 $\varepsilon_{\mathrm{ph}}(kh,\theta)=v_{\mathrm{ph}}/v-1$ 描述相速度的数值频散特征，根据相速度的定义 $v_{\mathrm{ph}}=\omega/k$ 和二维 C-FD 的时空域频散关系式(2-18)，可得出 C-FD 的归一化相速度误差函数 $\varepsilon_{\mathrm{ph}}(kh,\theta)$ 的表达式为

$$\varepsilon_{\mathrm{ph}}(kh,\theta)=\frac{v_{\mathrm{ph}}}{v}-1=\frac{1}{rkh}\arccos(r^2c+1)-1 \qquad (2\text{-}46)$$

其中

$$c = \sum_{m=1}^{M} a_m \left[\cos(mkh\cos\theta) + \cos(mkh\sin\theta) - 2 \right] \tag{2-47}$$

TS-FD 和 C-FD 具有相同的时空域频散关系，因此，它们的归一化相速度误差函数 $\varepsilon_{\mathrm{ph}}(kh,\theta)$ 的表达式也相同，但差分系数 $a_m(m=1,2,\cdots,M)$ 不同。

同样地，根据 M-FD($N=1$) 的时空域频散关系式(2-26)可导出其归一化相速度误差函数 $\varepsilon_{\mathrm{ph}}(kh,\theta)$ 的表达式，它与式(2-46)的形式完全相同，仅其中 c 的表达式不同。M-FD($N=1$) 的归一化相速度误差 $\varepsilon_{\mathrm{ph}}(kh,\theta)$ 表达式中

$$\begin{aligned}c = &\sum_{m=1}^{M} a_m \left[\cos(mkh\cos\theta) + \cos(mkh\sin\theta) - 2 \right] + \\ &a_{1,1} \left[\cos(kh\cos\theta - kh\sin\theta) + \cos(kh\cos\theta + kh\sin\theta) - 2 \right]\end{aligned} \tag{2-48}$$

利用同样的方法可以导出 M-FD($N=2,3,4$) 的归一化相速度误差函数 $\varepsilon_{\mathrm{ph}}(kh,\theta)$ 表达式。

分析相速度数值频散时，$\varepsilon_{\mathrm{ph}}(kh,\theta)=0$，表示相速度与真实速度相等，无数值频散；$\varepsilon_{\mathrm{ph}}(kh,\theta)>0$，表示相速度大于真实速度，呈现出时间频散；$\varepsilon_{\mathrm{ph}}(kh,\theta)<0$，表示相速度小于真实速度，呈现出空间频散。基于 C-FD、TS-FD 和 M-FD($N=1,2,3,4$) 的归一化相速度误差函数表达式，绘制相应的相速度频散曲线，可以分析它们的相速度频散特征。

2. 相速度频散曲线

图 2-4 给出了二维 C-FD($M=2,4,8$)、TS-FD($M=2,4,8$) 和 M-FD($M=2,4,8;N=1$) 的相速度频散曲线。绘制频散曲线时，归一化相速度误差函数中 Courant 条件数 r 的取值均为 0.3，另外，TS-FD($M=2,4,8$) 和 M-FD($M=2,4,8;N=1$) 计算差分系数时 θ 的取值为 $\pi/8$。分析对比相速度频散曲线特征，可以得出如下结论：

(1) M 的取值为 2 时，C-FD 具有明显的空间频散；M 的取值增大至 4 时，空间频散明显减小，但是出现了较明显的时间频散；M 的取值继续增大至 8 时，空间频散基本消失，时间频散进一步增大。因此，无论 M 如何取值，C-FD 都不能有效压制数值频散，模拟精度较低。

(2) M 的取值为 2 时，TS-FD 具有明显的空间频散；M 的取值增大至 4 时，空间频散明显减小，但是出现了一定的时间频散；M 的取值继续增大至 8 时，空间频散进一步减小，时间频散变化不大。另外，TS-FD 的频散曲线较发散，存在较明显的方向各向异性。

(3) M 的取值为 2 时，M-FD($N=1$) 具有明显的空间频散；M 的取值增大至 4 时，空间频散明显减小；M 的取值继续增大至 8 时，空间频散进一步减小。因此，随着 M 取值的增大，M-FD($N=1$) 的数值频散逐步减小，模拟精度能够稳步提高。另外，M-FD($N=1$) 的相速度频散曲线较收敛，方向各向异性特征也不是很明显。

综合上述分析可知：M 取值较小(例如 $M=2$)时，相比 C-FD 和 TS-FD，M-FD 在压制相速度数值频散方面无明显优势；M 取值较大(例如 $M=8$)时，TS-FD 的相速度数值频散的幅值小于 C-FD，M-FD 的数值频散幅值比 TS-FD 的进一步减小，方向各向异性明显减弱，因此，M 取值较大时，M-FD 比 C-FD 和 TS-FD 能够更有效地压制数值频散，模拟精度更高。

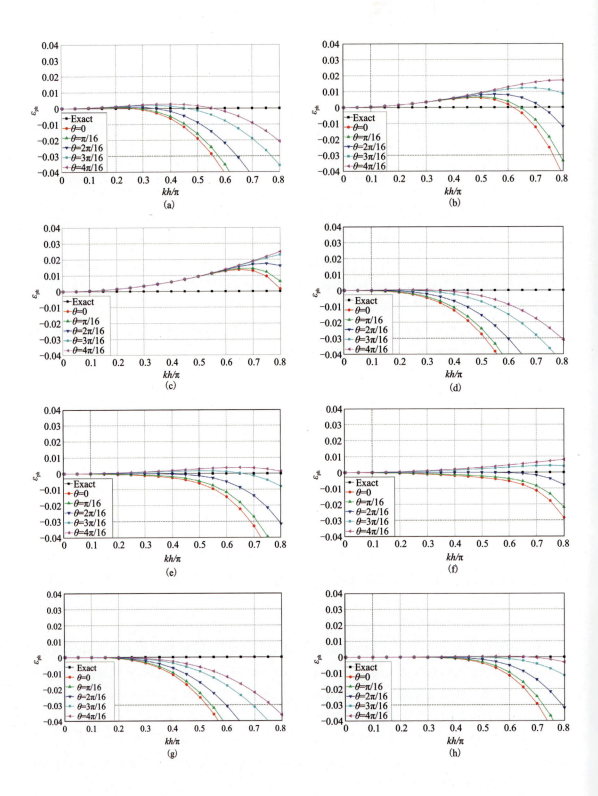

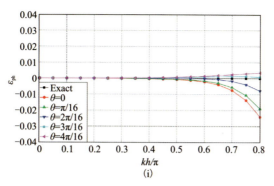

(a)~(c)C-FD($M=2,4,8$);(d)~(f) TS-FD($M=2,4,8$);(g)~(i) M-FD($M=2,4,8;N=1$)

图 2-4 二维 C-FD、TS-FD 和 M-FD($N=1$)的相速度频散曲线

图 2-5 给出了二维 M-FD($M=6,18,30;N=1,2,3,4$)的相速度频散曲线。绘制频散曲线时,归一化相速度误差函数中 Courant 条件数 r 的取值均为 0.3,计算差分系数时 θ 的取值为 $\pi/8$。需要注意的是,图 2-5(a)~(d)、(e)~(h)和(i)~(l)三组频散曲线具有不同的纵轴刻度。对比分析这 3 组频散曲线可以得出如下结论:

(1)M 的取值为 6 时,N 的取值从 1 增大至 4,M-FD 的相速度频散特征基本保持不变;M 的取值为 18 时,N 的取值从 1 增大至 2,M-FD 的时间频散明显减小,N 的取值继续增大至 3 或者 4,数值频散特征变化不大;M 的取值为 30 时,N 的取值从 1 增大至 4,时间频散逐步减小。因此,二维标量波动方程数值模拟对精度要求较高时,建议采用 M-FD($N=1$),且 M 的取值为 6 左右;对模拟精度要求较苛刻时,可以采用 M-FD($N=2$),且 M 的取值为 18 左右;采用 M-FD($N=4$),且 M 的取值为 30 左右,虽然能够获得更高的模拟精度,但由于计算量太大而不建议采用。二维 M-FD 可以根据模拟精度要求合理选择 M 和 N 的取值。

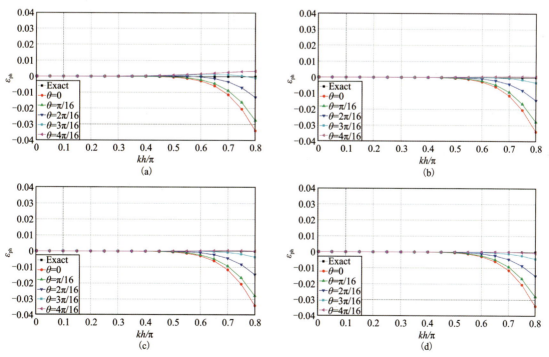

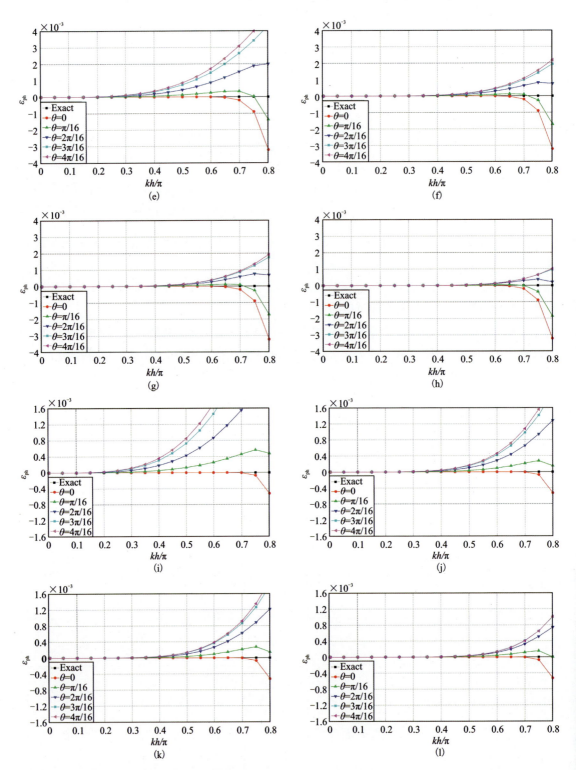

(a)~(d)M-FD($M=6$;$N=1,2,3,4$);(e)~(h)M-FD($M=18$;$N=1,2,3,4$);(i)~(l)M-FD($M=30$;$N=1,2,3,4$)

图 2-5　二维 M-FD($N=1,2,3,4$)的相速度频散曲线

(2) 固定 M 的取值,N 的取值由 2 变化到 3,M-FD 的相速度频散特征基本不变,这是由于 M-FD($N=2,3$) 给出的差分离散波动方程均具有六阶差分精度(表 2-1)。

图 2-6 给出了二维 TS-FD($M=10$) 和 M-FD($M=8$;$N=1$) 的相速度频散曲线。绘制频散曲线时,归一化相速度误差函数中 Courant 条件数 r 的取值均为 0.36,计算差分系数时 θ 的取值为 0、$\pi/8$ 和 $\pi/4$。对比相速度频散曲线可以得出以下结论:

(1) TS-FD($M=10$) 计算差分系数时取 $\theta=0$,主要表现为时间频散;取 $\theta=\pi/8$,时间频散和空间频散同时存在;取 $\theta=\pi/4$,主要表现为空间频散。进一步分析对比三幅子图中相速度数值频散的幅值会发现,取 $\theta=\pi/8$ 时,相速度频散幅值最小;取 $\theta=\pi/4$ 时,相速度频散幅值最大。

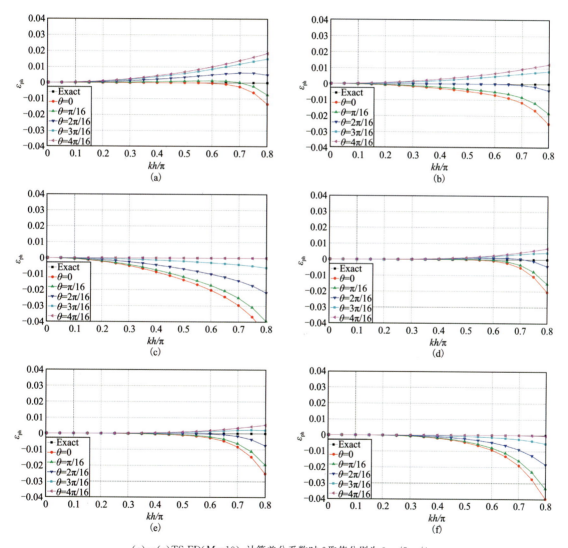

(a)~(c) TS-FD($M=10$),计算差分系数时 θ 取值分别为 $0,\pi/8,\pi/4$;
(d)~(f) M-FD($M=8$;$N=1$),计算差分系数时 θ 取值分别为 $0,\pi/8,\pi/4$

图 2-6 二维 TS-FD 和 M-FD($N=1$) 的相速度频散曲线

(2)M-FD($M=8;N=1$)计算差分系数时取 $\theta=0$ 或 $\theta=\pi/8$,存在轻微的时间频散和空间频散;取 $\theta=\pi/4$,主要表现为空间频散。进一步分析对比三幅子图中相速度数值频散的幅值会发现,取 $\theta=0$ 或 $\theta=\pi/8$,相速度频散幅值较小;取 $\theta=\pi/4$,相速度频散幅值最大。

基于上述相速度数值频散特征分析,为了减小数值频散,TS-FD 计算差分系数时应该取 $\theta=\pi/8$;M-FD 计算差分系数时应该取 $\theta=0$ 或 $\theta=\pi/8$。

图 2-7 给出了二维 C-FD($M=10$)、TS-FD($M=10$)和 M-FD($M=8;N=1$)的相速度频散曲线。绘制频散曲线时,归一化相速度误差函数中 Courant 条件数 r 的取值均为 0.36,另外,TS-FD($M=10$)和 M-FD($M=8;N=1$)计算差分系数时 θ 的取值为 $\pi/8$。3 种有限差分法的 Laplace 差分算子均包含 41 个网格点,它们单次时间迭代的浮点运算量基本相等。分析对比相速度频散曲线特征,可以得出以下结论:

(1)C-FD($M=10$)存在较严重的时间频散,模拟精度最低。

(2)TS-FD($M=10$)的频散曲线发散,存在一定的时间频散和空间频散,同时存在较明显的数值各向异性,但 TS-FD($M=10$)的数值频散幅值小于 C-FD($M=10$)。

(3)M-FD($M=8;N=1$)的频散曲线收敛性较好,数值频散幅值最小,并且,相比 TS-FD($M=10$),数值各向异性明显减弱。

综合上述分析可知:计算效率基本相同时,C-FD 的模拟精度最低,TS-FD 的模拟精度中等,M-FD 的模拟精度最高。

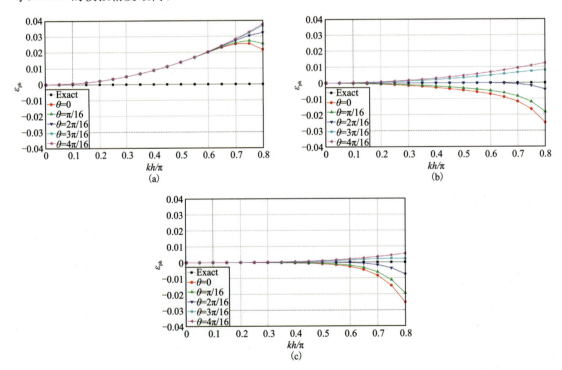

(a)C-FD($M=10$);(b)TS-FD($M=10$);(c)M-FD($M=8;N=1$)

图 2-7 二维 C-FD、TS-FD 和 M-FD($N=1$)的相速度频散曲线

二、稳定性分析

有限差分法通过迭代求解差分离散波动方程模拟地震波的传播过程，必须确保迭代过程稳定。根据二维 M-FD($N=1$)给出的差分离散波动方程的频散关系式(2-26)可以得到

$$1-\cos(\omega\Delta t) \approx r^2 \sum_{m=1}^{M} a_m [2-\cos(mk_x h)-\cos(mk_z h)] + r^2 [2-\cos(k_x h - k_z h)-\cos(k_x h + k_z h)] \tag{2-49}$$

根据 Von Neumann 稳定性分析法可知[22,53]，上式右侧的取值必须满足左侧的取值范围，即

$$0 \leqslant r^2 \Big\{ \sum_{m=1}^{M} a_m [2-\cos(mk_x h)-\cos(mk_z h)] + a_{1,1}[2-\cos(k_x h - k_z h)-\cos(k_x h + k_z h)] \Big\} \leqslant 2 \tag{2-50}$$

式(2-50)中，左侧不等式恒成立，稳定性条件需要确保右侧不等式成立，取最大的空间波数 $k_x = k_z = \pi/h$ 得到

$$r \leqslant S = \frac{1}{\sqrt{2\sum_{m=1}^{M_1} a_{2m-1}}} \tag{2-51}$$

其中，$M_1 = \text{int}[(M+1)/2]$，int 为取整函数，$S$ 为稳定性因子。式(2-51)为二维 M-FD($N=1$)的稳定性条件，它描述了时间采样间隔、空间采样间隔和地震波的传播速度需要满足的定量关系式。利用相同的方法，可以导出 C-FD、TS-FD 以及 M-FD($N=2,3,4$)的稳定性条件。

稳定性条件表达式(2-51)表明，稳定性条件与差分系数有关，而 TS-FD 和 M-FD($N=1$,2,3,4)的差分系数计算结果与选择的 θ 值有关，因此，它们的稳定性也与计算差分系数时选择的θ值有关。相反，C-FD 的稳定性与选择的 θ 值无关。

根据稳定性条件表达式，可以画出稳定性条件约束下的最大 r 取值随 M 的变化曲线，称之为稳定性曲线。稳定性条件约束下，r 取值越大，稳定性越强；反之，则稳定性越弱。

图 2-8 给出了 C-FD、TS-FD 和 M-FD($N=1,2,3,4$)的稳定性曲线，TS-FD 和 M-FD($N=1,2,3,4$)计算差分系数时 θ 的取值分别为 0 和 $\pi/8$。对比稳定性曲线可以得出以下结论：

(1) C-FD、TS-FD 和 M-FD($N=1,2,3,4$)的稳定性均随 M 的取值增大而下降。

(2) M 的取值相同时，C-FD 的稳定性最弱，TS-FD 的稳定性中等，M-FD 的稳定性最强，并且 M-FD 的稳定性随着 N 取值的增大而增强。M-FD($N=2,3$)的稳定性基本相同，是由于它们的差分离散波动方程同为六阶差分精度(表 2-1)。

(3) 采用 TS-FD 和 M-FD($N=1,2,3,4$)计算差分系数时选择 $\theta=\pi/8$ 比选择 $\theta=0$ 稳定性更强。

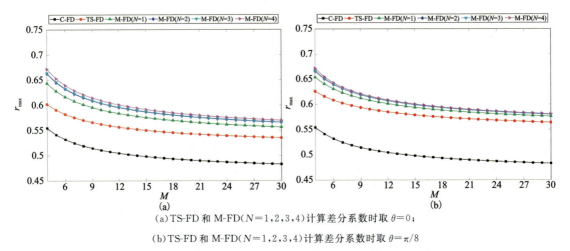

(a) TS-FD 和 M-FD($N=1,2,3,4$)计算差分系数时取 $\theta=0$;
(b) TS-FD 和 M-FD($N=1,2,3,4$)计算差分系数时取 $\theta=\pi/8$

图 2-8　二维 C-FD、TS-FD 和 M-FD($N=1,2,3,4$)的稳定性曲线

在相速度数值频散分析时指出,TS-FD 计算差分系数时选取 $\theta=\pi/8$,数值频散幅值最小;M-FD($N=1$)计算差分系数时选取 $\theta=0$ 或 $\theta=\pi/8$,数值频散幅值较小。综合考虑数值频散和稳定性,TS-FD 和 M-FD 计算差分系数时应该选择 $\theta=\pi/8$。

另外,M-FD 的强稳定性表明 $r=v\Delta t/h$ 的取值可以更大,速度模型 v 和空间采样间隔 h 固定时,时间采样间隔 Δt 的取值可以更大,因此,M-FD 的强稳定性为波动方程数值模拟时采用更大的时间采样间隔以提高计算效率奠定了基础。

第三节　数值模拟实例

本节利用二维均匀介质模型和 Marmousi 模型开展数值模拟实验,验证数值频散分析得出的部分结论,进一步验证 M-FD 在压制数值频散、提高模拟精度方面的优势。

一、均匀介质模型

设计一个规模(长×宽)为 10.5km×10.5km 的均匀介质模型,空间采样间隔为 15m,地震波在介质中的传播速度为 3600m/s。主频为 26Hz 的雷克子波位于(1.5km,1.5km)处。图 2-9 给出了二维 C-FD($M=10$)、TS-FD($M=10$)和 M-FD($M=8;N=1$)采用时间采样间隔 $\Delta t=1.5$ms 模拟生成的 2.4s 时刻的波场快照,考虑到 TS-FD 和 M-FD 的频散特性与计算差分系数时 θ 的取值有关,图 2-9(b)~(d)分别给出了 TS-FD($M=10$)取 $\theta=0、\pi/8、\pi/4$ 计算差分系数时的模拟结果,图 2-9(e)、(f)分别给出了 M-FD($M=8;N=1$)取 $\theta=\pi/8,\pi/4$ 计算差分系数时的模拟结果。二维 C-FD($M=10$)、TS-FD($M=10$)和 M-FD($M=8;N=1$)3 种差分算法的 Laplace 差分算子均包含 41 个网格点,它们单次时间迭代的浮点运算量基本相等。从图 2-9 可以得出以下结论:

(1)二维 C-FD($M=10$)的波场快照中存在明显的时间频散(红色箭头位置)。
(2)TS-FD($M=10$)取传播方向角 $\theta=0$ 计算差分系数时,波场快照中存在较明显的时间

第二章 二维标量波动方程混合网格有限差分数值模拟方法

频散(红色箭头位置),且 $\theta=\pi/4$ 处频散最为严重;取 $\theta=\pi/8$ 计算差分系数时,波场快照中存在一定的空间频散(绿色箭头位置)和时间频散(红色箭头位置),$\theta=0$ 处空间频散最严重,θ 从 0 增大至 $\pi/8$,空间频散逐步减小至消失,然后出现时间频散并逐步增大,$\theta=\pi/4$ 处时间频散最严重;取 $\theta=\pi/4$ 计算差分系数时,波场快照中存在明显的空间频散(绿色箭头位置),$\theta=0$ 处空间频散最为严重,θ 从 0 增大至 $\pi/4$,空间频散逐步减小。

(3) M-FD($M=8;N=1$)取传播方向角 $\theta=\pi/8$ 计算差分系数时,波场快照中无明显数值频散;取 $\theta=\pi/4$ 计算差分系数时,波场快照中存在明显的空间频散(绿色箭头位置),$\theta=0$ 处空间频散最严重,θ 从 0 增大至 $\pi/4$,空间频散逐步减小。

通过上述分析可以看出,波场快照展示的数值频散特性与图 2-6 中相速度频散给出的结论完全一致。均匀介质模型数值模拟实例还表明,计算效率基本相等时,M-FD 通过选取 $\theta=\pi/8$ 计算差分系数,比 C-FD 和 TS-FD 能够更有效地压制数值频散以获得更高的模拟精度。

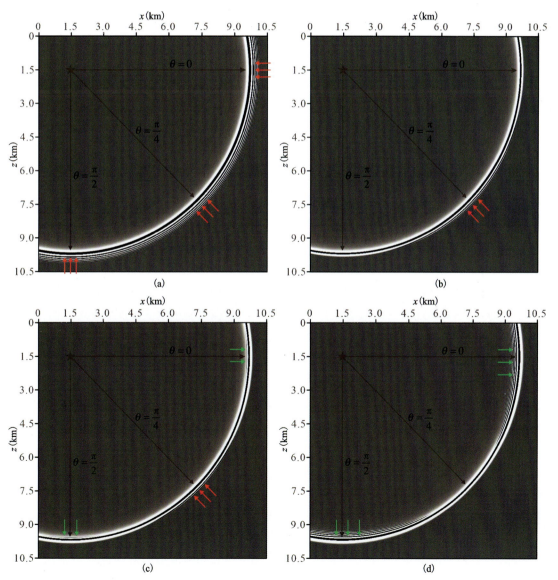

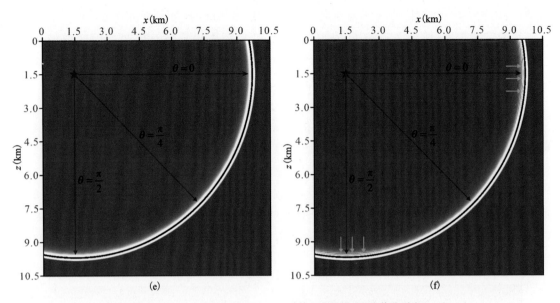

(a)C-FD($M=10$);(b)~(d)TS-FD($M=10$),计算差分系数时 θ 取值分别为 0、$\pi/8$、$\pi/4$；
(e)、(f)M-FD($M=8;N=1$),计算差分系数时 θ 取值分别为 $\pi/8$、$\pi/4$

图 2-9 均匀介质模型采用不同有限差分方法数值模拟生成的 2.4s 时刻波场快照

二、Marmousi 模型

图 2-10(a)给出了利用公式 $v_{m,n}=3000\times\sqrt[3]{v_{m,n}/1500}$ 对二维 Marmousi 模型的速度进行修改后的速度模型,此修改不改变速度模型的结构,仅减小模型最大速度与最小速度的比值,主要考虑到最大速度与最小速度的比值较大时,二维 M-FD 在压制数值频散、提高模拟精度方面的优势变弱,不容易直观显示。Tan 和 Huang[48]研究指出,模型最大速度与最小速度的比值较大时,不同有限差分法的模拟精度差异会减弱。Marmousi 模型的尺寸(长×宽)为 23.0km×7.5km,空间采样间隔为 10m,主频 35Hz 的雷克子波作为震源,位于(8.0km,0.03km)处。图 2-10(b)~(g)给出了 C-FD($M=10$)、TS-FD($M=10$)和 M-FD($M=8;N=1$)模拟生成的 2.7s 时刻波场快照,TS-FD($M=10$)和 M-FD($M=8;N=1$)计算差分系数时均取 $\theta=\pi/8$。图 2-10(b)为 M-FD($M=8;N=1$)采用时间采样间隔 $\Delta t=1.25\text{ms}$ 的模拟结果,图 2-10(c)为 C-FD($M=10$)采用 $\Delta t=1.0\text{ms}$ 模拟生成的波场快照的局部放大图,采用 $\Delta t=1.25\text{ms}$ 时,C-FD($M=10$)不满足稳定性条件；图 2-10(d)、(e)为 TS-FD($M=10$)采用 $\Delta t=1.0\text{ms}$ 和 $\Delta t=1.25\text{ms}$ 模拟生成的波场快照的局部放大图；图 2-10(f)、(g)为 M-FD($M=8;N=1$)采用 $\Delta t=1.0\text{ms}$ 和 $\Delta t=1.25\text{ms}$ 模拟生成的波场快照的局部放大图。

从图 2-10 可以看出,C-FD($M=10$)的模拟波场快照中存在严重的时间频散(红色箭头位置)；TS-FD($M=10$)采用 $\Delta t=1.0\text{ms}$ 时,模拟波场快照中存在轻微的时间频散(红色箭头位置),Δt 增大至 1.25ms 时,时间频散更严重(红色箭头位置)；M-FD($M=8;N=1$)采用 $\Delta t=1.0\text{ms}$ 和 $\Delta t=1.25\text{ms}$ 时,模拟波场快照中均无明显的数值频散。

图 2-11(a)给出了 M-FD($M=8;N=1$)采用 $\Delta t=1.25\text{ms}$ 模拟生成的炮集记录,为了对

比方便,图 2-11(b)~(d)分别给出了 C-FD($M=10$)采用 $\Delta t=1.0$ms、TS-FD($M=10$)采用 $\Delta t=1.25$ms 和 M-FD($M=8$;$N=1$)采用 $\Delta t=1.25$ms 模拟生成的炮集局部。

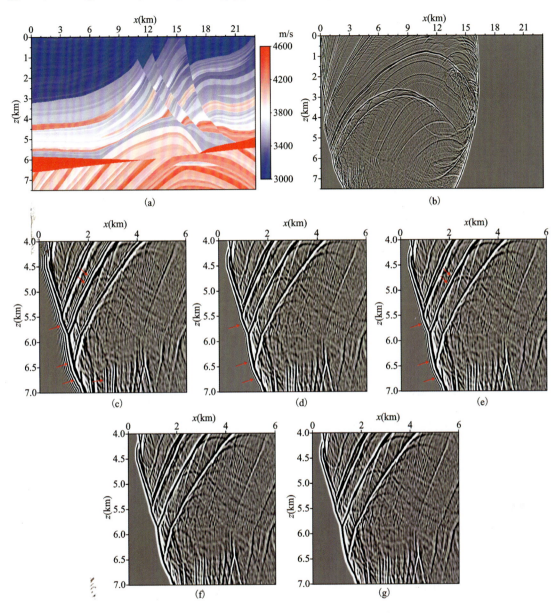

(a)Marmousi 速度模型;(b)M-FD($M=8$;$N=1$)采用时间采样间隔 $\Delta t=1.25$ms 模拟生成的波场快照;(c)C-FD($M=10$)采用 $\Delta t=1.0$ms 模拟生成的波场快照的局部放大图;(d)、(e)TS-FD($M=10$)采用 $\Delta t=1.0$ms 和 $\Delta t=1.25$ms 模拟生成的波场快照的局部放大图;(f)、(g)M-FD($M=8$;$N=1$)采用 $\Delta t=1.0$ms 和 $\Delta t=1.25$ms 模拟生成的波场快照的局部放大图

图 2-10　Marmousi 模型及不同有限差分方法数值模拟生成的 2.7s 时刻波场快照

从图 2-11 可以看出,C-FD($M=10$)采用 $\Delta t=1.0$ms 时,模拟炮集中存在明显的时间频散;TS-FD($M=10$)采用 $\Delta t=1.25$ms 时,模拟炮集中存在一定的空间频散;M-FD($M=8$;

$N=1$)采用 $\Delta t=1.25\mathrm{ms}$ 时,模拟炮集中无明显数值频散。

Marmousi 模型数值模拟实例表明:计算效率基本相等时,C-FD 的模拟精度最低,TS-FD 的模拟精度中等,M-FD 的模拟精度最高;另外,M-FD 通过采用更大的时间采样间隔可以实现计算效率和模拟精度均优于 C-FD 和 TS-FD。

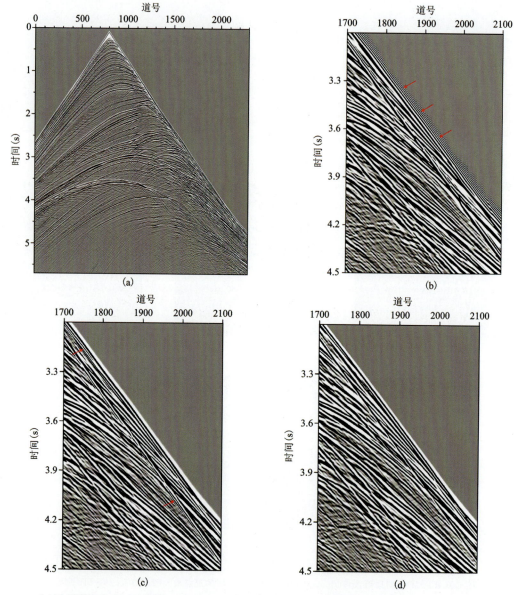

(a)M-FD($M=8$;$N=1$)采用 $\Delta t=1.25\mathrm{ms}$ 生成的模拟炮集;(b)C-FD($M=10$)采用 $\Delta t=1.0\mathrm{ms}$ 生成的模拟炮集局部;(c)TS-FD($M=10$)采用 $\Delta t=1.25\mathrm{ms}$ 生成的模拟炮集局部;(d)M-FD($M=8$;$N=1$)采用 $\Delta t=1.25\mathrm{ms}$ 生成的模拟炮集局部

图 2-11 Marmousi 模型不同有限差分法数值模拟炮集

第四节 本章小结

本章系统阐述了面向二维标量波动方程数值模拟的常规高阶有限差分法（C-FD）、时空域高阶有限差分法（TS-FD）和混合网格有限差分法（M-FD）的基本原理，并进行差分精度分析、频散分析、稳定性分析和数值模拟实验，可以得出如下结论：

(1) C-FD 仅利用坐标轴网格点构建 Laplace 差分算子，同时基于空间域频散关系和泰勒级数展开计算差分系数，虽然 Laplace 差分算子能够达到 $2M$ 阶差分精度，但是相应的差分离散波动方程仅具有二阶差分精度。

(2) TS-FD 与 C-FD 的 Laplace 差分算子完全相同，它们给出的差分离散声波方程也完全相同，但 TS-FD 基于时空域频散关系和泰勒级数展开计算差分系数，可以使得差分离散波动方程沿 4 个或 8 个传播方向达到 $2M$ 阶差分精度，但本质上仍然仅具有二阶差分精度。

(3) M-FD 联合利用常规直角坐标系和旋转直角坐标系中的网格点构建 Laplace 差分算子，并基于时空域频散关系和泰勒级数展开计算差分系数，可以使得差分离散波动方程沿任意传播方向达到四阶、六阶、八阶乃至任意偶数阶差分精度。

(4) TS-FD 和 M-FD 的差分系数均基于时空域频散关系求解，计算差分系数时选择的地震波传播方向角 θ 的值影响差分系数计算结果，也影响数值频散特性和稳定性特征。综合频散分析和稳定性分析结果，计算差分系数时选择 $\theta=\pi/8$ 为最优。

(5) 稳定性分析表明：C-FD 的稳定性最弱，TS-FD 的稳定性明显强于 C-FD，M-FD 的稳定性最强，并且随着 N 取值的增大，M-FD 的稳定性进一步增强。

(6) 频散分析和数值模拟实例表明：计算效率基本相同时，C-FD 存在明显的时间频散，模拟精度最低；TS-FD 存在一定的时间频散和空间频散，具有明显的数值各向异性，模拟精度中等；M-FD 的数值频散最小，模拟精度最高。另外，M-FD 通过采用更大的时间采样间隔可以实现模拟精度和计算效率均优于 C-FD 和 TS-FD。

第五节 附 录

一、旋转直角坐标系与常规直角坐标系中 Laplace 算子的关系

旋转直角坐标系 $x'Oz'$ 由常规直角坐标系 xOz 顺时针旋转 θ 角得到，如图 2-12 所示，则两套直角坐标系中坐标对应关系可以表示为

$$x'=x\cos\theta-z\sin\theta, \quad z'=x\sin\theta+z\cos\theta \tag{2-52}$$

方程(2-52)写成矩阵形式得到

$$\begin{bmatrix} x' \\ z' \end{bmatrix} = \begin{bmatrix} \cos\theta & -\sin\theta \\ \sin\theta & \cos\theta \end{bmatrix} \begin{bmatrix} x \\ z \end{bmatrix} \tag{2-53}$$

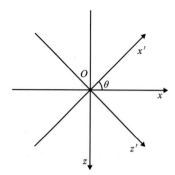

图 2-12　旋转直角坐标系与常规直角坐标系

令

$$J = \begin{bmatrix} \cos\theta & -\sin\theta \\ \sin\theta & \cos\theta \end{bmatrix} \tag{2-54}$$

矩阵 J 称为 Jacobi 矩阵,是两套坐标系下的坐标变换矩阵。

利用复合求导法则可以得到

$$\begin{aligned} \frac{\partial P}{\partial x} &= \frac{\partial P}{\partial x'}\frac{\partial x'}{\partial x} + \frac{\partial P}{\partial z'}\frac{\partial z'}{\partial x} = \frac{\partial P}{\partial x'}\cos\theta + \frac{\partial P}{\partial z'}\sin\theta \\ \frac{\partial P}{\partial z} &= \frac{\partial P}{\partial x'}\frac{\partial x'}{\partial z} + \frac{\partial P}{\partial z'}\frac{\partial z'}{\partial z} = -\frac{\partial P}{\partial x'}\sin\theta + \frac{\partial P}{\partial z'}\cos\theta \end{aligned} \tag{2-55}$$

方程(2-55)写成矩阵形式可以得到

$$\begin{bmatrix} \frac{\partial P}{\partial x} \\ \frac{\partial P}{\partial z} \end{bmatrix} = \begin{bmatrix} \cos\theta & \sin\theta \\ -\sin\theta & \cos\theta \end{bmatrix} \begin{bmatrix} \frac{\partial P}{\partial x'} \\ \frac{\partial P}{\partial z'} \end{bmatrix} = J^{\mathrm{T}} \begin{bmatrix} \frac{\partial P}{\partial x'} \\ \frac{\partial P}{\partial z'} \end{bmatrix} \tag{2-56}$$

根据矩阵乘法法则,Laplace 差分算子可以表示为

$$\nabla^2 P = \begin{bmatrix} \frac{\partial P}{\partial x} & \frac{\partial P}{\partial z} \end{bmatrix} \begin{bmatrix} \frac{\partial P}{\partial x} \\ \frac{\partial P}{\partial z} \end{bmatrix} = \begin{bmatrix} \frac{\partial P}{\partial x'} & \frac{\partial P}{\partial z'} \end{bmatrix} JJ^{\mathrm{T}} \begin{bmatrix} \frac{\partial P}{\partial x'} \\ \frac{\partial P}{\partial z'} \end{bmatrix} \tag{2-57}$$

将式(2-54)代入方程(2-57)得到

$$\nabla^2 P = \frac{\partial^2 P}{\partial x^2} + \frac{\partial^2 P}{\partial y^2} = \frac{\partial^2 P}{\partial x'^2} + \frac{\partial^2 P}{\partial y'^2} \tag{2-58}$$

式(2-58)表明旋转直角坐标系和常规直角坐标系中 Laplace 差分算子具有一致性。

二、二维 M-FD($N=2,3,4$)给出的差分离散波动方程及差分系数通解

二维 M-FD($N=2$)对标量波动方程(2-1)的差分离散波动方程为

$$\frac{1}{v^2 \Delta t^2}(P_{0,0}^1 - 2P_{0,0}^0 + P_{0,0}^{-1})$$

$$\approx \frac{1}{h^2}\Big[a_0 P_{0,0}^0 + \sum_{m=1}^{M} a_m (P_{m,0}^0 + P_{0,m}^0 + P_{0,-m}^0 + P_{-m,0}^0)\Big]+$$

$$\frac{a_{1,1}}{h^2}(P_{1,-1}^0 + P_{1,1}^0 + P_{-1,-1}^0 + P_{-1,1}^0) + \quad (2\text{-}59)$$

$$\frac{a_{1,2}}{h^2}\Big[(P_{2,-1}^0 + P_{1,2}^0 + P_{-1,-2}^0 + P_{-2,1}^0)+$$

$$(P_{1,-2}^0 + P_{2,1}^0 + P_{-2,-1}^0 + P_{-1,2}^0)\Big]+$$

$$f(t)\delta(x - x_s)\delta(z - z_s)$$

其中 $a_0, a_1, a_2, \cdots, a_M, a_{1,1}, a_{1,2}$ 为差分系数，$a_0 = -4\sum_{m=1}^{M} a_m - 4a_{1,1} - 8a_{1,2}$。

基于时空域频散关系和泰勒级数展开计算差分系数，同样可以导出 M-FD($N=2$) 的差分系数计算结果与选择的地震波传播方向角 θ 的值相关，这里给出取 $\theta=0$ 时的差分系数通解

$$\begin{aligned}
a_{1,1} &= \frac{5r^2}{18} - \frac{r^4}{15}, \\
a_{1,2} &= -\frac{r^2}{72} + \frac{r^4}{120}, \\
a_0 &= -4\sum_{m=1}^{M} a_m - 4a_{1,1} - 8a_{1,2}, \\
a_1 &= \prod_{1 \leqslant k \leqslant M, k \neq 1} \Big(\frac{r^2 - k^2}{1 - k^2}\Big) - \frac{19r^2}{36} + \frac{7r^4}{60}, \\
a_2 &= \frac{1}{4}\prod_{1 \leqslant k \leqslant M, k \neq 1} \Big(\frac{r^2 - k^2}{4 - k^2}\Big) + \frac{r^2}{36} - \frac{r^4}{60} \\
a_m &= \frac{1}{m^2}\prod_{1 \leqslant k \leqslant M, k \neq m} \Big(\frac{r^2 - k^2}{m^2 - k^2}\Big) \quad (m = 3, 4, \cdots, M)
\end{aligned} \quad (2\text{-}60)$$

二维 M-FD($N=3$) 对标量波动方程(2-1)的差分离散波动方程为

$$\frac{1}{v^2 \Delta t^2}(P_{0,0}^1 - 2P_{0,0}^0 + P_{0,0}^{-1})$$

$$\approx \frac{1}{h^2}\Big[a_0 P_{0,0}^0 + \sum_{m=1}^{M} a_m (P_{m,0}^0 + P_{0,m}^0 + P_{0,-m}^0 + P_{-m,0}^0)\Big] + \frac{a_{1,1}}{h^2}(P_{1,-1}^0 + P_{1,1}^0 + P_{-1,-1}^0 + P_{-1,1}^0) +$$

$$\frac{a_{1,2}}{h^2}\Big[(P_{2,-1}^0 + P_{1,2}^0 + P_{-1,-2}^0 + P_{-2,1}^0) + (P_{1,-2}^0 + P_{2,1}^0 + P_{-2,-1}^0 + P_{-1,2}^0)\Big]+ \quad (2\text{-}61)$$

$$\frac{a_{2,2}}{h^2}(P_{2,-2}^0 + P_{2,2}^0 + P_{-2,-2}^0 + P_{-2,2}^0) + f(t)\delta(x - x_s)\delta(z - z_s)$$

其中 $a_0, a_1, a_2, \cdots, a_M, a_{1,1}, a_{1,2}$ 为差分系数，$a_0 = -4\sum_{m=1}^{M} a_m - 4a_{1,1} - 8a_{1,2} - 4a_{2,2}$。

基于时空域频散关系和泰勒级数展开计算差分系数，同样可以导出 M-FD($N=3$) 的差分系数计算结果与选择的地震波传播方向角 θ 的值相关。取 $\theta=0$ 时的差分系数通解为

$$a_{1,1} = \frac{8r^2}{27} - \frac{4r^4}{45} + \frac{r^6}{210}, \quad a_{1,2} = -\frac{r^2}{54} + \frac{r^4}{72} - \frac{r^6}{840}, \quad a_{2,2} = \frac{r^2}{864} - \frac{r^4}{720} + \frac{r^6}{3360}$$

$$a_0 = -4\sum_{m=1}^{M} a_m - 4a_{1,1} - 8a_{1,2} - 4a_{2,2}, \quad a_1 = \prod_{1 \leqslant k \leqslant M, k \neq 1} \left(\frac{r^2 - k^2}{1 - k^2}\right) - \frac{5r^2}{9} + \frac{3r^4}{20} - \frac{r^6}{140}$$

$$a_2 = \frac{1}{4} \prod_{1 \leqslant k \leqslant M, k \neq 1} \left(\frac{r^2 - k^2}{4 - k^2}\right) + \frac{5r^2}{144} - \frac{r^4}{40} + \frac{r^6}{560}$$

$$a_m = \frac{1}{m^2} \prod_{1 \leqslant k \leqslant M, k \neq m} \left(\frac{r^2 - k^2}{m^2 - k^2}\right) \quad (m = 3, 4, \cdots, M)$$

(2-62)

二维 M-FD($N=4$) 对标量波动方程(2-1)的差分离散波动方程为

$$\frac{1}{v^2 \Delta t^2}(P_{0,0}^1 - 2P_{0,0}^0 + P_{0,0}^{-1})$$

$$\approx \frac{1}{h^2}\left[a_0 P_{0,0}^0 + \sum_{m=1}^{M} a_m(P_{m,0}^0 + P_{0,m}^0 + P_{0,-m}^0 + P_{-m,0}^0)\right] + \frac{a_{1,1}}{h^2}(P_{1,-1}^0 + P_{1,1}^0 + P_{-1,-1}^0 + P_{-1,1}^0) +$$

$$\frac{a_{1,2}}{h^2}\left[(P_{2,-1}^0 + P_{1,2}^0 + P_{-1,-2}^0 + P_{-2,1}^0) + (P_{1,-2}^0 + P_{2,1}^0 + P_{-2,-1}^0 + P_{-1,2}^0)\right] +$$

$$\frac{a_{2,2}}{h^2}(P_{2,-2}^0 + P_{2,2}^0 + P_{-2,-2}^0 + P_{-2,2}^0) +$$

$$\frac{a_{1,3}}{h^2}\left[(P_{3,-1}^0 + P_{1,3}^0 + P_{-1,-3}^0 + P_{-3,1}^0) + (P_{1,-3}^0 + P_{3,1}^0 + P_{-3,-1}^0 + P_{-1,3}^0)\right] +$$

$$f(t)\delta(x - x_s)\delta(z - z_s)$$

(2-63)

其中 $a_0, a_1, a_2, \cdots, a_M, a_{1,1}, a_{1,2}$ 为差分系数, $a_0 = -4\sum_{m=1}^{M} a_m - 4a_{1,1} - 8a_{1,2} - 4a_{2,2} - 8a_{1,3}$。

基于时空域频散关系和泰勒级数展开计算差分系数,同样可以导出 M-FD($N=4$)的差分系数计算结果与选择的地震波传播方向角 θ 的值相关。取 $\theta=0$ 时的差分系数通解为

$$a_{1,1} = \frac{133r^2}{378} - \frac{47r^4}{360} + \frac{3r^6}{280}, \quad a_{1,2} = -\frac{4r^2}{135} + \frac{r^4}{45} - \frac{r^6}{420}$$

$$a_{2,2} = \frac{r^2}{864} - \frac{r^4}{720} + \frac{r^6}{3360}, \quad a_{1,3} = \frac{r^2}{540} - \frac{r^4}{720} + \frac{r^6}{5040}$$

$$a_0 = -4\sum_{m=1}^{M} a_m - 4a_{1,1} - 8a_{1,2} - 4a_{2,2} - 8a_{1,3}$$

$$a_1 = \prod_{1 \leqslant k \leqslant M, k \neq 1} \left(\frac{r^2 - k^2}{1 - k^2}\right) - \frac{35r^2}{54} + \frac{79r^4}{360} - \frac{43r^6}{2520}$$

$$a_2 = \frac{1}{4} \prod_{1 \leqslant k \leqslant M, k \neq 1} \left(\frac{r^2 - k^2}{4 - k^2}\right) + \frac{41r^2}{720} - \frac{r^4}{24} + \frac{r^6}{240}$$

(2-64)

$$a_3 = \frac{1}{9} \prod_{1 \leqslant k \leqslant M, k \neq 1} \left(\frac{r^2 - k^2}{9 - k^2}\right) - \frac{r^2}{270} + \frac{r^4}{360} - \frac{r^6}{2520}$$

$$a_m = \frac{1}{m^2} \prod_{1 \leqslant k \leqslant M, k \neq m} \left(\frac{r^2 - k^2}{m^2 - k^2}\right) \quad (m = 4, 5, \cdots, M)$$

第三章 三维标量波动方程混合网格有限差分数值模拟方法

与二维标量波动方程数值模拟的发展过程和研究现状类似,目前,三维标量波动方程数值模拟普遍采用时间二阶、空间 $2M$ 阶差分算子近似波动方程中的时间和空间微分算子,这种时间二阶、空间 $2M$ 阶有限差分法为常规高阶有限差分法(记作 C-FD)。C-FD 基于空间域频散关系和泰勒级数展开计算差分系数,能够确保空间差分算子达到 $2M$ 阶差分精度,但是差分离散波动方程仍然仅具有二阶差分精度,使得 C-FD 不能有效压制数值频散,模拟精度低。Liu 和 Sen[8]考虑到波动方程数值求解在时空域同时进行,对 C-FD 的差分系数计算方法进行改进,提出了基于时空域频散关系和泰勒级数展开的差分系数算法,这种改进差分系数算法的 C-FD 为时空域高阶有限差分法(记作 TS-FD),TS-FD 比 C-FD 能够更有效地压制数值频散,但是 TS-FD 的数值频散特征随地震波的传播方向变化,表现出明显的数值各向异性。胡自多等[13]基于三元函数泰勒级数展开系统地导出了三维直角坐标系中非坐标轴网格点构建 Laplace 差分算子的方法,进而将三维 Laplace 微分算子近似表示为坐标轴网格点和非坐标轴网格点构建的 Laplace 差分算子的加权平均,提出了一种三维混合网格有限差分法(记作 M-FD)。相比 TS-FD,M-FD 的数值各向异性明显减弱,数值频散进一步减小,模拟精度进一步提高。

本章将在阐述三维 C-FD 和 TS-FD 的原理基础上,系统介绍 M-FD 的构建思路和方法原理,并进行差分精度、数值频散和稳定性等对比分析,然后利用层状介质模型和 SEG/EAGE 盐丘模型进行模拟,对比 3 种方法的模拟精度和计算效率。

第一节 三维混合网格有限差分法的基本原理

有限差分法通过迭代求解差分离散波动方程实现对偏微分形式的波动方程的近似求解,进而模拟地震波在地下介质中的传播过程,而差分离散波动方程由时间差分算子和空间差分算子构成。本节将从时间差分算子、空间差分算子和差分系数计算等方面系统介绍三维 C-FD、TS-FD 和 M-FD 的基本原理,并分析这 3 种有限差分法的差分精度。

常密度介质中,三维标量波动方程可以表示为

$$\frac{1}{v^2}\frac{\partial^2 P}{\partial t^2}=\frac{\partial^2 P}{\partial x^2}+\frac{\partial^2 P}{\partial y^2}+\frac{\partial^2 P}{\partial z^2}+f(t)\delta(x-x_s)\delta(y-y_s)\delta(z-z_s) \qquad (3-1)$$

其中 $P=P(x,y,z,t)$ 为压力场，$v=v(x,y,z)$ 为压力场的传播速度，$\nabla^2 P = \frac{\partial^2 P}{\partial x^2} + \frac{\partial^2 P}{\partial y^2} + \frac{\partial^2 P}{\partial z^2}$ 为三维 Laplace 差分算子，$f(t)$ 为震源函数，$\delta(x)$ 为单位脉冲函数，(x_s, y_s, z_s) 为震源坐标。

三维 C-FD、TS-FD 和 M-FD 均采用二阶时间差分算子近似压力场 P 关于时间的偏微分算子。根据泰勒级数展开可以导出 $\partial^2 P/\partial t^2$ 的二阶差分近似表达式为[推导过程参见式(1-4)]

$$\frac{\partial^2 P}{\partial t^2} \approx \frac{1}{\Delta t^2}(P^1_{0,0,0} - 2P^0_{0,0,0} + P^{-1}_{0,0,0}) \tag{3-2}$$

其中 $P^j_{m,l,n} = P(x+mh, y+lh, z+nh, t+j\Delta t)$，$h$ 为时间采样间隔，Δt 为空间采样间隔，$P^0_{0,0,0} = P(x,y,z,t)$ 表示任意空间位置 (x,y,z)、任意时刻 t 的压力场值。另外，还可以导出式(3-2)的截断误差为 $O(\Delta t^2)$，即时间差分算子具有二阶差分精度。

一、三维常规高阶有限差分法

三维 C-FD 和 TS-FD 均仅利用直角坐标系中的坐标轴网格点构建 Laplace 差分算子，如图 3-1 所示，图中的网格点可分成 M 组，每组网格点与差分中心点的距离相等，每组网格点和差分中心点可以构建一个 Laplace 差分算子。根据泰勒级数展开可以导出，与差分中心点相距 mh 的一组网格点和差分中心点构建的 Laplace 差分算子可表示为

$$\nabla^2 P \approx \frac{1}{m^2 h^2}(P^0_{m,0,0} + P^0_{0,m,0} + P^0_{0,0,m} - 6P^0_{0,0,0} + P^0_{0,0,-m} + P^0_{0,-m,0} + P^0_{-m,0,0}) \quad (m=1,2,\cdots,M) \tag{3-3}$$

式(3-3)表明，M 组网格点和差分中心点可以构建 M 个 Laplace 差分算子。根据泰勒级数展开可以分析出，每个差分算子近似 Laplace 微分算子的截断误差均为 $O(h^2)$，即每个 Laplace 差分算子具有二阶差分精度。

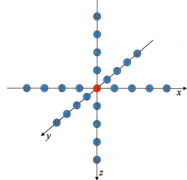

图 3-1 三维 C-FD 和 TS-FD 的 Laplace 差分算子示意图

为了提高 Laplace 差分算子的差分精度，C-FD 将 Laplace 差分算子表示为由直角坐标系中坐标轴网格点构建的 M 个 Laplace 差分算子的加权平均，即

$$\nabla^2 P \approx \sum_{m=1}^{M} \frac{c_m}{m^2 h^2}(P^0_{m,0,0} + P^0_{0,m,0} + P^0_{0,0,m} - 6P^0_{0,0,0} + P^0_{0,0,-m} + P^0_{0,-m,0} + P^0_{-m,0,0}) \tag{3-4}$$

其中 $c_m(m=1,2,\cdots,M)$ 为权系数，令 $a_m = c_m/m^2 (m=1,2,\cdots,M)$，得到

$$\nabla^2 P \approx \sum_{m=1}^{M} \frac{a_m}{h^2}(P^0_{m,0,0} + P^0_{0,m,0} + P^0_{0,0,m} - 6P^0_{0,0,0} + P^0_{0,0,-m} + P^0_{0,-m,0} + P^0_{-m,0,0}) \tag{3-5}$$

其中 $a_m(m=1,2,\cdots,M)$ 为差分系数，合理计算差分系数可以使得式(3-5)的截断误差为 $O(h^{2M})$，即 Laplace 差分算子可达到 $2M$ 阶差分精度。

将式(3-5)和式(3-2)代入方程(3-1)得到

$$\frac{(P_{0,0,0}^1 - 2P_{0,0,0}^0 + P_{0,0,0}^{-1})}{v^2 \Delta t^2}$$

$$\approx \frac{\left\{a_0 P_{0,0,0}^0 + \sum_{m=1}^{M} a_m (P_{m,0,0}^0 + P_{0,m,0}^0 + P_{0,0,m}^0 + P_{0,0,-m}^0 + P_{0,-m,0}^0 + P_{-m,0,0}^0)\right\}}{h^2} +$$

$$f(t)\delta(x-x_s)\delta(y-y_s)\delta(z-z_s)$$

(3-6)

其中 $a_0 = -6\sum_{m=1}^{M} a_m$，$a_m(m=0,1,\cdots,M)$ 为差分系数。

方程(3-6)为三维 C-FD 对标量波动方程(3-1)的差分离散波动方程。从上述推导过程可以看出，首先推导出时间差分算子和 Laplace 差分算子的表达式，然后将这两个差分算子代入标量波动方程即可得到差分离散波动方程。TS-FD 与 C-FD 采用的时间差分算子和 Laplace 差分算子完全相同，因此，方程(3-6)也是三维 TS-FD 对标量波动方程(3-1)的差分离散波动方程。

方程(3-6)可以改写为

$$P_{0,0,0}^1 = 2P_{0,0,0}^0 - P_{0,0,0}^{-1} + v^2 \Delta t^2 f(t)\delta(x-x_s)\delta(y-y_s)\delta(z-z_s) +$$

$$\frac{v^2 \Delta t^2}{h^2}\left\{a_0 P_{0,0,0}^0 + \sum_{m=1}^{M} a_m (P_{m,0,0}^0 + P_{0,m,0}^0 + P_{0,0,m}^0 + P_{0,0,-m}^0 + P_{0,-m,0}^0 + P_{-m,0,0}^0)\right\}$$

(3-7)

式(3-7)表明，利用 t 和 $(t-\Delta t)$ 时刻的压力场 P，通过遍历所有空间网格点，可以推算出 $(t+\Delta t)$ 时刻所有空间网格点的压力场 P。三维 C-FD 和 TS-FD 均通过迭代求解方程(3-7)，通过遍历所有离散时间网格点和空间网格点，求解出任意离散时刻、任意空间网格点的压力场 P，进而模拟波场在特定介质中的传播过程。

迭代求解方程(3-7)之前，需要计算出其中的差分系数 $a_m(m=0,1,\cdots,M)$，C-FD 和 TS-FD 的主要差别就在于它们的差分系数计算方法不同，下文将详细阐述。

二、三维混合网格有限差分法

与二维 C-FD 和 TS-FD 类似，三维 C-FD 和 TS-FD 仅利用直角坐标系中坐标轴网格点构建 Laplace 差分算子，随着 M 取值的增大，新增加的网格点距离差分中心点越来越远，对提高模拟精度的贡献越来越小。三维 M-FD 的基本构建思路是联合利用直角坐标系中坐标轴网格点和非坐标轴网格点构建混合型 Laplace 差分算子。如何利用三维直角坐标系中非坐标轴网格点构建 Laplace 差分算子是三维 M-FD 需要解决的关键问题。

图 3-2 给出了三维直角坐标系中与差分中心点距离相等的 3 组非坐标轴网格点，这 3 组非坐标轴网格点距离差分中心点的距离依次增大。由于无法将任意一组非坐标轴网格点置于坐标原点位于差分中心点的三维旋转直角坐标系的坐标轴上，导致不能直接导出利用非坐

标轴网格点构建三维 Laplace 差分算子的表达式。为了系统地利用非坐标轴网格点构建三维 Laplace 差分算子,我们将非坐标轴网格点分成两类:坐标平面内的非坐标轴网格点[图 3-2(a)、(c)]和坐标平面外的非坐标轴网格点[图 3-2(b)]。

针对坐标平面内的非坐标轴网格点,在三维笛卡儿坐标系中 3 个坐标平面内,借用二维旋转直角坐标系的概念,即可导出坐标平面内非坐标轴网格点构建三维 Laplace 差分算子的表达式,具体推导过程见本章附录。图 3-2(a)为一组坐标平面内的非坐标轴网格点,与差分中心点的距离等于$\sqrt{2}h$,利用这组非坐标轴网格点构建三维 Laplace 差分算子的表达式为(推导过程见本章附录)

$$\nabla^2 P \approx \frac{1}{4h^2}\big[(P^0_{1,1,0}+P^0_{1,-1,0}-4P^0_{0,0,0}+P^0_{-1,1,0}+P^0_{-1,-1,0})+ \\ (P^0_{0,1,1}+P^0_{0,1,-1}-4P^0_{0,0,0}+P^0_{0,-1,1}+P^0_{0,-1,-1})+ \\ (P^0_{1,0,1}+P^0_{1,0,-1}-4P^0_{0,0,0}+P^0_{-1,0,1}+P^0_{-1,0,-1})\big] \tag{3-8}$$

针对坐标平面外的非坐标轴网格点,利用三元函数泰勒级数展开,导出了坐标平面外的非坐标轴网格点构建三维 Laplace 差分算子的表达式。图 3-2(b)为一组坐标平面外的非坐标轴网格点,与差分中心点的距离为$\sqrt{3}h$,利用这组非坐标轴网格点构建三维 Laplace 差分算子的表达式为(推导过程见本章附录)

$$\nabla^2 P \approx \frac{1}{4h^2}\big[(P^0_{1,1,1}-2P^0_{0,0,0}+P^0_{-1,-1,-1})+(P^0_{1,-1,1}-2P^0_{0,0,0}+P^0_{-1,1,-1})+ \\ (P^0_{-1,1,1}-2P^0_{0,0,0}+P^0_{1,-1,-1})+(P^0_{-1,-1,1}-2P^0_{0,0,0}+P^0_{1,1,-1})\big] \tag{3-9}$$

三维 M-FD 将 Laplace 微分算子表示为由直角坐标系中坐标轴网格点和非坐标轴网格点构建的 Laplace 差分算子的加权平均。图 3-3 给出了三维 M-FD($N=1,2,3$)的 Laplace 差分算子示意图,它由图 3-1 所示的直角坐标中坐标轴网格点构建的 Laplace 差分算子和图 3-2 所示的直角坐标系中非坐标轴网格点构建的 Laplace 差分算子组合而成。M-FD 的 Laplace 差分算子充分利用了距离差分中心点更近的非坐标轴网格点,构建的 Laplace 差分算子更紧凑,理论上更合理。

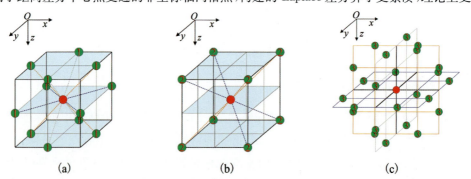

(a)与差分中心点的距离为$\sqrt{2}h$的非坐标网格点(坐标平面内的非坐标轴网格点)构建的 Laplace 差分算子;(b)与差分中心点的距离为$\sqrt{3}h$的非坐标轴网格点(坐标平面外的非坐标轴网格点)构建的 Laplace 差分算子;(c)与差分中心点的距离为$\sqrt{5}h$的非坐标网格点(坐标平面内的非坐标轴网格点)构建的 Laplace 差分算子

图 3-2 三维直角坐标系中非坐标轴网格点构建的 Laplace 差分算子示意图

图 3-3(a)中三维 M-FD($N=1$)的 Laplace 差分算子由图 3-1 和图 3-2(a)中的 Laplace 差分算子组合而成,将式(3-4)和式(3-8)加权求和,可以得到三维 M-FD($N=1$)的 Laplace 差分算子表达式为

$$\nabla^2 P \approx \sum_{m=1}^{M} \frac{c_m}{m^2 h^2} (P_{m,0,0}^0 + P_{0,m,0}^0 + P_{0,0,m}^0 - 6P_{0,0,0}^0 + P_{0,0,-m}^0 + P_{0,-m,0}^0 + P_{-m,0,0}^0) +$$
$$\frac{c_{1,1,0}}{4h^2} [(P_{1,1,0}^0 + P_{1,-1,0}^0 - 4P_{0,0,0}^0 + P_{-1,1,0}^0 + P_{-1,-1,0}^0) +$$
$$(P_{0,1,1}^0 + P_{0,1,-1}^0 - 4P_{0,0,0}^0 + P_{0,-1,1}^0 + P_{0,-1,-1}^0) +$$
$$(P_{1,0,1}^0 + P_{1,0,-1}^0 - 4P_{0,0,0}^0 + P_{-1,0,1}^0 + P_{-1,0,-1}^0)]$$

(3-10)

其中 $c_m(m=1,2,\cdots,M)$ 和 $c_{1,1,0}$ 为权系数。

式(3-10)表明,三维 M-FD($N=1$)将 Laplace 差分算子表示为由直角坐标系中坐标轴网格点构建的 M 个 Laplace 差分算子和由非坐标轴网格点构建的 1 个 Laplace 差分算子的加权平均。实际上,三维 M-FD 就是将 Laplace 差分算子表示为由直角坐标系中坐标轴网格点构建的 M 个 Laplace 差分算子和由非坐标轴网格点构建的 N 个 Laplace 差分算子的加权平均。

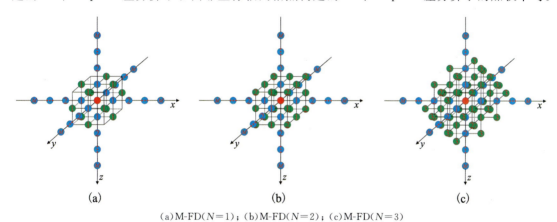

(a)M-FD($N=1$); (b)M-FD($N=2$); (c)M-FD($N=3$)

图 3-3 三维 M-FD 的 Laplace 差分算子示意图

将式(3-10)和式(3-2)代入方程(3-1)得到

$$\frac{1}{v^2 \Delta t^2} (P_{0,0,0}^1 - 2P_{0,0,0}^0 + P_{0,0,0}^{-1})$$
$$\approx \frac{1}{h^2} \{a_0 P_{0,0,0}^0 + \sum_{m=1}^{M} a_m (P_{m,0,0}^0 + P_{0,m,0}^0 + P_{0,0,m}^0 + P_{0,0,-m}^0 + P_{0,-m,0}^0 + P_{-m,0,0}^0) +$$
$$a_{1,1,0} [(P_{1,1,0}^0 + P_{1,-1,0}^0 + P_{-1,1,0}^0 + P_{-1,-1,0}^0) + (P_{0,1,1}^0 + P_{0,1,-1}^0 + P_{0,-1,1}^0 + P_{0,-1,-1}^0) +$$
$$(P_{1,0,1}^0 + P_{1,0,-1}^0 + P_{-1,0,1}^0 + P_{-1,0,-1}^0)]\} + f(t)\delta(x-x_s)\delta(y-y_s)\delta(z-z_s)$$

(3-11)

其中 $a_m = c_m/m^2$ $(m=1,2,\cdots,M)$, $a_{1,1,0} = c_{1,1,0}/4$, $a_0 = -6\sum_{m=1}^{M} a_m - 12a_{1,1,0}$,为差分系数。

方程(3-11)为三维 M-FD($N=1$)对标量波动方程(3-1)的差分离散波动方程,同样地,可以导出 M-FD($N=2,3$)对标量波动方程(3-1)的差分离散波动方程,具体过程见本章附录。方程(3-11)同样可以通过变形得到类似式(3-7)的迭代形式,进而利用 M-FD($N=1$)进行三维标量波动方程数值模拟。

三、差分系数计算

差分系数计算是有限差分法的又一项重要研究内容,计算方法优劣直接影响有限差分法的模拟精度和稳定性。本小节将基于平面波理论和泰勒级数展开阐述三维 C-FD、TS-FD 和 M-FD 的差分系数计算方法,并导出差分系数的解析解。

忽略震源项,标量波动方程(3-1)在均匀介质中存在平面波解,其离散形式为

$$P_{m,l,n}^{j} = e^{i[k_x(x+mh)+k_y(y+lh)+k_z(z+nh)-\omega(t+j\tau)]}$$

$$k_x = k\sin\varphi\cos\theta, \quad k_y = k\sin\varphi\sin\theta, \quad k_z = k\cos\varphi \tag{3-12}$$

其中 k 为波数,k_x、k_y、k_z 分别为 k 的 x、y、z 分量,ω 为圆频率,φ 为平面波传播方向与 z 轴正向的夹角,θ 为平面波传播方向在 xOy 平面内的投影与 x 轴正向的夹角,i 为虚单位,即 $i^2 = -1$。

1. 三维 C-FD 的差分系数算法

三维 C-FD 计算差分系数时仅考虑空间差分算子(Laplace 差分算子)的差分精度,将离散平面波解式(3-12)代入式(3-16)得到

$$-k_x^2 - k_y^2 - k_z^2 \approx \frac{1}{h^2}\sum_{m=1}^{M} a_m[2\cos(mk_xh) + 2\cos(mk_yh) + 2\cos(mk_zh) - 6] \tag{3-13}$$

式(3-13)称为三维 C-FD 的 Laplace 差分算子的频散关系,也称为空间域频散关系。对其中的余弦函数进行泰勒级数展开得到

$$-k_x^2 - k_y^2 - k_z^2 = 2\sum_{j=1}^{\infty}\sum_{m=1}^{M} m^{2j}a_m\left[\frac{(-1)^j k_x^{2j} h^{2j-2}}{(2j)!} + \frac{(-1)^j k_y^{2j} h^{2j-2}}{(2j)!} + \frac{(-1)^j k_z^{2j} h^{2j-2}}{(2j)!}\right] \tag{3-14}$$

令式(3-14)左右两边 $k_x^{2j}h^{2j-2}$、$k_y^{2j}h^{2j-2}$ 或 $k_z^{2j}h^{2j-2}$ 的系数对应相等,可得到

$$\sum_{m=1}^{M} m^{2j}a_m = 1 \quad (j=1), \quad \sum_{m=1}^{M} m^{2j}a_m = 0 \quad (j=2,3,\cdots,M) \tag{3-15}$$

将方程(3-15)改写为矩阵方程得到

$$\begin{bmatrix} 1 & 1 & 1 & \cdots & 1 \\ 1^2 & 2^2 & 3^2 & \cdots & M^2 \\ 1^4 & 2^4 & 3^4 & \cdots & M^4 \\ \vdots & \vdots & \vdots & \ddots & \vdots \\ 1^{2M-2} & 2^{2M-2} & 3^{2M-2} & \cdots & M^{2M-2} \end{bmatrix} \begin{bmatrix} 1^2 a_1 \\ 2^2 a_2 \\ 3^2 a_3 \\ \vdots \\ M^2 a_M \end{bmatrix} = \begin{bmatrix} 1 \\ 0 \\ 0 \\ \vdots \\ 0 \end{bmatrix} \tag{3-16}$$

方程(3-16)为一个范德蒙德(Vandermonde)矩阵方程,求解此方程得到

$$a_0 = -6\sum_{m=1}^{M} a_m, \quad a_m = \frac{(-1)^{M-1}}{m^2} \prod_{1 \leq k \leq M, k \neq m}\left(\frac{k^2}{m^2 - k^2}\right) \quad (m=1,2,\cdots,M) \tag{3-17}$$

第三章 三维标量波动方程混合网格有限差分数值模拟方法

式(3-17)为三维 C-FD 的差分系数通解。上述差分系数求解过程可以概括为将平面波解代入 Laplace 差分算子得到空间域频散关系,然后对空间域频散关系中的三角函数进行泰勒级数展开,建立关于差分系数的方程组,再求解方程组得出差分系数通解。因此,我们可以说 C-FD 基于空间域频散关系和泰勒级数展开计算差分系数。

2. 三维 TS-FD 的差分系数算法

三维 TS-FD 计算差分系数时考虑差分离散波动方程的差分精度,将离散平面波解式(3-12)代入 TS-FD 对标量波动方程的差分离散波动方程(3-6),并忽略震源项得到

$$\frac{1}{v^2 \Delta t^2}[\cos(\omega \Delta t) - 1] \approx \frac{1}{h^2}\sum_{m=1}^{M} a_m [\cos(mk_x h) + \cos(mk_y h) + \cos(mk_z h) - 3] \quad (3\text{-}18)$$

式(3-18)为 TS-FD 给出的差分离散波动方程的频散关系,也称为时空域频散关系。由于三维 C-FD 和 TS-FD 给出的差分离散波动方程相同,因此,它们的时空域频散关系也完全相同。

对式(3-18)中的余弦函数进行泰勒级数展开得到

$$\sum_{j=1}^{\infty}\frac{(-1)^j r^{2j-2} k^{2j} h^{2j-2}}{(2j)!} \approx \sum_{j=1}^{\infty}\sum_{m=1}^{M} a_m \frac{(-1)^j m^{2j}[\sin^{2j}\varphi(\cos^{2j}\theta + \sin^{2j}\theta) + \cos^{2j}\varphi] k^{2j} h^{2j-2}}{(2j)!} \quad (3\text{-}19)$$

其中 $r = v\Delta t/h$ 为 Courant 条件数,表示单位时间采样间隔 Δt 内波传播的距离与空间采样间隔 h 之比。

令方程(3-19)左右两边 $k^{2j}h^{2j-2}$ 的系数对应相等,可得到

$$\sum_{m=1}^{M} m^{2j}[\sin^{2j}\varphi(\cos^{2j}\theta + \sin^{2j}\theta) + \cos^{2j}\varphi] a_m = r^{2j-2} \quad (j=1,2,\cdots,M) \quad (3\text{-}20)$$

将方程(3-20)改写为矩阵方程得到

$$\begin{bmatrix} 1 & 1 & 1 & \cdots & 1 \\ 1^2 & 2^2 & 3^2 & \cdots & M^2 \\ 1^4 & 2^4 & 3^4 & \cdots & M^4 \\ \vdots & \vdots & \vdots & \ddots & \vdots \\ 1^{2M-2} & 2^{2M-2} & 3^{2M-2} & \cdots & M^{2M-2} \end{bmatrix} \begin{bmatrix} 1^2 a_1 \\ 2^2 a_2 \\ 3^2 a_3 \\ \vdots \\ M^2 a_M \end{bmatrix} = \begin{bmatrix} \dfrac{1}{\sin^2\varphi(\cos^2\theta + \sin^2\theta) + \cos^2\varphi} \\ \dfrac{r^2}{\sin^4\varphi(\cos^4\theta + \sin^4\theta) + \cos^4\varphi} \\ \dfrac{r^4}{\sin^6\varphi(\cos^6\theta + \sin^6\theta) + \cos^6\varphi} \\ \vdots \\ \dfrac{r^{2M-2}}{\sin^{2M}\varphi(\cos^{2M}\theta + \sin^{2M}\theta) + \cos^{2M}\varphi} \end{bmatrix}$$

(3-21)

方程(3-21)为一个范德蒙德(Vandermonde)矩阵方程,直接求解此方程,导出的差分系数通解较复杂。方程(3-21)还表明,差分系数与选取的地震波传播方向角 φ 和 θ 的值相关。取 $\varphi = \pi/2, \theta = 0$,方程(3-21)可简化为

$$\begin{bmatrix} 1 & 1 & 1 & \cdots & 1 \\ 1^2 & 2^2 & 3^2 & \cdots & M^2 \\ 1^4 & 2^4 & 3^4 & \cdots & M^4 \\ \vdots & \vdots & \vdots & \ddots & \vdots \\ 1^{2M-2} & 2^{2M-2} & 3^{2M-2} & \cdots & M^{2M-2} \end{bmatrix} \begin{bmatrix} 1^2 a_1 \\ 2^2 a_2 \\ 3^2 a_3 \\ \vdots \\ M^2 a_M \end{bmatrix} = \begin{bmatrix} 1 \\ r^2 \\ r^4 \\ \vdots \\ r^{2M-2} \end{bmatrix} \quad (3-22)$$

解方程(3-22)得到

$$a_0 = -6 \sum_{m=1}^{M} a_m, \quad a_m = \frac{1}{m^2} \prod_{1 \leqslant k \leqslant M, k \neq m} \left(\frac{r^2 - k^2}{m^2 - k^2} \right) \quad (m=1,2,\cdots,M) \quad (3-23)$$

取 $\varphi = \pi/2, \theta = \pi/4$，方程(3-21)可简化为

$$\begin{bmatrix} 1 & 1 & 1 & \cdots & 1 \\ 1^2 & 2^2 & 3^2 & \cdots & M^2 \\ 1^4 & 2^4 & 3^4 & \cdots & M^4 \\ \vdots & \vdots & \vdots & \ddots & \vdots \\ 1^{2M-2} & 2^{2M-2} & 3^{2M-2} & \cdots & M^{2M-2} \end{bmatrix} \begin{bmatrix} 1^2 a_1 \\ 2^2 a_2 \\ 3^2 a_3 \\ \vdots \\ M^2 a_M \end{bmatrix} = \begin{bmatrix} 1 \\ (\sqrt{2}r)^2 \\ (\sqrt{2}r)^4 \\ \vdots \\ (\sqrt{2}r)^{2M-2} \end{bmatrix} \quad (3-24)$$

解方程(3-24)得到

$$a_0 = -6 \sum_{m=1}^{M} a_m, \quad a_m = \frac{1}{m^2} \prod_{1 \leqslant k \leqslant M, k \neq m} \left(\frac{2r^2 - k^2}{m^2 - k^2} \right) \quad (m=1,2,\cdots,M) \quad (3-25)$$

式(3-23)和式(3-25)分别给出了 $\varphi=\pi/2$、$\theta=0$ 和 $\varphi=\pi/2$、$\theta=\pi/4$ 时，三维 TS-FD 的差分系数通解。Liu 和 Sen[8] 计算差分系数时取 $\varphi=\pi/2$、$\theta=\pi/8$，但没有给出差分系数通解，需要通过求解方程(3-21)计算差分系数。

对比三维 C-FD 的差分系数通解式(3-17)和 TS-FD 的差分系数通解式(3-23)或式(3-25)可以看出，C-FD 的差分系数通解是 TS-FD 的差分系数通解中取 $r=0$ 的特殊情况。C-FD 的差分系数仅与 M 的取值有关，与地震波在介质中的传播速度 v 无关。TS-FD 的差分系数不仅与 M 的取值有关，还与 $r=v\Delta t/h$ 及计算差分系数时选取的地震波传播方向角 φ 和 θ 的值相关。数值模拟过程中时间采样间隔 Δt 和空间采样间隔 h 取值固定，TS-FD 的差分系数随速度 v 自适应变化，这是 TS-FD 比 C-FD 具有更高模拟精度的根本原因。

三维 TS-FD 的差分系数求解过程可以概括为将平面波解代入差分离散波动方程得到时空域频散关系，然后对时空域频散关系中的三角函数进行泰勒级数展开，建立关于差分系数的方程组，再求解方程组得出差分系数通解。因此，我们可以说 TS-FD 基于时空域频散关系和泰勒级数展开计算差分系数。

3. 三维 M-FD 的差分系数算法

三维 M-FD 计算差分系数时考虑差分离散波动方程的差分精度，将离散平面波解式(3-12)代入 M-FD($N=1$)对标量波动方程的差分离散波动方程(3-11)，并忽略震源项得到

第三章 三维标量波动方程混合网格有限差分数值模拟方法

$$\frac{1}{v^2\Delta t^2}[\cos(\omega\Delta t)-1] \approx \frac{1}{h^2}\Big\{\sum_{m=1}^{M}a_m[\cos(mk_xh)+\cos(mk_yh)+\cos(mk_zh)-3]+$$
$$a_{1,1,0}[\cos(k_x-k_y)+\cos(k_x+k_y)+\cos(k_y-k_z)+$$
$$\cos(k_y+k_z)+\cos(k_x-k_z)+\cos(k_x+k_z)-6]\Big\}$$
(3-26)

式(3-26)为三维 M-FD($N=1$)给出的差分离散波动方程的频散关系,也称为时空域频散关系。对其中的余弦函数进行泰勒级数展开得到

$$\sum_{j=1}^{\infty}\frac{(-1)^jr^{2j-2}k^{2j}h^{2j-2}}{(2j)!} \approx \sum_{j=1}^{\infty}\sum_{m=1}^{M}a_m\frac{(-1)^jm^{2j}[k_x^{2j}+k_y^{2j}+k_z^{2j}]h^{2j-2}}{(2j)!}+$$
$$a_{1,1,0}\sum_{j=1}^{\infty}\frac{(-1)^j[(k_x-k_y)^{2j}+(k_x+k_y)^{2j}]h^{2j-2}}{(2j)!}+$$
$$a_{1,1,0}\sum_{j=1}^{\infty}\frac{(-1)^j[(k_y-k_z)^{2j}+(k_y+k_z)^{2j}]h^{2j-2}}{(2j)!}+$$
$$a_{1,1,0}\sum_{j=1}^{\infty}\frac{(-1)^j[(k_x-k_z)^{2j}+(k_x+k_z)^{2j}]h^{2j-2}}{(2j)!}$$
(3-27)

令方程(3-27)左右两边 $k_x^2k_y^2h^2$、$k_y^2k_z^2h^2$ 或 $k_x^2k_z^2h^2$ 的系数对应相等,可得到

$$a_{1,1,0}=\frac{r^2}{6} \quad (3\text{-}28)$$

取 $j=1,2$,令方程(3-27)左右两边 $k_x^{2j}h^{2j-2}$、$k_y^{2j}h^{2j-2}$ 或 $k_z^{2j}h^{2j-2}$ 的系数对应相等,可得到

$$\sum_{m=1}^{M}m^{2j}a_m+4a_{1,1,0}=r^{2j-2} \quad (j=1,2) \quad (3\text{-}29)$$

将 $k_x=k\sin\varphi\cos\theta$,$k_y=k\sin\varphi\sin\theta$ 和 $k_z=k\cos\varphi$ 代入方程(3-27),然后,令方程(3-27)左右两边 $k^{2j}h^{2j-2}(j=3,4,\cdots,M)$ 的系数对应相等,可得到

$$r^{2j-2}=\sum_{m=1}^{M}m^{2j}[\sin^{2j}\varphi(\cos^{2j}\theta+\sin^{2j}\theta)+\cos^{2j}\varphi]a_m+$$
$$\Big\{\sin^{2j}\varphi[(\cos\theta-\sin\theta)^{2j}+(\cos\theta+\sin\theta)^{2j}]+$$
$$[(\sin\varphi\sin\theta-\cos\varphi)^{2j}+(\sin\varphi\sin\theta+\cos\varphi)^{2j}]+$$
$$[(\sin\varphi\cos\theta-\cos\varphi)^{2j}+(\sin\varphi\cos\theta+\cos\varphi)^{2j}]\Big\}a_{1,1,0} \quad (j=3,4,\cdots,M)$$
(3-30)

从式(3-30)可以看出,差分系数计算结果与选取的地震波传播方向角 φ 和 θ 的值有关。取 $\varphi=\pi/2$、$\theta=0$,方程(3-27)和方程(3-30)改写为矩阵方程得到

$$\begin{bmatrix} 1 & 1 & 1 & \cdots & 1 \\ 1^2 & 2^2 & 3^2 & \cdots & M^2 \\ 1^4 & 2^4 & 3^4 & \cdots & M^4 \\ \vdots & \vdots & \vdots & \ddots & \vdots \\ 1^{2M-2} & 2^{2M-2} & 3^{2M-2} & \cdots & M^{2M-2} \end{bmatrix}\begin{bmatrix} 1^2(a_1+4a_{1,1,0}) \\ 2^2a_2 \\ 3^2a_3 \\ \vdots \\ M^2a_M \end{bmatrix}=\begin{bmatrix} 1 \\ r^2 \\ r^4 \\ \vdots \\ r^{2M-2} \end{bmatrix} \quad (3\text{-}31)$$

联立求解方程(3-28)和方程(3-31)得到

$$a_{1,1} = \frac{r^2}{6}, \quad a_0 = -6\sum_{m=1}^{M} a_m - 12 a_{1,1,0}, \quad a_1 = \prod_{1 \leqslant k \leqslant M, k \neq 1} \left(\frac{r^2 - k^2}{1 - k^2} \right) - \frac{2r^2}{3}$$

$$a_m = \frac{1}{m^2} \prod_{1 \leqslant k \leqslant M, k \neq m} \left(\frac{r^2 - k^2}{m^2 - k^2} \right) \quad (m = 2, 3, \cdots, M)$$
(3-32)

式(3-32)为取 $\varphi = \pi/2$、$\theta = 0$ 时，三维 M-FD($N=1$) 的差分系数通解。φ 和 θ 取其他值时，通解较为复杂，可以通过联立求解方程(3-28)、方程(3-29)和方程(3-30)计算差分系数。三维 M-FD($N=2,3$) 的差分系数也可采用同样的方法求解。本章附录给出了取 $\varphi = \pi/2$、$\theta = 0$ 时，三维 M-FD($N=2,3$) 的差分系数通解。

与三维 TS-FD 的差分系数计算过程类似，M-FD 也是基于时空域频散关系和泰勒级数展开计算差分系数。M-FD 的差分系数不仅与 M 和 N 的取值相关，还与计算差分系数时选择的 φ 和 θ 的值相关，并且随地震波的传播速度 v 自适应变化。

四、差分精度分析

差分精度通常用来描述差分算子近似微分算子的精确程度。目前，大部分学者将时间差分算子和空间差分算子的差分精度分开分析，他们通常认为，时间差分算子和空间差分算子的差分精度越高，有限差分法的模拟精度越高。考虑到有限差分法通过迭代求解差分离散波动方程实现波动方程数值模拟，本章通过定义差分离散波动方程的差分精度来衡量差分离散波动方程近似偏微分波动方程的精确程度。我们认为差分离散波动方程的差分精度能更合理地描述有限差分法的模拟精度。

1. 三维 C-FD 的差分精度

根据三维 C-FD 的空间域频散关系式(3-13)，定义 Laplace 差分算子的误差函数 $\varepsilon_{\text{C-FD}}$ 为

$$\varepsilon_{\text{C-FD}} = \frac{1}{h^2} \sum_{m=1}^{M} a_m \left[2\cos(m k_x h) + 2\cos(m k_y h) + 2\cos(m k_z h) - 6 \right] + k_x^2 + k_y^2 + k_z^2$$
(3-33)

根据泰勒级数展开式(3-33)中的余弦函数，并结合三维 C-FD 的差分系数求解过程，可以得到

$$\varepsilon_{\text{C-FD}} = 2 \sum_{j=M+1}^{\infty} \sum_{m=1}^{M} a_m \frac{(-1)^j m^{2j} (k_x^{2j} + k_y^{2j} + k_z^{2j}) h^{2j-2}}{(2j)!}$$
(3-34)

式(3-34)表明，误差函数 $\varepsilon_{\text{C-FD}}$ 中 h 的最小幂指数为 $2M$，因此，三维 C-FD 的 Laplace 差分算子具有 $2M$ 阶差分精度，即 C-FD 具有 $2M$ 阶空间差分精度。

进一步分析三维 C-FD 给出的差分离散波动方程的差分精度，根据 C-FD 的时空域频散关系式(3-18)，定义差分离散波动方程的误差函数 $E_{\text{C-FD}}$ 为

$$E_{\text{C-FD}} = \frac{1}{h^2} \sum_{m=1}^{M} a_m \left[\cos(m k_x h) + \cos(m k_y h) + \cos(m k_z h) - 3 \right] - \frac{1}{v^2 \Delta t^2} \left[\cos(\omega \Delta t) - 1 \right]$$
(3-35)

考虑到 $r = v\Delta t/h$，泰勒级数展开式(3-35)中的余弦函数，并结合 C-FD 的差分系数求解过程，可以得到

$$E_{\text{C-FD}} = \sum_{j=2}^{\infty}\Big[\sum_{m=1}^{M} m^{2j}\big[\sin^{2j}\varphi(\cos^{2j}\theta+\sin^{2j}\theta)+\cos^{2j}\varphi\big]a_m - r^{2j-2}\Big]\frac{(-1)^j k^{2j} h^{2j-2}}{(2j)!}$$

(3-36)

式(3-36)表明,误差函数 $E_{\text{C-FD}}$ 中 h 的最小幂指数为 2,如果将 $r=v\Delta t/h$ 代入式(3-36),会发现误差函数 $E_{\text{C-FD}}$ 中 Δt 的最小幂指数为 2,因此,三维 C-FD 的差分离散波动方程具有二阶差分精度。

综合上述分析可知:三维 C-FD 的时间差分算子具有二阶差分精度,空间差分算子具有 $2M$ 阶差分精度;三维 C-FD 给出差分离散波动方程仅具有二阶差分精度。

2. 三维 TS-FD 的差分精度

三维 TS-FD 与 C-FD 具有相同的 Laplace 差分算子表达式,它们的空间域频散关系也完全相同,均由式(3-13)表示。根据此式,定义三维 TS-FD 的 Laplace 差分算子的误差函数 $\varepsilon_{\text{TS-FD}}$ 为

$$\varepsilon_{\text{TS-FD}} = \frac{1}{h^2}\sum_{m=1}^{M} a_m\big[2\cos(mk_x h)+2\cos(mk_y h)+2\cos(mk_z h)-6\big]+k_x^2+k_y^2+k_z^2$$

(3-37)

根据泰勒级数展开式(3-37)中的余弦函数,并结合 TS-FD 的差分系数求解过程,可以得到

$$\varepsilon_{\text{TS-FD}} = 2\sum_{j=2}^{\infty}\sum_{m=1}^{M} m^{2j}\big[\sin^{2j}\varphi(\cos^{2j}\theta+\sin^{2j}\theta)+\cos^{2j}\varphi\big]a_m \frac{(-1)^j k^{2j} h^{2j-2}}{(2j)!} \quad (3\text{-}38)$$

式(3-38)表明,误差函数 $\varepsilon_{\text{TS-FD}}$ 中 h 的最小幂指数为 2,因此,三维 TS-FD 的 Laplace 差分算子具有二阶差分精度,即 TS-FD 具有二阶空间差分精度。

我们需要注意,三维 C-FD 和 TS-FD 的 Laplace 差分算子表达式相同,只是差分系数计算方法不同,使得 C-FD 的 Laplace 差分算子具有 $2M$ 阶差分精度,而 TS-FD 的 Laplace 差分算子仅具有二阶差分精度。这说明 Laplace 差分算子的差分精度不仅取决于 Laplace 差分算子的结构(构建 Laplace 差分算子使用的网格点数),还取决于差分系数计算方法。

我们进一步分析三维 TS-FD 给出的差分离散波动方程的差分精度。根据 TS-FD 的时空域频散关系式(3-18),定义差分离散波动方程的误差函数 $E_{\text{TS-FD}}$ 为

$$E_{\text{TS-FD}} = \frac{1}{h^2}\sum_{m=1}^{M} a_m\big[\cos(mk_x h)+\cos(mk_y h)+\cos(mk_z h)-3\big]-\frac{1}{v^2\Delta t^2}\big[\cos(\omega\Delta t)-1\big]$$

(3-39)

根据泰勒级数展开式(3-39)中的余弦函数,并结合 TS-FD 的差分系数求解过程,可以得到

$$E_{\text{TS-FD}} = \sum_{j=2}^{\infty}\Big\{\sum_{m=1}^{M} m^{2j}\big[\sin^{2j}\varphi(\cos^{2j}\theta+\sin^{2j}\theta)+\cos^{2j}\varphi\big]a_m - r^{2j-2}\Big\}\frac{(-1)^j k^{2j} h^{2j-2}}{(2j)!}$$

(3-40)

式(3-40)表明,误差函数 $E_{\text{TS-FD}}$ 中 h 的最小幂指数为 2,如果将 $r=v\Delta t/h$ 代入式(3-40),会发现误差函数 $E_{\text{TS-FD}}$ 中 Δt 的最小幂指数为 2,因此,三维 TS-FD 的差分离散波动方程具有二阶差分精度。

下面结合三维 TS-FD 的差分系数求解过程,对误差函数 $E_{\text{TS-FD}}$ 进行进一步分析。计算差分系数时取 $\varphi=\pi/2$、$\theta=0$(此传播方向角代表 x 轴正向),方程(3-20)成立,则地震波传播方向角 φ 和 θ 取值表示 3 个坐标轴的正负方向(共 6 个传播方向)时,方程(3-20)也成立,此时式(3-40)可改写为

$$E_{\text{TS-FD}} = \sum_{j=M+1}^{\infty}\left[\sum_{m=1}^{M} m^{2j}[\sin^{2j}\varphi(\cos^{2j}\theta+\sin^{2j}\theta)+\cos^{2j}\varphi]a_m - r^{2j-2}\right]\frac{(-1)^j k^{2j} h^{2j-2}}{(2j)!} \quad (3\text{-}41)$$

注意,仅当 φ 和 θ 取值表示 3 个坐标轴的正负方向(共 6 个传播方向)时,式(3-41)成立,误差函数 $E_{\text{TS-FD}}$ 中 h 的最小幂指数为 $2M$,此时三维 TS-FD 的差分离散波动方程可达到 $2M$ 阶差分精度。

上述分析表明,三维 TS-FD 选取 $\varphi=\pi/2$、$\theta=0$ 计算差分系数时,差分离散波动方程沿 3 个坐标轴的正负方向(共 6 个传播方向)可以达到 $2M$ 阶差分精度;类似地,如果选取 $\varphi=\pi/2$、$\theta=\pi/4$(此传播方向角代表坐标平面 xOy 内 x 轴和 y 轴正向的角平分线方向)计算差分系数,差分离散波动方程沿 3 个坐标平面内坐标轴角平分线方向(共 12 个传播方向)可以达到 $2M$ 阶差分精度;如果选取 $\varphi=\pi/2$、$\theta=\pi/8$ 计算差分系数,差分离散波动方程沿 $\varphi=\pi/2$、$\theta=(2n-1)\pi/8(n=1,2,\cdots,8)$ 和 $\varphi=(2m-1)\pi/8$、$\theta=(n-1)\pi/2(m=1,2,\cdots,8;n=1,2)$ 表示的 24 个传播方向可以达到 $2M$ 阶差分精度。

综合上述分析可知,三维 TS-FD 的时间差分算子具有二阶差分精度,空间差分算子也仅具有二阶差分精度;TS-FD 给出的差分离散波动方程也仅具有二阶差分精度,但沿特定的 6 个、12 个或 24 个传播方向可以达到 $2M$ 阶差分精度,这 6 个、12 个或 24 个传播方向取决于计算差分系数时选择的 φ 和 θ 的值。

3. 三维 M-FD 的差分精度

与三维 C-FD 和 TS-FD 的 Laplace 差分算子的差分精度分析过程类似,通过将离散平面波解代入三维 M-FD($N=1$)的 Laplace 差分算子表达式导出空间域频散关系表达式,进而定义 M-FD($N=1$)的 Laplace 差分算子的误差函数 $\varepsilon_{\text{M-FD}(N=1)}$ 为

$$\varepsilon_{\text{M-FD}(N=1)} = \frac{1}{h^2}\Big\{\sum_{m=1}^{M} a_m[2\cos(mk_x h)+2\cos(mk_y h)+2\cos(mk_z h)-6]+ \\ a_{1,1,0}[2\cos(k_x-k_y)+2\cos(k_x+k_y)+2\cos(k_y-k_z)+2\cos(k_y+k_z)+ \\ 2\cos(k_x-k_z)+2\cos(k_x+k_z)-12]\Big\}+k_x^2+k_y^2+k_z^2$$

(3-42)

根据泰勒级数展开式(3-42)中的余弦函数,并结合 M-FD($N=1$)的差分系数求解过程,可得到

$$\varepsilon_{\text{M-FD}(N=1)} = 2\sum_{j=2}^{\infty}\sum_{m=1}^{M} m^{2j}[\sin^{2j}\varphi(\cos^{2j}\theta+\sin^{2j}\theta)+\cos^{2j}\varphi]a_m \frac{(-1)^j k^{2j} h^{2j-2}}{(2j)!} + \\ 2\sum_{j=2}^{\infty}\{\sin^{2j}\varphi[(\cos\theta-\sin\theta)^{2j}+(\cos\theta+\sin\theta)^{2j}]+ \\ [(\sin\varphi\sin\theta-\cos\varphi)^{2j}+(\sin\varphi\sin\theta+\cos\varphi)^{2j}]+$$

第三章 三维标量波动方程混合网格有限差分数值模拟方法

$$[(\sin\varphi\cos\theta - \cos\varphi)^{2j} + (\sin\varphi\cos\theta + \cos\varphi)^{2j}]\}a_{1,1,0}\frac{(-1)^j k^{2j} h^{2j-2}}{(2j)!} \quad (3\text{-}43)$$

式(3-43)表明,误差函数 $\varepsilon_{\text{M-FD}(N=1)}$ 中 h 的最小幂指数为 2,因此,三维 M-FD($N=1$) 的 Laplace 差分算子仅具有二阶差分精度,即 M-FD($N=1$) 仅具有二阶差分精度。

下面进一步分析三维 M-FD($N=1$) 给出的差分离散波动方程的差分精度。根据 M-FD($N=1$) 的时空域频散关系式(3-26),定义差分离散波动方程的误差函数 $E_{\text{M-FD}(N=1)}$ 为

$$\begin{aligned}E_{\text{M-FD}(N=1)} = \frac{1}{h^2}\Big\{&\sum_{m=1}^{M} a_m[\cos(mk_x h) + \cos(mk_y h) + \cos(mk_z h) - 3] + \\ & a_{1,1,0}[\cos(k_x - k_y) + \cos(k_x + k_y) + \cos(k_y - k_z) + \cos(k_y + k_z) + \\ & \cos(k_x - k_z) + \cos(k_x + k_z) - 6]\Big\} - \frac{1}{v^2 \Delta t^2}[\cos(\omega\Delta t) - 1]\end{aligned}$$

$$(3\text{-}44)$$

根据泰勒级数展开式(3-44)中的余弦函数,并结合三维 M-FD($N=1$) 的差分系数求解过程,可以得到

$$\begin{aligned}E_{\text{M-FD}(N=1)} = &\sum_{j=3}^{\infty}\sum_{m=1}^{M} m^{2j}[\sin^{2j}\varphi(\cos^{2j}\theta + \sin^{2j}\theta) + \cos^{2j}\varphi]a_m \frac{(-1)^j k^{2j} h^{2j-2}}{(2j)!} + \\ & \sum_{j=3}^{\infty}\{\sin^{2j}\varphi[(\cos\theta - \sin\theta)^{2j} + (\cos\theta + \sin\theta)^{2j}] + \\ & [(\sin\varphi\sin\theta - \cos\varphi)^{2j} + (\sin\varphi\sin\theta + \cos\varphi)^{2j}] + \\ & [(\sin\varphi\cos\theta - \cos\varphi)^{2j} + (\sin\varphi\cos\theta + \cos\varphi)^{2j}]\}a_{1,1,0}\frac{(-1)^j k^{2j} h^{2j-2}}{(2j)!} - \\ & \sum_{j=3}^{\infty}\frac{r^{2j-2}(-1)^j k^{2j} h^{2j-2}}{(2j)!}\end{aligned}$$

$$(3\text{-}45)$$

式(3-45)表明,误差函数 $E_{\text{M-FD}}(N=1)$ 中 h 的最小幂指数为 4,如果将 $r = v\Delta t/h$ 代入式(3-45),会发现误差函数 $E_{\text{M-FD}}(N=1)$ 中 Δt 的最小幂指数为 4,因此,三维 M-FD($N=1$) 的差分离散波动方程具有四阶差分精度。

与三维 TS-FD 给出的差分离散波动方程的差分精度的分析过程类似,结合 M-FD($N=1$) 的差分系数求解过程,对误差函数 $E_{\text{M-FD}(N=1)}$ 进行进一步分析可以得出:三维 M-FD($N=1$) 选取 $\varphi=\pi/2$、$\theta=0$ 计算差分系数时,差分离散波动方程沿 3 个坐标轴的正负方向(6 个传播方向)可达到 $2M$ 阶差分精度;选取 $\varphi=\pi/2$、$\theta=\pi/4$ 计算差分系数时,差分离散波动方程沿 $\varphi=\pi/2$、$\theta=(2n-1)\pi/4(n=1,2,3,4)$ 和 $\varphi=(2m-1)\pi/4$、$\theta=(n-1)\pi/2(m=1,2,3,4; n=1,2)$ 表示的 12 个传播方向可以达到 $2M$ 阶差分精度;选取 $\varphi=\pi/2$、$\theta=\pi/8$ 计算差分系数时,差分离散波动方程沿 $\varphi=\pi/2$、$\theta=(2n-1)\pi/8(n=1,2,\cdots,8)$ 和 $\varphi=(2m-1)\pi/8$、$\theta=(n-1)\pi/2$ ($m=1,2,\cdots,8; n=1,2$) 表示的 24 个传播方向可以达到 $2M$ 阶差分精度。

综合上述分析可知,三维 M-FD($N=1$) 的时间差分算子具有二阶差分精度,空间差分算子也仅具有二阶差分精度;但是,三维 M-FD($N=1$) 给出的差分离散波动方程具有四阶差分精度,并且沿特定的 6 个、12 个或 24 个传播方向可以达到 $2M$ 阶差分精度,这 6 个、12 个或

24个传播方向取决于计算差分系数时选择的 φ 和 θ 的值。

利用同样的方法,可以分析出三维 M-FD($N=2,3$)的时间差分算子、空间差分算子以及差分离散波动方程的差分精度。表 3-1 给出了三维 C-FD、TS-FD 和 M-FD($N=1,2,3$)的差分精度,可以看出,相比 C-FD 和 TS-FD,M-FD($N=1,2,3$)没有提高时间差分算子和空间差分算子的差分精度,但有效提高了差分离散波动方程的差分精度。

表 3-1　三维 C-FD、TS-FD 和 M-FD($N=1,2,3$)的差分精度

差分方法	差分精度		
	时间差分算子	空间差分算子	差分离散波动方程
C-FD	二阶	$2M$ 阶	二阶
TS-FD	二阶	二阶	二阶
M-FD($N=1$)	二阶	二阶	四阶
M-FD($N=2$)	二阶	二阶	四阶
M-FD($N=3$)	二阶	二阶	六阶

第二节　数值频散和稳定性分析

数值频散的大小直接反映有限差分法的数值模拟精度;稳定性条件给出了确保有限差分法迭代过程稳定时,时间采样间隔 Δt、空间采样间隔 h 和地震波在介质中的传播速度 v 需要满足的定量关系。本节将分析三维 C-FD、TS-FD 和 M-FD 的数值频散和稳定性。

一、数值频散分析

1. 归一化相速度误差表达式

与二维情况类似,我们采用归一化相速度误差函数 $\varepsilon_{\mathrm{ph}}(kh,\varphi,\theta)=v_{\mathrm{ph}}/v-1$ 描述相速度的数值频散特征,根据相速度的定义 $v_{\mathrm{ph}}=\omega/k$ 和三维 C-FD 的时空域频散关系式(3-18),可得出三维 C-FD 的归一化相速度误差函数 $\varepsilon_{\mathrm{ph}}(kh,\varphi,\theta)$ 的表达式为

$$\varepsilon_{\mathrm{ph}}(kh,\varphi,\theta)=\frac{v_{\mathrm{ph}}}{v}-1=\frac{1}{rkh}\arccos(r^2c+1)-1 \tag{3-46}$$

其中

$$c=\sum_{m=1}^{M}a_m[\cos(mkh\sin\varphi\cos\theta)+\cos(mkh\sin\varphi\sin\theta)+\cos(mkh\cos\varphi)-3] \tag{3-47}$$

三维 TS-FD 和 C-FD 具有相同的时空域频散关系,因此,它们的归一化相速度误差函数 $\varepsilon_{\mathrm{ph}}(kh,\varphi,\theta)$ 的表达式也完全相同,但差分系数 $a_m(m=1,2,\cdots,M)$ 不同。

同样地,根据三维 M-FD($N=1$)的时空域频散关系式(3-26)可导出其归一化相速度误差函数 $\varepsilon_{\mathrm{ph}}(kh,\varphi,\theta)$ 的表达式,与式(3-46)的形式完全相同,仅其中 c 的表达式不同。三维 M-

FD($N=1$)的归一化相速度误差函数 $\varepsilon_{ph}(kh,\varphi,\theta)$ 表达式中

$$\begin{aligned}c =& \sum_{m=1}^{M} a_m \left[\cos(mkh\sin\varphi\cos\theta) + \cos(mkh\sin\varphi\sin\theta) + \cos(mkh\cos\varphi) - 3\right] + \\ & a_{1,1,0}\{\cos[kh(\sin\varphi\cos\theta - \sin\varphi\sin\theta)] + \cos[kh(\sin\varphi\cos\theta + \sin\varphi\sin\theta)] + \\ & \cos[kh(\sin\varphi\sin\theta - \cos\varphi)] + \cos[kh(\sin\varphi\sin\theta + \cos\varphi)] + \\ & \cos[kh(\sin\varphi\cos\theta - \cos\varphi)] + \cos[kh(\sin\varphi\cos\theta + \cos\varphi)] - 6\}\end{aligned} \quad (3\text{-}48)$$

利用同样的方法可以导出三维 M-FD($N=2,3$)的归一化相速度误差函数 $\varepsilon_{ph}(kh,\varphi,\theta)$ 的表达式。

$\varepsilon_{ph}(kh,\varphi,\theta)=0$ 表示相速度等于真实速度,无数值频散;$\varepsilon_{ph}(kh,\varphi,\theta)>0$ 表示相速度大于真实速度,有时间频散,会出现波至超前现象;$\varepsilon_{ph}(kh,\varphi,\theta)<0$ 表示相速度小于真实速度,有空间频散,会出现波至拖尾现象。根据三维 C-FD、TS-FD 和 M-FD($N=1,2,3$)的归一化相速度误差函数 $\varepsilon_{ph}(kh,\varphi,\theta)$ 的表达式,绘制相应的相速度频散曲线,可以有效分析它们的相速度频散特征。

2. 相速度频散曲线

图 3-4 给出了三维 C-FD($M=2,6,10$)、TS-FD($M=2,6,10$)和 M-FD($M=2,6,10$;$N=1$)的相速度频散曲线。绘制频散曲线时,归一化相速度误差函数中 Courant 条件数 r 的取值均为 0.3,另外,采用 TS-FD($M=2,6,10$)和 M-FD($M=2,6,10$;$N=1$)计算差分系数时选择 $\varphi=\pi/2$、$\theta=\pi/8$。分析对比相速度频散曲线特征可以得出如下结论:

(1)M 的取值为 2 时,C-FD 具有明显的空间频散;M 的取值增大至 6 时,空间频散明显减小,但是出现了较明显的时间频散;M 的取值继续增大至 10 时,空间频散消失,时间频散进一步增大。因此,无论 M 如何取值,C-FD 都无法有效压制数值频散,模拟精度较低。

(2)M 的取值为 2 时,TS-FD 具有明显的空间频散;M 的取值增大至 6 时,空间频散明显减小,但是出现了一定的时间频散;M 的取值继续增大至 10 时,空间频散进一步减小,时间频散变化不大。另外还可以看出,TS-FD 的频散曲线较发散,说明数值频散特征随地震波的传播方向变化较大,即 TS-FD 存在较强的数值各向异性。

(3)M 的取值为 2 时,M-FD($N=1$)具有明显的空间频散;M 的取值增大至 6 时,空间频散明显减小;M 的取值继续增大至 10 时,空间频散进一步减小。因此,随着 M 取值的增大,M-FD($N=1$)的数值频散逐步减小,模拟精度能够稳步提高。另外,M-FD($N=1$)的相速度频散曲线收敛性较好,数值各向异性特征也不是很明显。

综合上述分析可知:M 取值较小(如 $M=2$)时,相比 C-FD 和 TS-FD,M-FD 在压制数值频散方面无明显优势;M 取值较大(如 $M=10$)时,TS-FD 的相速度数值频散幅值小于 C-FD,M-FD 比 TS-FD 的数值频散幅值进一步减小,数值各向异性明显减弱。因此,M 取值较大时,M-FD 比 C-FD 和 TS-FD 能更有效地压制数值频散,模拟精度更高。另外,M-FD 的数值各向异性明显弱于 TS-FD,说明在 Laplace 差分算子中引入非坐标轴网格点有助于减小数值各向异性。

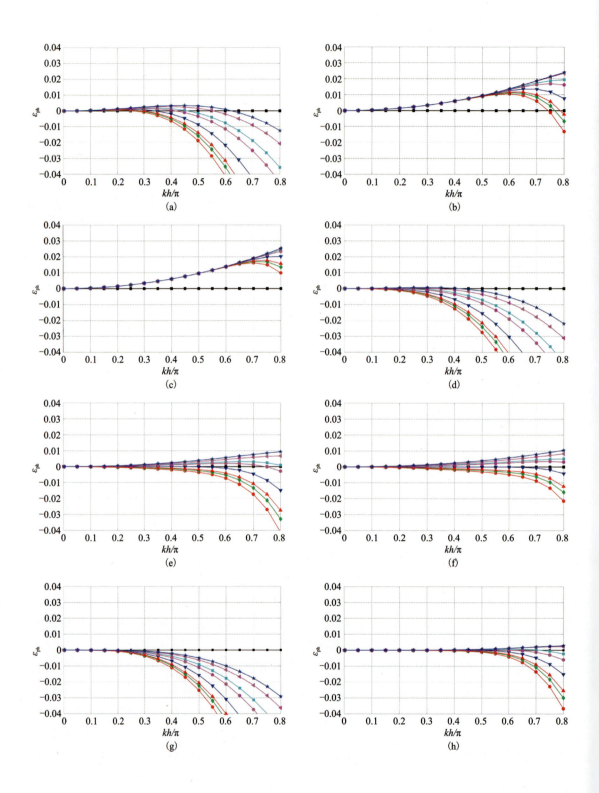

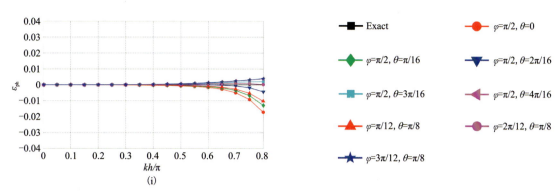

(a)～(c)C-FD($M=2,6,10$);(d)～(f)TS-FD($M=2,6,10$);(g)～(i)M-FD($M=2,6,10;N=1$)

图 3-4　三维 C-FD、TS-FD 和 M-FD($N=1$)的相速度频散曲线

图 3-5 给出了三维 M-FD($M=9,18;N=1,2,3$)的相速度频散曲线。绘制频散曲线时，归一化相速度误差函数中 Courant 条件数 r 的取值均为 0.3，计算差分系数时选择 $\varphi=\pi/2$、$\theta=\pi/8$。另外，两组子图(a)～(c)和(d)～(f)中频散曲线具有不同的纵轴刻度。对比分析这两组频散曲线特征可以得出如下结论：

(1)M 取值为 9 时，N 的取值从 1 增大至 3，M-FD 的相速度频散特征基本保持不变；M 的取值为 18 时，N 的取值从 1 增大至 2，M-FD 的相速度频散特征保持不变，N 的取值继续增大至 3，频散曲线收敛性明显变好，时间和空间频散均明显减小。因此，三维标量波动方程数值模拟对精度要求较高时，建议采用 M-FD($N=1$)，且 M 的取值为 9 左右；对模拟精度要苛刻时，可以采用 M-FD($N=3$)，且 M 的取值为 18 左右。N 的取值大于 4，同时 M 取值更大的三维 M-FD 因为数值计算量巨大，计算效率极低而很少采用。因此，三维 M-FD 可以根据模拟精度要求合理选择 M 和 N 的值。

(2)固定 M 的取值，N 的取值从 1 变化到 2，M-FD 的相速度频散特征基本不变，这是三维 M-FD($N=1,2$)给出差分离散波动方程均具有四阶差分精度的缘故(表 3-1)。

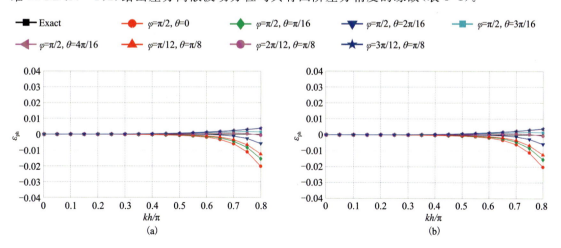

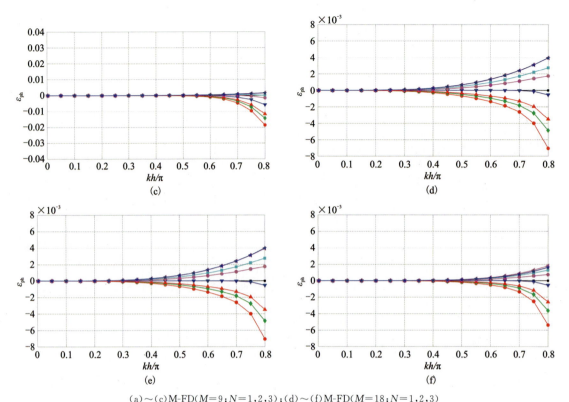

(a)~(c)M-FD($M=9;N=1,2,3$);(d)~(f)M-FD($M=18;N=1,2,3$)

图 3-5 三维 M-FD($N=1,2,3$)的相速度频散曲线

图 3-6 给出了三维 TS-FD($M=10$)和 M-FD($M=8;N=1$)的相速度频散曲线。绘制频散曲线时，归一化相速度误差函数中 Courant 条件数 r 的取值均为 0.3，计算差分系数时分别选取 $\varphi=\pi/2,\theta=0$，$\varphi=\pi/2,\theta=\pi/8$ 和 $\varphi=\pi/4,\theta=\pi/4$。对比相速度频散曲线可以得出如下结论：

(1)TS-FD($M=10$)计算差分系数时，取 $\varphi=\pi/2,\theta=0$，主要表现为时间频散；取 $\varphi=\pi/2$、$\theta=\pi/8$，时间频散和空间频散同时存在；取 $\varphi=\pi/4$、$\theta=\pi/4$，主要表现为空间频散。进一步对比分析三幅子图中相速度数值频散的幅值会发现，取 $\varphi=\pi/2$、$\theta=\pi/8$，相速度数值频散幅值最小；取 $\varphi=\pi/4$、$\theta=\pi/4$，相速度数值频散幅值最大。

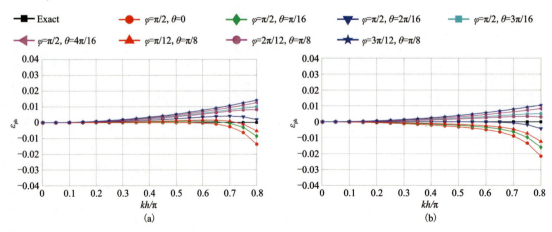

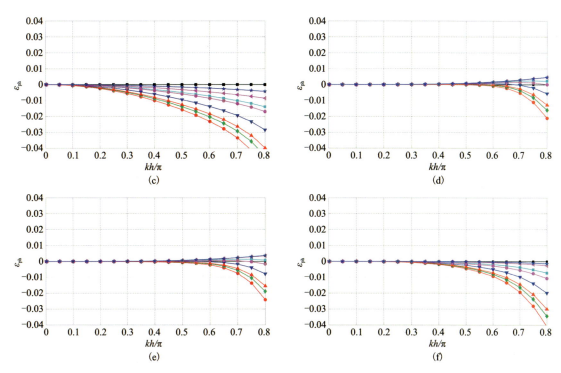

(a)～(c)TS-FD($M=10$),计算差分系数时分别取$\varphi=\pi/2$、$\theta=0$,$\varphi=\pi/2$、$\theta=\pi/8$ 和 $\varphi=\pi/4$、$\theta=\pi/4$;
(d)～(f)M-FD($M=8$;$N=1$),计算差分系数时分别取$\varphi=\pi/2$、$\theta=0$,$\varphi=\pi/2$、$\theta=\pi/8$ 和 $\varphi=\pi/4$、$\theta=\pi/4$

图 3-6 三维 TS-FD 和 M-FD($N=1$)的相速度频散曲线

(2)M-FD($M=8$;$N=1$)计算差分系数时,取$\varphi=\pi/2$、$\theta=0$ 和 $\varphi=\pi/2$、$\theta=\pi/8$,存在轻微的时间频散和空间频散;取$\varphi=\pi/4$、$\theta=\pi/4$,主要表现为空间频散。对比分析 3 幅子图中相速度数值频散的幅值会发现,取 $\varphi=\pi/2$、$\theta=0$ 和 $\varphi=\pi/2$、$\theta=\pi/8$,数值频散的幅值最小;取$\varphi=\pi/4$、$\theta=\pi/4$,数值频散的幅值最大。

综合上述分析可知,TS-FD 和 M-FD 均基于时空域频散关系计算差分系数,计算差分系数时φ和θ的取值直接影响相速度的数值频散特征。为了减小数值频散,TS-FD 计算差分系数时应该取$\varphi=\pi/2$、$\theta=\pi/8$;M-FD 计算差分系数时应该取$\varphi=\pi/2$、$\theta=0$ 或 $\varphi=\pi/2$、$\theta=\pi/8$。

图 3-7 给出了三维 C-FD($M=10$)、TS-FD($M=10$)和 M-FD($M=8$;$N=1$)的相速度频散曲线。绘制频散曲线时,归一化相速度误差函数中 Courant 条件数 r 的取值分别为 0.15、0.3、0.4。另外,TS-FD($M=10$)和 M-FD($M=8$;$N=1$)计算差分系数时选择$\varphi=\pi/2$,$\theta=\pi/8$。3 种有限差分法的 Laplace 差分算子均包含 61 个网格点,它们单次时间迭代的浮点运算量基本相等。分析对比相速度频散曲线特征可以得出如下结论:

(1)三维 C-FD($M=10$),r 取值为 0.15 时,存在轻微的时间数值频散;r 取值增大至 0.3 和 0.4 时,时间频散显著增强。

(2)三维 TS-FD($M=10$),r 取值为 0.15 时,频散曲线较收敛,存在轻微的时间频散和空间频散;r 取值增大至 0.3 时,频散曲线变得发散,出现较严重的时间频散和空间频散;r 取值增大至 0.4 时,频散曲线发散程度进一步加剧,时间频散和空间频散显著增大。

(3) 三维 M-FD($M=8;N=1$)，r 取值为 0.15、0.3 和 0.4 时，相速度频散曲线收敛性较好（注意：$kh/\pi \leqslant 0.6$ 区间表示一个地震波长大于或等于 3.3 个空间网格点），存在轻微的时间频散和空间频散。

综合上述分析可知，为了实现高精度数值模拟，采用 C-FD($M=10$) 和 TS-FD($M=10$) 进行模拟时，r 的取值应该控制在 0.15 左右；采用 M-FD($M=8;N=1$) 进行模拟，r 的最大取值

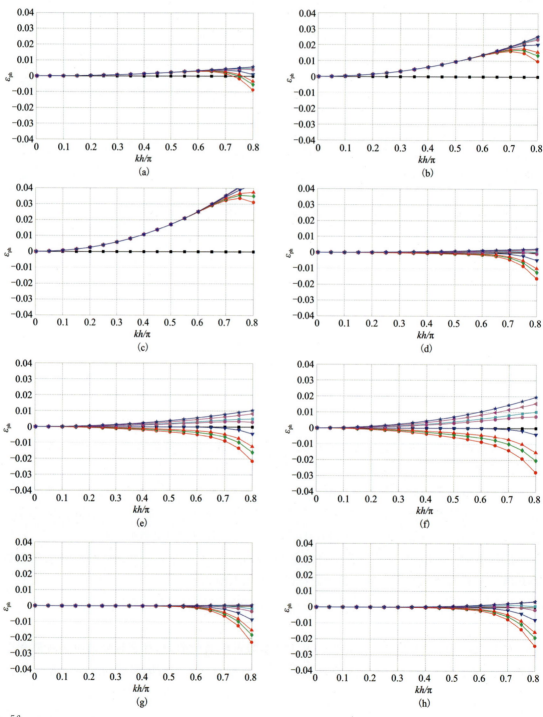

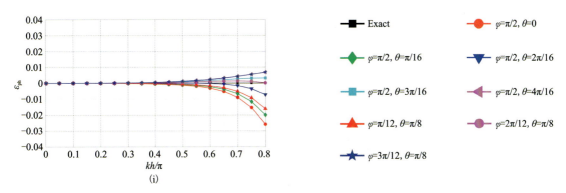

(a)～(c)C-FD($M=10$),r 取值分别为 0.15、0.3、0.4；(d)～(f)TS-FD($M=10$),r 取值分别为
0.15、0.3、0.4；(g)～(i)M-FD($M=8$;$N=1$),r 取值分别为 0.15、0.3、0.4

图 3-7 三维 C-FD、TS-FD 和 M-FD($N=1$)的相速度频散曲线

可达到 0.4 左右。M-FD($M=8$;$N=1$)能够取更大的 r 值($r=v\Delta t/h$,速度模型 v 和空间采样间隔 h 固定时,r 取值越大等价于时间采样间隔 Δt 越大),意味着 M-FD 能够采用更大的时间采样间隔以提高计算效率,同时保持较高的模拟精度。

二、稳定性分析

有限差分法作为一种波动方程的数值求解方法,除了要关注其精度,还需要研究其稳定性。根据三维 M-FD($N=1$)给出的差分离散波动方程的频散关系式(3-26)可以得到

$$
\begin{aligned}
1-\cos(\omega\Delta t) \approx & r^2 \sum_{m=1}^{M} a_m [3-\cos(mk_x h)-\cos(mk_y h)-\cos(mk_z h)] + \\
& r^2 [6-\cos(k_x-k_y)-\cos(k_x+k_y)-\cos(k_y-k_z)- \\
& \cos(k_y+k_z)-\cos(k_x-k_z)-\cos(k_x+k_z)]
\end{aligned}
\tag{3-49}
$$

根据 Von Neumann 稳定性分析法可知[22,53],上式右侧的取值必须在左侧的取值范围内,即

$$
\begin{aligned}
0 \leqslant & r^2 \sum_{m=1}^{M} a_m [3-\cos(mk_x h)-\cos(mk_y h)-\cos(mk_z h)]+r^2 [6-\cos(k_x-k_y)- \\
& \cos(k_x+k_y)-\cos(k_y-k_z)-\cos(k_y+k_z)-\cos(k_x-k_z)-\cos(k_x+k_z)] \leqslant 2
\end{aligned}
\tag{3-50}
$$

式(3-50)中,左侧不等式恒成立,稳定性条件需要确保右侧不等式成立,取最大空间波数 $k_x = k_y = k_z = \pi/h$ 得到

$$
r \leqslant S = \frac{1}{\sqrt{3\sum\limits_{m=1}^{M_1} a_{2m-1}}}
\tag{3-51}
$$

其中 $M_1 = \text{int}[(M+1)/2]$,int 为取整函数,$S$ 为稳定性因子。式(3-51)为三维 M-FD($N=1$)的稳定性条件,它描述了时间采样间隔 Δt、空间采样间隔 h 和地震波的传播速度 v 需要满足的定量关系式。利用同样的方法,可以导出 C-FD、TS-FD 和 M-FD($N=2,3$)的稳定性条件。

从稳定性条件表达式可以知,稳定性条件与差分系数有关,而 TS-FD 和 M-FD($N=1,2,3$)基于时空域频散关系计算的差分系数与计算差分系数时选择的 φ 和 θ 的值有关,因此,它们的稳定性也与计算差分系数时选择的 φ 和 θ 的值有关。相反,C-FD 的稳定性与选择的 φ 和 θ 的值无关。

根据稳定性条件表达式,可以画出稳定性条件约束下的最大 r 值随 M 的变化曲线,称为稳定性曲线。稳定性条件约束下,r 值越大,稳定性越强;反之,稳定性越弱。

图 3-8 给出了三维 C-FD、TS-FD 和 M-FD($N=1,2,3$)的稳定性曲线,TS-FD 和 M-FD($N=1,2,3$)计算差分系数时分别取 $\varphi=\pi/2、\theta=0$ 和 $\varphi=\pi/2、\theta=\pi/8$。对比稳定性曲线可以得出如下结论:

(1)三维 C-FD、TS-FD 和 M-FD($N=1,2,3$)的稳定性均随 M 的取值的增大而减弱。

(2)M 的取值相同时,C-FD 的稳定性最弱,TS-FD 的稳定性中等,M-FD 的稳定性最强,并且 M-FD 的稳定性随 N 取值的增大而增强。三维 M-FD($N=1,2$)的稳定性基本相同,是由于它们的差分离散波动方程同为四阶差分精度(表 3-1)。

(3)TS-FD 和 M-FD($N=1,2,3$)计算差分系数时选择 $\varphi=\pi/2、\theta=\pi/8$ 比选择 $\varphi=\pi/2、\theta=0$ 稳定性更强。

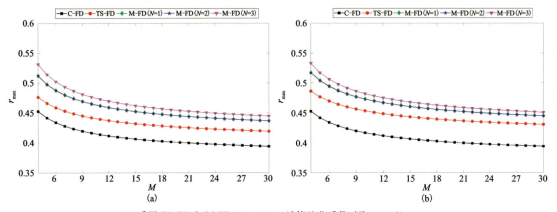

(a)采用 TS-FD 和 M-FD($N=1,2,3$)计算差分系数时取 $\varphi=\pi/2,\theta=0$;
(b)采用 TS-FD 和 M-FD($N=1,2,3$)计算差分系数时取 $\varphi=\pi/2,\theta=\pi/8$
图 3-8 三维 C-FD、TS-FD 和 M-FD($N=1,2,3$)的稳定性曲线

相速度频散分析(图 3-6)显示,三维 TS-FD 计算差分系数时选择 $\varphi=\pi/2、\theta=\pi/8$,数值频散幅值最小;M-FD($N=1$)计算差分系数时选择 $\varphi=\pi/2、\theta=0$ 或 $\varphi=\pi/2、\theta=\pi/8$,数值频散幅值较小。综合考虑数值频散和稳定性,TS-FD 和 M-FD 计算差分系数时应该选择 $\varphi=\pi/2、\theta=\pi/8$。

另外,M-FD 的强稳定性表示 $r=v\Delta t/h$ 的取值可以更大,速度模型 v 和空间采样间隔 h 固定时,时间采样间隔 Δt 的取值也可以更大。因此,M-FD 的强稳定性为波动方程数值模拟时采用更大的时间采样间隔以提高计算效率奠定了基础。

第三节 数值模拟实例

本节利用三维层状介质模型和 SEG/EAGE 盐丘模型开展数值模拟实验,验证三维 M-FD 在模拟精度和计算效率方面的优势。

一、层状介质模型

图 3-9(a)为一个 8km×3km×6km 的三层模型,参数分别为 $v_1=2000\text{m/s}, h_1=3.0\text{km}$;$v_2=2450\text{m/s}, h_2=1.2\text{km}$;$v_3=2680\text{m/s}, h_3=1.8\text{km}$。空间采样间隔 $\Delta x=\Delta y=\Delta z=h=10\text{m}$,模型网格数为 $nx\times ny\times nz=801\times301\times601$,主频 25Hz 的 Ricker 子波作为震源,位于网格点(51,21,3)。三维 C-FD($M=10$)、TS-FD($M=10$)和 M-FD($M=8$;$N=1$)分别采用不同的时间采样间隔进行模拟,TS-FD($M=10$)和 M-FD($M=8$;$N=1$)计算差分系数时均选择 $\varphi=\pi/2$、$\theta=\pi/8$。

图 3-9(b)给出 M-FD($M=8$;$N=1$)采用时间采样间隔 $\Delta t=1.5\text{ms}$ 进行模拟生成的炮集记录。为了便于对比分析,图 3-10 给出了三维 C-FD($M=10$)采用时间采样间隔 $\Delta t=0.5\text{ms}$ [图 3-10(a)]和 $\Delta t=0.5\text{ms}$ [图 3-10(b)],TS-FD($M=10$)采用 $\Delta t=1.0\text{ms}$ [图 3-10(c)]和 $\Delta t=1.5\text{ms}$ [图 3-10(d)],M-FD($M=8$;$N=1$)采用 $\Delta t=1.0\text{ms}$ [图 3-10(e)]和 $\Delta t=1.5\text{ms}$ [图 3-10(f)]进行数值模拟生成的局部炮集记录,局部区域范围由坐标标出。

图 3-11 给出了三维 C-FD($M=10$)采用 $\Delta t=0.5\text{ms}$、0.75ms、1.0ms,TS-FD($M=10$)采用 $\Delta t=0.5\text{ms}$、1.0ms、1.25ms、1.5ms 和 M-FD($M=8$;$N=1$)采用 $\Delta t=1.0\text{ms}$、1.25ms、1.5ms 进行数值模拟生成的单道波形图,检波器位于网格点(650,3,3)。

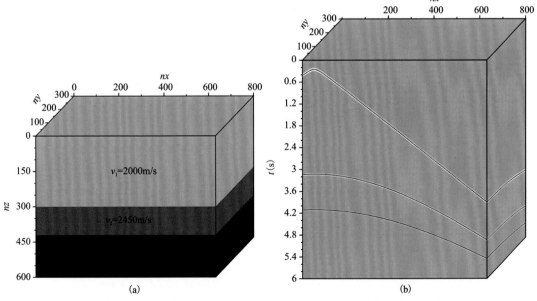

(a)层状速度模型;(b)M-FD($M=8$;$N=1$)数值模拟炮集,时间采样间隔 $\Delta t=1.5\text{ms}$

图 3-9 三维层状速度模型及数值模拟生成的炮集记录

从图 3-10 和图 3-11 可以看出：C-FD($M=10$)采用 $\Delta t=0.5$ms，未出现明显的数值频散，采用 $\Delta t=0.75$ms、1.0ms，出现明显的时间频散；TS-FD($M=10$)采用 $\Delta t=0.5$ms、1.0ms，未出现明显的数值频散，采用 $\Delta t=1.25$ms、1.5ms，出现较明显的数值频散；M-FD($M=8$；$N=1$)采用 $\Delta t=1.0$ms、1.25ms、1.5ms，均未出现明显的数值频散。表 3-2 给出了层状介质模型单炮模拟时，3 种差分方法采用不同时间采样间隔的计算机耗时和加速比。数值模拟均采用 Inter Xeon CPU E5-2670 处理器。

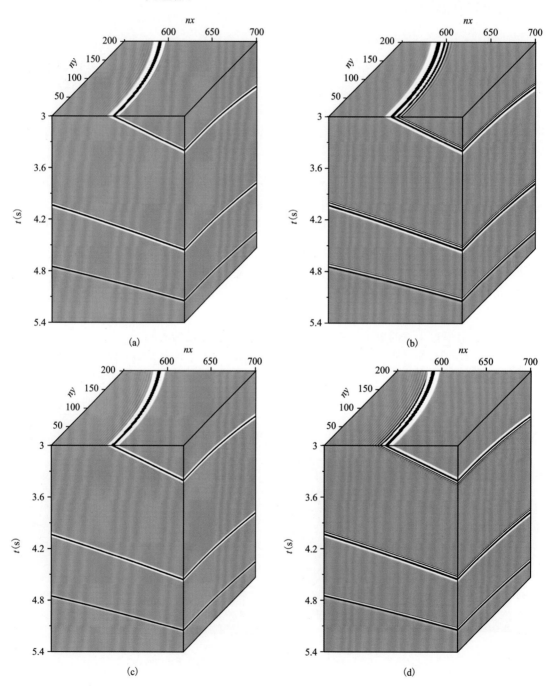

第三章　三维标量波动方程混合网格有限差分数值模拟方法

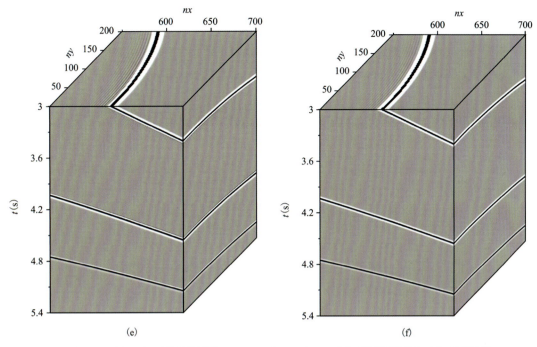

(a)、(b)C-FD($M=10$),时间采样间隔 $\Delta t=0.5$ms 和 $\Delta t=1.0$ms;(c)、(d)TS-FD($M=10$),时间采样间隔 $\Delta t=1.0$ms 和 $\Delta t=1.5$ms;(e)、(f)M-FD($M=8$;$N=1$),时间采样间隔 $\Delta t=1.0$ms 和 $\Delta t=1.5$ms

图 3-10　三维层状介质模型数值模拟生成的局部炮集记录

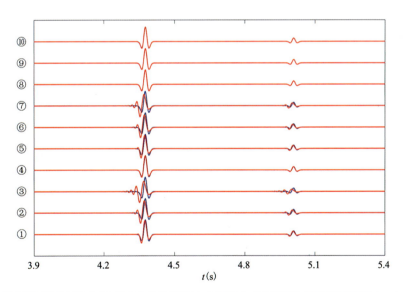

检波器位于网格点(650,3,3),蓝色为参考波形[由 C-FD($M=10$)采用极小时间采样间隔 $\Delta t=0.1$ms 模拟生成],红色为不同有限差分法模拟波形。①~③:C-FD($M=10$),时间采样间隔分别为 $\Delta t=$ 0.5ms、0.75ms、1.0ms;④~⑦:TS-FD($M=10$),时间采样间隔分别为 $\Delta t=0.5$ms、1.0ms、1.25ms、1.5ms;⑧~⑩:M-FD($M=8$;$N=1$),时间采样间隔分别为 $\Delta t=1.0$ms、1.25ms、1.5ms

图 3-11　三维层状介质模型数值模拟单道波形对比图

层状介质模型数值模拟实例表明:为了确保不出现明显数值频散,实现高精度波场模拟,C-FD($M=10$)可采用的最大Δt为0.5ms,TS-FD($M=10$)可采用的最大Δt为1.0ms,M-FD($M=8;N=1$)可采用的最大Δt为1.5ms,此时,M-FD($M=8;N=1$)的计算效率可达到C-FD($M=10$)计算效率的3.31倍,可达到TS-FD($M=10$)计算效率的1.5倍。

表3-2 三维层状介质模型 C-FD、TS-FD 和 M-FD 数值模拟计算效率对比表

有限差分方法	时间采样间隔(ms)	单炮模拟耗时(s)	加速比
C-FD($M=10$)	$\Delta t=0.5$	7 881.56	1.0
C-FD($M=10$)	$\Delta t=0.75$	4 681.07	1.68
C-FD($M=10$)	$\Delta t=1.0$	3 430.03	2.29
TS-FD($M=10$)	$\Delta t=0.5$	8 020.31	0.98
TS-FD($M=10$)	$\Delta t=1.0$	3 578.77	2.20
TS-FD($M=10$)	$\Delta t=1.25$	2 798.49	2.81
TS-FD($M=10$)	$\Delta t=1.5$	2 415.70	3.26
M-FD($M=8;N=1$)	$\Delta t=1.0$	3 499.73	2.25
M-FD($M=8;N=1$)	$\Delta t=1.25$	2 710.57	2.91
M-FD($M=8;N=1$)	$\Delta t=1.5$	2 379.62	3.31

二、三维 SEG/EAGE 盐丘模型

图3-12(a)给出了利用公式$v_{m,l,n}=\sqrt[3]{v_{m,l,n}/1500}\times 2000$对三维SEG/EAGE盐丘模型的速度进行修改后的速度模型,该修改不改变速度模型的结构,仅减小模型最大速度与最小速度的比值,主要考虑到模型最大速度与最小速度的比值较大时,三维M-FD在压制数值频散、提高模拟精度方面的优势变弱,不容易直观显示。Tan和Huang[48]的研究指出,模型最大速度与最小速度的比值较大时,不同差分方法的模拟精度差异会减弱。盐丘模型网格数为$nx\times ny\times nz=801\times 301\times 601$,空间采样间隔$\Delta x=\Delta y=\Delta z=h=10$m,主频25Hz的Ricker子波作为震源,位于网格点(51,21,3)。三维C-FD($M=10$)、TS-FD($M=10$)和M-FD($M=8;N=1$)分别采用不同的时间采样间隔进行模拟,TS-FD($M=10$)和M-FD($M=8;N=1$)计算差分系数时均选择$\varphi=\pi/2,\theta=\pi/8$。

图3-12(b)给出了M-FD($M=8;N=1$)采用时间采样间隔$\Delta t=1.5$ms进行数值模拟得到的炮集。同样为了分析对比方便,图3-13给出了3种有限差分法数值模拟生成的炮集记录的两个局部。图3-14给出了C-FD($M=10$)采用$\Delta t=0.5$ms、1.0ms,TS-FD($M=10$)采用$\Delta t=1.0$ms、1.25ms和M-FD($M=8;N=1$)采用$\Delta t=1.25$ms、1.5ms模拟生成的两个单道波形记录,两个检波器分别位于网格点(3,650,3)和(560,650,3)。

从图3-13和图3-14可以看出:C-FD($M=10$)采用$\Delta t=1.0$ms,存在明显的时间频散;TS-FD($M=10$)采用$\Delta t=1.25$ms,存在明显的空间频散[图3-13(d)]和时间频散[图3-14(b)

第三章 三维标量波动方程混合网格有限差分数值模拟方法

中③和④];M-FD($M=8$;$N=1$)采用 $\Delta t=1.5$ms,无明显的数值频散。表 3-3 给出了盐丘模型单炮模拟时 3 种差分方法采用不同时间采样间隔的计算机耗时和加速比。

盐丘模型数值模拟实例表明:三维 M-FD 能够采用更大的时间采样间隔以提高计算效率,同时能更有效地减小数值频散,获得更高的模拟精度。

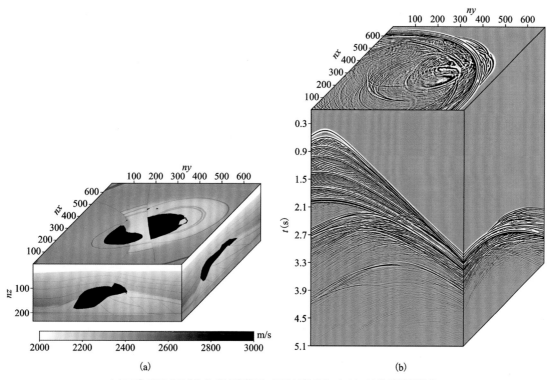

(a)三维 SEG/EAGE 盐丘速度模型;(b)M-FD($M=8$;$N=1$)数值模拟炮集,
时间采样间隔 $\Delta t=1.5$ms,顶部为 3.0s 时刻的切片

图 3-12 三维 SEG/EAGE 盐丘速度模型及数值模拟生成的炮集

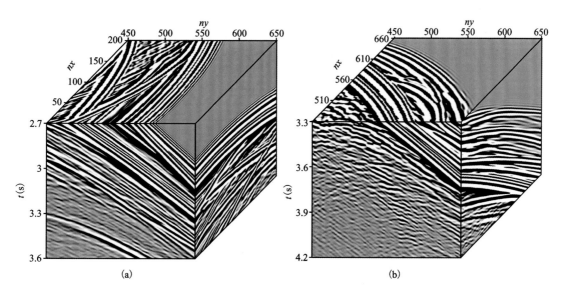

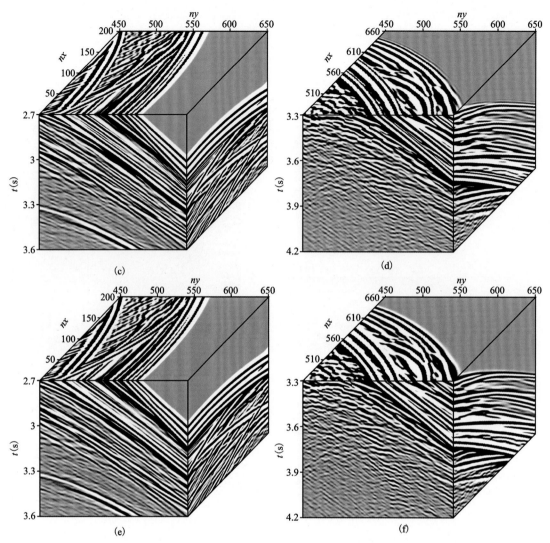

(a)、(b)C-FD($M=10$),时间采样间隔 $\Delta t=1.0$ms;(c)、(d)TS-FD($M=10$),时间采样间隔 $\Delta t=1.25$ms;(e)、(f)M-FD($M=8;N=1$),时间采样间隔 $\Delta t=1.5$ms

图 3-13 三维 SEG/EAGE 盐丘模型数值模拟生成的炮集的两个局部

表 3-3 三维 SEG/EAGE 盐丘模型 C-FD、TS-FD 和 M-FD 数值模拟计算效率对比表

有限差分方法	时间采样间隔(ms)	单炮模拟耗时(s)	加速比
C-FD($M=10$)	$\Delta t=0.5$	3 956.69	1.00
C-FD($M=10$)	$\Delta t=1.0$	1 747.47	2.26
TS-FD($M=10$)	$\Delta t=1.0$	1 810.36	2.19
TS-FD($M=10$)	$\Delta t=1.25$	1 432.52	2.76
M-FD($M=8;N=1$)	$\Delta t=1.25$	1 373.29	2.88
M-FD($M=8;N=1$)	$\Delta t=1.5$	1 208.63	3.27

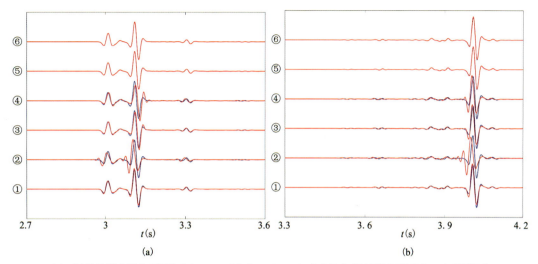

(a)、(b)检波器分别位于网格点(3,650,3)和(560,650,3),蓝色为参考波形[C-FD($M=10$)采用极小时间采样间隔 $\Delta t=0.1$ms 模拟生成],红色为不同有限差分法模拟波形;①、②C-FD($M=10$),时间采样间隔分别为 $\Delta t=0.5$ms、1.0ms;③、④TS-FD($M=10$),时间采样间隔分别为 $\Delta t=1.0$ms、1.25ms;⑤、⑥ M-FD($M=8$;$N=1$),时间采样间隔分别为 $\Delta t=1.25$ms、1.5ms

图 3-14 三维 SEG/EAGE 盐丘模型数值模拟单道波形对比图

第四节 本章小结

本章系统阐述了面向三维标量波动方程数值模拟的常规高阶有限差分法(C-FD)、时空域高阶有限差分法(TS-FD)和混合网格有限差分法(M-FD)的基本原理,并进行差分精度分析、频散分析、稳定性分析和数值模拟实验,可以得出如下结论:

(1)三维 C-FD 仅利用坐标轴网格点构建 Laplace 差分算子,并基于空间域频散关系和泰勒级数展开计算差分系数,虽然差分算子能够达到 $2M$ 阶差分精度,但是相应的差分离散波动方程仅具有二阶差分精度。

(2)三维 TS-FD 与 C-FD 的 Laplace 差分算子完全相同,它们给出的差分离散波动方程也完全相同,但 TS-FD 基于时空域频散关系和泰勒级数展开计算差分系数,可以使差分离散波动方程沿 6 个、12 个或 24 个传播方向达到 $2M$ 阶差分精度,但本质上仍然仅具有二阶差分精度。

(3)三维 M-FD 联合利用直角坐标系中坐标轴网格点和非坐标轴网格点构建 Laplace 差分算子,并基于时空域频散关系和泰勒级数展开计算差分系数,可使差分离散波动方程沿任意传播方向达到四阶、六阶甚至任意偶数阶差分精度。

(4)三维 TS-FD 和 M-FD 的差分系数基于时空域频散关系求解,计算差分系数时选择的地震波传播方向角 φ 和 θ 的值会直接影响差分系数计算结果,也影响数值频散特性和稳定性特征。综合频散分析和稳定性分析结果,计算差分系数时选择 $\varphi=\pi/2$、$\theta=\pi/8$ 为最优。

(5)稳定性分析表明:三维 C-FD 的稳定性最弱,TS-FD 的稳定性明显强于 C-FD,M-FD

的稳定性最强,并且随着 N 取值的增大,M-FD 的稳定性进一步增强。

(6)数值模拟实例表明:相比 C-FD 和 TS-FD,M-FD 能够通过采用更大的时间采样间隔以获得更高的计算效率,同时保持更高的模拟精度。

第五节　附　录

一、三维直角坐标系中非坐标轴网格点构建 Laplace 差分算子

我们将三维直角坐标系中的非坐标轴网格点分成两类:坐标平面内的非坐标轴网格点和坐标平面外的非坐标轴网格点。本节系统阐述了利用这两类非坐标轴网格点构建三维 Laplace 差分算子的方法,理解该方法,可以导出任意一组非坐标轴网格点构建三维 Laplace 差分算子的表达式。

1. 坐标平面内的非坐标轴网格点

图 3-2(a)中的 12 个绿色网格点为与差分中心点距离等于 $\sqrt{2}h$ 的 1 组坐标平面内的非坐标轴网格点,在坐标平面 xOy 内,4 个非坐标轴网格点 $P^0_{1,1,0}, P^0_{1,-1,0}, P^0_{-1,1,0}, P^0_{-1,-1,0}$ 位于以差分中心点 $P^0_{0,0,0}$ 为坐标原点的 45°旋转直角坐标中,二维 Laplace 差分算子 $\partial^2 P/\partial x^2+\partial^2 P/\partial y^2$ 差分近似表示为

$$\frac{\partial^2 P}{\partial x^2}+\frac{\partial^2 P}{\partial y^2}\approx\frac{1}{2h^2}(P^0_{1,1,0}+P^0_{1,-1,0}-4P^0_{0,0,0}+P^0_{-1,1,0}+P^0_{-1,-1,0}) \tag{3-52}$$

利用同样的方法,在坐标平面 yOz 和 xOz 内,可导出二维 Laplace 差分算子 $\partial^2 P/\partial y^2+\partial^2 P/\partial z^2$ 和 $\partial^2 P/\partial x^2+\partial^2 P/\partial z^2$ 的差分表达式为

$$\frac{\partial^2 P}{\partial y^2}+\frac{\partial^2 P}{\partial z^2}\approx\frac{1}{2h^2}(P^0_{0,1,1}+P^0_{0,1,-1}-4P^0_{0,0,0}+P^0_{0,-1,1}+P^0_{0,-1,-1}) \tag{3-53}$$

$$\frac{\partial^2 P}{\partial x^2}+\frac{\partial^2 P}{\partial z^2}\approx\frac{1}{2h^2}(P^0_{1,0,1}+P^0_{1,0,-1}-4P^0_{0,0,0}+P^0_{-1,0,1}+P^0_{-1,0,-1}) \tag{3-54}$$

将式(3-52)、式(3-53)和式(3-54)相加,得到

$$\frac{\partial^2 P}{\partial x^2}+\frac{\partial^2 P}{\partial y^2}+\frac{\partial^2 P}{\partial z^2}\approx\frac{1}{4h^2}\big[(P^0_{1,1,1}-2P^0_{0,0,0}+P^0_{-1,-1,-1})+(P^0_{1,-1,1}-2P^0_{0,0,0}+P^0_{-1,1,-1})+$$
$$(P^0_{-1,1,1}-2P^0_{0,0,0}+P^0_{1,-1,-1})+(P^0_{-1,-1,1}-2P^0_{0,0,0}+P^0_{1,1,-1})\big]$$
$$\tag{3-55}$$

式(3-55)给出了图 3-2(a)中的 12 个坐标平面内的非坐标轴网格点构建三维 Laplace 差分算子的表达式。

图 3-2(c)中的 24 个绿色网格点为与差分中心点距离等于 $\sqrt{5}h$ 的一组坐标平面内的非坐标轴网格点,在坐标平面 xOy 内,8 个非坐标轴网格点可分为 $(P^0_{1,2,0}, P^0_{2,-1,0}, P^0_{-2,1,0}, P^0_{-1,-2,0})$ 和 $(P^0_{2,1,0}, P^0_{1,-2,0}, P^0_{-1,2,0}, P^0_{-2,-1,0})$ 两组。任意一组中的 4 个非坐标轴网格点均位于以差分中心点 $P^0_{0,0,0}$ 为坐标原点的旋转直角坐标系中,二维 Laplace 差分算子 $\partial^2 P/\partial x^2+\partial^2 P/\partial y^2$ 差分

可近似为

$$\frac{\partial^2 P}{\partial x^2}+\frac{\partial^2 P}{\partial y^2}\approx\frac{1}{5h^2}(P_{1,2,0}^0+P_{2,-1,0}^0-4P_{0,0,0}^0+P_{-2,1,0}^0+P_{-1,-2,0}^0) \tag{3-56}$$

$$\frac{\partial^2 P}{\partial x^2}+\frac{\partial^2 P}{\partial y^2}\approx\frac{1}{5h^2}(P_{2,1,0}^0+P_{1,-2,0}^0-4P_{0,0,0}^0+P_{-1,2,0}^0+P_{-2,-1,0}^0) \tag{3-57}$$

式(3-56)和式(3-57)相加,可得出坐标平面 xOy 内 8 个非坐标轴网格点和差分中心点构建二维 Laplace 差分算子 $\partial^2 P/\partial x^2+\partial^2 P/\partial y^2$ 的表达式为

$$\begin{aligned}\frac{\partial^2 P}{\partial x^2}+\frac{\partial^2 P}{\partial y^2}\approx&\frac{1}{10h^2}\big[(P_{1,2,0}^0+P_{2,-1,0}^0-4P_{0,0,0}^0+P_{-2,1,0}^0+P_{-1,-2,0}^0)+\\&(P_{2,1,0}^0+P_{1,-2,0}^0-4P_{0,0,0}^0+P_{-1,2,0}^0+P_{-2,-1,0}^0)\big]\end{aligned} \tag{3-58}$$

同样地,在坐标平面 yOz 和 zOx 内,可导出二维 Laplace 差分算子 $\partial^2 P/\partial y^2+\partial^2 P/\partial z^2$ 和 $\partial^2 P/\partial x^2+\partial^2 P/\partial z^2$ 的差分表达式为

$$\frac{\partial^2 P}{\partial y^2}+\frac{\partial^2 P}{\partial z^2}\approx$$
$$\frac{[(P_{0,2,1}^0+P_{0,-1,2}^0+P_{0,1,-2}^0+P_{0,-2,-1}^0)+(P_{0,1,2}^0+P_{0,-2,1}^0+P_{0,2,-1}^0+P_{0,-1,-2}^0)-8P_{0,0,0}^0]}{10h^2}$$
$$\tag{3-59}$$

$$\frac{\partial^2 P}{\partial x^2}+\frac{\partial^2 P}{\partial z^2}\approx$$
$$\frac{[(P_{1,0,2}^0+P_{2,0,-1}^0+P_{-2,0,1}^0+P_{-1,0,-2}^0)+(P_{2,0,1}^0+P_{1,0,-2}^0+P_{-1,0,2}^0+P_{-2,0,-1}^0)-8P_{0,0,0}^0]}{10h^2}$$
$$\tag{3-60}$$

将式(3-58)、式(3-59)和式(3-60)相加,得到

$$\frac{\partial^2 P}{\partial x^2}+\frac{\partial^2 P}{\partial y^2}+\frac{\partial^2 P}{\partial z^2}\approx$$
$$\begin{aligned}\frac{1}{20h^2}\big[&(P_{1,2,0}^0+P_{2,-1,0}^0+P_{-2,1,0}^0+P_{-1,-2,0}^0)+(P_{2,1,0}^0+P_{1,-2,0}^0+P_{-1,2,0}^0+P_{-2,-1,0}^0)+\\&(P_{0,2,1}^0+P_{0,-1,2}^0+P_{0,1,-2}^0+P_{0,-2,-1}^0)+(P_{0,1,2}^0+P_{0,-2,1}^0+P_{0,2,-1}^0+P_{0,-1,-2}^0)+\\&(P_{1,0,2}^0+P_{2,0,-1}^0+P_{-2,0,1}^0+P_{-1,0,-2}^0)+(P_{2,0,1}^0+P_{1,0,-2}^0+P_{-1,0,2}^0+P_{-2,0,-1}^0)-24P_{0,0,0}^0\big]\end{aligned}$$
$$\tag{3-61}$$

式(3-61)给出了图 3-2(c)中的 24 个坐标平面内的非坐标轴网格点构建三维 Laplace 差分算子的表达式。

2. 坐标平面外的非坐标轴网格点

图 3-2(b)中的 8 个绿色网格点为与差分中心点距离等于 $\sqrt{3}h$ 的一组坐标平面外的非坐标轴网格点。针对这类非坐标轴网格点,利用三元函数泰勒级数展开构建三维 Laplace 差分算子。图 3-2(b)中的 8 个绿色网格点($P_{1,1,1}^0$,$P_{-1,-1,-1}^0$,$P_{1,-1,1}^0$,$P_{-1,1,-1}^0$,$P_{-1,-1,1}^0$,$P_{1,1,-1}^0$,$P_{-1,1,1}^0$,$P_{1,-1,-1}^0$),根据三元函数泰勒级数展开公式,$P_{1,1,1}^0$ 可以表示为

$$P_{1,1,1}^0 \approx P(x,y,z,t) + P_x(x,y,z,t)h + P_y(x,y,z,t)h + P_z(x,y,z,t)h +$$
$$\frac{1}{2!}P_{xx}(x,y,z,t)h^2 + \frac{1}{2!}P_{yy}(x,y,z,t)h^2 + \frac{1}{2!}P_{zz}(x,y,z,t)h^2 + \quad (3\text{-}62)$$
$$P_{xy}(x,y,z,t)h^2 + P_{yz}(x,y,z,t)h^2 + P_{zx}(x,y,z,t)h^2$$

同样地，对其余 7 个网格点（$P_{-1,-1,-1}^0$，$P_{1,-1,1}^0$，$P_{-1,1,-1}^0$，$P_{-1,-1,1}^0$，$P_{1,1,-1}^0$，$P_{-1,1,1}^0$，$P_{1,-1,-1}^0$）进行泰勒级数展开，可得到相应的泰勒级数展开表达式。8 个网格点的泰勒级数展开表达式相加，可以得到

$$P_{1,1,1}^0 + P_{-1,-1,-1}^0 + P_{1,-1,1}^0 + P_{-1,1,-1}^0 + P_{-1,-1,1}^0 + P_{1,1,-1}^0 + P_{-1,1,1}^0 + P_{1,-1,-1}^0 \approx$$
$$8P(x,y,z,t) + 4P_{xx}(x,y,z,t)h^2 + 4P_{yy}(x,y,z,t)h^2 + 4P_{zz}(x,y,z,t)h^2$$
$$(3\text{-}63)$$

前文已经约定 $P_{0,0,0}^0 = P(x,y,z,t)$，整理式(3-63)可得到

$$\nabla^2 P \approx \frac{1}{4h^2}\big[(P_{1,1,1}^0 - 2P_{0,0,0}^0 + P_{-1,-1,-1}^0) + (P_{1,-1,1}^0 - 2P_{0,0,0}^0 + P_{-1,1,-1}^0) +$$
$$(P_{-1,-1,1}^0 - 2P_{0,0,0}^0 + P_{1,1,-1}^0) + (P_{-1,1,1}^0 - 2P_{0,0,0}^0 + P_{1,-1,-1}^0)\big] \quad (3\text{-}64)$$

式(3-64)给出了图 3-2(b)中 8 个坐标平面外的非坐标轴网格点构建三维 Laplace 差分算子的表达式。

二、三维 M-FD($N=2,3$)给出的差分离散波动方程及差分系数通解

三维 M-FD($N=2$)对标量波动方程(3-1)的差分离散波动方程为

$$\frac{1}{v^2 \Delta t^2}(P_{0,0,0}^1 - 2P_{0,0,0}^0 + P_{0,0,0}^{-1}) \approx$$
$$\frac{1}{h^2}\Big\{a_0 P_{0,0,0}^0 + \sum_{m=1}^{M} a_m(P_{m,0,0}^0 + P_{0,m,0}^0 + P_{0,0,m}^0 + P_{0,0,-m}^0 + P_{0,-m,0}^0 + P_{-m,0,0}^0) +$$
$$a_{1,1,0}\big[(P_{1,1,0}^0 + P_{1,-1,0}^0 + P_{-1,1,0}^0 + P_{-1,-1,0}^0) + (P_{0,1,1}^0 + P_{0,1,-1}^0 + P_{0,-1,1}^0 + P_{0,-1,-1}^0) +$$
$$(P_{1,0,1}^0 + P_{1,0,-1}^0 + P_{-1,0,1}^0 + P_{-1,0,-1}^0)\big] + a_{1,1,0}\big[(P_{1,1,1}^0 + P_{-1,-1,-1}^0) + (P_{1,-1,1}^0 + P_{-1,1,-1}^0) +$$
$$(P_{-1,-1,1}^0 + P_{1,1,-1}^0) + (P_{-1,1,1}^0 + P_{1,-1,-1}^0)\big]\Big\} + f(t)\delta(x-x_s)\delta(y-y_s)\delta(z-z_s)$$
$$(3\text{-}65)$$

其中 $a_0, a_1, a_2, \cdots, a_M, a_{1,1,0}, a_{1,1,1}$ 为差分系数，且满足 $a_0 = -6\sum_{m=1}^{M} a_m - 12a_{1,1,0} - 8a_{1,1,1}$。

基于时空域频散关系和泰勒级数展开计算差分系数，同样可以导出 M-FD($N=2$)的差分系数计算结果与选择的地震波传播方向角 φ 和 θ 的值相关，这里给出取 $\varphi = \pi/2$、$\theta = 0$ 时的差分系数通解

$$a_{1,1,0} = \frac{r^2}{6} - \frac{r^4}{30}, \quad a_{1,1,1} = \frac{r^4}{60}, \quad a_0 = -6\sum_{m=1}^{M} a_m - 12a_{1,1,0} - 8a_{1,1,1}$$
$$a_1 = \prod_{1 \leq k \leq M, k \neq 1}\left(\frac{r^2 - k^2}{1 - k^2}\right) - \frac{2r^2}{3} + \frac{r^4}{15}, \quad a_m = \frac{1}{m^2}\prod_{1 \leq k \leq M, k \neq m}\left(\frac{r^2 - k^2}{m^2 - k^2}\right) \quad (m = 2,3,\cdots,M)$$
$$(3\text{-}66)$$

第三章　三维标量波动方程混合网格有限差分数值模拟方法

三维 M-FD($N=3$)对标量波动方程(3-1)的差分离散波动方程为

$$\frac{1}{v^2 \Delta t^2}(P_{0,0,0}^1 - 2P_{0,0,0}^0 + P_{0,0,0}^{-1}) \approx$$

$$\frac{1}{h^2}\{a_0 P_{0,0,0}^0 + \sum_{m=1}^{M} a_m (P_{m,0,0}^0 + P_{0,m,0}^0 + P_{0,0,m}^0 + P_{0,0,-m}^0 + P_{0,-m,0}^0 + P_{-m,0,0}^0) +$$

$$a_{1,1,0}[(P_{1,1,0}^0 + P_{1,-1,0}^0 + P_{-1,1,0}^0 + P_{-1,-1,0}^0) + (P_{0,1,1}^0 + P_{0,1,-1}^0 + P_{0,-1,1}^0 + P_{0,-1,-1}^0) +$$

$$(P_{1,0,1}^0 + P_{1,0,-1}^0 + P_{-1,0,1}^0 + P_{-1,0,-1}^0)] + a_{1,1,1}[(P_{1,1,1}^0 + P_{-1,-1,-1}^0) + (P_{1,-1,1}^0 + P_{-1,1,-1}^0) +$$

$$(P_{-1,-1,1}^0 + P_{1,1,-1}^0) + (P_{-1,1,1}^0 + P_{1,-1,-1}^0)] + a_{1,2,0}[(P_{2,1,0}^0 + P_{-1,2,0}^0 + P_{1,-2,0}^0 + P_{-2,-1,0}^0) +$$

$$(P_{1,2,0}^0 + P_{-2,1,0}^0 + P_{2,-1,0}^0 + P_{-1,-2,0}^0) + (P_{0,2,1}^0 + P_{0,-1,2}^0 + P_{0,1,-2}^0 + P_{0,-2,-1}^0) +$$

$$(P_{0,1,2}^0 + P_{0,-2,1}^0 + P_{0,2,-1}^0 + P_{0,-1,-2}^0) + (P_{1,0,2}^0 + P_{2,0,-1}^0 + P_{-2,0,1}^0 + P_{-1,0,-2}^0) +$$

$$(P_{2,0,1}^0 + P_{1,0,-2}^0 + P_{-1,0,2}^0 + P_{-2,0,-1}^0)]\} + f(t)\delta(x-x_s)\delta(y-y_s)\delta(z-z_s)$$

(3-67)

其中 $a_0, a_1, a_2, \cdots, a_M, a_{1,1,0}, a_{1,1,1}, a_{1,2,0}$ 为差分系数,且满足 $a_0 = -6\sum_{m=1}^{M} a_m - 12a_{1,1,0} - 8a_{1,1,1} - 24a_{1,2,0}$。

基于时空域频散关系和泰勒级数展开计算差分系数,同样可以导出 M-FD($N=3$)的差分系数计算结果与选择的地震波传播方向角 φ 和 θ 的值相关,这里给出取 $\varphi=\pi/2$、$\theta=0$ 时的差分系数通解

$$a_{1,1,0} = \frac{5}{18}r^2 - \frac{r^4}{10}, \quad a_{1,1,1} = \frac{r^4}{60}, \quad a_{1,2,0} = -\frac{r^2}{72} + \frac{r^4}{120}$$

$$a_0 = -6\sum_{m=1}^{M} a_m - 12a_{1,1,0} - 8a_{1,1,1} - 24a_{1,2,0}, \quad a_1 = \prod_{1 \leqslant k \leqslant M, k \neq 1}\left(\frac{r^2-k^2}{1-k^2}\right) - \frac{19r^2}{18} + \frac{3r^4}{10}$$

$$a_2 = \frac{1}{4}\prod_{1 \leqslant k \leqslant M, k \neq 1}\left(\frac{r^2-k^2}{4-k^2}\right) + \frac{r^2}{18} - \frac{r^4}{30}, \quad a_m = \frac{1}{m^2}\prod_{1 \leqslant k \leqslant M, k \neq m}\left(\frac{r^2-k^2}{m^2-k^2}\right) \quad (m=3,4,\cdots,M)$$

(3-68)

第四章 二维声波混合交错网格有限差分数值模拟方法

前面两章讲述了二阶标量波动(声波)方程的数值模拟方法,一阶速度-应力声波方程也是一类重要的波动方程,本章将阐述二维一阶速度-应力声波方程有限差分数值模拟方法。Virieux[27,28]针对一阶速度-应力弹性波模拟问题,提出将质点振动速度场、应力场以及弹性参数定义在交错的网格系统上,提出了弹性波交错网格有限差分数值模拟方法。交错网格有限差分法对于一阶速度-应力形式的波动方程具有良好的适用性,并且便于施加应力或位移震源,因此,交错网格有限差分法广泛应用于速度-应力声波和弹性波数值模拟。

目前,常规高阶交错网格有限差分法(记作 C-SFD)广泛应用于速度-应力声波方程数值模拟,该方法采用时间二阶、空间 $2M$ 阶差分算子近似波动方程中的时间和空间一阶微分算子。C-SFD 基于空间域频散关系和泰勒级数展开计算差分系数,能够确保空间差分算子达到 $2M$ 阶差分精度,但是差分离散声波方程仅具有二阶差分精度,使得 C-SFD 的模拟精度低,稳定性弱。Liu 和 Sen[36]对 C-SFD 的差分系数算法进行改进,提出了基于时空域频散关系和泰勒级数展开的差分系数算法,这种改进差分系数算法的 C-SFD 为时空域高阶交错网格有限差分法(记作 TS-SFD)。与 C-SFD 相比,TS-SFD 能更有效地压制数值频散,但是 TS-SFD 存在明显的数值各向异性,而且 TS-SFD 给出的差分离散声波方程本质上仍然仅具有二阶差分精度。Liu 等[52]借鉴标量波动方程混合网格有限差分数值模拟方法的思路,联合利用坐标轴网格点和非坐标轴网格点构建空间差分算子近似波动方程中的一阶微分算子,构建了一种适用于一阶速度-应力声波方程数值模拟的混合交错网格有限差分法(记作 M-SFD),M-SFD 给出的差分离散声波方程可以达到四阶、六阶、八阶甚至任意偶数阶差分精度。相比 TS-SFD,M-SFD 的数值各向异性明显减小,数值频散也更小,稳定性更强。

本章将系统地介绍二维 C-SFD、TS-SFD 和 M-SFD 的基本原理,并进行差分精度、数值频散和稳定性等对比分析,然后利用层状介质模型和塔里木复杂构造模型进行数值模拟实验,对比 3 种方法的模拟精度。

第一节 二维混合交错网格有限差分法的基本原理

本节将从时间差分算子、空间差分算子和差分系数计算等方面系统介绍 C-SFD、TS-SFD 和 M-SFD 的基本原理,然后分析这 3 种交错网格有限差分法的差分精度。

二维速度-应力声波方程可表示为

第四章 二维声波混合交错网格有限差分数值模拟方法

$$\frac{\partial P}{\partial t}+\kappa\left(\frac{\partial v_x}{\partial x}+\frac{\partial v_z}{\partial z}\right)=0, \quad \frac{\partial v_x}{\partial t}+\frac{1}{\rho}\frac{\partial P}{\partial x}=0, \quad \frac{\partial v_z}{\partial t}+\frac{1}{\rho}\frac{\partial P}{\partial z}=0 \quad (4-1)$$

其中 $P=P(x,z,t)$ 为压力场，$v_x=v_x(x,z,t)$ 和 $v_z=v_z(x,z,t)$ 分别为质点振动速度场的 x 和 z 分量，$\kappa=\kappa(x,z)$ 为体积模量，$\rho=\rho(x,z)$ 为介质的密度。

交错网格有限差分法求解方程(4-1)，波场变量(P，v_x 和 v_z)和弹性参数(ρ 和 κ)定义在交错的网格位置上，如图 4-1 所示。

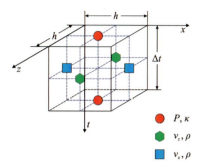

图 4-1 二维声波交错网格有限差分法中波场变量及弹性参数相对位置示意图

二维 C-SFD、TS-SFD 和 M-SFD 均采用二阶时间差分算子近似方程(4-1)中波场变量关于时间的偏微分算子。根据泰勒级数展开可以导出 $\partial P/\partial t$、$\partial v_x/\partial t$ 和 $\partial v_z/\partial t$ 的二阶差分近似表达式为

$$\left.\frac{\partial P}{\partial t}\right|_{1/2,1/2}^{1/2} \approx \frac{P_{1/2,1/2}^{1}-P_{1/2,1/2}^{0}}{\Delta t}, \quad \left.\frac{\partial v_x}{\partial t}\right|_{0,1/2}^{0} \approx \frac{v_{x(0,1/2)}^{1/2}-v_{x(0,1/2)}^{-1/2}}{\Delta t}, \quad \left.\frac{\partial v_z}{\partial t}\right|_{1/2,0}^{0} \approx \frac{v_{z(1/2,0)}^{1/2}-v_{z(1/2,0)}^{-1/2}}{\Delta t}$$

(4-2)

其中 $P_{m-1/2,n-1/2}^{j}=P[x+(m-1/2)h, z+(n-1/2)h, j\Delta t]$，$v_{x(m,n-1/2)}^{j}$ 和 $v_{z(m-1/2,n)}^{j}$ 具有相似的表达式，Δt 为时间采样间隔，h 为空间采样间隔。根据泰勒级数展开可以推导出，式(4-2)中各个差分近似表达式的截断误差为 $O(\Delta t^2)$，即时间差分算子具有二阶差分精度。

一、二维常规高阶交错网格有限差分法

二维 C-SFD 和 TS-SFD 仅利用坐标轴网格点构建空间差分算子近似波场变量关于 x 和 z 的一阶偏导数，如图 4-2 所示，图中的网格点可分成 M 组，每组网格点与差分中心点的距离相等。每组网格点可以构建一个空间差分算子，根据泰勒级数展开可以导出，与差分中心点相距 $(m-1/2)h$ 的一组网格点构建差分算子近似 $\partial v_x/\partial x$ 的表达式为

$$\left.\frac{\partial v_x}{\partial x}\right|_{1/2,1/2}^{1/2} \approx \frac{1}{(2m-1)h}\left[v_{x(m,1/2)}^{1/2}-v_{x(-m+1,1/2)}^{1/2}\right] \quad (m=1,2,\cdots,M) \quad (4-3)$$

式(4-3)表明 M 组网格点可以构建 M 个空间差分算子。根据泰勒级数展开可分析出，每个差分算子近似微分算子 $\partial v_x/\partial x$ 的截断误差均为 $O(h^2)$，即每个差分算子具有二阶差分精度。

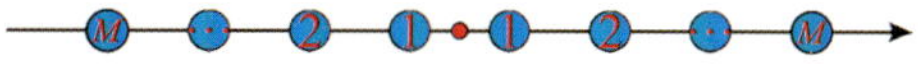

图 4-2 二维 C-SFD 和 TS-SFD 的空间差分算子示意图

为了提高空间差分算子的差分精度，C-SFD 将空间差分算子表示为由坐标轴网格点构建

的 M 个空间差分算子的加权平均,即

$$\frac{\partial v_x}{\partial x}\bigg|_{1/2,1/2}^{1/2} \approx \sum_{m=1}^{M} \frac{c_m}{(2m-1)h} \left[v_{x(m,1/2)}^{1/2} - v_{x(-m+1,1/2)}^{1/2} \right] \quad (4-4)$$

其中 $c_m(m=1,2,\cdots,M)$ 为权系数,令 $a_m = c_m/(2m-1)(m=1,2,\cdots,M)$ 得到

$$\frac{\partial v_x}{\partial x}\bigg|_{1/2,1/2}^{1/2} \approx \frac{1}{h} \sum_{m=1}^{M} a_m \left[v_{x(m,1/2)}^{1/2} - v_{x(-m+1,1/2)}^{1/2} \right] \quad (4-5)$$

其中 $a_m(m=1,2,\cdots,M)$ 为差分系数。同样地,可以导出 $\partial v_z/\partial z$、$\partial P/\partial x$ 和 $\partial P/\partial z$ 的差分表达式为

$$\frac{\partial v_z}{\partial z}\bigg|_{1/2,1/2}^{1/2} \approx \frac{1}{h} \sum_{m=1}^{M} a_m \left[v_{z(1/2,m)}^{1/2} - v_{z(1/2,-m+1)}^{1/2} \right], \frac{\partial P}{\partial x}\bigg|_{0,1/2}^{0} \approx \frac{1}{h} \sum_{m=1}^{M} a_m \left[P_{m-1/2,1/2}^{0} - P_{-m+1/2,1/2}^{0} \right]$$

$$\frac{\partial P}{\partial z}\bigg|_{1/2,0}^{0} \approx \frac{1}{h} \sum_{m=1}^{M} a_m \left[P_{1/2,m-1/2}^{0} - P_{1/2,-m+1/2}^{0} \right]$$

$$(4-6)$$

合理计算差分系数 $a_m(m=1,2,\cdots,M)$,可以使得式(4-5)和式(4-6)中各差分表达式的截断误差为 $O(h^{2M})$,即空间差分算子可达到 $2M$ 阶差分精度。

将式(4-5)、式(4-6)和式(4-2)代入方程(4-1)得到

$$\frac{v_{x(0,1/2)}^{1/2} - v_{x(0,1/2)}^{-1/2}}{\Delta t} \approx -\frac{1}{\rho h} \sum_{m=1}^{M} a_m (P_{m-1/2,1/2}^{0} - P_{-m+1/2,1/2}^{0})$$

$$\frac{v_{z(1/2,0)}^{1/2} - v_{z(1/2,0)}^{-1/2}}{\Delta t} \approx -\frac{1}{\rho h} \sum_{m=1}^{M} a_m (P_{1/2,m-1/2}^{0} - P_{1/2,-m+1/2}^{0})$$

$$\frac{P_{1/2,1/2}^{1} - P_{1/2,1/2}^{0}}{\Delta t} \approx -\frac{\kappa}{h} \left\{ \sum_{m=1}^{M} a_m \left[v_{x(m,1/2)}^{1/2} - v_{x(-m+1,1/2)}^{1/2} \right] + \sum_{m=1}^{M} a_m \left[v_{z(1/2,m)}^{1/2} - v_{z(1/2,-m+1)}^{1/2} \right] \right\}$$

$$(4-7)$$

方程(4-7)为二维 C-SFD 对速度-应力声波方程(4-1)的差分离散声波方程,C-SFD 和 TS-SFD 采用的时间差分算子和空间差分算子完全相同,因此,方程(4-7)也是二维 TS-SFD 对速度-应力声波方程(4-1)的差分离散声波方程。

方程(4-7)可以改写为

$$v_{x(0,1/2)}^{1/2} \approx v_{x(0,1/2)}^{-1/2} - \frac{\Delta t}{\rho h} \sum_{m=1}^{M} a_m (P_{m-1/2,1/2}^{0} - P_{-m+1/2,1/2}^{0})$$

$$v_{z(1/2,0)}^{1/2} \approx v_{z(1/2,0)}^{-1/2} - \frac{\Delta t}{\rho h} \sum_{m=1}^{M} a_m (P_{1/2,m-1/2}^{0} - P_{1/2,-m+1/2}^{0}) \quad (4-8)$$

$$P_{1/2,1/2}^{1} \approx P_{1/2,1/2}^{0} - \frac{\kappa \Delta t}{h} \left\{ \sum_{m=1}^{M} a_m \left[v_{x(m,1/2)}^{1/2} - v_{x(-m+1,1/2)}^{1/2} \right] + \right.$$

$$\left. \sum_{m=1}^{M} a_m \left[v_{z(1/2,m)}^{1/2} - v_{z(1/2,-m+1)}^{1/2} \right] \right\}$$

式(4-8)表明,利用 $(t-\Delta t/2)$ 时刻的质点振动速度场 v_x(或 v_z)和 t 时刻的压力场 P 可推算出 $(t+\Delta t/2)$ 时刻的 v_x(或 v_z);然后,利用 t 时刻的 P 和 $(t+\Delta t/2)$ 时刻的 v_x 和 v_z 可以推算出 $(t+\Delta t)$ 时刻的 P。二维 C-SFD 和 TS-SFD 均通过迭代求解方程(4-8),遍历所有离散时间点

第四章 二维声波混合交错网格有限差分数值模拟方法

和空间网格点,求解出任意离散时刻、任意空间网格点的质点振动速度场 v_x、v_z 和压力场 P,实现速度-应力声波方程数值模拟。

迭代求解方程(4-8)之前,需要计算出其中的差分系数 $a_m(m=1,2,\cdots,M)$,TS-SFD 和 C-SFD 的主要差别就在于它们的差分系数计算方法不同,下文会详细阐述。

二、二维混合交错网格有限差分法

二维 C-SFD 和 TS-SFD 仅利用坐标轴网格点构建空间差分算子,主要通过增大 M 的取值,即增加空间差分算子长度来提高模拟精度,然而,随着 M 取值的增大,新增加的网格点距离差分中心点越来越远,对提高模拟精度的贡献越来越小。

与第二章和第三章中构建混合网格有限差分法的思路相似,二维 M-SFD 的基本构建思路是联合利用坐标轴网格点和非坐标轴网格点构建混合型空间差分算子。图 4-3 给出了 M-SFD($N=1,2,3,4$)的空间差分算子示意图,N 表示空间差分算子中与差分中心点等距的非坐标轴网格点的组数。相比 C-SFD 和 TS-SFD,M-SFD 能有效利用距离差分中心点更近的非坐标轴网格点,理论上更合理。

本章给出的 M-SFD 与 Tan 和 Huang[48]提出的时间和空间高阶交错网格有限差分法具有一定的相似性,但是他们不恰当地使用了非坐标轴网格点的对称性,将与差分中心点距离不相等的两组非坐标轴网格点赋予了相同的差分系数,例如,他们将图 4-3(c)中标记为绿色②和③的两组非坐标轴网格点赋予了相同的差分系数,标记为绿色②的网格点与差分中心点的距离为 $\sqrt{13}h/2$,而标记为绿色③的网格点与差分中心点的距离为 $\sqrt{17}h/2$。他们这种不合理的赋值导致差分系数的解析表达式求解困难。本章给出的 M-SFD 中任意两组与差分中心点距离不等的非坐标轴网格点赋予不同的差分系数,理论上更合理,并使得求解差分系数的解析表达式更容易。

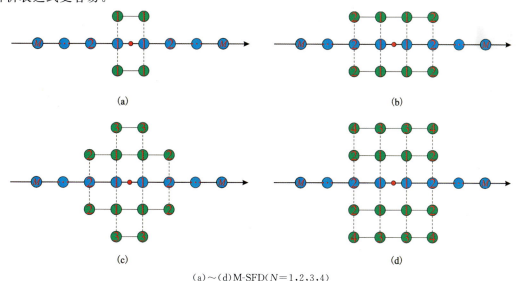

(a)～(d)M-SFD($N=1,2,3,4$)

图 4-3 二维 M-SFD 的空间差分算子示意图

利用图 4-3(a)中的 M-SFD($N=1$)的空间差分算子近似方程(4-1)中波场变量关于空间变量 x 和 z 的一阶导数，$\partial v_x/\partial x$、$\partial v_z/\partial z$、$\partial P/\partial x$ 和 $\partial P/\partial z$ 可以表示为

$$\left.\frac{\partial v_x}{\partial x}\right|_{1/2,1/2}^{1/2} \approx \sum_{m=1}^{M} \frac{c_m}{(2m-1)h} \left[v_{x(m,1/2)}^{1/2} - v_{x(-m+1,1/2)}^{1/2} \right] +$$

$$\frac{d_1}{h} \left[v_{x(1,3/2)}^{1/2} - v_{x(0,3/2)}^{1/2} + v_{x(1,-1/2)}^{1/2} - v_{x(0,-1/2)}^{1/2} \right]$$

$$\left.\frac{\partial v_z}{\partial z}\right|_{1/2,1/2}^{1/2} \approx \sum_{m=1}^{M} \frac{c_m}{(2m-1)h} \left[v_{z(1/2,m)}^{1/2} - v_{z(1/2,-m+1)}^{1/2} \right] +$$

$$\frac{d_1}{h} \left[v_{z(3/2,1)}^{1/2} - v_{z(3/2,0)}^{1/2} + v_{z(-1/2,1)}^{1/2} - v_{z(-1/2,0)}^{1/2} \right]$$

$$\left.\frac{\partial P}{\partial x}\right|_{0,1/2}^{0} \approx \sum_{m=1}^{M} \frac{c_m}{(2m-1)h} \left[P_{m-1/2,1/2}^{0} - P_{-m+1/2,1/2}^{0} \right] +$$

$$\frac{d_1}{h} \left[P_{1/2,3/2}^{0} - P_{-1/2,3/2}^{0} + P_{1/2,-1/2}^{0} - P_{-1/2,-1/2}^{0} \right]$$

$$\left.\frac{\partial P}{\partial z}\right|_{1/2,0}^{0} \approx \sum_{m=1}^{M} \frac{c_m}{(2m-1)h} \left[P_{1/2,m-1/2}^{0} - P_{1/2,-m+1/2}^{0} \right] +$$

$$\frac{d_1}{h} \left[P_{3/2,1/2}^{0} - P_{3/2,-1/2}^{0} + P_{-1/2,1/2}^{0} - P_{-1/2,-1/2}^{0} \right]$$

(4-9)

其中，$c_1,c_2,\cdots,c_M,d_1$ 为权系数。

式(4-9)表明，二维 M-SFD($N=1$)采用坐标轴网格点构建的 M 个空间差分算子和非坐标轴网格点构建的 1 个空间差分算子的加权平均来近似波场变量的一阶空间偏导数。同样地，M-SFD 就是利用坐标轴网格点构建的 M 个空间差分算子和非坐标轴网格点构建的 N 个空间差分算子的加权平均来近似波场变量的一阶空间偏导数。

将式(4-9)和式(4-2)代入方程(4-1)得到

$$\frac{v_{x(0,1/2)}^{1/2} - v_{x(0,1/2)}^{-1/2}}{\Delta t} \approx -\frac{1}{\rho h} \left\{ \sum_{m=1}^{M} a_m (P_{m-1/2,1/2}^{0} - P_{-m+1/2,1/2}^{0}) + \right.$$

$$\left. b_1 \left[P_{1/2,3/2}^{0} - P_{-1/2,3/2}^{0} + P_{1/2,-1/2}^{0} - P_{-1/2,-1/2}^{0} \right] \right\}$$

$$\frac{v_{z(1/2,0)}^{1/2} - v_{z(1/2,0)}^{-1/2}}{\Delta t} \approx -\frac{1}{\rho h} \left\{ \sum_{m=1}^{M} a_m (P_{1/2,m-1/2}^{0} - P_{1/2,-m+1/2}^{0}) + \right.$$

$$\left. b_1 \left[P_{3/2,1/2}^{0} - P_{3/2,-1/2}^{0} + P_{-1/2,1/2}^{0} - P_{-1/2,-1/2}^{0} \right] \right\}$$

$$\frac{P_{1/2,1/2}^{1} - P_{1/2,1/2}^{0}}{\Delta t} \approx -\frac{\kappa}{h} \left\{ \sum_{m=1}^{M} a_m \left[v_{x(m,1/2)}^{1/2} - v_{x(-m+1,1/2)}^{1/2} \right] + \right.$$

$$\left. b_1 \left[v_{x(1,3/2)}^{1/2} - v_{x(0,3/2)}^{1/2} + v_{x(1,-1/2)}^{1/2} - v_{x(0,-1/2)}^{1/2} \right] \right\} -$$

$$\frac{\kappa}{h} \left\{ \sum_{m=1}^{M} a_m \left[v_{z(1/2,m)}^{1/2} - v_{z(1/2,-m+1)}^{1/2} \right] + \right.$$

$$\left. b_1 \left[v_{z(3/2,1)}^{1/2} - v_{z(3/2,0)}^{1/2} + v_{z(-1/2,1)}^{1/2} - v_{z(-1/2,0)}^{1/2} \right] \right\}$$

(4-10)

其中 $a_m = c_m/(2m-1)(m=1,2,\cdots,M)$，$b_1 = d_1$，$a_1, a_2, \cdots, a_M; b_1$ 为差分系数。

方程(4-10)为二维 M-SFD($N=1$)对速度-应力声波方程(4-1)的差分离散声波方程，同样地，可以导出 M-SFD($N=2,3,4$)对速度-应力声波方程(4-1)的差分离散声波方程，详见本章附录。方程(4-10)同样可以变形得到类似方程(4-8)的迭代形式，进而利用 M-SFD($N=1$)进行速度-应力声波方程数值模拟。

三、差分系数计算

差分系数计算是交错网格有限差分法的一项重要研究内容，计算方法优劣会直接影响交错网格有限差分法的模拟精度和稳定性。本小节将基于平面波理论和泰勒级数展开阐述 C-SFD、TS-SFD 和 M-SFD 的差分系数计算方法，并导出差分系数的解析解。

速度-应力声波方程(4-1)在均匀介质中存在平面波解，其离散形式为

$$P^j_{m-1/2,n-1/2} = A_P e^{i[k_x(x+(m-1/2)h)+k_z(z+(n-1/2)h)-\omega(t+j\Delta t)]}$$
$$v^{j-1/2}_{x(m,n-1/2)} = A_{v_x} e^{i[k_x(x+mh)+k_z(z+(n-1/2)h)-\omega(t+(j-1/2)\Delta t)]}$$
$$v^{j-1/2}_{z(m-1/2,n)} = A_{v_z} e^{i[k_x(x+(m-1/2)h)+k_z(z+nh)-\omega(t+(j-1/2)\Delta t)]}$$
$$k_x = k\cos\theta, \quad k_z = k\sin\theta \tag{4-11}$$

其中 A_P、A_{v_x} 和 A_{v_z} 为平面波的振幅，k 为波数，θ 为平面波传播方向与 x 轴正向的夹角，ω 为角频率，i 为虚单位，即 $i^2 = -1$。

1. 二维 C-SFD 的差分系数计算

二维 C-SFD 计算差分系数时仅考虑空间差分算子的差分精度，将离散平面波解式(4-11)代入式(4-5)和式(4-6)得到

$$k_x \approx \frac{2}{h}\sum_{m=1}^{M} a_m \sin[(m-1/2)k_x h]$$
$$k_z \approx \frac{2}{h}\sum_{m=1}^{M} a_m \sin[(m-1/2)k_z h] \tag{4-12}$$

式(4-12)称为二维 C-SFD 的空间差分算子的频散关系，也称为空间域频散关系。对其中的正弦函数进行泰勒级数展开得到

$$k_x \approx \frac{2}{h}\sum_{j=0}^{\infty}\sum_{m=1}^{M} a_m (-1)^j \frac{[(m-1/2)k_x h]^{2j+1}}{(2j+1)!}$$
$$k_z \approx \frac{2}{h}\sum_{j=0}^{\infty}\sum_{m=1}^{M} a_m (-1)^j \frac{[(m-1/2)k_z h]^{2j+1}}{(2j+1)!} \tag{4-13}$$

令式(4-13)左右两边 $k_x^{2j+1}h^{2j}$（或 $k_z^{2j+1}h^{2j}$）的系数对应相等，可得到

$$\sum_{m=1}^{M}(2m-1)^{2j+1}a_m = 1 \quad (j=0)$$
$$\sum_{m=1}^{M}(2m-1)^{2j+1}a_m = 0 \quad (j=1,2,\cdots,M-1) \tag{4-14}$$

将方程(4-14)改写为矩阵方程得到

$$\begin{bmatrix} 1 & 1 & 1 & \cdots & 1 \\ 1^2 & 3^2 & 5^2 & \cdots & (2M-1)^2 \\ 1^4 & 3^4 & 5^4 & \cdots & (2M-1)^4 \\ \vdots & \vdots & \vdots & \ddots & \vdots \\ 1^{2M-2} & 3^{2M-2} & 5^{2M-2} & \cdots & (2M-1)^{2M-2} \end{bmatrix} \begin{bmatrix} 1a_1 \\ 3a_2 \\ 5a_3 \\ \vdots \\ (2M-1)a_M \end{bmatrix} = \begin{bmatrix} 1 \\ 0 \\ 0 \\ \vdots \\ 0 \end{bmatrix} \quad (4-15)$$

方程(4-15)为一个范德蒙德(Vandermonde)矩阵方程,求解此方程得到

$$a_m = \frac{(-1)^{M-1}}{2m-1} \prod_{1 \leqslant k \leqslant M, k \neq m} \frac{(2k-1)^2}{(2m-1)^2 - (2k-1)^2} \quad (m=1,2,\cdots,M) \quad (4-16)$$

式(4-16)为二维 C-SFD 的差分系数通解。上述差分系数求解过程可以概括为将离散平面波解代入空间差分算子得到空间域频散关系,然后对空间域频散关系中的三角函数进行泰勒级数展开,建立关于差分系数的方程组,再求解方程得出差分系数通解。因此,我们可以说 C-SFD 基于空间域频散关系和泰勒级数展开计算差分系数。

2. 二维 TS-SFD 的差分系数计算

二维 TS-SFD 计算差分系数时考虑差分离散声波方程的差分精度,将离散平面波解式(4-11)代入 TS-SFD 给出的差分离散声波方程(4-7)得到

$$\frac{A_{v_x}}{\Delta t} \sin\left(\frac{\omega \Delta t}{2}\right) \approx \frac{A_P}{\rho h} \sum_{m=1}^{M} a_m \sin[(m-1/2)k_x h]$$

$$\frac{A_{v_z}}{\Delta t} \sin\left(\frac{\omega \Delta t}{2}\right) \approx \frac{A_P}{\rho h} \sum_{m=1}^{M} a_m \sin[(m-1/2)k_z h]$$

$$\frac{A_P}{\Delta t} \sin\left(\frac{\omega \Delta t}{2}\right) \approx \frac{\kappa A_{v_x}}{h} \sum_{m=1}^{M} a_m \sin[(m-1/2)k_x h] + \frac{\kappa A_{v_z}}{h} \sum_{m=1}^{M} a_m \sin[(m-1/2)k_z h]$$

$$(4-17)$$

消去式(4-17)中 A_{v_x}、A_{v_z} 和 A_P,并且考虑到 $\omega = vk$ 和 $\kappa = \rho v^2$,得到

$$\frac{1}{(v\Delta t)^2} \sin^2\left(\frac{rkh}{2}\right) \approx \frac{1}{h^2} \left\{ \sum_{m=1}^{M} a_m \sin[(m-1/2)k_x h] \right\}^2 + \frac{1}{h^2} \left\{ \sum_{m=1}^{M} a_m \sin[(m-1/2)k_z h] \right\}^2$$

$$(4-18)$$

其中 v 为声波在介质中的传播速度,$r = v\Delta t/h$ 为 Courant 条件数,表示单位时间采样间隔内地震波的传播距离与空间采样间隔之比。

式(4-18)为 TS-SFD 给出的差分离散声波方程的频散关系,也称为时空域频散关系。由于二维 C-SFD 和 TS-SFD 给出的差分离散声波方程相同,因此,它们的时空域频散关系也完全相同。

对式(4-18)中的正弦函数进行泰勒级数展开得到

$$\left[\sum_{j=0}^{\infty} r^{2j} \beta_j (k/2)^{2j+1} h^{2j}\right]^2 \approx \left[\sum_{j=0}^{\infty} d_j \beta_j (\cos\theta)^{2j+1} (k/2)^{2j+1} h^{2j}\right]^2 + \left[\sum_{j=0}^{\infty} d_j \beta_j (\sin\theta)^{2j+1} (k/2)^{2j+1} h^{2j}\right]^2 \quad (4-19)$$

第四章 二维声波混合交错网格有限差分数值模拟方法

其中

$$\beta_j = \frac{(-1)^j}{(2j+1)!}, \quad d_j = \sum_{m=1}^{M}(2m-1)^{2j+1}a_m \tag{4-20}$$

令方程(4-19)左右两边 $k^{2j+2}h^{2j}(j=0,1,2,\cdots,M-1)$ 的系数对应相等,可得到

$$d_0^2(\cos^2\theta + \sin^2\theta) = 1 \quad (j=0) \tag{4-21}$$

$$\sum_{p=0}^{j} d_p d_{j-p} \beta_p \beta_{j-p}(\cos^{2j+2}\theta + \sin^{2j+2}\theta) = \sum_{p=0}^{j}\beta_p\beta_{j-p}r^{2j} \quad (j=1,2,\cdots,M-1) \tag{4-22}$$

根据式(4-21)可得出 $d_0 = \pm 1$,当 d_0 从 1 变为 -1 时,相应的差分系数 $a_1,a_2,\cdots,a_M$ 变为其相反数,对最终结果没有影响。这里取 $d_0=1$,然后根据式(4-22)可以得到

$$d_j = \frac{\sum_{p=0}^{j}\beta_p\beta_{j-p}r^{2j} - \sum_{p=1}^{j-1}d_p d_{j-p}\beta_p\beta_{j-p}(\cos^{2j+2}\theta + \sin^{2j+2}\theta)}{2d_0\beta_0\beta_j(\cos^{2j+2}\theta + \sin^{2j+2}\theta)} \quad (j=1,2,\cdots,M-1) \tag{4-23}$$

式(4-23)中 β_j 已知,选取一个特定 θ 值,可依次计算出 $d_1,d_2,\cdots,d_{M-1}$。这样 $d_0,d_1,d_2,\cdots,d_{M-1}$ 就都计算出来了,然后再根据方程(4-20)可以得到如下矩阵方程:

$$\begin{bmatrix} 1 & 1 & 1 & \cdots & 1 \\ 1^2 & 3^2 & 5^2 & \cdots & (2M-1)^2 \\ 1^4 & 3^4 & 5^4 & \cdots & (2M-1)^4 \\ \vdots & \vdots & \vdots & \ddots & \vdots \\ 1^{2M-2} & 3^{2M-2} & 5^{2M-2} & \cdots & (2M-1)^{2M-2} \end{bmatrix} \begin{bmatrix} 1a_1 \\ 3a_2 \\ 5a_3 \\ \vdots \\ (2M-1)a_M \end{bmatrix} = \begin{bmatrix} d_0 \\ d_1 \\ d_2 \\ \vdots \\ d_{M-1} \end{bmatrix} \tag{4-24}$$

方程(4-24)为一个范德蒙德(Vandermonde)矩阵方程。从计算 $d_1,d_2,\cdots,d_{M-1}$ 的过程可知,d_j 与 θ 的取值有关,那么,差分系数 $a_1,a_2,\cdots,a_M$ 也与 θ 的取值相关。θ 取任意值,d_j 不存在简单的表达式,导致差分系数 $a_1,a_2,\cdots,a_M$ 的通解无法导出,必须通过解方程(4-24)计算。

取 $\theta=0$ 时,可推导出 $d_j=r^{2j}(j=0,1,2,\cdots,M-1)$,方程(4-24)可改写为

$$\begin{bmatrix} 1 & 1 & 1 & \cdots & 1 \\ 1^2 & 3^2 & 5^2 & \cdots & (2M-1)^2 \\ 1^4 & 3^4 & 5^4 & \cdots & (2M-1)^4 \\ \vdots & \vdots & \vdots & \ddots & \vdots \\ 1^{2M-2} & 3^{2M-2} & 5^{2M-2} & \cdots & (2M-1)^{2M-2} \end{bmatrix} \begin{bmatrix} 1a_1 \\ 3a_2 \\ 5a_3 \\ \vdots \\ (2M-1)a_M \end{bmatrix} = \begin{bmatrix} 1 \\ r^2 \\ r^4 \\ \vdots \\ r^{2M-2} \end{bmatrix} \tag{4-25}$$

解方程(4-25)得到

$$a_m = \frac{1}{2m-1}\prod_{1\leqslant k\leqslant M, k\neq m}\frac{r^2-(2k-1)^2}{(2m-1)^2-(2k-1)^2} \quad (m=1,2,\cdots,M) \tag{4-26}$$

取 $\theta=\pi/4$ 时,可推导出 $d_j=(\sqrt{2}r)^{2j}(j=0,1,2,\cdots,M-1)$,方程(4-24)可改写为

$$\begin{bmatrix} 1 & 1 & 1 & \cdots & 1 \\ 1^2 & 3^2 & 5^2 & \cdots & (2M-1)^2 \\ 1^4 & 3^4 & 5^4 & \cdots & (2M-1)^4 \\ \vdots & \vdots & \vdots & \ddots & \vdots \\ 1^{2M-2} & 3^{2M-2} & 5^{2M-2} & \cdots & (2M-1)^{2M-2} \end{bmatrix} \begin{bmatrix} 1a_1 \\ 3a_2 \\ 5a_3 \\ \vdots \\ (2M-1)a_M \end{bmatrix} = \begin{bmatrix} 1 \\ (\sqrt{2}r)^2 \\ (\sqrt{2}r)^4 \\ \vdots \\ (\sqrt{2}r)^{2M-2} \end{bmatrix} \tag{4-27}$$

解方程(4-27)得到

$$a_m = \frac{1}{2m-1} \prod_{1 \leqslant k \leqslant M, k \neq m} \frac{(\sqrt{2}r)^2 - (2k-1)^2}{(2m-1)^2 - (2k-1)^2} \quad (m=1,2,\cdots,M) \quad (4\text{-}28)$$

式(4-26)和式(4-28)分别给出了 $\theta=0$ 和 $\theta=\pi/4$ 时,二维 TS-SFD 的差分系数通解。Liu 和 Sen[36]计算差分系数时取 $\theta=\pi/8$,但没有给出差分系数通解,需计算出 $d_0,d_1,d_2,\cdots,d_{M-1}$ 的值后通过解方程(4-24)计算差分系数。

对比二维 C-SFD 的差分系数通解与 TS-SFD 的差分系数通解可以看出,C-SFD 的差分系数通解是 TS-SFD 的差分系数通解中取 $r=0$ 的特殊情况。C-SFD 的差分系数仅与 M 的取值有关,与地震波在介质中的传播速度 v 无关。TS-SFD 的差分系数与 M 的取值以及计算差分系数时选取的地震波传播方向角 θ 的值有关,还与 $r=v\Delta t/h$ 取值相关,数值模拟过程中时间采样间隔 Δt 和空间采样间隔 h 取值固定,差分系数随速度 v 自适应变化,这是 TS-SFD 比 C-SFD 具有更高模拟精度的根本原因。

TS-SFD 的差分系数求解过程可以概括为将平面波解代入差分离散声波方程得到时空域频散关系,然后对时空域频散关系中的三角函数进行泰勒级数展开建立关于差分系数的方程组,再求解方程组得出差分系数通解。鉴于此,我们通常说 TS-SFD 基于时空域频散关系和泰勒级数展开计算差分系数。

3. 二维 M-SFD 的差分系数计算

M-SFD 计算差分系数时考虑差分离散声波方程的差分精度,将离散平面波解式(4-11)代入 M-SFD($N=1$)给出的差分离散声波方程(4-10)得到

$$\frac{A_{v_x}}{\Delta t}\sin\left(\frac{\omega\Delta t}{2}\right) \approx \frac{A_P}{\rho h}\left\{\sum_{m=1}^{M}a_m\sin[(m-1/2)k_xh] + 2b_1\cos(k_zh)\sin\left(\frac{k_xh}{2}\right)\right\}$$

$$\frac{A_{v_z}}{\Delta t}\sin\left(\frac{\omega\Delta t}{2}\right) \approx \frac{A_P}{\rho h}\left\{\sum_{m=1}^{M}a_m\sin[(m-1/2)k_zh] + 2b_1\cos(k_xh)\sin\left(\frac{k_zh}{2}\right)\right\}$$

$$\frac{A_P}{\Delta t}\sin\left(\frac{\omega\Delta t}{2}\right) \approx \frac{\kappa A_{v_x}}{h}\left\{\sum_{m=1}^{M}a_m\sin[(m-1/2)k_xh] + 2b_1\cos(k_zh)\sin\left(\frac{k_xh}{2}\right)\right\} +$$

$$\frac{\kappa A_{v_z}}{h}\left\{\sum_{m=1}^{M}a_m\sin[(m-1/2)k_zh] + 2b_1\cos(k_xh)\sin\left(\frac{k_zh}{2}\right)\right\}$$

(4-29)

消去式(4-29)中的 A_{v_x}、A_{v_z} 和 A_P,并且考虑到 $\omega=vk$ 和 $\kappa=\rho v^2$,得到

$$\frac{1}{(v\Delta t)^2}\sin^2\left(\frac{rkh}{2}\right) \approx \frac{1}{h^2}\left\{\sum_{m=1}^{M}a_m\sin[(m-1/2)k_xh] + 2b_1\cos(k_zh)\sin\left(\frac{k_xh}{2}\right)\right\}^2 +$$

$$\frac{1}{h^2}\left\{\sum_{m=1}^{M}a_m\sin[(m-1/2)k_zh] + 2b_1\cos(k_xh)\sin\left(\frac{k_zh}{2}\right)\right\}^2$$

(4-30)

其中 v 为声波在介质中的传播速度,$r=v\Delta t/h$ 为 Courant 条件数。

式(4-30)为 M-SFD($N=1$)给出的差分离散声波方程的频散关系,也称为时空域频散关

第四章 二维声波混合交错网格有限差分数值模拟方法

系。对其中的正弦和余弦函数进行泰勒级数展开得到

$$\left\{\sum_{j=0}^{\infty} d_j \beta_j (k_x/2)^{2j+1} h^{2j} + 2b_1 \left[\sum_{j=0}^{\infty} \beta_j (k_x/2)^{2j+1} h^{2j}\right] \cdot \left[\sum_{j=1}^{\infty} \gamma_j k_z^{2j} h^{2j}\right]\right\}^2 +$$

$$\left\{\sum_{j=0}^{\infty} d_j \beta_j (k_z/2)^{2j+1} h^{2j} + 2b_1 \left[\sum_{j=0}^{\infty} \beta_j (k_z/2)^{2j+1} h^{2j}\right] \cdot \left[\sum_{j=1}^{\infty} \gamma_j k_x^{2j} h^{2j}\right]\right\}^2 \quad (4-31)$$

$$\approx \left(\sum_{j=0}^{\infty} r^{2j} \beta_j (k/2)^{2j+1} h^{2j}\right)^2$$

其中

$$\beta_j = \frac{(-1)^j}{(2j+1)!}, \gamma_j = \frac{(-1)^j}{(2j)!}, d_j = \sum_{m=1}^{M} (2m-1)^{2j+1} a_m + 2b_1 \quad (4-32)$$

令方程(4-31)左右两边 $k_x^2 k_z^2 h^2$ 的系数对应相等,可得到

$$d_0 b_1 = \frac{r^2}{24} \quad (4-33)$$

令方程(4-31)左右两边 $k_x^{2j+2} h^{2j}$(或 $k_z^{2j+2} h^{2j}$)($j=0,1,2,\cdots,M-1$)的系数对应相等,可得到

$$d_0^2 = 1 \quad (j=0) \quad (4-34)$$

$$\sum_{p=0}^{j} d_p d_{j-p} \beta_p \beta_{j-p} = \sum_{p=0}^{j} \beta_p \beta_{j-p} r^{2j} \quad (j=1,2,\cdots,M-1) \quad (4-35)$$

根据式(4-34)可得出 $d_0 = \pm 1$,当 d_0 从 1 变为 -1,相应的差分系数 $a_1, a_2, \cdots, a_M$ 和 b_1 变为其相反数,对最终结果没有影响。这里取 $d_0 = 1$,并根据式(4-35)进行计算和推导可以得出

$$d_j = r^{2j} \quad (j=0,1,2,\cdots,M-1) \quad (4-36)$$

将式(4-36)代入式(4-32)得到

$$\sum_{m=1}^{M} (2m-1)^{2j+1} a_m + 2b_1 = r^{2j} \quad (j=0,1,\cdots,M-1) \quad (4-37)$$

式(4-37)可改写为矩阵方程

$$\begin{bmatrix} 1 & 1 & 1 & \cdots & 1 \\ 1^2 & 3^2 & 5^2 & \cdots & (2M-1)^2 \\ 1^4 & 3^4 & 5^4 & \cdots & (2M-1)^4 \\ \vdots & \vdots & \vdots & \ddots & \vdots \\ 1^{2M-2} & 3^{2M-2} & 5^{2M-2} & \cdots & (2M-1)^{2M-2} \end{bmatrix} \begin{bmatrix} 1(a_1+2b_1) \\ 3a_2 \\ 5a_3 \\ \vdots \\ (2M-1)a_M \end{bmatrix} = \begin{bmatrix} 1 \\ r^2 \\ r^4 \\ \vdots \\ r^{2M-2} \end{bmatrix} \quad (4-38)$$

方程(4-38)为一个范德蒙德(Vandermonde)矩阵方程。将 $d_0 = 1$ 代入式(4-33)可得出 $b_1 = r^2/24$,然后求解方程(4-38)可得到

$$b_1 = \frac{r^2}{24}, a_1 = \prod_{2 \leqslant k \leqslant M} \left[\frac{r^2 - (2k-1)^2}{1 - (2k-1)^2}\right] - \frac{r^2}{12},$$

$$a_m = \frac{1}{2m-1} \prod_{1 \leqslant k \leqslant M, k \neq m} \frac{r^2 - (2k-1)^2}{(2m-1)^2 - (2k-1)^2} \quad (m=2,3,\cdots,M) \quad (4-39)$$

方程(4-34)和方程(4-35)是使得方程(4-31)左右两边 $k_x^{2j+2} h^{2j}$(或 $k_z^{2j+2} h^{2j}$)($j=0,1,2,\cdots,M$)的系数对应相等条件下构建的等式。考虑到 $k_x = k\cos\theta$ 和 $k_z = \sin\theta$,取 $\theta = 0$,使得方

程(4-31)左右两边 $k^{2j+2}h^{2j}(j=0,1,2,\cdots,M)$ 的系数对应相等条件下构建的等式与方程(4-34)和方程(4-35)完全一致。因此,式(4-39)为取 $\theta=0$ 时,M-SFD($N=1$)的差分系数通解。θ 取其他值时,d_j 的计算过程变得非常复杂,差分系数计算则变得更加困难。M-SFD($N=2,3,4$)的差分系数也可以采用同样的方法求解,本章附录给出了取 $\theta=0$ 时,M-SFD($N=2,3,4$)的差分系数通解。

与 TS-SFD 的差分系数计算过程类似,M-SFD 也是基于时空域频散关系和泰勒级数展开计算差分系数。M-SFD 的差分系数与 M 和 N 的取值相关,还与计算差分系数时 θ 的取值相关,并且随速度 v 自适应变化。

四、差分精度分析

差分精度通常用来描述差分算子近似微分算子的精确程度。目前大部分学者将时间差分算子和空间差分算子的差分精度分开分析,通常认为,时间差分算子和空间差分算子的差分精度越高,有限差分法的模拟精度越高。考虑到交错网格有限差分法通过迭代求解差分离散声波方程实现声波数值模拟,本章定义差分离散声波方程的差分精度来直接衡量差分离散声波方程近似偏微分声波方程的精确程度。我们认为差分离散声波方程的差分精度能更合理地描述有限差分法的模拟精度。

1. 二维 C-SFD 的差分精度

根据二维 C-SFD 的空间域频散关系式(4-12),定义空间差分算子的误差函数 $\varepsilon_{\text{C-SFD}}$ 为

$$\varepsilon_{\text{C-SFD}} = \frac{2}{h}\sum_{m=1}^{M} a_m \sin\left[\left(m-\frac{1}{2}\right)k_x h\right] - k_x \quad \text{或} \quad \varepsilon_{\text{C-SFD}} = \frac{2}{h}\sum_{m=1}^{M} a_m \sin\left[\left(m-\frac{1}{2}\right)k_z h\right] - k_z \tag{4-40}$$

根据泰勒级数展开式(4-40)中的余弦函数,并结合 C-SFD 的差分系数求解过程,可以得到

$$\varepsilon_{\text{C-SFD}} = 2\sum_{j=M}^{\infty}\sum_{m=1}^{M} a_m \frac{(-1)^j (2m-1)^{2j+1} (k_x/2)^{2j+1} h^{2j}}{(2j+1)!} \tag{4-41}$$

或

$$\varepsilon_{\text{C-SFD}} = 2\sum_{j=M}^{\infty}\sum_{m=1}^{M} a_m \frac{(-1)^j (2m-1)^{2j+1} (k_z/2)^{2j+1} h^{2j}}{(2j+1)!} \tag{4-42}$$

式(4-41)和式(4-42)表明,误差函数 $\varepsilon_{\text{C-SFD}}$ 中 h 的最小幂指数为 $2M$,因此,二维 C-SFD 的空间差分算子具有 $2M$ 阶差分精度,即 C-SFD 具有 $2M$ 阶空间差分精度。

进一步分析二维 C-SFD 给出的差分离散声波方程的差分精度,根据 C-SFD 的时空域频散关系式(4-18),定义差分离散声波方程的误差函数 $E_{\text{C-SFD}}$ 为

$$E_{\text{C-SFD}} = \frac{1}{h^2}\left\{\sum_{m=1}^{M} a_m \sin[(m-1/2)k_x h]\right\}^2 + \frac{1}{h^2}\left\{\sum_{m=1}^{M} a_m \sin[(m-1/2)k_z h]\right\}^2 - \frac{1}{(v\Delta t)^2}\sin^2\left(\frac{rkh}{2}\right)$$

$$\tag{4-43}$$

第四章　二维声波混合交错网格有限差分数值模拟方法

考虑 $r=v\Delta t/h$，泰勒级数展开式(4-43)中的正弦函数，并结合 C-SFD 的差分系数求解过程可以得到

$$E_{\text{C-SFD}} = \sum_{j=1}^{\infty}\left\{\sum_{p=0}^{j}d_p d_{j-p}\beta_p\beta_{j-p}(\cos^{2j+2}\theta+\sin^{2j+2}\theta)-\sum_{p=0}^{j}\beta_p\beta_{j-p}r^{2j}\right\}(k/2)^{2j+2}h^{2j} \quad (4\text{-}44)$$

其中 d_j 和 β_j 的表达式由式(4-20)给出。式(4-44)表明，误差函数 $E_{\text{C-SFD}}$ 中 h 的最小幂指数为 2，如果将 $r=v\Delta t/h$ 代入式(4-44)会发现误差函数 $E_{\text{C-SFD}}$ 中 Δt 的最小幂指数为 2，因此，二维 C-SFD 给出的差分离散声波方程具有二阶差分精度。

综合上述分析可知：二维 C-SFD 的时间差分算子具有二阶差分精度，空间差分算子具有 $2M$ 阶差分精度；二维 C-SFD 给出的差分离散声波方程仅具有二阶差分精度。

2. 二维 TS-SFD 的差分精度

二维 TS-SFD 与 C-SFD 采用相同的空间差分算子，它们的空间域频散关系也完全相同，均由式(4-12)表示。根据此式，定义二维 TS-SFD 的空间差分算子的误差函数 $\varepsilon_{\text{TS-SFD}}$ 为

$$\varepsilon_{\text{TS-SFD}} = \frac{2}{h}\sum_{m=1}^{M}a_m\sin[(m-1/2)k_x h]-k_x$$

或

$$\varepsilon_{\text{TS-SFD}} = \frac{2}{h}\sum_{m=1}^{M}a_m\sin[(m-1/2)k_z h]-k_z \quad (4\text{-}45)$$

根据泰勒级数展开式(4-45)中的正弦函数，并结合 TS-SFD 的差分系数求解过程，可以得到

$$\varepsilon_{\text{TS-SFD}} = 2\sum_{j=1}^{\infty}\sum_{m=1}^{M}a_m\frac{(-1)^j(2m-1)^{2j+1}(k_x/2)^{2j+1}h^{2j}}{(2j+1)!} \quad (4\text{-}46)$$

或

$$\varepsilon_{\text{TS-SFD}} = 2\sum_{j=1}^{\infty}\sum_{m=1}^{M}a_m\frac{(-1)^j(2m-1)^{2j+1}(k_z/2)^{2j+1}h^{2j}}{(2j+1)!} \quad (4\text{-}47)$$

式(4-46)和式(4-47)表明，误差函数 $\varepsilon_{\text{TS-SFD}}$ 中 h 的最小幂指数为 2，因此，二维 TS-SFD 的空间差分算子具有二阶差分精度，即 TS-SFD 具有二阶空间差分精度。

我们注意到，二维 C-SFD 和 TS-SFD 的空间差分算子完全相同，只是差分系数计算方法不同，C-SFD 的空间差分算子具有 $2M$ 阶差分精度，而 TS-SFD 的空间差分算子仅具有二阶差分精度。这说明空间差分算子的差分精度不仅取决于空间差分算子的结构(构建空间差分算子使用的网格点数)，还取决于差分系数计算方法。

进一步分析二维 TS-SFD 给出的差分离散声波方程的差分精度，根据 TS-SFD 的时空域频散关系式(4-18)，将差分离散声波方程的误差函数 $E_{\text{TS-SFD}}$ 定义为

$$E_{\text{TS-SFD}} = \frac{1}{h^2}\left\{\sum_{m=1}^{M}a_m\sin[(m-1/2)k_x h]\right\}^2 + \frac{1}{h^2}\left\{\sum_{m=1}^{M}a_m\sin[(m-1/2)k_z h]\right\}^2 - \frac{1}{(v\Delta t)^2}\sin^2\left(\frac{rkh}{2}\right) \quad (4\text{-}48)$$

考虑 $r=v\Delta t/h$,泰勒级数展开式(4-48)中的正弦函数,并结合 TS-SFD 的差分系数求解过程,可以得到

$$E_{\text{TS-SFD}} = \sum_{j=1}^{\infty}\Big\{\sum_{p=0}^{j}d_pd_{j-p}\beta_p\beta_{j-p}(\cos^{2j+2}\theta+\sin^{2j+2}\theta)-\sum_{p=0}^{j}\beta_p\beta_{j-p}r^{2j}\Big\}(k/2)^{2j+2}h^{2j} \quad (4\text{-}49)$$

其中 d_j 和 β_j 的表达式由式(4-20)给出。式(4-49)表明,误差函数 $E_{\text{TS-SFD}}$ 中 h 的最小幂指数为 2,如果将 $r=v\Delta t/h$ 代入式(4-49)会发现误差函数 $E_{\text{TS-SFD}}$ 中 Δt 的最小幂指数为 2,因此,二维 TS-SFD 给出的差分离散声波方程具有二阶差分精度。

下面结合 TS-SFD 的差分系数求解过程,对误差函数 $E_{\text{TS-SFD}}$ 进行进一步分析。计算差分系数时取 $\theta=0$,方程(4-22)成立,那么 $\theta=0、\pi/2、\pi、3\pi/2$ 时,方程(4-22)也成立,此时方程(4-49)可改写为

$$E_{\text{TS-SFD}} = \sum_{j=M}^{\infty}\Big\{\sum_{p=0}^{j}d_pd_{j-p}\beta_p\beta_{j-p}(\cos^{2j+2}\theta+\sin^{2j+2}\theta)-\sum_{p=0}^{j}\beta_p\beta_{j-p}r^{2j}\Big\}(k/2)^{2j+2}h^{2j} \quad (4\text{-}50)$$

注意,仅当 θ 取值为 $0、\pi/2、\pi、3\pi/2$ 时,式(4-50)才成立,误差函数 $E_{\text{TS-SFD}}$ 中 h 的最小幂指数为 $2M$,此时,TS-SFD 给出的差分离散声波方程可达到 $2M$ 阶差分精度。

上述分析表明,采用 TS-SFD,取 $\theta=0$ 计算差分系数,差分离散声波方程沿 $\theta=0、\pi/2、\pi、3\pi/2$ 这 4 个传播方向可以达到 $2M$ 阶差分精度;同样地,若取 $\theta=\pi/4$ 计算差分系数,差分离散声波方程沿 $\theta=(2n-1)\pi/4(n=1,2,3,4)$ 这 4 个传播方向可以达到 $2M$ 阶差分精度;若取 $\theta=\pi/8$ 计算差分系数,差分离散波动方程沿 $\theta=(2n-1)\pi/8(n=1,2,\cdots,8)$ 这 8 个传播方向可以达到 $2M$ 阶差分精度。

综合上述分析可以得到:二维 TS-SFD 的时间差分算子具有二阶差分精度,空间差分算子也仅具有二阶差分精度;TS-SFD 给出的差分离散波动方程仅具有二阶差分精度,但沿特定的 4 个或 8 个传播方向可以达到 $2M$ 阶差分精度,这 4 个或 8 个传播方向取决于计算差分系数时选取的 θ 值。

3. 二维 M-SFD 的差分精度

与二维 C-SFD 和 TS-SFD 的空间差分算子的差分精度分析过程类似,定义 M-SFD($N=1$) 的空间差分算子的误差函数 $\varepsilon_{\text{M-SFD}(N=1)}$ 为

$$\varepsilon_{\text{M-SFD}(N=1)} = \frac{2}{h}\Big\{\sum_{m=1}^{M}a_m\sin[(m-1/2)k_xh]+2b_1\cos(k_zh)\sin\Big(\frac{k_xh}{2}\Big)\Big\}-k_x \quad (4\text{-}51)$$

或

$$\varepsilon_{\text{M-SFD}(N=1)} = \frac{2}{h}\Big\{\sum_{m=1}^{M}a_m\sin[(m-1/2)k_zh]+2b_1\cos(k_xh)\sin\Big(\frac{k_zh}{2}\Big)\Big\}-k_z \quad (4\text{-}52)$$

根据泰勒级数展开式(4-51)和式(4-52)中的正弦和余弦函数,并结合 M-SFD($N=1$) 的差分系数求解过程,可以得到

$$\varepsilon_{\text{M-SFD}(N=1)} = 2\sum_{j=1}^{\infty}d_j\beta_j\,(k_x/2)^{2j+1}h^{2j}+4b_1\Big[\sum_{j=0}^{\infty}\beta_j\,(k_x/2)^{2j+1}h^{2j}\Big]\cdot\Big[\sum_{j=1}^{\infty}\gamma_jk_z^{2j}h^{2j}\Big]$$

$$(4\text{-}53)$$

或

$$\varepsilon_{\text{M-SFD}(N=1)} = 2\sum_{j=1}^{\infty} d_j \beta_j \, (k_z/2)^{2j+1} h^{2j} + 4b_1 \left[\sum_{j=0}^{\infty} \beta_j \, (k_z/2)^{2j+1} h^{2j}\right] \cdot \left[\sum_{j=1}^{\infty} \gamma_j k_x^{2j} h^{2j}\right] \quad (4\text{-}54)$$

其中 d_j，β_j 和 γ_j 的表达式由式(4-32)给出。式(4-53)式(4-54)表明，误差函数 $\varepsilon_{\text{M-SFD}(N=1)}$ 中 h 的最小幂指数为 2，因此，二维 M-SFD($N=1$) 的空间差分算子具有二阶差分精度，即 M-SFD($N=1$) 具有二阶空间差分精度。

进一步分析 M-SFD($N=1$) 给出的差分离散声波方程的差分精度，根据 M-SFD($N=1$) 的时空域频散关系式(4-30)，定义差分离散声波方程的误差函数 $E_{\text{M-SFD}(N=1)}$ 为

$$\begin{aligned}
E_{\text{M-SFD}(N=1)} = & \frac{1}{h^2} \left\{\sum_{m=1}^{M} a_m \sin\left[(m-1/2)k_x h\right] + 2b_1 \cos(k_z h) \sin\left(\frac{k_x h}{2}\right)\right\}^2 + \\
& \frac{1}{h^2} \left\{\sum_{m=1}^{M} a_m \sin\left[(m-1/2)k_z h\right] + 2b_1 \cos(k_x h) \sin\left(\frac{k_z h}{2}\right)\right\}^2 - \\
& \frac{1}{(v\Delta t)^2} \sin^2\left(\frac{rkh}{2}\right)
\end{aligned} \quad (4\text{-}55)$$

考虑 $r=v\Delta t/h$，泰勒级数展开式(4-55)中的正弦和余弦函数，并结合 M-SFD($N=1$) 的差分系数求解过程，可以得到

$$\begin{aligned}
E_{\text{M-SFD}(N=1)} = & \sum_{j=M}^{\infty} \sum_{p=0}^{j} (d_p d_{j-p} - r^{2j}) \beta_p \beta_{j-p} \frac{1}{2^{2j+2}} (k_x^{2j+2} + k_z^{2j+2}) h^{2j} + \\
& \left\{\sum_{j=2}^{\infty} \sum_{p=0}^{j-1} \left[\frac{\gamma_{j-p}}{2^{2p+2}} \sum_{q=0}^{p} (2d_q b_1 + 4b_1^2) \beta_q \beta_{p-q} + \right.\right. \\
& \left. \frac{\gamma_{p+1}}{2^{2(j-p)}} \sum_{q=0}^{j-p-1} (2d_q b_1 + 4b_1^2) \beta_q \beta_{j-p-1-q}\right] - \\
& \left. \sum_{j=2}^{\infty} \sum_{p=0}^{j-1} \left[\frac{r^{2j} C_{j+1}^{p+1}}{2^{2j+2}} \sum_{q=0}^{j} (\beta_q \beta_{j-q})\right]\right\} k_x^{2p+2} k_z^{2(j-p)} h^{2j}
\end{aligned} \quad (4\text{-}56)$$

其中 C_{j+1}^{p+1} 为组合数，d_j，β_j 和 γ_j 的表达式由式(4-32)给出。

式(4-56)表明，误差函数 $E_{\text{M-SFD}(N=1)}$ 中 h 的最小幂指数为 4，如果将 $r=v\Delta t/h$ 代入式(4-56)，会发现误差函数 $E_{\text{M-SFD}(N=1)}$ 中 Δt 的最小幂指数也为 4，因此，M-SFD($N=1$) 的差分离散声波方程具有四阶差分精度。误差函数 $E_{\text{M-SFD}(N=1)}$ 的表达式(4-56)是在计算差分系数时取 $\theta=0$ 的条件下导出的，如果将 $\theta=0,\pi/2,\pi,3\pi/2$ 代入式(4-56)，可以看出误差函数 $E_{\text{M-SFD}(N=1)}$ 中 h 的最小幂指数为 $2M$，因此，采用 M-SFD($N=1$)，取 $\theta=0$ 计算差分系数，差分离散波动方程沿 $\theta=0$、$\pi/2$、π、$3\pi/2$ 这 4 个传播方向可以达到 $2M$ 阶差分精度。

综合上述分析可以得到：二维 M-SFD($N=1$) 的时间差分算子具有二阶差分精度，空间差分算子也仅具有二阶差分精度；M-SFD($N=1$) 给出的差分离散声波方程具有四阶差分精度，但沿特定的 4 个传播方向可以达到 $2M$ 阶差分精度。

利用同样的方法，可以分析出 M-SFD($N=2,3,4$) 的时间差分算子、空间差分算子以及差分离散声波方程的差分精度。表 4-1 给出了二维 C-SFD、TS-SFD 和 M-SFD($N=1,2,3,4$) 的差分精度，可以看出，相比 C-SFD 和 TS-SFD，M-SFD 没有提高时间差分算子和空间差分

算子的差分精度,但有效提高了差分离散声波方程的差分精度。

表 4-1　二维 C-SFD、TS-SFD 和 M-SFD($N=1,2,3,4$)的差分精度

交错网格 有限差分法	差分精度		
	时间差分算子	空间差分算子	差分离散声波方程
C-SFD	二阶	$2M$ 阶	二阶
TS-SFD	二阶	二阶	二阶
M-SFD($N=1$)	二阶	二阶	四阶
M-SFD($N=2$)	二阶	二阶	六阶
M-SFD($N=3$)	二阶	二阶	六阶
M-SFD($N=4$)	二阶	二阶	八阶

第二节　数值频散和稳定性分析

交错网格有限差分法作为一类求解速度-应力声波方程的重要数值算法,算法的精度和稳定性是数值算法的重要研究内容。数值频散的大小直接反映交错网格有限差分法的精度。本节将详细分析二维 C-SFD,TS-SFD 和 M-SFD 的数值频散和稳定性。

一、数值频散分析

1. 归一化相速度误差表达式

采用归一化相速度误差函数 $\varepsilon_{\mathrm{ph}}(kh,\theta)=v_{\mathrm{ph}}/v-1$ 描述相速度的数值频散特征,根据相速度的定义 $v_{\mathrm{ph}}=\omega/k$ 和二维 C-SFD 的时空域频散关系式(4-18),可导出二维 C-SFD 的归一化相速度误差函数 $\varepsilon_{\mathrm{ph}}(kh,\theta)$ 的表达式为

$$\varepsilon_{\mathrm{ph}}(kh,\theta)=\frac{v_{\mathrm{ph}}}{v}-1=\frac{2}{rkh}\sin^{-1}(r\sqrt{q})-1 \quad (4\text{-}57)$$

其中

$$q=\left\{\sum_{m=1}^{M}a_m\sin[(m-1/2)kh\cos\theta]\right\}^2+\left\{\sum_{m=1}^{M}a_m\sin[(m-1/2)kh\sin\theta]\right\}^2 \quad (4\text{-}58)$$

二维 TS-SFD 和 C-SFD 具有相同的时空域频散关系表达式,因此,它们的归一化相速度误差函数 $\varepsilon_{\mathrm{ph}}(kh,\theta)$ 的表达式也完全相同,但差分系数 $a_1,a_2,\cdots,a_M$ 的值不同。

同样地,根据二维 M-SFD($N=1$)的时空域频散关系式(4-30)可以导出其归一化相速度误差函数 $\varepsilon_{\mathrm{ph}}(kh,\theta)$ 的表达式,与式(4-57)的形式完全相同,仅其中 q 的表达式不同。M-SFD($N=1$)的归一化相速度误差函数 $\varepsilon_{\mathrm{ph}}(kh,\theta)$ 的表达式中

$$q=\left\{\sum_{m=1}^{M}a_m\sin[(m-1/2)kh\cos\theta]+2b_1\cos(kh\sin\theta)\sin\left(\frac{kh\cos\theta}{2}\right)\right\}^2+ \\ \left\{\sum_{m=1}^{M}a_m\sin[(m-1/2)kh\sin\theta]+2b_1\cos(kh\cos\theta)\sin\left(\frac{kh\sin\theta}{2}\right)\right\}^2 \quad (4\text{-}59)$$

利用相同的方法可导出二维 M-SFD($N=2,3,4$)的归一化相速度误差函数 $\varepsilon_{ph}(kh,\theta)$ 的表达式。

$\varepsilon_{ph}(kh,\theta)=0$ 表示相速度等于真实速度,无数值频散;$\varepsilon_{ph}(kh,\theta)>0$ 表示相速度大于真实速度,称为时间频散,会出现波至超前现象;$\varepsilon_{ph}(kh,\theta)<0$ 表示相速度小于真实速度,称为空间频散,会出现波至拖尾现象。根据二维 C-SFD、TS-SFD 和 M-SFD($N=1,2,3,4$)的归一化相速度误差函数 $\varepsilon_{ph}(kh,\theta)$ 的表达式,绘制相应的相速度频散曲线,可以有效分析它们的相速度频散特征。

2. 相速度频散曲线

图 4-4 给出了二维 C-SFD($M=2,5,10$)、TS-SFD($M=2,5,10$)和 M-SFD($M=2,5,10$;$N=1$)的相速度频散曲线。绘制频散曲线时,归一化相速度误差函数中 Courant 条件数 r 的取值均为 0.36,另外,TS-SFD($M=2,5,10$)计算差分系数时 θ 的取值为 $\pi/8$。分析对比相速度频散曲线可以得出如下结论:

(1)M 的取值为 2 时,C-SFD 空间频散严重,同时存在一定的时间频散;M 的取值增大至 5 时,空间频散消失,但是出现了明显的时间频散;M 的取值继续增大至 10 时,时间频散进一步增大。因此,无论 M 如何取值,C-SFD 都不能有效压制数值频散,模拟精度较低。

(2)M 取值为 2 时,TS-SFD 存在明显的空间频散;M 的取值增大至 5 时,空间频散明显减小,但是出现了一定的时间频散;M 的取值继续增大至 10 时,空间频散进一步减小,时间频散变化不大。另外还可以看出,TS-SFD 的频散曲线较发散,说明相速度数值频散特征随地震波的传播方向变化明显,即 TS-SFD 存在较强的数值各向异性。

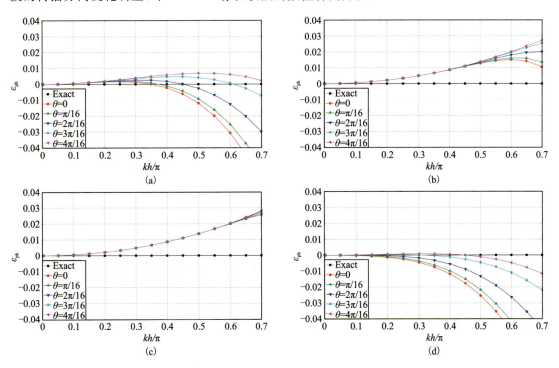

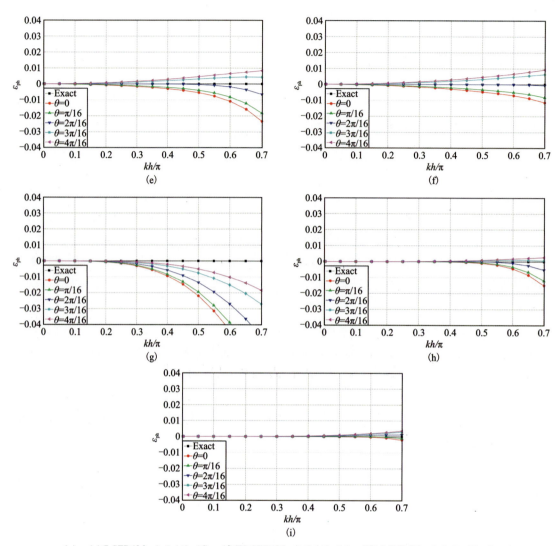

(a)～(c)C-SFD($M=2,5,10$);(d)～(f)TS-SFD($M=2,5,10$);(g)～(i)M-SFD($M=2,5,10;N=1$)

图 4-4　二维 C-SFD、TS-SFD 和 M-SFD($N=1$)的相速度频散曲线

(3)M 取值为 2 时,M-SFD($N=1$)具有明显的空间频散;M 的取值增大至 5 时,空间频散明显减小;M 的取值继续增大至 10 时,空间频散进一步减小。因此,随着 M 取值的增大,M-SFD($N=1$)的数值频散逐渐减小,模拟精度能够稳步提高。另外 M-SFD($N=1$)的相速度频散曲线收敛性较好,表明其数值各向异性特征也不是很明显。

综合上述分析可知:M 取值较小(如 $M=2$)时,相比 C-SFD 和 TS-SFD,M-SFD 在压制数值频散方面无明显优势;M 取值较大(如 $M=10$)时,TS-SFD 的相速度数值频散幅值小于 C-SFD,M-SFD 比 TS-SFD 的数值频散幅值进一步减小,数值各向异性明显减弱。因此,M 取值较大时,M-SFD 比 C-SFD 和 TS-SFD 能更有效地压制数值频散,模拟精度更高。另外 M-SFD 的数值各向异性明显弱于 TS-SFD,说明在空间差分算子中引入非坐标轴网格点有助于减小数值各向异性。

图 4-5 给出了二维 M-SFD($M=6,12,20;N=1,2,3,4$)的相速度频散曲线。绘制频散曲线时,归一化相速度误差函数中 Courant 条件数 r 的取值均为 0.36。3 组子图(a)~(d)、(e)~(h)和(i)~(l)中频散曲线的纵轴刻度互不相同。对比分析这 3 组频散曲线可以得出如下结论:

(1)M 取值为 6 时,M-SFD 的空间频散幅值约为 1%,是主要的数值频散,时间频散是次要的数值频散,N 的取值从 1 增大至 4,虽然能够在一定程度减小时间频散,但是对提高模拟精度作用不大。

(2)M 取值为 12 时,M-SFD 的空间频散幅值约为 1‰,此时,如果 N 的取值为 1,时间频散幅值约为 3.8‰,是主要的数值频散;如果将 N 的取值增大至 2,时间频散幅值减小至 1‰,与空间频散幅值基本相当;继续将 N 的取值增大至 4,时间频散虽然能够进一步减小,但是时间频散已不是主要的数值频散,将不能进一步改善模拟精度。

(3)M 取值为 20 时,M-SFD 的空间频散幅值约为 0.1‰,时间频散幅值远大于空间频散幅值,是主要的数值频散。虽然 N 的取值从 1 增大至 4,时间频散有明显减小的趋势,但是仍然没能将时间频散幅值减小至与空间频散幅值大小相当的水平,要想进一步减小时间频散,可以进一步增大 N 的值,但是 N 值较大时,差分系数通解求解难度较大。

综合上述分析可知:M-SFD 可以根据模拟精度要求合理选择 M 和 N 的取值,如果模拟精度要求将相速度误差控制在 1% 以内,可以取 $M=6,N=1$;如果模拟精度要求将相速度误差控制在 1‰ 以内,应该取 $M=12,N=2$;如果模拟精度要求将相速度误差控制在 0.1‰,可以取 $M=20$,同时 N 的取值大于 4,但会面临 N 取值较大时差分系数求解难度大的困难,此时可以考虑减小时间采样间隔 Δt 的值。

我们还发现,N 的取值从 2 增大至 3,M-SFD 的相速度频散特征基本不变,这是由于二维 M-SFD($N=2,3$)给出的差分离散声波方程均具有六阶差分精度(表 4-1)。

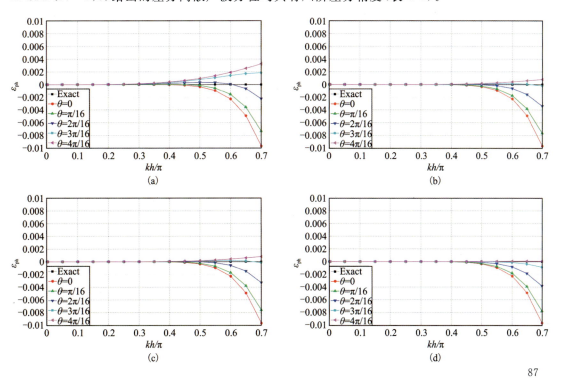

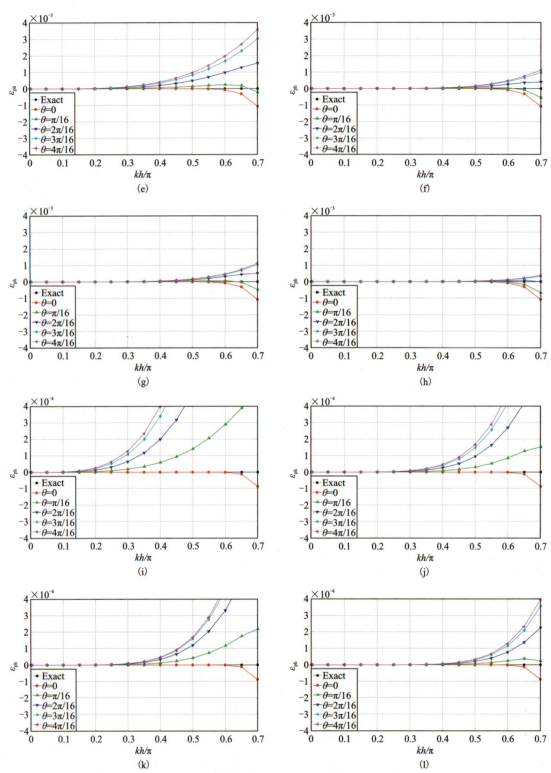

(a)~(d)M-SFD($M=6$;$N=1,2,3,4$);(e)~(h)M-SFD($M=12$;$N=1,2,3,4$);(i)~(l)M-SFD($M=20$;$N=1,2,3,4$)

图 4-5　二维 M-SFD($N=1,2,3,4$)的相速度频散曲线

第四章 二维声波混合交错网格有限差分数值模拟方法

图 4-6 给出了二维 TS-SFD($M=8$) 的相速度频散曲线。绘制频散曲线时,归一化相速度误差函数中 Courant 条件数 r 的取值均为 0.36,计算差分系数时 θ 的取值分别为 0、$\pi/8$ 和 $\pi/4$。对比相速度频散曲线可以看出:二维 TS-SFD($M=8$) 计算差分系数时取 $\theta=0$,主要表现为时间频散;取 $\theta=\pi/8$,时间频散和空间频散同时存在;取 $\theta=\pi/4$,主要表现为空间频散。进一步对比 3 幅子图中相速度数值频散的幅值会发现,计算差分系数时取 $\theta=\pi/4$,相速度数值频散幅值最大;取 $\theta=\pi/8$,相速度数值频散幅值最小。因此,TS-SFD 计算差分系数时应该取 $\theta=\pi/8$。

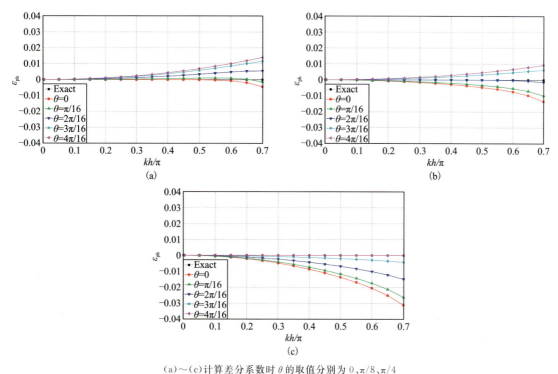

(a)~(c)计算差分系数时 θ 的取值分别为 0、$\pi/8$、$\pi/4$

图 4-6 二维 TS-SFD($M=8$) 的相速度频散曲线

图 4-7 给出了二维 C-SFD($M=10$)、TS-SFD($M=10$) 和 M-SFD($M=8;N=1$) 的相速度频散曲线。绘制频散曲线时,归一化相速度误差函数中 Courant 条件数 r 的取值分别为 0.15、0.3、0.45,TS-SFD($M=10$) 计算差分系数时取 $\theta=\pi/8$。3 种交错网格有限差分法的空间差分算子均包含 20 个网格点,它们单次时间迭代的浮点运算量基本相等。分析对比相速度频散曲线特征可以得出如下结论:

(1)二维 C-SFD($M=10$),r 取值为 0.15 时,存在轻微的时间数值频散;r 取值增大至 0.3 和 0.45 时,时间频散显著增强。

(2)二维 TS-SFD($M=10$),r 取值为 0.15 时,频散曲线较收敛,存在轻微的时间频散和空间频散;r 取值增大至 0.3 时,频散曲线变得发散,出现明显的时间频散和空间频散;r 取值增大至 0.45 时,频散曲线发散程度进一步加剧,时间频散和空间频散显著增大。

(3)二维 M-SFD($M=8;N=1$),r 取值为 0.15、0.3 和 0.45 时,相速度频散曲线收敛性较

好,存在轻微的时间频散和空间频散。

综合上述分析可知:为了实现高精度数值模拟,采用 C-SFD($M=10$) 和 TS-SFD($M=10$) 进行模拟时,r 的取值应该控制在 0.15 左右;采用 M-SFD($M=8;N=1$)进行模拟时,r 的最大取值可达到 0.45 左右。采用 M-SFD($M=8;N=1$)进行模拟时,r 能够取更大的值($r=v\Delta t/h$,速度模型 v 和空间采样间隔 h 固定时,r 取值越大等价于时间采样间隔 Δt 越大),意味着 M-SFD 能够采用更大的时间采样间隔以提高计算效率,同时保持较高的模拟精度。

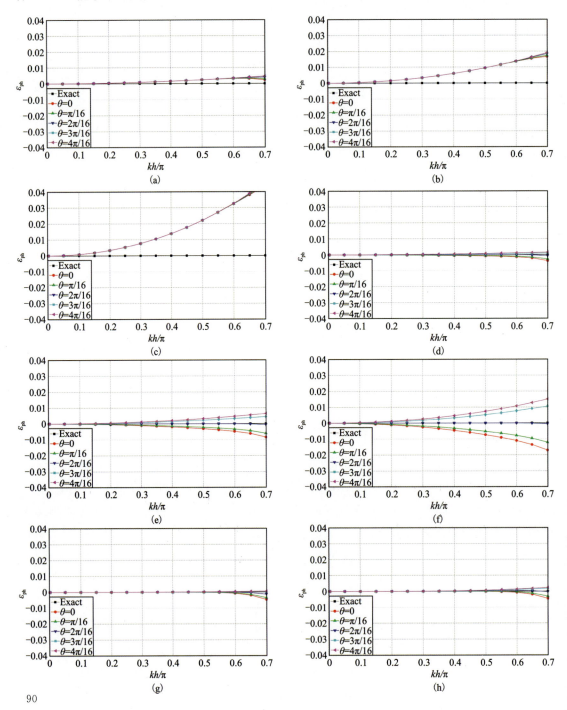

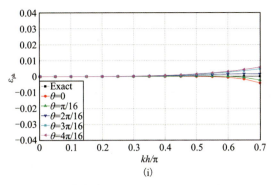

(a)~(c)C-SFD($M=10$),r 的取值分别为 0.15、0.3、0.45;(d)~(f)TS-SFD($M=10$),r 的取值分别为 0.15、0.3、0.45;(g)~(i)M-SFD($M=8$;$N=1$),r 的取值分别为 0.15、0.3、0.45

图 4-7 二维 C-SFD、TS-SFD 和 M-SFD($N=1$)的相速度频散曲线

二、稳定性分析

根据二维 M-SFD($N=1$)的时空域频散关系式(4-30)得到

$$\sin^2\left(\frac{rkh}{2}\right) \approx r^2 \left\{ \sum_{m=1}^{M} a_m \sin\left[(m-1/2)k_xh\right] + 2b_1\cos(k_zh)\sin\left(\frac{k_xh}{2}\right) \right\}^2 + \\ r^2 \left\{ \sum_{m=1}^{M} a_m \sin\left[(m-1/2)k_zh\right] + 2b_1\cos(k_xh)\sin\left(\frac{k_zh}{2}\right) \right\}^2 \quad (4\text{-}60)$$

根据 Von Neumann 稳定性分析法可知[22,53],上式右侧的取值必须在左侧的取值范围内,即

$$0 \leqslant r^2 \left\{ \sum_{m=1}^{M} a_m \sin\left[(m-1/2)k_xh\right] + 2b_1\cos(k_zh)\sin\left(\frac{k_xh}{2}\right) \right\}^2 + \\ r^2 \left\{ \sum_{m=1}^{M} a_m \sin\left[(m-1/2)k_zh\right] + 2b_1\cos(k_xh)\sin\left(\frac{k_zh}{2}\right) \right\}^2 \leqslant 1 \quad (4\text{-}61)$$

式(4-61)中,左侧不等式恒成立,稳定性条件需要确保右侧不等式成立。取最大空间波数 $k_x=k_z=\pi/h$ 得到

$$r \leqslant S = \frac{1}{\sqrt{2}\left|\sum_{m=1}^{M}(-1)^{m-1}a_m - 2b_1\right|} \quad (4\text{-}62)$$

其中 S 为稳定性因子。式(4-62)为二维 M-SFD($N=1$)的稳定性条件,它描述了时间采样间隔、空间采样间隔和地震波的传播速度需要满足的定量关系式。利用同样方法,可以导出 C-SFD、TS-SFD 和 M-SFD($N=2,3,4$)的稳定性条件。

根据稳定性条件表达式,可以得出稳定性条件约束下的最大 r 取值随 M 的变化曲线,称为稳定性曲线。稳定性条件约束下,r 取值越大,稳定性越强;反之,则稳定性越弱。

稳定性条件表达式表明,稳定性条件与差分系数有关,而 TS-SFD 的差分系数计算结果与计算差分系数时选择的 θ 值有关,因此 TS-SFD 的稳定性也与计算差分系数时选择的 θ 值有关。

图 4-8 给出了二维 C-SFD、TS-SFD 和 M-SFD($N=1,2,3,4$)的稳定性曲线,TS-SFD 计

算差分系数时 θ 的取值分别为 0 和 $\pi/8$。对比稳定性曲线可以得出如下结论:

(1)C-SFD、TS-SFD 和 M-SFD($N=1,2,3,4$)的稳定性均随 M 的取值增大而下降。

(2)M 的取值相同时,C-SFD 的稳定性最弱,TS-SFD 比 C-SFD 的稳定性明显增强,M-SFD 的稳定性最强,并且 M-SFD 的稳定性随着 N 值的增大而增强。M-SFD($N=2,3$)的稳定性基本一致,是因为它们给出的差分离散声波方程均为六阶差分精度(表 4-1)。

(3)TS-SFD 计算差分系数时取 $\theta=\pi/8$ 比取 $\theta=0$ 稳定性更强。相速度数值频散分析表明,TS-SFD 计算差分系数时取 $\theta=\pi/8$,相速度数值频散幅值最小。因此,综合考虑相速度数值频散和稳定性,TS-SFD 计算差分系数时应该取 $\theta=\pi/8$。

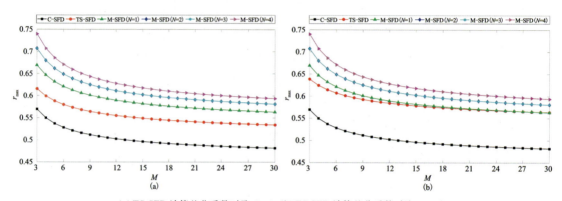

(a)TS-SFD 计算差分系数时取 $\theta=0$;(b)TS-SFD 计算差分系数时取 $\theta=\pi/8$

图 4-8　二维 C-SFD,TS-SFD 和 M-SFD($N=1,2,3,4$)的稳定性曲线

M-SFD 的强稳定性表示 $r=v\Delta t/h$ 的取值可以更大,速度模型 v 和空间采样间隔 h 固定时,时间采样间隔 Δt 的取值可以更大,因此,M-SFD 的强稳定性为声波方程数值模拟时采用更大的时间采样间隔以提高计算效率奠定了基础。

第三节　数值模拟实例

本节利用二维层状介质模型和中国西部塔里木盆地典型复杂构造模型开展数值模拟实验,进一步对比分析二维 C-SFD、TS-SFD 和 M-SFD 的模拟精度,验证 M-SFD 在压制数值频散、提高模拟精度方面的优势。

一、层状介质模型

图 4-9 为一个 $7.5\text{km}\times9.0\text{km}$ 的 7 层速度模型,6 个速度界面的深度依次为 3.0km、3.45km、3.75km、4.5km、5.4km 和 6.75km,7 层的速度依次为 3600m/s、3750m/s、3900m/s、4350m/s、3800m/s、4650m/s 和 5200m/s(图 4-9)。空间采样间隔 $\Delta x=\Delta z=h=15\text{m}$,模型网格数为 $nx\times nz=501\times601$,主频 26Hz 的 Ricker 子波作为震源,位于网格点(16,16)。二维 C-SFD($M=10$)、TS-SFD($M=10$)、M-SFD($M=8;N=1$)分别采用不同的时间采样间隔进行模拟,TS-SFD 计算差分系数时选取 $\theta=\pi/8$。

第四章 二维声波混合交错网格有限差分数值模拟方法

二维 C-SFD($M=10$)、TS-SFD($M=10$)、M-SFD($M=8$;$N=1$)的空间差分算子均由 20 个网格点构建,它们单次时间迭代的浮点运算量基本相等。因此,这 3 种交错网格有限差分法模拟时长相同时,计算效率将与采用的时间采样间隔 Δt 成正比。

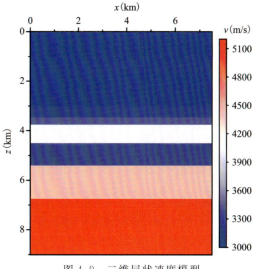

图 4-9 二维层状速度模型

图 4-10(a)给出了 M-SFD($M=8$;$N=1$)采用时间采样间隔 $\Delta t=1.5$ms 进行模拟生成的 2.1s 时刻波场快照(压力场 P)。为了对比方便,图 4-10 还给出了 C-SFD($M=10$)采用 $\Delta t=1.0$ms[图 4-10(b)]和 $\Delta t=1.25$ms[图 4-10(c)],TS-SFD($M=10$)采用 $\Delta t=1.25$ms[图 4-10(d)]和 $\Delta t=1.5$ms[图 4-10(e)],M-SFD($M=8$;$N=1$)采用 $\Delta t=1.25$ms[图 4-10(f)]和 $\Delta t=1.5$ms[图 4-10(g)]进行数值模拟生成的 2.1s 时刻波场快照(压力场 P)的局部放大图。

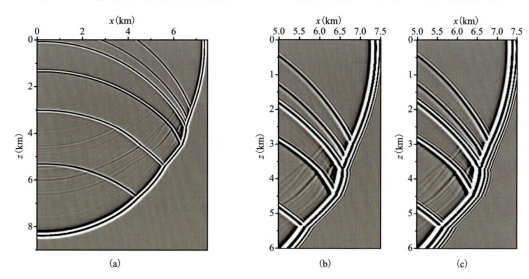

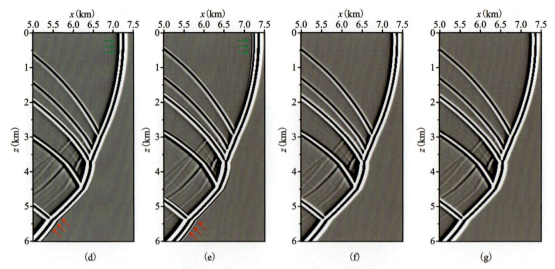

(a) M-SFD($M=8; N=1$)采用时间采样间隔 $\Delta t=1.5$ms 模拟生成的波场快照;(b)、(c) C-SFD($M=10$)采用 $\Delta t=1.0$ms 和 $\Delta t=1.25$ms 模拟生成的波场快照的局部放大图;(d)、(e) TS-SFD($M=10$)采用 $\Delta t=1.25$ms 和 $\Delta t=1.5$ms 模拟生成的波场快照的局部放大图;(f)、(g) M-SFD($M=8; N=1$)采用 $\Delta t=1.25$ms 和 $\Delta t=1.5$ms 模拟生成的波场快照的局部放大图

图 4-10 二维层状模型不同交错网格有限差分法数值模拟生成的 2.1s 时刻波场快照(压力场 P)

图 4-11 给出了与图 4-10 相对应的质点振动速度场 v_z 的波场快照。从图 4-10 和图 4-11 可以看出:C-SFD($M=10$)采用 $\Delta t=1.0$ms 和 $\Delta t=1.25$ms 进行模拟,波场快照中都存在明显的时间频散;TS-SFD($M=10$)采用 $\Delta t=1.25$ms 进行模拟,波场快照中存在轻微的时间频散(红色箭头位置)和空间频散(绿色箭头位置),Δt 增大至 1.5ms,时间频散和空间频散都进一步增强;M-SFD($M=8; N=1$)采用 $\Delta t=1.25$ms 和 $\Delta t=1.5$ms 进行模拟,波场快照中均未出现明显的数值频散。

层状介质模型模拟结果表明:计算效率基本相同时(即采用的 Δt 相同),M-SFD 能够比 C-SFD 和 TS-SFD 更好地压制数值频散从而获得更高的模拟精度;另外,M-SFD 还能够采用更大的时间采样间隔以提高计算效率,且能同时保证模拟精度高于 C-SFD 和 TS-SFD 的模拟精度。

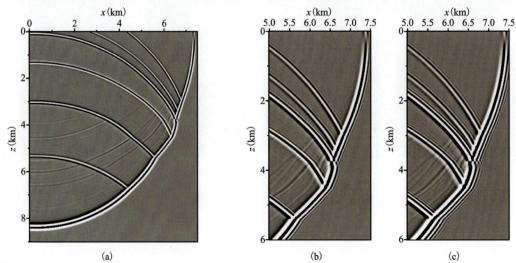

第四章 二维声波混合交错网格有限差分数值模拟方法

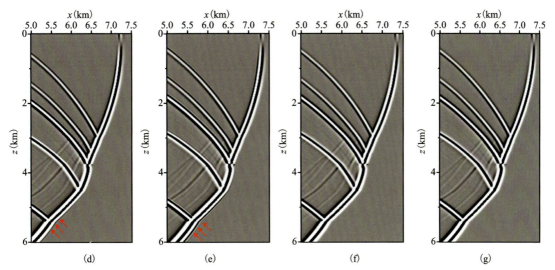

(a)M-SFD($M=8;N=1$)采用 $\Delta t=1.5$ms 模拟生成的波场快照;(b)、(c)C-SFD($M=10$)采用 $\Delta t=1.0$ms 和 $\Delta t=1.25ms$ 模拟生成的波场快照的局部放大图;(d)、(e)TS-SFD($M=10$)采用 $\Delta t=1.25$ms 和 $\Delta t=1.5$ms 模拟生成的波场快照的局部放大图;(f)、(g)M-SFD($M=8;N=1$)采用 $\Delta t=1.25$ms 和 $\Delta t=1.5$ms 模拟生成的波场快照的局部放大图

图 4-11 二维层状模型不同交错网格有限差分法数值模拟生成的 2.1s 时刻波场快照（质点振动速度场 v_z）

二、塔里木盆地典型复杂构造模型

图 4-12 为中国西部塔里木盆地典型复杂构造速度模型，模型尺寸为 15.75km×7.875km，空间采样间隔 $\Delta x=\Delta z=h=15$m，模型网格数为 $nx \times nz=1051 \times 526$，主频 26Hz 的 Ricker 子波为震源，位于网格点(451,2)（图 4-12）。二维 C-SFD($M=10$)、TS-SFD($M=10$)和 M-SFD($M=8;N=1$)分别采用不同的时间采样间隔进行模拟，TS-SFD 计算差分系数时选取 $\theta=\pi/8$。

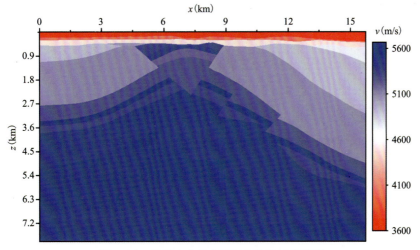

图 4-12 塔里木盆地典型复杂构造速度模型

图 4-13(a)给出了 M-SFD($M=8;N=1$)采用时间采样间隔 $\Delta t=1.5$ms 进行模拟生成的炮集(压力场 P)。为了对比方便,图 4-13 还给出了 C-SFD($M=10$)采用 $\Delta t=1.0$ms[图 4-13(b)]和 $\Delta t=1.25$ms[图 4-13(c)],TS-SFD($M=10$)采用 $\Delta t=1.25$ms[图 4-13(d)]和 $\Delta t=1.5$ms[图 4-13(e)],M-SFD($M=8;N=1$)采用 $\Delta t=1.25$ms[图 4-13(f)]和 $\Delta t=1.5$ms[图 4-13(g)]进行模拟生成炮集(压力场 P)的局部放大图。

从图 4-13 可以看出:C-SFD($M=10$)采用 $\Delta t=1.0$ms 和 $\Delta t=1.25$ms 进行模拟,炮集中的直达波存在明显的时间频散;TS-SFD($M=10$)采用 $\Delta t=1.25$ms 进行模拟,炮集中无明显的数值频散,Δt 增大至 1.5ms,炮集中的直达波存在较明显的空间频散;M-SFD($M=8;N=1$)采用$\Delta t=1.25$ms 和 $\Delta t=1.5$ms 进行模拟,炮集中均未出现明显的数值频散。

为了进一步对比分析反射波的数值频散特征,将炮集中的第 500 道,1.5~2.7s 范围内的单道波形进行对比,如图 4-14 所示,其中蓝色波形由 C-SFD($M=20$)采用非常小的时间采样间隔 $\Delta t=0.1$ms 模拟生成,作为无数值频散的参考波形,红色波形由不同交错网格有限差分法采用不同的时间采样间隔模拟生成。对比可以看出:C-SFD($M=10$)采用 $\Delta t=1.0$ms 和

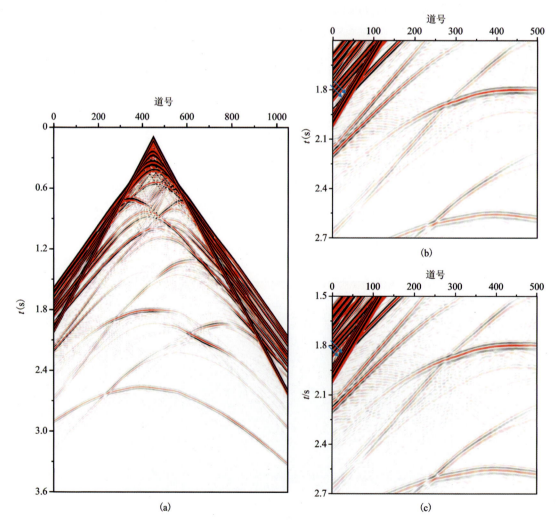

第四章 二维声波混合交错网格有限差分数值模拟方法

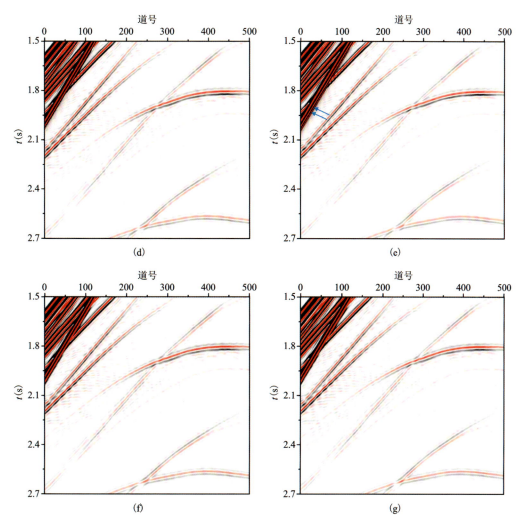

(a) M-SFD($M=8$；$N=1$)采用 $\Delta t=1.5$ms 生成的模拟炮集；(b)、(c) C-SFD($M=10$)采用 $\Delta t=1.0$ms 和 $\Delta t=1.25$ms 生成的模拟炮集局部；(d)、(e) TS-SFD($M=10$)采用 $\Delta t=1.25$ms 和 $\Delta t=1.5$ms 生成的模拟炮集局部；(f)、(g) M-SFD($M=8$；$N=1$)采用 $\Delta t=1.25$ms 和 $\Delta t=1.5$ms 生成的模拟炮集局部

图 4-13 塔里木盆地典型复杂构造模型不同交错网格有限差分法模拟炮集（压力场 P）

$\Delta t=1.25$ms 进行模拟，反射波中存在较明显的时间频散；TS-SFD($M=10$)采用 $\Delta t=1.25$ms 进行模拟，反射波中存在轻微的空间频散，Δt 增大至 1.5ms，反射波中存在的空间频散进一步增强；M-SFD($M=8$；$N=1$)采用 $\Delta t=1.25$ms 和 $\Delta t=1.5$ms 进行模拟，生成的模拟波形与参考波形基本重合，说明反射波中无明显的数值频散。

塔里木盆地典型复杂构造模型数值模拟实例表明：二维 M-SFD 能够通过采用更大的时间采样间隔获得更高的计算效率，同时模拟精度仍然高于 C-SFD 和 TS-SFD。

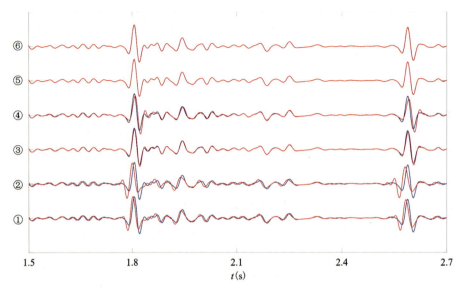

蓝色为参考波形,C-SFD($M=20$)采用非常小的时间采样间隔 $\Delta t=0.1\mathrm{ms}$ 模拟生成,红色为不同交错网格有限差分法的模拟波形;①、②分别为 C-SFD($M=10$)采用 $\Delta t=1.0\mathrm{ms}$ 和 $\Delta t=1.25\mathrm{ms}$ 模拟生成的波形;③、④分别为 TS-SFD($M=10$)采用 $\Delta t=1.25\mathrm{ms}$ 和 $\Delta t=1.5\mathrm{ms}$ 模拟生成的波形;⑤、⑥分别为 M-SFD($M=8$;$N=1$)采用$\Delta t=1.25\mathrm{ms}$ 和 $\Delta t=1.5\mathrm{ms}$ 模拟生成的波形

图 4-14　塔里木盆地典型复杂构造模型不同交错网格有限差分法模拟炮集的第 500 道波形对比图

第四节　本章小结

本章在详细阐述二维 C-SFD 和 TS-SFD 算法基本原理的基础上,提出联合利用坐标轴网格点和非坐标轴网格点构建一种混合型空间差分算子,成功构建了一种适用于一阶速度-应力声波方程数值模拟的混合交错网格有限差分法(M-SFD),并进行差分精度分析、数值频散分析、稳定性分析和数值模拟实验,可以得出如下结论:

(1)二维 C-SFD 仅利用坐标轴网格点构建空间差分算子,并基于空间域频散关系和泰勒级数展开计算差分系数,虽然空间差分算子能够达到 $2M$ 阶差分精度,但是相应的差分离散声波方程仅具有二阶差分精度。

(2)二维 TS-SFD 和 C-SFD 采用的空间差分算子完全相同,它们给出的差分离散声波方程也完全相同,虽然 TS-SFD 基于时空域频散关系和泰勒级数展开计算差分系数,可以使得差分离散声波方程沿特定的 4 个或 8 个传播方向达到 $2M$ 阶差分精度,但本质上仍然仅具有二阶差分精度。

(3)二维 M-SFD 联合利用坐标轴网格点和非坐标轴网格点构建空间差分算子,并基于时空域频散关系计算差分系数,可以使得差分离散声波方程沿任意传播方向达到四阶、六阶、八阶甚至任意偶数阶差分精度。

(4)二维 TS-SFD 和 M-SFD 的差分系数均基于时空域频散关系求解,计算差分系数时选取的地震波传播方向角 θ 的值会影响差分系数计算结果,也影响数值频散特性和稳定性。综合分析数值频散和稳定性,TS-SFD 计算差分系数时选择 $\theta=\pi/8$ 为最优。本章仅给出了取 $\theta=0$ 时,M-SFD 的差分系数通解,由于 θ 取其他值时,M-SFD 的差分系数求解变得非常复杂,故没有讨论。

(5)稳定性分析表明:二维 C-SFD 的稳定性最弱,TS-SFD 的稳定性明显强于 C-SFD,M-SFD 的稳定性最强,且随着 N 取值的增大,M-SFD 的稳定性进一步增强。

(6)频散分析和数值模拟实例表明:计算效率基本相同时,C-SFD 存在明显的时间数值频散,模拟精度最低;TS-SFD 存在一定的时间频散和空间频散,具有明显的数值各向异性,模拟精度中等;M-SFD 的数值频散最小,模拟精度最高。另外,M-SFD 能够通过采用更大的时间采样间隔获得更高的计算效率,同时模拟精度仍然高于 C-SFD 和 TS-SFD 的模拟精度。

(7)相比 C-SFD 和 TS-SFD,M-SFD 没有提高时间差分算子和空间差分算子的差分精度,而是有效提高差分离散声波方程的差分精度,进而成功地提高了速度-应力声波方程的数值模拟精度和稳定性。这说明,为了提高速度-应力声波方程数值模拟的性能,我们应该设法提高差分离散声波方程的差分精度,而不是单独地提高时间差分算子或空间差分算子的差分精度。

第五节 附 录

二维 M-SFD($N=2,3,4$)给出的差分离散声波方程及差分系数通解

利用 M-SFD($N=2$)对速度-应力声波方程(4-1)进行差分离散可以导出相应的差分离散声波方程,这里仅给出三个差分离散方程中的一个:

$$\frac{v_{x(0,1/2)}^{1/2} - v_{x(0,1/2)}^{-1/2}}{\Delta t} \approx -\frac{1}{\rho h}\left\{\sum_{m=1}^{M} a_m(P_{m-1/2,1/2}^0 - P_{-m+1/2,1/2}^0) + b_1(P_{1/2,3/2}^0 - P_{-1/2,3/2}^0 + P_{1/2,-1/2}^0 - P_{-1/2,-1/2}^0)\right\} - \frac{b_2}{\rho h}(P_{3/2,3/2}^0 - P_{-3/2,3/2}^0 + P_{3/2,-1/2}^0 - P_{-3/2,-1/2}^0) \quad (4-63)$$

其中 $a_1, a_2, \cdots, a_M; b_1, b_2$ 为差分系数,其通解为

$$b_1 = -\frac{3r^4}{640} + \frac{11r^2}{192}, \quad b_2 = \frac{r^4}{640} - \frac{r^2}{192},$$

$$a_1 = \prod_{2 \leq k \leq M}\left[\frac{r^2 - (2k-1)^2}{1 - (2k-1)^2}\right] - 2b_1, \quad a_2 = \frac{1}{3}\prod_{1 \leq k \leq M, k \neq 2}\left[\frac{r^2 - (2k-1)^2}{3^2 - (2k-1)^2}\right] - 2b_2,$$

$$a_m = \frac{1}{2m-1}\prod_{1 \leq k \leq M, k \neq m}\frac{r^2 - (2k-1)^2}{(2m-1)^2 - (2k-1)^2} \quad (m=3,4,\cdots,M)$$

$$(4-64)$$

利用 M-SFD($N=3$)对速度-应力声波方程(4-1)进行差分离散可以导出相应的差分离散声波方程,这里仅给出三个差分离散方程中的一个:

$$\frac{v_{x(0,1/2)}^{1/2} - v_{x(0,1/2)}^{-1/2}}{\Delta t} \approx -\frac{1}{\rho h}\Bigg[\sum_{m=1}^{M} a_m (P_{m-1/2,1/2}^0 - P_{-m+1/2,1/2}^0) +$$

$$b_1(P_{1/2,3/2}^0 - P_{-1/2,3/2}^0 + P_{1/2,-1/2}^0 - P_{-1/2,-1/2}^0)\Bigg] - $$

$$\frac{1}{\rho h}\Bigg[b_2(P_{3/2,3/2}^0 - P_{-3/2,3/2}^0 + P_{3/2,-1/2}^0 - P_{-3/2,-1/2}^0) + $$

$$b_3(P_{1/2,5/2}^0 - P_{-1/2,5/2}^0 + P_{1/2,-3/2}^0 - P_{-1/2,-3/2}^0)\Bigg]$$

(4-65)

其中 $a_1, a_2, \cdots, a_M; b_1, b_2, b_3$ 为差分系数，其通解为

$$b_1 = \frac{r^6}{4480} - \frac{r^4}{128} + \frac{37r^2}{576}, \quad b_2 = \frac{r^6}{4480} - \frac{r^4}{640} + \frac{r^2}{576}, \quad b_3 = -\frac{r^6}{4480} + \frac{r^4}{320} - \frac{r^2}{144},$$

$$a_1 = \prod_{2 \leqslant k \leqslant M}\left[\frac{r^2 - (2k-1)^2}{1 - (2k-1)^2}\right] - 2b_1 - 2b_3, \quad a_2 = \frac{1}{3}\prod_{1 \leqslant k \leqslant M, k \neq 2}\left[\frac{r^2 - (2k-1)^2}{3^2 - (2k-1)^2}\right] - 2b_2,$$

$$a_m = \frac{1}{2m-1}\prod_{1 \leqslant k \leqslant M, k \neq m}\frac{r^2 - (2k-1)^2}{(2m-1)^2 - (2k-1)^2} \quad (m = 3, 4, \cdots, M)$$

(4-66)

利用 M-SFD($N=4$) 对速度-应力声波方程(4-1)进行差分离散可以导出相应的差分离散声波方程，这里仅给出三个差分离散方程中的一个：

$$\frac{v_{x(0,1/2)}^{1/2} - v_{x(0,1/2)}^{-1/2}}{\Delta t} \approx -\frac{1}{\rho h}\Bigg[\sum_{m=1}^{M} a_m (P_{m-1/2,1/2}^0 - P_{-m+1/2,1/2}^0) +$$

$$b_1(P_{1/2,3/2}^0 - P_{-1/2,3/2}^0 + P_{1/2,-1/2}^0 - P_{-1/2,-1/2}^0)\Bigg] - $$

$$\frac{1}{\rho h}\Bigg[b_2(P_{3/2,3/2}^0 - P_{-3/2,3/2}^0 + P_{3/2,-1/2}^0 - P_{-3/2,-1/2}^0) +$$

$$b_3(P_{1/2,5/2}^0 - P_{-1/2,5/2}^0 + P_{1/2,-3/2}^0 - P_{-1/2,-3/2}^0)\Bigg] -$$

$$\frac{b_4}{\rho h}(P_{3/2,5/2}^0 - P_{-3/2,5/2}^0 + P_{3/2,-3/2}^0 - P_{-3/2,-3/2}^0)$$

(4-67)

其中 $a_1, a_2, \cdots, a_M; b_1, b_2, b_3, b_4$ 为差分系数，其通解为

$$b_1 = \frac{1}{240 \times 16}\left(-\frac{r^6}{7} - 15r^4 + \frac{629}{3}r^2\right), \quad b_2 = \frac{1}{240 \times 48}\left(-\frac{31r^6}{7} + 87r^4 - 239r^2\right),$$

$$b_3 = \frac{1}{240 \times 64}\left(\frac{25r^6}{7} - 57r^4 + \frac{457r^2}{3}\right), \quad b_4 = \frac{1}{240 \times 24 \times 8}(r^6 - 15r^4 + 37r^2),$$

$$a_1 = \prod_{2 \leqslant k \leqslant M}\left[\frac{r^2 - (2k-1)^2}{1 - (2k-1)^2}\right] - 2b_1 - 2b_3,$$

$$a_2 = \frac{1}{3}\prod_{1 \leqslant k \leqslant M, k \neq 2}\left[\frac{r^2 - (2k-1)^2}{3^2 - (2k-1)^2}\right] - 2b_2 - 2b_4,$$

$$a_m = \frac{1}{2m-1}\prod_{1 \leqslant k \leqslant M, k \neq m}\frac{r^2 - (2k-1)^2}{(2m-1)^2 - (2k-1)^2} \quad (m = 3, 4, \cdots, M)$$

(4-68)

第五章 三维声波混合交错网格有限差分数值模拟

与二维速度-应力声波方程数值模拟类似,三维速度-应力声波方程也普遍采用交错网格有限差分法。常规高阶交错网格有限差分法(C-SFD)采用时间二阶和空间 $2M$ 阶差分算子近似波动方程中的一阶偏微分算子,并基于泰勒级数展开和空间域频散关系计算差分系数。C-SFD能够确保空间差分算子达到 $2M$ 阶差分精度,但是相应的差分离散波动方程仅具有二阶差分精度,导致 C-SFD 的模拟精度低,稳定性弱。Liu 和 Sen[36]考虑波动方程数值求解在时间域和空间域同时进行,对 C-SFD 的差分系数计算方法进行改进,提出了基于时空域频散关系和泰勒级数展开的差分系数计算方法,称这种改进差分系数算法的 C-SFD 为时空域高阶交错网格有限差分法(记作 TS-SFD),TS-SFD 比 C-SFD 能更有效地压制数值频散,但是 TS-SFD 的数值频散特性随地震波的传播方向变化,表现出明显的数值各向异性,而且 TS-SFD 给出的差分离散波动方程本质上仍然仅具有二阶差分精度。本章将借鉴二维声波混合交错网格有限差分法的思路,联合利用坐标轴网格点和非坐标轴网格点构建空间差分算子近似三维声波方程中一阶空间微分算子,构建一种适用于三维速度-应力声波方程数值模拟的混合交错网格有限差分法(记作 M-SFD),并导出了基于时空域频散关系和泰勒级数展开的差分系数计算方法。三维 M-SFD 给出的差分离散声波方程可以达到四阶、六阶甚至任意偶数阶差分精度,相比 TS-SFD,M-SFD 的数值各向异性明显减弱,数值频散进一步减小,模拟精度进一步提高。

本章将系统阐述三维 C-SFD、TS-SFD 和 M-SFD 的基本原理,并进行差分精度、数值频散和稳定性对比分析,然后利用三维层状介质模型和塔里木盆地典型复杂构造模型进行数值模拟实验,对比 3 种算法的模拟精度和计算效率。

第一节 三维混合交错网格有限差分法的基本原理

本节将从时间差分算子、空间差分算子和差分系数 3 个方面系统阐述三维 C-SFD、TS-SFD 和 M-SFD 的基本原理,并分析这 3 种交错网格有限差分法的差分精度。

三维速度-应力声波方程可表示为

$$\frac{\partial P}{\partial t} + \kappa \left(\frac{\partial v_x}{\partial x} + \frac{\partial v_y}{\partial y} + \frac{\partial v_z}{\partial z} \right) = 0$$

$$\frac{\partial v_x}{\partial t} + \frac{1}{\rho} \frac{\partial P}{\partial x} = 0, \quad \frac{\partial v_y}{\partial t} + \frac{1}{\rho} \frac{\partial P}{\partial y} = 0, \quad \frac{\partial v_z}{\partial t} + \frac{1}{\rho} \frac{\partial P}{\partial z} = 0$$

(5-1)

其中 $P=P(x,y,z,t)$ 为压力场，$v_x=v_x(x,y,z,t)$，$v_y=v_y(x,y,z,t)$，$v_z=v_z(x,y,z,t)$ 分别为质点振动速度场的 x、y、z 分量，$\kappa=\kappa(x,y,z)$ 为体积模量，$\rho=\rho(x,y,z)$ 为介质的密度。

交错网格有限差分法求解方程(5-1)，波场变量(P，v_x，v_y 和 v_z)和弹性参数(ρ 和 κ)定义在交错的网格位置上，如图 5-1 所示。图中仅给出了波场变量和弹性参数的空间位置相对关系，时间上的相对位置并未给出。对方程(5-1)进行差分离散时，P 定义在时间整网格上，v_x、v_y 和 v_z 定义在时间半网格上。

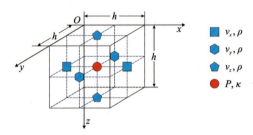

图 5-1　三维交错网格有限差分法中波场变量和弹性参数相对位置示意图

三维 C-SFD、TS-SFD 和 M-SFD 均采用二阶时间差分算子近似方程(5-1)中波场变量关于时间的偏微分算子。根据泰勒级数展开可以导出 $\partial P/\partial t$、$\partial v_x/\partial t$、$\partial v_y/\partial t$ 和 $\partial v_z/\partial t$ 的二阶差分近似表达式为

$$\left.\frac{\partial P}{\partial t}\right|_{1/2,1/2,1/2}^{1/2} \approx \frac{P_{1/2,1/2,1/2}^1 - P_{1/2,1/2,1/2}^0}{\Delta t}, \quad \left.\frac{\partial v_x}{\partial t}\right|_{0,1/2,1/2}^0 \approx \frac{v_{x(0,1/2,1/2)}^{1/2} - v_{x(0,1/2,1/2)}^{-1/2}}{\Delta t},$$

$$\left.\frac{\partial v_y}{\partial t}\right|_{1/2,0,1/2}^0 \approx \frac{v_{y(1/2,0,1/2)}^{1/2} - v_{y(1/2,0,1/2)}^{-1/2}}{\Delta t}, \quad \left.\frac{\partial v_z}{\partial t}\right|_{1/2,1/2,0}^0 \approx \frac{v_{z(1/2,1/2,0)}^{1/2} - v_{z(1/2,1/2,0)}^{-1/2}}{\Delta t}$$

(5-2)

其中 $P_{m-1/2,l-1/2,n-1/2}^j = P[x+(m-1/2)h, y+(l-1/2)h, z+(n-1/2)h, j\Delta t]$，$\Delta t$ 为时间采样间隔，h 空间采样间隔，$v_{x(m,l-1/2,n-1/2)}^{j-1/2}$、$v_{y(m-1/2,l,n-1/2)}^{j-1/2}$ 和 $v_{z(m-1/2,l-1/2,n)}^{j-1/2}$ 具有相似的表达式。根据泰勒级数展开可以推导出，式(5-2)中各个差分表达式的截断误差为 $O(\Delta t^2)$，即时间差分算子具有二阶差分精度。

一、三维常规高阶交错网格有限差分法

三维 C-SFD 和 TS-SFD 仅利用坐标轴网格点构建空间差分算子近似波场变量关于 x、y 和 z 的一阶偏导数，如图 5-2 所示。图中的网格点可以分成 M 组，每组网格点与差分中心点的距离相等。每组网格点可以构建一个空间差分算子，根据泰勒级数展开可以导出，与差分中心点距离为 $(m-1/2)h$ 的一组网格点构建差分算子近似 $\partial v_x/\partial x$ 的表达式为

$$\left.\frac{\partial v_x}{\partial x}\right|_{1/2,1/2,1/2}^{1/2} \approx \frac{1}{(2m-1)h}\left[v_{x(m,1/2,1/2)}^{1/2} - v_{x(-m+1,1/2,1/2)}^{1/2}\right] \quad (m=1,2,\cdots,M) \quad (5-3)$$

式(5-3)表明 M 组网格点可以构建 M 个空间差分算子。根据泰勒级数展开可以分析出，每个差分算子近似 $\partial v_x/\partial x$ 的截断误差均为 $O(h^2)$，即每个差分算子均具有二阶差分精度。

图 5-2　三维 C-SFD 和 TS-SFD 的空间差分算子示意图

为了提高空间差分算子的差分精度，三维 C-SFD 将空间差分算子表示为坐标轴网格点构建的 M 个空间差分算子的加权平均，即

$$\left.\frac{\partial v_x}{\partial x}\right|_{1/2,1/2,1/2}^{1/2} \approx \sum_{m=1}^{M} \frac{c_m}{(2m-1)h}\left[v_{x(m,1/2,1/2)}^{1/2} - v_{x(-m+1,1/2,1/2)}^{1/2}\right] \tag{5-4}$$

其中 $c_m(m=1,2,\cdots,M)$ 为权系数，令 $a_m=c_m/(2m-1)$ $(m=1,2,\cdots,M)$ 得到

$$\left.\frac{\partial v_x}{\partial x}\right|_{1/2,1/2,1/2}^{1/2} \approx \frac{1}{h}\sum_{m=1}^{M} a_m\left[v_{x(m,1/2,1/2)}^{1/2} - v_{x(-m+1,1/2,1/2)}^{1/2}\right] \tag{5-5}$$

其中 $a_m(m=1,2,\cdots,M)$ 为差分系数。同样地，可以导出 $\partial v_y/\partial y$、$\partial v_z/\partial z$、$\partial P/\partial x$、$\partial P/\partial y$ 和 $\partial P/\partial z$ 的差分表达式分别为

$$\begin{aligned}
\left.\frac{\partial v_y}{\partial y}\right|_{1/2,1/2,1/2}^{1/2} &\approx \frac{1}{h}\sum_{m=1}^{M} a_m\left[v_{y(1/2,m,1/2)}^{1/2} - v_{y(1/2,-m+1,1/2)}^{1/2}\right], \\
\left.\frac{\partial v_z}{\partial z}\right|_{1/2,1/2,1/2}^{1/2} &\approx \frac{1}{h}\sum_{m=1}^{M} a_m\left[v_{z(1/2,1/2,m)}^{1/2} - v_{z(1/2,1/2,-m+1)}^{1/2}\right], \\
\left.\frac{\partial P}{\partial x}\right|_{0,1/2,1/2}^{0} &\approx \frac{1}{h}\sum_{m=1}^{M} a_m\left[P_{m-1/2,1/2,1/2}^{0} - P_{-m+1/2,1/2,1/2}^{0}\right], \\
\left.\frac{\partial P}{\partial y}\right|_{1/2,0,1/2}^{0} &\approx \frac{1}{h}\sum_{m=1}^{M} a_m\left[P_{1/2,m-1/2,1/2}^{0} - P_{1/2,-m+1/2,1/2}^{0}\right], \\
\left.\frac{\partial P}{\partial z}\right|_{1/2,1/2,0}^{0} &\approx \frac{1}{h}\sum_{m=1}^{M} a_m\left[P_{1/2,1/2,m-1/2}^{0} - P_{1/2,1/2,-m+1/2}^{0}\right]
\end{aligned} \tag{5-6}$$

合理计算差分系数 $a_m(m=1,2,\cdots,M)$，可以使得式(5-5)和式(5-6)中每个差分表达式的截断误差为 $O(h^{2M})$，即空间差分算子可达到 $2M$ 阶差分精度。

将式(5-4)、式(5-5)和式(5-6)代入方程(5-1)得到

$$\begin{aligned}
\frac{v_{x(0,1/2,1/2)}^{1/2} - v_{x(0,1/2,1/2)}^{-1/2}}{\Delta t} &\approx -\frac{1}{\rho h}\sum_{m=1}^{M} a_m\left[P_{m-1/2,1/2,1/2}^{0} - P_{-m+1/2,1/2,1/2}^{0}\right], \\
\frac{v_{y(1/2,0,1/2)}^{1/2} - v_{y(1/2,0,1/2)}^{-1/2}}{\Delta t} &\approx -\frac{1}{\rho h}\sum_{m=1}^{M} a_m\left[P_{1/2,m-1/2,1/2}^{0} - P_{1/2,-m+1/2,1/2}^{0}\right], \\
\frac{v_{z(1/2,1/2,0)}^{1/2} - v_{z(1/2,1/2,0)}^{-1/2}}{\Delta t} &\approx -\frac{1}{\rho h}\sum_{m=1}^{M} a_m\left[P_{1/2,1/2,m-1/2}^{0} - P_{1/2,1/2,-m+1/2}^{0}\right], \\
\frac{P_{1/2,1/2,1/2}^{1} - P_{1/2,1/2,1/2}^{0}}{\Delta t} &\approx -\frac{\kappa}{h}\sum_{m=1}^{M} a_m\big[v_{x(m,1/2,1/2)}^{1/2} - v_{x(-m+1,1/2,1/2)}^{1/2} + \\
&\quad v_{y(1/2,m,1/2)}^{1/2} - v_{y(1/2,-m+1,1/2)}^{1/2} + v_{z(1/2,1/2,m)}^{1/2} - v_{z(1/2,1/2,-m+1)}^{1/2}\big]
\end{aligned} \tag{5-7}$$

方程(5-7)为三维 C-SFD 对速度-应力声波方程(5-1)的差分离散声波方程，TS-SFD 和 C-SFD 采用的时间差分算子和空间差分算子完全相同，因此，方程(5-7)也是三维 TS-SFD 对速度-应力声波方程(5-1)的差分离散声波方程。

方程(5-7)可改写为

$$v_{x(0,1/2,1/2)}^{1/2} \approx v_{x(0,1/2,1/2)}^{-1/2} - \frac{\Delta t}{\rho h}\sum_{m=1}^{M}a_m\left[P_{m-1/2,1/2,1/2}^{0} - P_{-m+1/2,1/2,1/2}^{0}\right],$$

$$v_{y(1/2,0,1/2)}^{1/2} \approx v_{y(1/2,0,1/2)}^{-1/2} - \frac{\Delta t}{\rho h}\sum_{m=1}^{M}a_m\left[P_{1/2,m-1/2,1/2}^{0} - P_{1/2,-m+1/2,1/2}^{0}\right],$$

$$v_{z(1/2,1/2,0)}^{1/2} \approx v_{z(1/2,1/2,0)}^{-1/2} - \frac{\Delta t}{\rho h}\sum_{m=1}^{M}a_m\left[P_{1/2,1/2,m-1/2}^{0} - P_{1/2,1/2,-m+1/2}^{0}\right], \quad (5\text{-}8)$$

$$P_{1/2,1/2,1/2}^{1} \approx P_{1/2,1/2,1/2}^{0} - \frac{\kappa\Delta t}{h}\sum_{m=1}^{M}a_m\left[v_{x(m,1/2,1/2)}^{1/2} - v_{x(-m+1,1/2,1/2)}^{1/2} + v_{y(1/2,m,1/2)}^{1/2} - v_{y(1/2,-m+1,1/2)}^{1/2} + v_{z(1/2,1/2,m)}^{1/2} - v_{z(1/2,1/2,-m+1)}^{1/2}\right]$$

方程(5-8)表明,利用 $t-\Delta t/2$ 时刻的质点振动速度场 v_x(或 v_y、v_z)和 t 时刻的压力场 P 可推算出 $(t+\Delta t/2)$ 时刻的 v_x(或 v_y、v_z);然后,利用 t 时刻的 P 和 $t+\Delta t/2$ 时刻的 v_x、v_y 和 v_z 可推算出 $(t+\Delta t)$ 时刻的 P。三维 C-SFD 和 TS-SFD 均通过迭代求解方程(5-8),遍历所有离散时间网格点和空间网格点,求解出任意离散时刻、离散空间网格点的质点振动速度场 v_x、v_y、v_z 和压力场 P,实现速度-应力声波方程数值模拟。

迭代求解方程(5-8)之前,需要求解其中的差分系数 $a_m(m=1,2,\cdots,M)$,TS-SFD 和 C-SFD 的根本差别就在于二者的差分系数计算方法不同,下文会详细阐述。

二、三维混合交错网格有限差分法

三维 C-SFD 和 TS-SFD 仅利用坐标轴网格点构建空间差分算子,主要通过增大 M 的取值,即增加空间差分算子长度来提高模拟精度,然而,随着 M 取值的增大,新增加的网格点距离差分中心点越来越远,对提高模拟精度的贡献越来越小。

三维 M-SFD 联合利用坐标轴网格点和非坐标轴网格点构建混合型空间差分算子。图 5-3 为三维 M-SFD($N=1,2,3$)的空间差分算子示意图,N 表示空间差分算子中与差分中心点等距的非坐标轴网格点的组数。相比 C-SFD 和 TS-SFD,M-SFD 能有效利用距离差分中心点更近

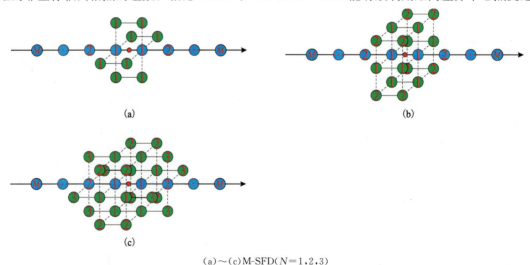

(a)～(c) M-SFD($N=1,2,3$)

图 5-3 三维 M-SFD 的空间差分算子示意图

第五章　三维声波混合交错网格有限差分数值模拟

的非坐标轴网格点,空间差分算子更紧凑,理论上更合理。本章给出的三维 M-SFD 与 Tan 和 Huang[48]提出的时间和空间高阶交错网格有限差分法具有一定的相似性,但是他们仅给出了与图 5-3(a)中三维 M-SFD($N=1$)相同的交错网格差分方法。

利用图 5-3(a)中三维 M-SFD($N=1$)的空间差分算子近似$\partial v_x/\partial x$、$\partial v_y/\partial y$ 和$\partial v_z/\partial z$ 得到

$$\left.\frac{\partial v_x}{\partial x}\right|_{1/2,1/2,1/2}^{1/2} \approx \sum_{m=1}^{M} \frac{c_m}{(2m-1)h}\left[v_{x(m,1/2,1/2)}^{1/2} - v_{x(-m+1,1/2,1/2)}^{1/2}\right] + \frac{d_1}{h}\{[v_{x(1,3/2,1/2)}^{1/2} - v_{x(0,3/2,1/2)}^{1/2} + v_{x(1,-1/2,1/2)}^{1/2} - v_{x(0,-1/2,1/2)}^{1/2}] + [v_{x(1,1/2,3/2)}^{1/2} - v_{x(0,1/2,3/2)}^{1/2} + v_{x(1,1/2,-1/2)}^{1/2} - v_{x(0,1/2,-1/2)}^{1/2}]\}$$

$$\left.\frac{\partial v_y}{\partial y}\right|_{1/2,1/2,1/2}^{1/2} \approx \sum_{m=1}^{M} \frac{c_m}{(2m-1)h}\left[v_{y(1/2,m,1/2)}^{1/2} - v_{y(1/2,-m+1,1/2)}^{1/2}\right] + \frac{d_1}{h}\{[v_{y(3/2,1,1/2)}^{1/2} - v_{y(3/2,0,1/2)}^{1/2} + v_{y(-1/2,1,1/2)}^{1/2} - v_{y(-1/2,0,1/2)}^{1/2}] + [v_{y(1/2,1,3/2)}^{1/2} - v_{y(1/2,0,3/2)}^{1/2} + v_{y(1/2,1,-1/2)}^{1/2} - v_{y(1/2,0,-1/2)}^{1/2}]\}$$

$$\left.\frac{\partial v_z}{\partial z}\right|_{1/2,1/2,1/2}^{1/2} \approx \sum_{m=1}^{M} \frac{c_m}{(2m-1)h}\left[v_{z(1/2,1/2,m)}^{1/2} - v_{z(1/2,1/2,-m+1)}^{1/2}\right] + \frac{d_1}{h}\{[v_{z(3/2,1/2,1)}^{1/2} - v_{z(3/2,1/2,0)}^{1/2} + v_{z(-1/2,1/2,1)}^{1/2} - v_{z(-1/2,1/2,0)}^{1/2}] + [v_{z(1/2,3/2,1)}^{1/2} - v_{z(1/2,3/2,0)}^{1/2} + v_{z(1/2,-1/2,1)}^{1/2} - v_{z(1/2,-1/2,0)}^{1/2}]\}$$

(5-9)

同样地,$\partial P/\partial x$、$\partial P/\partial y$ 和$\partial P/\partial z$ 可以差分近似表示为

$$\left.\frac{\partial P}{\partial x}\right|_{0,1/2,1/2}^{0} \approx \sum_{m=1}^{M} \frac{c_m}{(2m-1)h}\left[P_{m-1/2,1/2,1/2}^{0} - P_{-m+1/2,1/2,1/2}^{0}\right] + \frac{d_1}{h}\{[P_{1/2,3/2,1/2}^{0} - P_{-1/2,3/2,1/2}^{0} + P_{1/2,-1/2,1/2}^{0} - P_{-1/2,-1/2,1/2}^{0}] + [P_{1/2,1/2,3/2}^{0} - P_{-1/2,1/2,3/2}^{0} + P_{1/2,1/2,-1/2}^{0} - P_{-1/2,1/2,-1/2}^{0}]\}$$

$$\left.\frac{\partial P}{\partial y}\right|_{1/2,0,1/2}^{0} \approx \sum_{m=1}^{M} \frac{c_m}{(2m-1)h}\left[P_{1/2,m-1/2,1/2}^{0} - P_{1/2,-m+1/2,1/2}^{0}\right] + \frac{d_1}{h}\{[P_{3/2,1/2,1/2}^{0} - P_{3/2,-1/2,1/2}^{0} + P_{-1/2,1/2,1/2}^{0} - P_{-1/2,-1/2,1/2}^{0}] + [P_{1/2,1/2,3/2}^{0} - P_{1/2,-1/2,3/2}^{0} + P_{1/2,1/2,-1/2}^{0} - P_{1/2,-1/2,-1/2}^{0}]\}$$

$$\left.\frac{\partial P}{\partial z}\right|_{1/2,1/2,0}^{0} \approx \sum_{m=1}^{M} \frac{c_m}{(2m-1)h}\left[P_{1/2,1/2,m-1/2}^{0} - P_{1/2,1/2,-m+1/2}^{0}\right] + \frac{d_1}{h}\{[P_{3/2,1/2,1/2}^{0} - P_{3/2,1/2,-1/2}^{0} + P_{-1/2,1/2,1/2}^{0} - P_{-1/2,1/2,-1/2}^{0}] + [P_{1/2,3/2,1/2}^{0} - P_{1/2,3/2,-1/2}^{0} + P_{-1/2,1/2,1/2}^{0} - P_{1/2,-1/2,-1/2}^{0}]\}$$

(5-10)

其中 $c_1,c_2,\cdots,c_M$ 和 d_1 为权系数。

式(5-9)和式(5-10)表明,三维 M-SFD($N=1$)采用坐标轴网格点构建的 M 个空间差分算子和非坐标轴网格点构建的 1 个空间差分算子的加权平均来近似波场变量的一阶空间偏导数。同样地,三维 M-SFD 就是利用坐标轴网格点构建的 M 个空间差分算子和非坐标轴网格点构建的 N 个空间差分算子的加权平均来近似波场变量的一阶空间偏导数。

将式(5-9)和式(5-10)及式(5-2)代入方程(5-7)得到

$$\frac{v_{x(0,1/2,1/2)}^{1/2} - v_{x(0,1/2,1/2)}^{-1/2}}{\Delta t} \approx -\frac{1}{\rho h}\sum_{m=1}^{M} a_m[P_{m-1/2,1/2,1/2}^{0} - P_{-m+1/2,1/2,1/2}^{0}] - \frac{b_1}{\rho h}\{[P_{1/2,3/2,1/2}^{0} - P_{-1/2,3/2,1/2}^{0} + P_{1/2,-1/2,1/2}^{0} - P_{-1/2,-1/2,1/2}^{0}] + [P_{1/2,1/2,3/2}^{0} - P_{-1/2,1/2,3/2}^{0} + P_{1/2,1/2,-1/2}^{0} - P_{-1/2,1/2,-1/2}^{0}]\}$$

$$\frac{v_{y(1/2,0,1/2)}^{1/2} - v_{y(1/2,0,1/2)}^{-1/2}}{\Delta t} \approx -\frac{1}{\rho h}\sum_{m=1}^{M} a_m[P_{1/2,m-1/2,1/2}^{0} - P_{1/2,-m+1/2,1/2}^{0}] - \frac{b_1}{\rho h}\{[P_{3/2,1/2,1/2}^{0} - P_{3/2,-1/2,1/2}^{0} + P_{-1/2,1/2,1/2}^{0} - P_{-1/2,-1/2,1/2}^{0}] + [P_{1/2,1/2,3/2}^{0} - P_{1/2,-1/2,3/2}^{0} + P_{1/2,1/2,-1/2}^{0} - P_{1/2,-1/2,-1/2}^{0}]\}$$

$$\frac{v_{z(1/2,1/2,0)}^{1/2} - v_{z(1/2,1/2,0)}^{-1/2}}{\Delta t} \approx -\frac{1}{\rho h} \sum_{m=1}^{M} a_m \left[P_{1/2,1/2,m-1/2}^0 - P_{1/2,1/2,-m+1/2}^0 \right] - \frac{b_1}{\rho h} \left\{ \left[P_{3/2,1/2,1/2}^0 - P_{3/2,1/2,-1/2}^0 + P_{-1/2,1/2,1/2}^0 - P_{-1/2,1/2,-1/2}^0 \right] + \left[P_{1/2,3/2,1/2}^0 - P_{1/2,3/2,-1/2}^0 + P_{1/2,-1/2,1/2}^0 - P_{1/2,-1/2,-1/2}^0 \right] \right\}$$

$$\frac{P_{1/2,1/2,1/2}^1 - P_{1/2,1/2,1/2}^0}{\Delta t} \approx -\frac{\kappa}{h} \sum_{m=1}^{M} a_m \left[v_{x(m,1/2,1/2)}^{1/2} - v_{x(-m+1,1/2,1/2)}^{1/2} \right] - \frac{\kappa b_1}{h} \left\{ \left[v_{x(1,3/2,1/2)}^{1/2} - v_{x(0,3/2,1/2)}^{1/2} + v_{x(1,-1/2,1/2)}^{1/2} - v_{x(0,-1/2,1/2)}^{1/2} \right] + \left[v_{x(1,1/2,3/2)}^{1/2} - v_{x(0,1/2,3/2)}^{1/2} + v_{x(1,1/2,-1/2)}^{1/2} - v_{x(0,1/2,-1/2)}^{1/2} \right] \right\} -$$

$$\frac{\kappa}{h} \sum_{m=1}^{M} a_m \left[v_{y(1/2,m,1/2)}^{1/2} - v_{y(1/2,-m+1,1/2)}^{1/2} \right] - \frac{\kappa b_1}{h} \left\{ \left[v_{y(3/2,1,1/2)}^{1/2} - v_{y(3/2,0,1/2)}^{1/2} + v_{y(-1/2,1,1/2)}^{1/2} - v_{y(-1/2,0,1/2)}^{1/2} \right] + \left[v_{y(1/2,1,3/2)}^{1/2} - v_{y(1/2,0,3/2)}^{1/2} + v_{y(1/2,1,-1/2)}^{1/2} - v_{y(1/2,0,-1/2)}^{1/2} \right] \right\} -$$

$$\frac{\kappa}{h} \sum_{m=1}^{M} a_m \left[v_{z(1/2,1/2,m)}^{1/2} - v_{z(1/2,1/2,-m+1)}^{1/2} \right] - \frac{\kappa b_1}{h} \left\{ \left[v_{z(3/2,1/2,1)}^{1/2} - v_{z(3/2,1/2,0)}^{1/2} + v_{z(-1/2,1/2,1)}^{1/2} - v_{z(-1/2,1/2,0)}^{1/2} \right] + \left[v_{z(1/2,3/2,1)}^{1/2} - v_{z(1/2,3/2,0)}^{1/2} + v_{z(1/2,-1/2,1)}^{1/2} - v_{z(1/2,-1/2,0)}^{1/2} \right] \right\}$$

(5-11)

其中 $a_m = c_m/(2m-1)(m=1,2,\cdots,M), b_1 = d_1, a_1, a_2, \cdots, a_M$ 和 b_1 为差分系数。

方程(5-11)为三维 M-SFD($N=1$)对速度-应力声波方程(5-1)的差分离散声波方程,同样地,可以导出三维 M-SFD($N=2,3$)对速度-应力声波方程(5-1)的差分离散声波方程,具体见本章附录。方程(5-11)同样可以变形得到类似方程(5-8)的迭代形式,进而利用三维 M-SFD($N=1$)进行速度-应力声波方程数值模拟。

三、差分系数计算

差分系数计算是交错网格有限差分法的一项重要研究内容,计算方法优劣会直接影响交错网格有限差分法的模拟精度和稳定性。本小节将基于平面波理论和泰勒级数展开阐述三维 C-SFD、TS-SFD 和 M-SFD 的差分系数计算方法。

速度-应力声波方程(5-1)在均匀介质中存在平面波解,其离散形式为

$$\begin{aligned} P_{m-1/2,l-1/2,n-1/2}^{j} &= A_P \mathrm{e}^{\mathrm{i}[k_x(x+(m-1/2)h)+k_y(y+(l-1/2)h)+k_z(z+(n-1/2)h)-\omega(t+j\Delta t)]} \\ v_{x(m,l-1/2,n-1/2)}^{j-1/2} &= A_{v_x} \mathrm{e}^{\mathrm{i}[k_x(x+mh)+k_y(y+(l-1/2)h)+k_z(z+(n-1/2)h)-\omega(t+(j-1/2)\Delta t)]} \\ v_{y(m-1/2,l,n-1/2)}^{j-1/2} &= A_{v_y} \mathrm{e}^{\mathrm{i}[k_x(x+(m-1/2)h)+k_y(y+lh)+k_z(z+(n-1/2)h)-\omega(t+(j-1/2)\Delta t)]} \\ v_{z(m-1/2,l-1/2,n)}^{j-1/2} &= A_{v_z} \mathrm{e}^{\mathrm{i}[k_x(x+(m-1/2)h)+k_y(y+(l-1/2)h)+k_z(z+nh)-\omega(t+(j-1/2)\Delta t)]} \\ k_x &= k\sin\varphi\cos\theta, k_y = k\sin\varphi\sin\theta, k_z = k\cos\varphi \end{aligned}$$

(5-12)

其中 A_P、A_{v_x}、A_{v_y} 和 A_{v_z} 为平面波的振幅,k 为波数,φ 和 θ 为平面波的传播方向角,ω 为角频率,i 为虚单位,即 $\mathrm{i}^2 = -1$。

1. 三维 C-SFD 的差分系数计算

三维 C-SFD 计算差分系数时仅考虑空间差分算子的差分精度,将离散平面波解式(5-12)代入式(5-5)和式(5-6)得到

$$k_x \approx \frac{2}{h}\sum_{m=1}^{M} a_m \sin\left[\left(m-\frac{1}{2}\right)k_x h\right], k_y \approx \frac{2}{h}\sum_{m=1}^{M} a_m \sin\left[\left(m-\frac{1}{2}\right)k_y h\right],$$
$$k_z \approx \frac{2}{h}\sum_{m=1}^{M} a_m \sin\left[\left(m-\frac{1}{2}\right)k_z h\right] \tag{5-13}$$

式(5-13)称为三维 C-SFD 的空间差分算子的频散关系,也称为空间域频散关系。对其中的正弦函数进行泰勒级数展开得到

$$k_x \approx \frac{2}{h}\sum_{j=0}^{\infty}\sum_{m=1}^{M} a_m (-1)^j \frac{\left[(m-1/2)k_x h\right]^{2j+1}}{(2j+1)!},$$
$$k_y \approx \frac{2}{h}\sum_{j=0}^{\infty}\sum_{m=1}^{M} a_m (-1)^j \frac{\left[(m-1/2)k_y h\right]^{2j+1}}{(2j+1)!}$$
$$k_z \approx \frac{2}{h}\sum_{j=0}^{\infty}\sum_{m=1}^{M} a_m (-1)^j \frac{\left[(m-1/2)k_z h\right]^{2j+1}}{(2j+1)!} \tag{5-14}$$

令式(5-14)左右两边 $k_x^{2j+1}h^{2j}$、$k_y^{2j+1}h^{2j}$ 或 $k_z^{2j+1}h^{2j}$ 的系数对应相等,可得到

$$\sum_{m=1}^{M} (2m-1)^{2j+1} a_m = 1 \quad (j=0),$$
$$\sum_{m=1}^{M} (2m-1)^{2j+1} a_m = 0 \quad (j=1,2,\cdots,M-1) \tag{5-15}$$

将方程(5-15)改写为矩阵方程得到

$$\begin{bmatrix} 1 & 1 & 1 & \cdots & 1 \\ 1^2 & 3^2 & 5^2 & \cdots & (2M-1)^2 \\ 1^4 & 3^4 & 5^4 & \cdots & (2M-1)^4 \\ \vdots & \vdots & \vdots & \ddots & \vdots \\ 1^{2M-2} & 3^{2M-2} & 5^{2M-2} & \cdots & (2M-1)^{2M-2} \end{bmatrix} \begin{bmatrix} 1a_1 \\ 3a_2 \\ 5a_3 \\ \vdots \\ (2M-1)a_M \end{bmatrix} = \begin{bmatrix} 1 \\ 0 \\ 0 \\ \vdots \\ 0 \end{bmatrix} \tag{5-16}$$

方程(5-16)为一个范德蒙德(Vandermonde)矩阵方程,求解此方程得到

$$a_m = \frac{(-1)^{M-1}}{2m-1} \prod_{1\leqslant k\leqslant M, k\neq m} \frac{(2k-1)^2}{(2m-1)^2 - (2k-1)^2} \quad (m=1,2,\cdots,M) \tag{5-17}$$

式(5-17)为三维 C-SFD 的差分系数通解。上述差分系数求解过程可以概括为将离散平面波解代入空间差分算子得到空间域频散关系,然后对空间域频散关系中的三角函数进行泰勒级数展开,建立关于差分系数的方程组,再求解方程得出差分系数通解。因此,我们可以说 C-SFD 基于空间域频散关系和泰勒级数展开计算差分系数。

2. 三维 TS-SFD 的差分系数计算

三维 TS-SFD 计算差分系数时考虑差分离散波动方程的差分精度,将离散平面波解式(5-12)代入 TS-SFD 给出的差分离散声波方程(5-7)得到

$$\frac{A_{v_x}}{\Delta t}\sin\left(\frac{\omega\Delta t}{2}\right) \approx \frac{A_P}{\rho h}\sum_{m=1}^{M} a_m \sin\left[(m-1/2)k_x h\right],$$
$$\frac{A_{v_y}}{\Delta t}\sin\left(\frac{\omega\Delta t}{2}\right) \approx \frac{A_P}{\rho h}\sum_{m=1}^{M} a_m \sin\left[(m-1/2)k_y h\right],$$

$$\frac{A_{v_z}}{\Delta t}\sin\left(\frac{\omega\Delta t}{2}\right) \approx \frac{A_P}{\rho h}\sum_{m=1}^{M}a_m\sin[(m-1/2)k_z h],$$

$$\frac{A_P}{\Delta t}\sin\left(\frac{\omega\Delta t}{2}\right) \approx \frac{\kappa A_{v_x}}{h}\sum_{m=1}^{M}a_m\sin[(m-1/2)k_x h] + \frac{\kappa A_{v_y}}{h}\sum_{m=1}^{M}a_m\sin[(m-1/2)k_y h] +$$

$$\frac{\kappa A_{v_z}}{h}\sum_{m=1}^{M}a_m\sin[(m-1/2)k_z h]$$

(5-18)

消去式(5-18)中 A_{v_x}、A_{v_y}、A_{v_z} 和 A_P,并且考虑 $\omega=vk$ 和 $\kappa=\rho v^2$,得到

$$\frac{1}{(v\Delta t)^2}\sin^2\left(\frac{rkh}{2}\right) \approx \frac{1}{h^2}\left\{\sum_{m=1}^{M}a_m\sin[(m-1/2)k_x h]\right\}^2 + \frac{1}{h^2}\left\{\sum_{m=1}^{M}a_m\sin[(m-1/2)k_y h]\right\}^2 +$$

$$\frac{1}{h^2}\left\{\sum_{m=1}^{M}a_m\sin[(m-1/2)k_z h]\right\}^2$$

(5-19)

其中 v 为声波在介质中的传播速度,$r=v\Delta t/h$ 为 Courant 条件数,表示单位时间采样间隔内地震波的传播距离与空间采样间隔之比。

式(5-19)为三维 TS-SFD 给出的差分离散声波方程的频散关系,也称为时空域频散关系。由于三维 C-SFD 和 TS-SFD 给出的差分离散声波方程相同,因此,它们的时空域频散关系也完全相同。

对式(5-19)中的正弦函数进行泰勒级数展开得到

$$\left[\sum_{j=0}^{\infty}r^{2j}\beta_j(k/2)^{2j+1}h^{2j}\right]^2 \approx \left[\sum_{j=0}^{\infty}d_j\beta_j(\sin\varphi\cos\theta)^{2j+1}(k/2)^{2j+1}h^{2j}\right]^2 +$$

$$\left[\sum_{j=0}^{\infty}d_j\beta_j(\sin\varphi\sin\theta)^{2j+1}(k/2)^{2j+1}h^{2j}\right]^2 + \left[\sum_{j=0}^{\infty}d_j\beta_j(\cos\varphi)^{2j+1}(k/2)^{2j+1}h^{2j}\right]^2$$

(5-20)

其中

$$\beta_j = \frac{(-1)^j}{(2j+1)!}, \quad d_j = \sum_{m=1}^{M}(2m-1)^{2j+1}a_m \quad (5\text{-}21)$$

令方程(5-20)左右两边 $k^{2j+2}h^{2j}(j=0,1,2,\cdots,M-1)$ 的系数对应相等,可得到

$$d_0^2[\sin^2\varphi(\cos^2\theta+\sin^2\theta)+\cos^2\varphi]=1 \quad (j=0) \quad (5\text{-}22)$$

$$\sum_{p=0}^{j}d_pd_{j-p}\beta_p\beta_{j-p}[\sin^{2j+2}\varphi(\cos^{2j+2}\theta+\sin^{2j+2}\theta)+\cos^{2j+2}\varphi] = \sum_{p=0}^{j}\beta_p\beta_{j-p}r^{2j} \quad (5\text{-}23)$$

其中 $j=1,2,\cdots,M-1$。根据式(5-23)可得出 $d_0=\pm 1$,当 d_0 从 1 变为 -1,相应的差分系数 $a_1,a_2,\cdots,a_M$ 变为其相反数,对最终结果没有影响。这里取 $d_0=1$,然后根据式(5-23)得到

$$d_j = \frac{\sum_{p=0}^{j}\beta_p\beta_{j-p}r^{2j} - \sum_{p=1}^{j-1}d_pd_{j-p}\beta_p\beta_{j-p}[\sin^{2j+2}\varphi(\cos^{2j+2}\theta+\sin^{2j+2}\theta)+\cos^{2j+2}\varphi]}{2d_0\beta_0\beta_j[\sin^{2j+2}\varphi(\cos^{2j+2}\theta+\sin^{2j+2}\theta)+\cos^{2j+2}\varphi]} \quad (5\text{-}24)$$

其中 $j=1,2,\cdots,M-1$。式(5-23)中 β_j 已知,选取特定的 θ 值,可依次计算出 $d_1,d_2,\cdots,d_{M-1}$。这样 $d_0,d_1,d_2,\cdots,d_{M-1}$ 就都计算出来了,然后再根据方程(5-21)可以得到如下矩阵

方程：

$$\begin{bmatrix} 1 & 1 & 1 & \cdots & 1 \\ 1^2 & 3^2 & 5^2 & \cdots & (2M-1)^2 \\ 1^4 & 3^4 & 5^4 & \cdots & (2M-1)^4 \\ \vdots & \vdots & \vdots & \ddots & \vdots \\ 1^{2M-2} & 3^{2M-2} & 5^{2M-2} & \cdots & (2M-1)^{2M-2} \end{bmatrix} \begin{bmatrix} 1a_1 \\ 3a_2 \\ 5a_3 \\ \vdots \\ (2M-1)a_M \end{bmatrix} = \begin{bmatrix} d_0 \\ d_1 \\ d_2 \\ \vdots \\ d_{M-1} \end{bmatrix} \quad (5\text{-}25)$$

方程(5-25)为一个范德蒙德(Vandermonde)矩阵方程。从计算 $d_1, d_2, \cdots, d_{M-1}$ 的过程可知，d_j 与 φ 和 θ 的取值有关，那么，差分系数 $a_1, a_2, \cdots, a_M$ 也与 φ 和 θ 的取值相关。取 $\varphi = \pi/2$、$\theta = 0$ 时，可推导出 $d_j = r^{2j}(j = 0, 1, 2, \cdots, M-1)$，方程(5-25)可改写为

$$\begin{bmatrix} 1 & 1 & 1 & \cdots & 1 \\ 1^2 & 3^2 & 5^2 & \cdots & (2M-1)^2 \\ 1^4 & 3^4 & 5^4 & \cdots & (2M-1)^4 \\ \vdots & \vdots & \vdots & \ddots & \vdots \\ 1^{2M-2} & 3^{2M-2} & 5^{2M-2} & \cdots & (2M-1)^{2M-2} \end{bmatrix} \begin{bmatrix} 1a_1 \\ 3a_2 \\ 5a_3 \\ \vdots \\ (2M-1)a_M \end{bmatrix} = \begin{bmatrix} 1 \\ r^2 \\ r^4 \\ \vdots \\ r^{2M-2} \end{bmatrix} \quad (5\text{-}26)$$

解方程(5-26)得到

$$a_m = \frac{1}{2m-1} \prod_{1 \leqslant k \leqslant M, k \neq m} \frac{r^2 - (2k-1)^2}{(2m-1)^2 - (2k-1)^2} \quad (m = 1, 2, \cdots, M) \quad (5\text{-}27)$$

取 $\varphi = \pi/2$、$\theta = \pi/4$ 时，可推导出 $d_j = (\sqrt{2}r)^{2j}(j = 0, 1, 2, \cdots, M-1)$，方程(5-25)可改写为

$$\begin{bmatrix} 1 & 1 & 1 & \cdots & 1 \\ 1^2 & 3^2 & 5^2 & \cdots & (2M-1)^2 \\ 1^4 & 3^4 & 5^4 & \cdots & (2M-1)^4 \\ \vdots & \vdots & \vdots & \ddots & \vdots \\ 1^{2M-2} & 3^{2M-2} & 5^{2M-2} & \cdots & (2M-1)^{2M-2} \end{bmatrix} \begin{bmatrix} 1a_1 \\ 3a_2 \\ 5a_3 \\ \vdots \\ (2M-1)a_M \end{bmatrix} = \begin{bmatrix} 1 \\ (\sqrt{2}r)^2 \\ (\sqrt{2}r)^4 \\ \vdots \\ (\sqrt{2}r)^{2M-2} \end{bmatrix} \quad (5\text{-}28)$$

解方程(5-28)得到

$$a_m = \frac{1}{2m-1} \prod_{1 \leqslant k \leqslant M, k \neq m} \frac{(\sqrt{2}r)^2 - (2k-1)^2}{(2m-1)^2 - (2k-1)^2} \quad (m = 1, 2, \cdots, M) \quad (5\text{-}29)$$

式(5-27)和式(5-29)分别给出了 $\varphi = \pi/2$、$\theta = 0$ 和 $\varphi = \pi/2$、$\theta = \pi/4$ 时，三维 TS-SFD 的差分系数通解。Liu 和 Sen[36]计算差分系数时取 $\varphi = \pi/2$、$\theta = \pi/8$，但没有给出差分系数通解，需计算出 $d_0, d_1, d_2, \cdots, d_{M-1}$ 的值后通过解方程(5-25)计算差分系数。

对比三维 C-SFD 的差分系数通解式(5-17)与 TS-SFD 的差分系数通解式(5-27)或式(5-29)可以看出，C-SFD 的差分系数通解是 TS-SFD 的差分系数通解中取 $r = 0$ 的特殊情况。C-SFD 的差分系数仅与 M 的取值有关，与地震波在介质中的传播速度 v 无关。TS-SFD 的差分系数不仅与 M 的取值以及计算差分系数时选取的地震波传播方向角 φ 和 θ 的值有关，还与 $r = v\Delta t/h$ 取值相关，数值模拟过程中时间采样间隔 Δt 和空间采样间隔 h 取值固定，差分系数随速度 v 自适应变化，这是 TS-SFD 比 C-SFD 具有更高模拟精度的根本原因。

三维 TS-SFD 的差分系数求解过程可以概括为将平面波解代入差分离散声波方程得到

时空域频散关系,然后对时空域频散关系中的三角函数进行泰勒级数展开建立关于差分系数的方程组,再求解方程组得出差分系数通解。鉴于此,我们通常说 TS-SFD 基于时空域频散关系和泰勒级数展开计算差分系数。

3. 三维 M-SFD 的差分系数计算

三维 M-SFD 计算差分系数时考虑差分离散波动方程的差分精度,将离散平面波解式(5-12)代入 M-SFD 给出的差分离散声波方程(5-11)得到

$$\frac{A_{v_x}}{\Delta t}\sin\left(\frac{\omega\Delta t}{2}\right) \approx \frac{A_P}{\rho h}\left\{\sum_{m=1}^{M} a_m \sin[(m-1/2)k_x h] + 2b_1[\cos(k_y h) + \cos(k_z h)]\sin\left(\frac{k_x h}{2}\right)\right\},$$

$$\frac{A_{v_y}}{\Delta t}\sin\left(\frac{\omega\Delta t}{2}\right) \approx \frac{A_P}{\rho h}\left\{\sum_{m=1}^{M} a_m \sin[(m-1/2)k_y h] + 2b_1[\cos(k_x h) + \cos(k_z h)]\sin\left(\frac{k_y h}{2}\right)\right\},$$

$$\frac{A_{v_z}}{\Delta t}\sin\left(\frac{\omega\Delta t}{2}\right) \approx \frac{A_P}{\rho h}\left\{\sum_{m=1}^{M} a_m \sin[(m-1/2)k_z h] + 2b_1[\cos(k_x h) + \cos(k_y h)]\sin\left(\frac{k_z h}{2}\right)\right\},$$

$$\frac{A_P}{\Delta t}\sin\left(\frac{\omega\Delta t}{2}\right) \approx \frac{\kappa A_{v_x}}{h}\left\{\sum_{m=1}^{M} a_m \sin[(m-1/2)k_x h] + 2b_1[\cos(k_y h) + \cos(k_z h)]\sin\left(\frac{k_x h}{2}\right)\right\} +$$

$$\frac{\kappa A_{v_y}}{h}\left\{\sum_{m=1}^{M} a_m \sin[(m-1/2)k_y h] + 2b_1[\cos(k_x h) + \cos(k_z h)]\sin\left(\frac{k_y h}{2}\right)\right\} +$$

$$\frac{\kappa A_{v_z}}{h}\left\{\sum_{m=1}^{M} a_m \sin[(m-1/2)k_z h] + 2b_1[\cos(k_x h) + \cos(k_y h)]\sin\left(\frac{k_z h}{2}\right)\right\}$$

(5-30)

消去式(5-30)中 A_{v_x}、A_{v_y}、A_{v_z} 和 A_P,并且考虑到 $\omega = vk$ 和 $\kappa = \rho v^2$,得到

$$\frac{1}{(v\Delta t)^2}\sin^2\left(\frac{rkh}{2}\right) \approx \frac{1}{h^2}\left\{\sum_{m=1}^{M} a_m \sin[(m-1/2)k_x h] + 2b_1[\cos(k_y h) + \cos(k_z h)]\sin\left(\frac{k_x h}{2}\right)\right\}^2 +$$

$$\frac{1}{h^2}\left\{\sum_{m=1}^{M} a_m \sin[(m-1/2)k_y h] + 2b_1[\cos(k_x h) + \cos(k_z h)]\sin\left(\frac{k_y h}{2}\right)\right\}^2 +$$

$$\frac{1}{h^2}\left\{\sum_{m=1}^{M} a_m \sin[(m-1/2)k_z h] + 2b_1[\cos(k_x h) + \cos(k_y h)]\sin\left(\frac{k_z h}{2}\right)\right\}^2$$

(5-31)

其中 v 为声波在介质中的传播速度,$r = v\Delta t/h$ 为 Courant 条件数。

式(5-31)为三维 M-SFD($N=1$)给出的差分离散声波方程的频散关系,也称为时空域频散关系。对其中的正弦和余弦函数进行泰勒级数展开得到

$$\left\{\sum_{j=0}^{\infty} d_j \beta_j (k_x/2)^{2j+1} h^{2j} + 2b_1 \left[\sum_{j=0}^{\infty} \beta_j (k_x/2)^{2j+1} h^{2j}\right] \cdot \left[\sum_{j=1}^{\infty} \gamma_j (k_y^{2j} + k_z^{2j}) h^{2j}\right]\right\}^2 +$$

$$\left\{\sum_{j=0}^{\infty} d_j \beta_j (k_y/2)^{2j+1} h^{2j} + 2b_1 \left[\sum_{j=0}^{\infty} \beta_j (k_y/2)^{2j+1} h^{2j}\right] \cdot \left[\sum_{j=1}^{\infty} \gamma_j (k_x^{2j} + k_z^{2j}) h^{2j}\right]\right\}^2 +$$

第五章 三维声波混合交错网格有限差分数值模拟

$$\left\{\sum_{j=0}^{\infty} d_j \beta_j \, (k_z/2)^{2j+1} h^{2j} + 2b_1 \Big[\sum_{j=0}^{\infty} \beta_j \, (k_z/2)^{2j+1} h^{2j}\Big] \cdot \Big[\sum_{j=1}^{\infty} \gamma_j (k_x^{2j} + k_y^{2j}) h^{2j}\Big]\right\}^2 \tag{5-32}$$

$$\approx \Big[\sum_{j=0}^{\infty} r^{2j} \beta_j \, (k/2)^{2j+1} h^{2j}\Big]^2$$

其中

$$\beta_j = \frac{(-1)^j}{(2j+1)!}, \quad \gamma_j = \frac{(-1)^j}{(2j)!}, \quad d_j = \sum_{m=1}^{M} (2m-1)^{2j+1} a_m + 4b_1 \tag{5-33}$$

令方程(5-32)左右两边 $k_x^2 k_y^2 h^2$(或 $k_y^2 k_z^2 h^2$, $k_z^2 k_x^2 h^2$)的系数对应相等,可得到

$$d_0 b_1 = \frac{r^2}{24} \tag{5-34}$$

令方程(5-32)左右两边 $k_x^{2j+2} h^{2j}$(或 $k_y^{2j+2} h^{2j}$, $k_z^{2j+2} h^{2j}$)($j=0,1,2,\cdots,M-1$)的系数对应相等,可得到

$$d_0^2 = 1 \quad (j=0) \tag{5-35}$$

$$\sum_{p=0}^{j} d_p d_{j-p} \beta_p \beta_{j-p} = \sum_{p=0}^{j} \beta_p \beta_{j-p} r^{2j} \quad (j=1,2,\cdots,M-1) \tag{5-36}$$

根据式(5-35)可得出 $d_0 = \pm 1$,当 d_0 从 1 变为 -1,相应的差分系数 $a_1, a_2, \cdots, a_M$ 和 b_1 变为其相反数,对最终结果没有影响。这里取 $d_0 = 1$,并根据式(5-36)进行计算和推导可以得出

$$d_j = r^{2j} \quad (j=0,1,2,\cdots,M-1) \tag{5-37}$$

将式(5-37)代入式(5-33)得到

$$\sum_{m=1}^{M} (2m-1)^{2j+1} a_m + 4b_1 = r^{2j} \quad (j=0,1,\cdots,M-1) \tag{5-38}$$

式(5-38)可改写为矩阵方程

$$\begin{bmatrix} 1 & 1 & 1 & \cdots & 1 \\ 1^2 & 3^2 & 5^2 & \cdots & (2M-1)^2 \\ 1^4 & 3^4 & 5^4 & \cdots & (2M-1)^4 \\ \vdots & \vdots & \vdots & \ddots & \vdots \\ 1^{2M-2} & 3^{2M-2} & 5^{2M-2} & \cdots & (2M-1)^{2M-2} \end{bmatrix} \begin{bmatrix} 1(a_1+4b_1) \\ 3a_2 \\ 5a_3 \\ \vdots \\ (2M-1)a_M \end{bmatrix} = \begin{bmatrix} 1 \\ r^2 \\ r^4 \\ \vdots \\ r^{2M-2} \end{bmatrix} \tag{5-39}$$

方程(5-39)为一个范德蒙德(Vandermonde)矩阵方程。将 $d_0 = 1$ 代入式(5-34)可得出 $b_1 = r^2/24$,然后求解方程(5-39)可以得到

$$b_1 = \frac{r^2}{24}, a_1 = \prod_{2 \leqslant k \leqslant M} \Big[\frac{r^2 - (2k-1)^2}{1-(2k-1)^2}\Big] - \frac{r^2}{6},$$

$$a_m = \frac{1}{2m-1} \prod_{1 \leqslant k \leqslant M, k \neq m} \frac{r^2 - (2k-1)^2}{(2m-1)^2 - (2k-1)^2} \quad (m=2,3,\cdots,M) \tag{5-40}$$

方程(5-35)和方程(5-36)是使方程(5-32)两边 $k_x^{2j+2} h^{2j}$(或 $k_y^{2j+2} h^{2j}$, $k_z^{2j+2} h^{2j}$)($j=0,1,2,\cdots,M$)的系数对应相等条件下构建的等式。考虑到 $k_x = k\sin\varphi\cos\theta$, $k_y = k\sin\varphi\sin\theta$ 和 $k_z = \cos\varphi$,取 $\varphi = \pi/2$、$\theta = 0$,使得方程(5-32)左右两边 $k^{2j+2} h^{2j}$($j=0,1,2,\cdots,M$)的系数对应相等

条件下构建的等式与方程(5-35)和方程(5-36)完全一致。因此,式(5-40)为取 $\varphi=\pi/2$、$\theta=0$ 时,M-SFD($N=1$)的差分系数通解。φ 和 θ 取其他值时,d_j 的计算过程变得非常复杂,差分系数计算则变得更加困难。M-SFD($N=2,3$)的差分系数也可以采样同样的方法求解,本章附录给出了 $\varphi=\pi/2$、$\theta=0$ 时,M-SFD($N=2,3$)的差分系数通解。

与三维 TS-SFD 的差分系数计算过程类似,M-SFD 也是基于时空域频散关系和泰勒级数展开计算差分系数。M-SFD 的差分系数不仅与 M 和 N 的取值相关,还与计算差分系数时 φ 和 θ 的取值相关,并且随速度 v 自适应变化。

四、差分精度分析

差分精度通常用来描述差分算子近似微分算子的精确程度。目前大部分学者将时间差分算子和空间差分算子的差分精度分开分析,通常认为,时间差分算子和空间差分算子的差分精度越高,有限差分法的模拟精度越高。考虑到交错网格有限差分法通过迭代求解差分离散声波方程实现声波数值模拟,本章通过定义差分离散声波方程的差分精度来直接衡量差分离散声波方程近似速度-应力声波方程的精确程度。我们认为差分离散声波方程的差分精度能更合理地描述有限差分法的模拟精度。

1. 三维 C-SFD 的差分精度

根据三维 C-SFD 的空间域频散关系式(5-13),可定义 x、y、z 三个坐标轴方向的空间差分算子的误差函数,不妨记 x 轴方向的空间差分算子的误差函数为 $\varepsilon_{\text{C-SFD}}$,其表达式为

$$\varepsilon_{\text{C-SFD}} = \frac{2}{h}\sum_{m=1}^{M} a_m \sin\left[\left(m-\frac{1}{2}\right)k_x h\right] - k_x \tag{5-41}$$

根据泰勒级数展开式(5-41)中的正弦函数,并结合 C-SFD 的差分系数求解过程,可以得到

$$\varepsilon_{\text{C-SFD}} = 2\sum_{j=M}^{\infty}\sum_{m=1}^{M} a_m \frac{(-1)^j (2m-1)^{2j+1}(k_x/2)^{2j+1}h^{2j}}{(2j+1)!} \tag{5-42}$$

式(5-42)表明,误差函数 $\varepsilon_{\text{C-SFD}}$ 中 h 的最小幂指数为 $2M$,因此,三维 C-SFD 沿 x 轴方向的空间差分算子具有 $2M$ 阶差分精度,同样地,沿 y 轴和 z 轴方向的空间差分算子也具有 $2M$ 阶差分精度,所以说三维 C-SFD 具有 $2M$ 阶空间差分精度。

进一步分析三维 C-SFD 给出的差分离散声波方程的差分精度,根据 C-SFD 的时空域频散关系式(5-19),定义差分离散声波方程的误差函数 $E_{\text{C-SFD}}$ 为

$$\begin{aligned} E_{\text{C-SFD}} = &\frac{1}{h^2}\left\{\sum_{m=1}^{M} a_m \sin[(m-1/2)k_x h]\right\}^2 + \\ &\frac{1}{h^2}\left\{\sum_{m=1}^{M} a_m \sin[(m-1/2)k_y h]\right\}^2 + \\ &\frac{1}{h^2}\left\{\sum_{m=1}^{M} a_m \sin[(m-1/2)k_z h]\right\}^2 - \frac{1}{(v\Delta t)^2}\sin^2\left(\frac{rkh}{2}\right) \end{aligned} \tag{5-43}$$

考虑 $r=v\Delta t/h$,泰勒级数展开式(5-43)中的正弦函数,并结合 C-SFD 的差分系数求解过程,可以得到

$$E_{\text{C-SFD}} = \sum_{j=1}^{\infty} \Big\{ \sum_{p=0}^{j} d_p d_{j-p} \beta_p \beta_{j-p} \big[\sin^{2j+2}\varphi (\cos^{2j+2}\theta + \sin^{2j+2}\theta) + \cos^{2j+2}\varphi \big] - \sum_{p=0}^{j} \beta_p \beta_{j-p} r^{2j} \Big\} (k/2)^{2j+2} h^{2j} \qquad (5\text{-}44)$$

其中 d_j 和 β_j 的表达式由式(5-21)给出。式(5-44)表明，误差函数 $E_{\text{C-SFD}}$ 中 h 的最小幂指数为 2，如果将 $r = v\Delta t/h$ 代入式(5-44)会发现误差函数 $E_{\text{C-SFD}}$ 中 Δt 的最小幂指数为 2，因此，三维 C-SFD 给出的差分离散声波方程具有二阶差分精度。

综合上述分析可知：三维 C-SFD 的时间差分算子具有二阶差分精度，空间差分算子具有 $2M$ 阶差分精度；三维 C-SFD 给出的差分离散声波方程仅具有二阶差分精度。

2. 三维 TS-SFD 的差分精度

三维 TS-SFD 与 C-SFD 采用相同的空间差分算子，它们的空间域频散关系也完全相同，均由式(5-13)表示。根据此式，可定义 x、y、z 三个坐标轴方向的空间差分算子的误差函数，不妨记 x 轴方向的空间差分算子的误差函数为 $\varepsilon_{\text{TS-SFD}}$，其表达式为

$$\varepsilon_{\text{TS-SFD}} = \frac{2}{h} \sum_{m=1}^{M} a_m \sin[(m-1/2)k_x h] - k_x \qquad (5\text{-}45)$$

根据泰勒级数展开式(5-45)中的正弦函数，并结合 TS-SFD 的差分系数求解过程，可以得到

$$\varepsilon_{\text{TS-SFD}} = 2 \sum_{j=1}^{\infty} \sum_{m=1}^{M} a_m \frac{(-1)^j (2m-1)^{2j+1} (k_x/2)^{2j+1} h^{2j}}{(2j+1)!} \qquad (5\text{-}46)$$

式(5-46)表明，误差函数 $\varepsilon_{\text{TS-SFD}}$ 中 h 的最小幂指数为 2，因此，三维 TS-SFD 沿 x 轴方向的空间差分算子具有二阶差分精度，同样地，y 轴和 z 轴方向的空间差分算子也具有二阶差分精度，所以说三维 TS-SFD 具有二阶空间差分精度。

我们注意到，三维 C-SFD 和 TS-SFD 的空间差分算子完全相同，只是差分系数计算方法不同，C-SFD 的空间差分算子具有 $2M$ 阶差分精度，而 TS-SFD 的空间差分算子仅具有二阶差分精度。这说明空间差分算子的差分精度不仅取决于空间差分算子的结构（构建空间差分算子使用的网格点数），还取决于差分系数计算方法。

进一步分析三维 TS-SFD 给出的差分离散声波方程的差分精度，根据 TS-SFD 的时空域频散关系式(5-19)，定义差分离散声波方程的误差函数 $E_{\text{TS-SFD}}$ 为

$$E_{\text{TS-SFD}} = \frac{1}{h^2} \Big\{ \sum_{m=1}^{M} a_m \sin[(m-1/2)k_x h] \Big\}^2 + \frac{1}{h^2} \Big\{ \sum_{m=1}^{M} a_m \sin[(m-1/2)k_y h] \Big\}^2 + \frac{1}{h^2} \Big\{ \sum_{m=1}^{M} a_m \sin[(m-1/2)k_z h] \Big\}^2 - \frac{1}{(v\Delta t)^2} \sin^2\left(\frac{rkh}{2}\right) \qquad (5\text{-}47)$$

考虑到 $r = v\Delta t/h$，泰勒级数展开式(5-47)中的正弦函数，并结合 TS-SFD 的差分系数求解过程，可以得到

$$E_{\text{TS-SFD}} = \sum_{j=1}^{\infty} \Big\{ \sum_{p=0}^{j} d_p d_{j-p} \beta_p \beta_{j-p} \big[\sin^{2j+2}\varphi(\cos^{2j+2}\theta + \sin^{2j+2}\theta) + \cos^{2j+2}\varphi\big] - \sum_{p=0}^{j} \beta_p \beta_{j-p} r^{2j} \Big\} (k/2)^{2j+2} h^{2j} \tag{5-48}$$

其中 d_j 和 β_j 的表达式由式(5-21)给出。式(5-48)表明，误差函数 $E_{\text{TS-SFD}}$ 中 h 的最小幂指数为 2，如果将 $r = v\Delta t/h$ 代入式(5-48)会发现误差函数 $E_{\text{TS-SFD}}$ 中 Δt 的最小幂指数为 2，因此，三维 TS-SFD 给出的差分离散声波方程具有二阶差分精度。

下面结合 TS-SFD 的差分系数求解过程，对误差函数 $E_{\text{TS-SFD}}$ 进行进一步分析。计算差分系数时取 $\varphi = \pi/2$、$\theta = 0$(此传播方向角代表 x 轴正向)，式(5-22)和式(5-23)成立，那么地震波传播方向角 φ 和 θ 的取值代表 3 个坐标轴的正负方向(共 6 个传播方向)时，式(5-22)和式(5-23)也成立，此时方程(5-48)可改写为

$$E_{\text{TS-SFD}} = \sum_{j=M}^{\infty} \Big\{ \sum_{p=0}^{j} d_p d_{j-p} \beta_p \beta_{j-p} \big[\sin^{2j+2}\varphi(\cos^{2j+2}\theta + \sin^{2j+2}\theta) + \cos^{2j+2}\varphi\big] - \sum_{p=0}^{j} \beta_p \beta_{j-p} r^{2j} \Big\} (k/2)^{2j+2} h^{2j} \tag{5-49}$$

注意，仅当 φ 和 θ 的取值表示 3 个坐标轴的正负方向(共 6 个传播方向)时，式(5-49)成立，误差函数 $E_{\text{TS-SFD}}$ 中 h 的最小幂指数为 $2M$，此时，三维 TS-SFD 给出的差分离散声波方程可达到 $2M$ 阶差分精度。

上述分析表明，三维 TS-SFD 选取 $\varphi = \pi/2$、$\theta = 0$ 计算差分系数时，差分离散声波方程沿 3 个坐标轴的正负方向(共 6 个传播方向)可达到 $2M$ 阶差分精度；类似地，如果选取 $\varphi = \pi/2$、$\theta = \pi/4$(此传播方向角代表坐标平面 xOy 内 x 轴和 y 轴正向的角平分线方向)计算差分系数，差分离散声波方程沿 3 个坐标平面内坐标轴角平分线方向(共 12 个传播方向)可达到 $2M$ 阶差分精度；如果选取 $\varphi = \pi/2$、$\theta = \pi/8$ 计算差分系数，差分离散波动方程沿 $\varphi = \pi/2$、$\theta = (2n-1)\pi/8(n=1,2,\cdots,8)$ 和 $\varphi = (2m-1)\pi/8$、$\theta = (n-1)\pi/2(m=1,2,\cdots,8; n=1,2)$ 表示的 24 个传播方向可以达到 $2M$ 阶差分精度。

综合上述分析可以得到：三维 TS-SFD 的时间差分算子具有二阶差分精度，空间差分算子也仅具有二阶差分精度；TS-SFD 给出的差分离散波动方程仅具有二阶差分精度，但沿特定的 6 个、12 个或 24 个传播方向可以达到 $2M$ 阶差分精度，这 6 个、12 个或 24 个传播方向取决于计算差分系数时选取的 φ 和 θ 值。

3. 三维 M-SFD 的差分精度

与三维 C-SFD 和 TS-SFD 的空间差分算子的差分精度分析过程类似，定义 M-SFD($N=1$) 沿 x 轴方向的空间差分算子的误差函数为 $\varepsilon_{\text{TS-SFD}}$，其表达式为

$$\varepsilon_{\text{M-SFD}(N=1)} = \frac{2}{h} \Big\{ \sum_{m=1}^{M} a_m \sin[(m-1/2)k_x h] + 2b_1[\cos(k_y h) + \cos(k_z h)] \sin\Big(\frac{k_x h}{2}\Big) \Big\} - k_x \tag{5-50}$$

根据泰勒级数展开式(5-50)中的正弦和余弦函数，并结合 M-SFD($N=1$) 的差分系数求解过

程,可以得到

$$\varepsilon_{\text{M-SFD}(N=1)} = 2\sum_{j=1}^{\infty} d_j \beta_j (k_x/2)^{2j+1} h^{2j} + 4b_1 \Big[\sum_{j=0}^{\infty} \beta_j (k_x/2)^{2j+1} h^{2j}\Big] \cdot \Big[\sum_{j=1}^{\infty} \gamma_j (k_y^{2j} + k_z^{2j}) h^{2j}\Big]$$

(5-51)

其中 d_j、β_j 和 γ_j 的表达式由式(5-33)给出。式(5-51)表明,误差函数 $\varepsilon_{\text{M-SFD}(N=1)}$ 中 h 的最小幂指数为 2,因此,三维 M-SFD($N=1$)沿 x 轴方向的空间差分算子具有二阶差分精度,同样地,沿 y 轴和 z 轴方向的空间差分算子也具有二阶差分精度,因此三维 M-SFD($N=1$)具有二阶空间差分精度。

进一步分析三维 M-SFD($N=1$)给出的差分离散声波方程的差分精度,根据 M-SFD($N=1$)的时空域频散关系式(5-31),定义差分离散声波方程的误差函数 $E_{\text{M-SFD}(N=1)}$ 为

$$\begin{aligned}
E_{\text{M-SFD}(N=1)} = & \frac{1}{h^2}\Big\{\sum_{m=1}^{M} a_m \sin[(m-1/2)k_x h] + 2b_1[\cos(k_y h) + \cos(k_z h)]\sin\Big(\frac{k_x h}{2}\Big)\Big\}^2 + \\
& \frac{1}{h^2}\Big\{\sum_{m=1}^{M} a_m \sin[(m-1/2)k_y h] + 2b_1[\cos(k_x h) + \cos(k_z h)]\sin\Big(\frac{k_y h}{2}\Big)\Big\}^2 + \\
& \frac{1}{h^2}\Big\{\sum_{m=1}^{M} a_m \sin[(m-1/2)k_z h] + 2b_1[\cos(k_x h) + \cos(k_y h)]\sin\Big(\frac{k_z h}{2}\Big)\Big\}^2 - \\
& \frac{1}{(v\Delta t)^2}\sin^2\Big(\frac{rkh}{2}\Big)
\end{aligned}$$

(5-52)

考虑到 $r=v\Delta t/h$,泰勒级数展开式(5-52)中的正弦和余弦函数,并结合 M-SFD($N=1$)的差分系数求解过程,可以得到

$$\begin{aligned}
E_{\text{M-SFD}(N=1)} = & \sum_{j=M}^{\infty}\sum_{p=0}^{j}(d_p d_{j-p} - r^{2j})\beta_p \beta_{j-p}\frac{1}{2^{2j+2}}(k_x^{2j+2} + k_y^{2j+2} + k_z^{2j+2})h^{2j} + \\
& \Big\{\sum_{j=2}^{\infty}\sum_{p=0}^{j-1}\Big[\frac{\gamma_{j-p}}{2^{2p+2}}\sum_{q=0}^{p}(2d_q b_1 + 4b_1^2)\beta_q \beta_{p-q} + \frac{\gamma_{p+1}}{2^{2(j-p)}}\sum_{q=0}^{j-p-1}(2d_q b_1 + 4b_1^2)\beta_q \beta_{j-p-1-q}\Big] - \\
& \sum_{j=2}^{\infty}\sum_{p=0}^{j-1}\Big[\frac{r^{2j}C_{j+1}^{p+1}}{2^{2j+2}}\sum_{q=0}^{j}(\beta_q \beta_{j-q})\Big]\Big\}[k_x^{2p+2}k_y^{2(j-p)} + k_y^{2p+2}k_z^{2(j-p)} + k_x^{2p+2}k_z^{2(j-p)}]h^{2j} + \\
& \sum_{j=2}^{\infty}\sum_{p=0}^{j-2}\sum_{q=0}^{p}\sum_{s=1}^{j-p-1}\frac{(2d_q b_1 + 4b_1^2)}{2^{2p+2}}\beta_q \beta_{p-q}\gamma_s \gamma_{j-p-s}[k_x^{2p+2}k_y^{2s}k_z^{2(j-p-s)} + k_x^{2s}k_y^{2p+2}k_z^{2(j-p-s)} + \\
& k_x^{2s}k_y^{2(j-p-s)}k_z^{2p+2}]h^{2j} - \sum_{j=3}^{\infty}\sum_{q=0}^{j}\frac{r^{2j}\beta_q\beta_{j-q}}{2^{2j+2}}\sum_{p=0}^{j-2}\sum_{s=1}^{j-p-1}C_{j-p}^{p+1}C_{j-p}^{s}k_x^{2p+2}k_y^{2s}k_z^{2(j-p-s)}h^{2j}
\end{aligned}$$

(5-53)

其中 C_{j+1}^{p+1} 和 C_{j-p}^{s} 为组合数,d_j、β_j 和 γ_j 的表达式由式(5-33)给出。

式(5-53)表明,误差函数 $E_{\text{M-SFD}(N=1)}$ 中 h 的最小幂指数为 4,如果将 $r=v\Delta t/h$ 代入式(5-53)会发现误差函数 $E_{\text{M-SFD}(N=1)}$ 中 Δt 的最小幂指数也为 4,因此,三维 M-SFD($N=1$)的差分离散声波方程具有四阶差分精度。误差函数 $E_{\text{M-SFD}(N=1)}$ 的表达式(5-53)是在计算差分系数时取 $\varphi=\pi/2$、$\theta=0$(此传播方向角代表 x 轴正向)的条件下导出的,如果将代表 3 个坐标轴正

负方向(共 6 个传播方向)的 φ 和 θ 的取值代入式(5-53)会发现误差函数 $E_{\text{M-SFD}(N=1)}$ 中 h 的最小幂指数为 $2M$,因此,M-SFD($N=1$)取 $\varphi=\pi/2$、$\theta=0$ 计算差分系数,差分离散波动方程沿 3 个坐标轴的正负方向(共 6 个传播方向)可以达到 $2M$ 阶差分精度。

综合上述分析可以得到:三维 M-SFD($N=1$)的时间差分算子具有二阶差分精度,空间差分算子也仅具有二阶差分精度;M-SFD($N=1$)给出的差分离散声波方程具有四阶差分精度,但沿特定的 6 个传播方向可以达到 $2M$ 阶差分精度。

利用同样的方法,可以分析出三维 M-SFD($N=2,3$)的时间差分算子、空间差分算子以及差分离散声波方程的差分精度。表 5-1 给出了三维 C-SFD、TS-SFD 和 M-SFD($N=1,2,3$)的差分精度,可以看出,相比 C-SFD 和 TS-SFD,M-SFD 虽然没有提高时间差分算子和空间差分算子的差分精度,但有效提高了差分离散声波方程的差分精度。

表 5-1 三维 C-SFD、TS-SFD 和 M-SFD 的差分精度

交错网格有限差分法	差分精度		
	时间差分算子	空间差分算子	差分离散声波方程
C-SFD	二阶	$2M$ 阶	二阶
TS-SFD	二阶	二阶	二阶
M-SFD($N=1$)	二阶	二阶	四阶
M-SFD($N=2$)	二阶	二阶	四阶
M-SFD($N=3$)	二阶	二阶	六阶

第二节 数值频散和稳定性分析

开展数值频散和稳定性分析,了解三维 C-SFD、TS-SFD 和 M-SFD 的数值频散特性和稳定性条件,能够有效指导波动方程数值模拟中,当速度模型和子波有效频带参数确定时,时间步长和空间采样间隔等参数的选择。

一、数值频散分析

1. 归一化相速度误差表达式

采用归一化相速度误差函数 $\varepsilon_{\text{ph}}(kh,\varphi,\theta)=v_{\text{ph}}/v-1$ 描述相速度的数值频散特征,根据相速度的定义 $v_{\text{ph}}=\omega/k$ 和三维 C-SFD 的时空域频散关系式(5-19),可导出三维 C-SFD 的归一化相速度误差函数 $\varepsilon_{\text{ph}}(kh,\varphi,\theta)$ 的表达式为

$$\varepsilon_{\text{ph}}(kh,\varphi,\theta)=\frac{v_{\text{ph}}}{v}-1=\frac{2}{rkh}\sin^{-1}(r\sqrt{q})-1 \quad (5\text{-}54)$$

其中

第五章　三维声波混合交错网格有限差分数值模拟

$$q = \Big\{\sum_{m=1}^{M} a_m \sin[(m-1/2)k_xh]\Big\}^2 + \Big\{\sum_{m=1}^{M} a_m \sin[(m-1/2)k_yh]\Big\}^2 + \frac{1}{h^2}\Big\{\sum_{m=1}^{M} a_m \sin[(m-1/2)k_zh]\Big\}^2 \tag{5-55}$$

其中 k_x、k_y 和 k_z 的表达式由式(5-12)给出。三维 TS-SFD 和 C-SFD 具有相同的时空域频散关系表达式，因此，它们的归一化相速度误差函数 $\varepsilon_{ph}(kh,\varphi,\theta)$ 的表达式也完全相同，但差分系数 $a_1,a_2,\cdots,a_M$ 的值不同。

同样地，根据三维 M-SFD($N=1$)的时空域频散关系式(5-31)可以导出其归一化相速度误差函数 $\varepsilon_{ph}(kh,\varphi,\theta)$ 的表达式。该表达式与式(5-54)的形式完全相同，仅其中 q 的表达式不同。M-SFD($N=1$)的归一化相速度误差函数 $\varepsilon_{ph}(kh,\varphi,\theta)$ 的表达式中

$$\begin{aligned}
q = & \Big\{\sum_{m=1}^{M} a_m \sin[(m-1/2)k_xh] + 2b_1[\cos(k_yh)+\cos(k_zh)]\sin\Big(\frac{k_xh}{2}\Big)\Big\}^2 + \\
& \Big\{\sum_{m=1}^{M} a_m \sin[(m-1/2)k_yh] + 2b_1[\cos(k_xh)+\cos(k_zh)]\sin\Big(\frac{k_yh}{2}\Big)\Big\}^2 + \\
& \Big\{\sum_{m=1}^{M} a_m \sin[(m-1/2)k_zh] + 2b_1[\cos(k_xh)+\cos(k_yh)]\sin\Big(\frac{k_zh}{2}\Big)\Big\}^2
\end{aligned} \tag{5-56}$$

其中 k_x、k_y 和 k_z 的表达式由式(5-12)给出。利用同样的方法可以导出三维 M-SFD($N=2$,3)的归一化相速度误差函数 $\varepsilon_{ph}(kh,\varphi,\theta)$ 的表达式。$\varepsilon_{ph}(kh,\varphi,\theta)=0$ 表示相速度等于真实速度，无数值频散；$\varepsilon_{ph}(kh,\varphi,\theta)>0$ 表示相速度大于真实速度，有时间频散，会出现波至超前现象；$\varepsilon_{ph}(kh,\varphi,\theta)<0$ 表示相速度小于真实速度，有空间频散，会出现波至拖尾现象。根据三维 C-SFD、TS-SFD 和 M-SFD($N=1,2,3$)的归一化相速度误差函数 $\varepsilon_{ph}(kh,\varphi,\theta)$ 的表达式，绘制相应的相速度频散曲线，可以有效分析它们的相速度频散特征。

2. 相速度频散曲线

图 5-4 给出了三维 C-SFD($M=2,5,8$)、TS-SFD($M=2,5,8$)、M-SFD($M=2,5,8;N=1$)的相速度频散曲线。绘制频散曲线时，归一化相速度误差函数中 Courant 条件数 r 的取值均为 0.36，另外，采用 TS-SFD($M=2,5,8$)计算差分系数时取 $\varphi=\pi/2,\theta=\pi/8$。分析对比相速度频散曲线可以得出如下结论：

(1) M 的取值为 2 时，C-SFD 存在严重的空间频散，同时存在一定的时间频散；M 的取值增大至 5 时，空间频散消失，但是出现了明显的时间频散；M 的取值继续增大至 8 时，时间频散进一步增大。进一步分析还可以看出，无论 M 如何取值，当 $kh/\pi\in[0,0.7]$ 时，归一化相速度误差的绝对值的最大值接近 3%，数值频散误差严重，因此，C-SFD 不能有效压制数值频散，模拟精度较低。

(2) M 取值为 2 时，TS-SFD 存在明显的空间频散；M 的取值增大至 5 时，空间频散明显减小，但是出现了一定的时间频散；M 的取值继续增大至 8 时，空间频散进一步减小，时间频散变化不大。进一步分析可以看出，无论 M 如何取值，当 $kh/\pi\in[0,0.7]$ 时，归一化相速度误差的绝

对值的最大值接近 1.2%，数值频散误差较严重；另外，TS-SFD 的频散曲线较发散，说明相速度数值频散特征随地震波的传播方向变化明显，即 TS-SFD 存在较强的数值各向异性。

（3）M 取值为 2 时，M-SFD($N=1$) 具有明显的空间频散；M 的取值增大至 5 时，空间频散明显减小；M 的取值继续增大至 8 时，空间频散进一步减小。因此，随着 M 取值的增大，M-SFD($N=1$) 的数值频散逐渐减小，模拟精度能够稳步提高。进一步分析可以看出，M 的取值增大至 8，当 $kh/\pi\in[0,0.7]$ 时，归一化相速度误差的绝对值的最大值约为 0.42%，数值频散误差较小；另外，M-SFD($N=1$) 的相速度频散曲线收敛性较好，表明其数值各向异性特征也不是很明显。

综合上述分析可知：M 取值较小（如 $M=2$）时，相比三维 C-SFD 和 TS-SFD，M-SFD 在压制数值频散方面无明显优势；M 取值较大（如 $M=8$）时，TS-SFD 的相速度数值频散幅值小于 C-SFD，M-SFD 的数值频散幅值比 TS-SFD 的进一步减小，数值各向异性明显减弱。因此，M 取值较大时，M-SFD 比 C-SFD 和 TS-SFD 能更有效地压制数值频散，模拟精度更高。另外 M-SFD 的数值各向异性明显弱于 TS-SFD，说明在空间差分算子中引入非坐标轴网格点有助于减小数值各向异性。

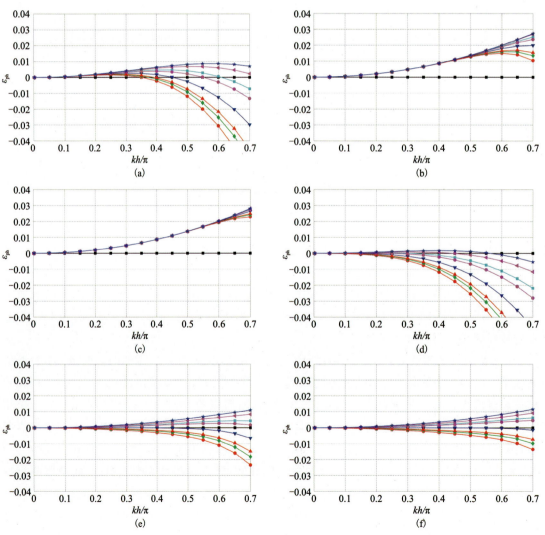

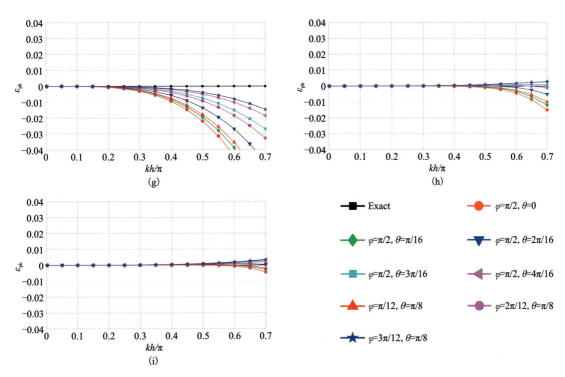

(a)~(c)C-SFD($M=2,5,8$);(d)~(f)TS-SFD($M=2,5,8$);(g)~(i)M-SFD($M=2,5,8;N=1$)

图 5-4 三维 C-SFD、TS-SFD 和 M-SFD($N=1$)的相速度频散曲线

图 5-5 给出了三维 M-SFD($M=8,12;N=1,2,3$)的相速度频散曲线。绘制频散曲线时，归一化相速度误差函数中 Courant 条件数 r 的取值均为 0.36。两组子图(a)~(c)和(d)~(f)中频散曲线的纵轴刻度互不相同。

(1)M 取值为 8 时，M-SFD 的空间频散幅值约为 0.42%，是主要的数值频散，时间频散是次要的数值频散，N 的取值从 1 增大至 3，虽然能够在一定程度减小时间频散，但是对提高模拟精度作用不大。

(2)M 取值为 12 时，M-SFD 的空间频散幅值约为 1‰，此时，如果 N 的取值为 1，时间频散幅值约为 3.8‰，是主要的数值频散；如果将 N 的取值增大至 3，时间频散幅值减小到约为 1‰，与空间频散幅值基本相当。

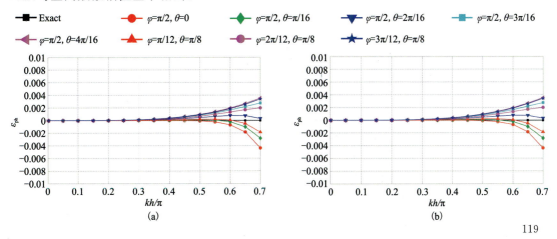

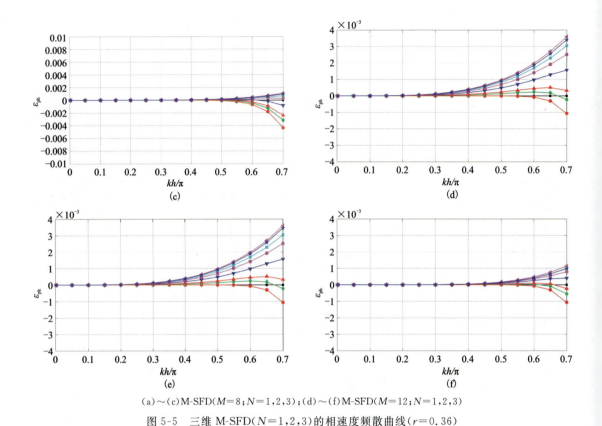

(a)~(c)M-SFD($M=8$;$N=1,2,3$);(d)~(f)M-SFD($M=12$;$N=1,2,3$)

图 5-5 三维 M-SFD($N=1,2,3$)的相速度频散曲线($r=0.36$)

综合上述分析可知：M-SFD 可以根据模拟精度要求合理选择 M 和 N 的值，如果模拟精度要求将相速度误差控制在 0.5%以内，可以取 $M=8$、$N=1$；如果模拟精度要求将相速度误差控制在 1‰以内，应该取 $M=12$、$N=3$。

我们还发现，N 的取值从 1 增大至 2，M-SFD 的相速度频散特征基本不变，这是三维 M-SFD($N=1,2$)给出的差分离散声波方程均具有四阶差分精度的缘故(表 5-1)。

图 5-6 给出了三维 TS-SFD($M=8$)的相速度频散曲线。绘制频散曲线时，归一化相速度误差函数中 Courant 条件数 r 的取值均为 0.36，计算差分系数时分别取 $\varphi=\pi/2$、$\theta=0$，$\varphi=\pi/2$、$\theta=\pi/8$，$\varphi=\pi/4$、$\theta=\pi/4$。对比相速度频散曲线可以看出：三维 TS-SFD($M=8$)计算差分系数时，取 $\varphi=\pi/2$、$\theta=0$，主要表现为时间频散；取 $\varphi=\pi/2$、$\theta=\pi/8$，时间频散和空间频散同时存在；

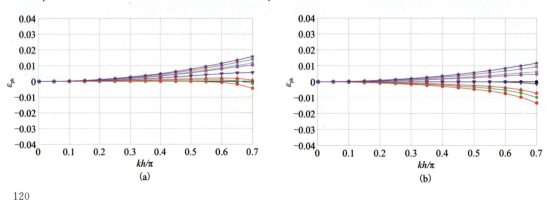

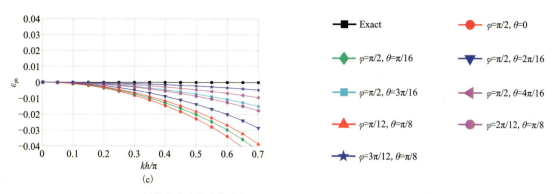

(a)~(c)计算差分系数时分别取 $\varphi=\pi/2,\theta=0$, $\varphi=\pi/2,\theta=\pi/8$, $\varphi=\pi/4,\theta=\pi/4$

图 5-6　三维 TS-SFD($M=8$)的相速度频散曲线($r=0.36$)

取 $\varphi=\pi/4$、$\theta=\pi/4$，主要表现为空间频散。进一步对比 3 幅子图中相速度数值频散的幅值会发现，计算差分系数时取 $\varphi=\pi/4$、$\theta=\pi/4$，相速度数值频散幅值最大；取 $\varphi=\pi/2$、$\theta=\pi/8$，相速度数值频散幅值最小。因此，三维 TS-SFD 计算差分系数时应该取 $\varphi=\pi/2$、$\theta=\pi/8$。

图 5-7 给出了三维 C-SFD($M=8$)、TS-SFD($M=8$)和 M-SFD($M=8;N=1$)的相速度频散曲线。绘制频散曲线时，归一化相速度误差函数中 Courant 条件数 r 的取值分别为 0.15、0.3、0.40，TS-SFD($M=8$)计算差分系数时取 $\varphi=\pi/2$、$\theta=\pi/8$。分析对比相速度频散曲线特征可以得出如下结论：

(1)三维 C-SFD($M=8$)，r 取值为 0.15 时，存在轻微的时间数值频散；r 取值增大至 0.30 和 0.40 时，时间频散显著增强。

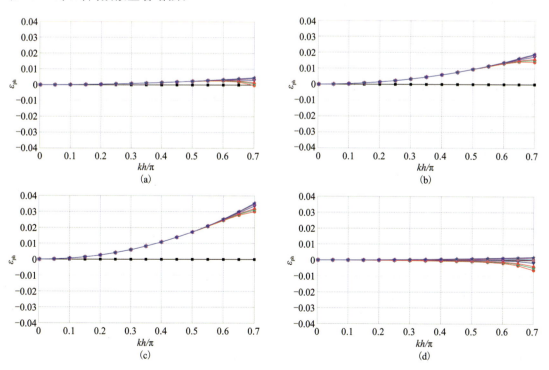

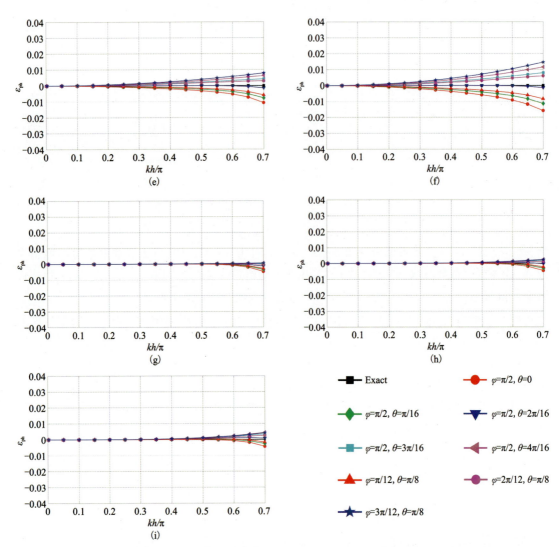

(a)~(c)C-SFD($M=8$),r 的取值分别为 0.15、0.30、0.40；(d)~(f)TS-SFD($M=8$),r 的取值分别为 0.15、0.30、0.40；(g)~(i)M-SFD($M=8$;$N=1$),r 的取值分别为 0.15、0.30、0.40

图 5-7 三维 C-SFD,TS-SFD 和 M-SFD($N=1$)的相速度频散曲线

(2)三维 TS-SFD($M=8$),r 取值为 0.15 时,频散曲线较收敛,存在轻微的时间频散和空间频散；r 取值增大至 0.3 时,频散曲线变得发散,出现明显的时间频散和空间频散；r 取值增大至 0.40 时,频散曲线发散程度进一步加剧,时间频散和空间频散显著增大。

(3)三维 M-SFD($M=8$;$N=1$),r 取值为 0.15、0.30 和 0.40 时,相速度频散曲线收敛性较好,存在轻微的时间频散和空间频散。

综合上述分析可知,为了实现高精度数值模拟,采用三维 C-SFD($M=8$)和 TS-SFD($M=8$)进行模拟时,r 的取值应该控制在 0.15 左右,采用 M-SFD($M=8$;$N=1$)进行模拟,r 的取值可达到 0.40 左右。M-SFD($M=8$;$N=1$)能够取更大的 r 值($r=v\Delta t/h$,速度模型 v 和空间采样间隔 h 固定时,r 取值越大等价于时间采样间隔 Δt 越大),意味着 M-SFD 能够采用更大的时间采样间隔以提高计算效率,同时保持较高的模拟精度。

二、稳定性分析

根据三维 M-SFD($N=1$)的时空域频散关系式(5-31)得到

$$\sin^2\left(\frac{rkh}{2}\right) \approx r^2 \left\{\sum_{m=1}^{M} a_m \sin[(m-1/2)k_xh] + 2b_1[\cos(k_yh) + \cos(k_zh)]\sin\left(\frac{k_xh}{2}\right)\right\}^2 +$$
$$r^2 \left\{\sum_{m=1}^{M} a_m \sin[(m-1/2)k_yh] + 2b_1[\cos(k_xh) + \cos(k_zh)]\sin\left(\frac{k_yh}{2}\right)\right\}^2 +$$
$$r^2 \left\{\sum_{m=1}^{M} a_m \sin[(m-1/2)k_zh] + 2b_1[\cos(k_xh) + \cos(k_yh)]\sin\left(\frac{k_zh}{2}\right)\right\}^2$$

(5-57)

根据 Von Neumann 稳定性分析法[22,53]，上式右侧的取值必须满足左侧的取值范围，即

$$0 \leqslant r^2 \left\{\sum_{m=1}^{M} a_m \sin[(m-1/2)k_xh] + 2b_1[\cos(k_yh) + \cos(k_zh)]\sin\left(\frac{k_xh}{2}\right)\right\}^2 +$$
$$r^2 \left\{\sum_{m=1}^{M} a_m \sin[(m-1/2)k_yh] + 2b_1[\cos(k_xh) + \cos(k_zh)]\sin\left(\frac{k_yh}{2}\right)\right\}^2 +$$
$$r^2 \left\{\sum_{m=1}^{M} a_m \sin[(m-1/2)k_zh] + 2b_1[\cos(k_xh) + \cos(k_yh)]\sin\left(\frac{k_zh}{2}\right)\right\} \leqslant 1$$

(5-58)

式(5-58)中，左侧不等式恒成立，稳定性条件需要确保右侧不等式成立，取最大空间波数 $k_x = k_y = k_z = \pi/h$ 得到

$$r \leqslant S = \frac{1}{\sqrt{3}\left|\sum_{m=1}^{M}(-1)^{m-1}a_m - 4b_1\right|}$$

(5-59)

其中 S 为稳定性因子。式(5-59)为三维 M-SFD($N=1$)的稳定性条件，它描述了时间采样间隔、空间采样间隔和地震波的传播速度需要满足的定量关系。利用同样方法，可以导出 C-SFD、TS-SFD 和 M-SFD($N=2,3$)的稳定性条件。

根据稳定性条件表达式，可以得出稳定性条件约束下的最大 r 取值随 M 的变化曲线，称为稳定性曲线。稳定性条件约束下，r 取值越大，稳定性越强；反之，则稳定性越弱。

稳定性条件表达式表明，稳定性条件与差分系数有关，而 TS-SFD 的差分系数计算结果与计算差分系数时选择的 φ 和 θ 值有关，因此 TS-SFD 的稳定性也与计算差分系数时选择的 φ 和 θ 值有关。

图 5-8 给出了三维 C-SFD、TS-SFD 和 M-SFD($N=1,2,3$)的稳定性曲线，TS-SFD 计算差分系数时分别取 $\varphi=\pi/2$、$\theta=0$ 和 $\varphi=\pi/2$、$\theta=\pi/8$。对比稳定性曲线可以得出如下结论：

(1)三维 C-SFD、TS-SFD 和 M-SFD($N=1,2,3$)的稳定性均随 M 取值的增大而下降。

(2)M 的取值相同时，C-SFD 的稳定性最弱，TS-SFD 比 C-SFD 的稳定性明显增强，M-SFD 的稳定性最强，并且 M-SFD 的稳定性随着 N 取值的增大而增强。M-SFD($N=1,2$)的稳定性基本一致，是因为它们给出的差分离散声波方程均为四阶差分精度(见表 5-1)。

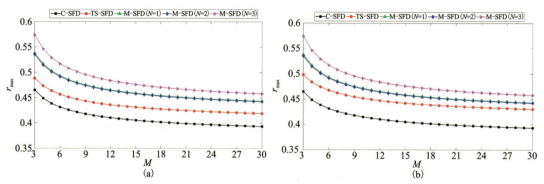

(a)TS-SFD 计算差分系数时取 $\varphi=\pi/2$、$\theta=0$;(b)TS-SFD 计算差分系数时取 $\varphi=\pi/2$、$\theta=\pi/8$

图 5-8　三维 C-SFD、TS-SFD 和 M-SFD($N=1,2,3$) 的稳定性曲线

(3)TS-SFD 计算差分系数时，取 $\varphi=\pi/2$、$\theta=\pi/8$ 比取 $\varphi=\pi/2$、$\theta=0$ 稳定性更强。在相速度数值频散分析时指出，TS-SFD 计算差分系数时，取 $\varphi=\pi/2$、$\theta=\pi/8$ 相速度数值频散幅值最小。因此，综合考虑相速度数值频散和稳定性，TS-SFD 计算差分系数时应该取 $\varphi=\pi/2$、$\theta=\pi/8$。

M-SFD 的强稳定性表示 $r=v\Delta t/h$ 的取值可以更大，速度模型 v 和空间采样间隔 h 固定时，时间采样间隔 Δt 的取值可以更大。因此，M-SFD 的强稳定性为三维声波方程数值模拟时采用更大的时间采样间隔以提高计算效率奠定了基础。

第三节　数值模拟实例

本节利用三维层状介质模型和塔里木盆地典型复杂构造模型开展数值模拟实验，对比分析 C-SFD、TS-SFD 和 M-SFD 的数值频散特征，验证 M-SFD 在模拟精度方面的优势。

一、层状介质模型

图 5-9(a)为一个规模为 $9.0km\times5.4km\times9.0km$ 的六层模型，空间采样间隔 $\Delta x=\Delta y=\Delta z=h=10m$，模型网格数为 $nx\times ny\times nz=601\times361\times601$，主频 22Hz 的 Ricker 子波作为震源，位于网格点(51,51,51)。三维 C-SFD($M=10$)、TS-SFD($M=10$) 和 M-SFD($M=8$;$N=1,3$)分别采用不同的时间采样间隔进行模拟，TS-SFD($M=10$) 计算差分系数时均选择 $\varphi=\pi/2$、$\theta=\pi/8$。由于在 $N=1$ 和 $N=2$ 两种情况下，M-SFD 给出的差分离散声波方程均为四阶差分精度，模拟结果基本相同，这里就没给出 M-SFD($M=8$;$N=2$) 的相关模拟结果。

图 5-9(b)给出了三维 M-SFD($M=8$;$N=3$) 采用时间采样间隔 $\Delta t=1.5ms$ 模拟生成的 2.7s 时刻波场快照。为了便于对比分析，图 5-9 还给出了 C-SFD($M=10$) 采用 $\Delta t=1.0ms$、TS-SFD($M=10$) 采用 $\Delta t=1.5ms$ 和 M-SFD($M=8$;$N=1,3$) 采用 $\Delta t=1.5ms$ 模拟生成的 2.7s 时刻波场快照的局部放大图。图 5-10 给出了 C-SFD($M=10$) 采用 $\Delta t=1.0ms$、0.5ms，TS-SFD($M=10$) 采用 $\Delta t=1.5ms$、1.0ms，M-SFD($M=8$;$N=1$) 采用 $\Delta t=1.5ms$、1.0ms 和 M-SFD($M=8$;$N=3$) 采用 $\Delta t=1.5ms$ 模拟生成的 2.7s 时刻波场快照的单道波形图。

图 5-11(a)给出了三维 M-SFD($M=8$;$N=3$)采用 $\Delta t=1.5$ms 模拟生成的炮集记录,图 5-11还给出了 C-SFD($M=10$)采用 $\Delta t=1.0$ms,TS-SFD($M=10$)采用 $\Delta t=1.5$ms 和 M-SFD($M=8$;$N=3$)采用 $\Delta t=1.5$ms 生成模拟炮集的局部。图 5-12 给出了 C-SFD($M=10$)采用 $\Delta t=1.0$ms、0.5ms,TS-SFD($M=10$)采用 $\Delta t=1.5$ms、1.0ms,M-SFD($M=8$;$N=1$)采用 $\Delta t=1.5$ms、1.0ms 和 M-SFD($M=8$;$N=3$)采用 $\Delta t=1.5$ms 生成模拟炮集的单道波形图。

从图 5-9 至图 5-12 可以看出:三维 C-SFD($M=10$)采用 $\Delta t=1.0$ms 存在明显的时间频散,采用 $\Delta t=0.5$ms,仍然存在轻微的时间频散;TS-SFD($M=10$)采用 $\Delta t=1.5$ms 存在明显的时间频散,采用 $\Delta t=1.0$ms,仍然存在轻微的时间频散;M-SFD($M=8$;$N=1$)采用 $\Delta t=1.5$ms 和 $\Delta t=1.0$ms,存在基本可以忽略的数值频散;M-SFD($M=8$;$N=3$)采用 $\Delta t=1.5$ms,未出现明显的数值频散。

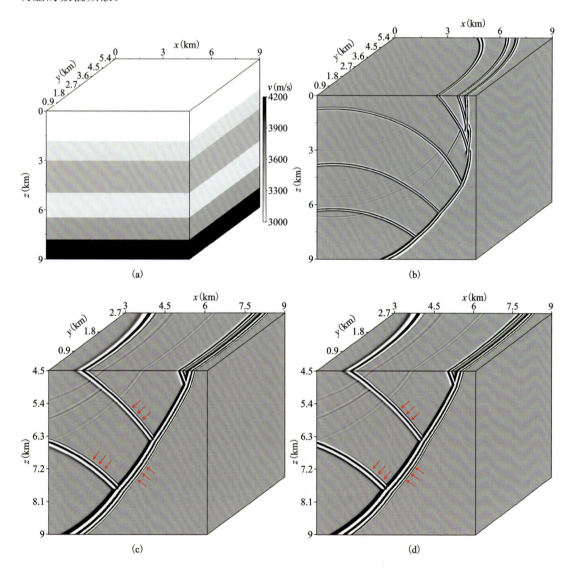

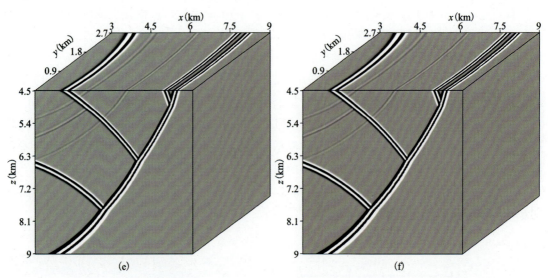

(a)速度模型;(b)M-SFD($M=8$;$N=3$)采用 $\Delta t=1.5$ms 模拟生成的波场快照;(c)C-SFD($M=10$)采用 $\Delta t=1.0$ms 模拟生成的波场快照的局部放大图;(d)TS-SFD($M=10$)采用 $\Delta t=1.5$ms 模拟生成的波场快照的局部放大图;(e)M-SFD($M=8$;$N=1$)采用 $\Delta t=1.5$ms 模拟生成的波场快照的局部放大图;(f)M-SFD($M=8$;$N=3$)采用 $\Delta t=1.5$ms 模拟生成的波场快照的局部放大图

图 5-9　三维层状介质模型及不同交错网格有限差分法模拟得到的 2.7s 时刻波场快照(压力场 P)

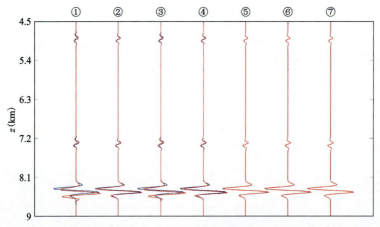

波形记录位置为 $x=9.0$km,$y=0$km,$z=4.5\sim9.0$km,蓝色为参考波形,C-SFD($M=20$)采用非常小的时间采样间隔 $\Delta t=0.1$ms 模拟生成,红色为不同交错网格有限差分法模拟波形;①、②C-SFD($M=10$)采用 $\Delta t=1.0$ms 和 $\Delta t=0.5$ms 模拟生成的波形;③、④TS-SFD($M=10$)采用 $\Delta t=1.5$ms 和 $\Delta t=1.0$ms 模拟生成的波形;⑤、⑥M-SFD($M=8$;$N=1$)采用 $\Delta t=1.5$ms 和 $\Delta t=1.0$ms 模拟生成的波形;⑦M-SFD($M=8$;$N=3$)采用 $\Delta t=1.5$ms 模拟生成的波形

图 5-10　三维层状介质模型不同交错网格有限差分法模拟得到的 2.7s 时刻波场快照(压力场 P)的单道波形对比图

第五章 三维声波混合交错网格有限差分数值模拟

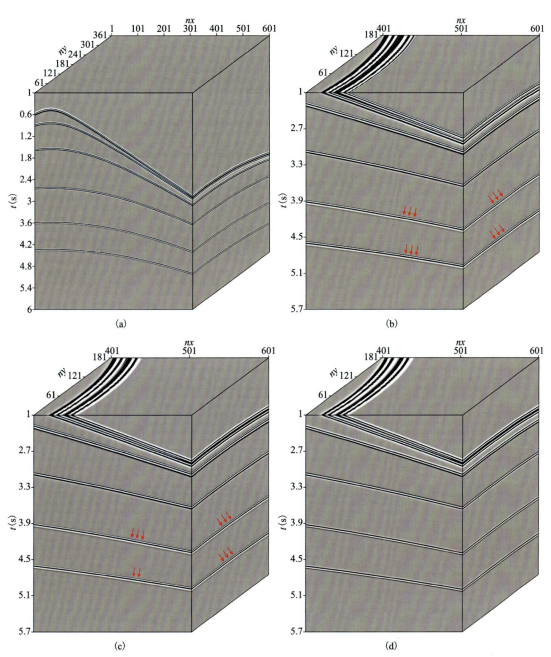

(a)M-SFD($M=8$;$N=3$)采用 $\Delta t=1.5$ms 生成的模拟炮集;(b)C-SFD($M=10$)采用 $\Delta t=1.0$ms 生成的模拟炮集的局部;(c)TS-SFD($M=10$)采用 $\Delta t=1.5$ms 生成的模拟炮集的局部;(d)M-SFD($M=8$;$N=3$)采用 $\Delta t=1.5$ms 生成的模拟炮集的局部

图 5-11 三维层状介质模型不同交错网格有限差分法模拟炮集(压力场 P)

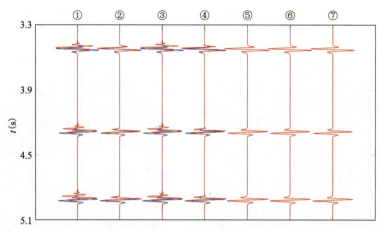

检波器位于网格点(561,1,61)，蓝色为参考波形，C-SFD($M=20$)采用非常小的时间采样间隔 $\Delta t=$ 0.1ms 模拟生成，红色为不同交错网格有限差分模拟波形；①、②C-SFD($M=10$)采用 $\Delta t=1.0$ms 和 $\Delta t=0.5$ms 模拟生成的波形；③、④TS-SFD($M=10$)采用 $\Delta t=1.5$ms 和 $\Delta t=1.0$ms 模拟生成的波形；⑤、⑥M-SFD($M=8;N=1$)采用 $\Delta t=1.5$ms 和 $\Delta t=1.0$ms 模拟生成的波形；⑦M-SFD($M=8;N=3$)采用 $\Delta t=1.5$ms 模拟生成的波形

图 5-12　三维层状介质模型不同交错网格有限差分法模拟炮集(压力场 P)的单道波形图

层状介质模型数值模拟实例表明：时间采样间隔相同时，相比 C-SFD 和 TS-SFD，M-SFD 能更有效地压制数值频散，模拟精度更高；比 C-SFD 和 TS-SFD 采用更大的时间采样间隔时，M-SFD 仍然能够更有效地压制数值频散，模拟精度更高；M-SFD($N=1$)存在基本可以忽略的数值频散，模拟精度较高，能够满足绝大部分数值模拟的精度需求；M-SFD($N=3$)与 M-SFD($N=1$)相比，在模拟精度方面存在微弱的优势，但是随着传播距离的增大和传播时间的延长，这种优势会进一步增大。

二、塔里木盆地典型复杂构造模型

图 5-13 为中国西部塔里木盆地典型复杂构造模型，模型尺寸为 $9.0\text{km}\times4.8\text{km}\times9.0\text{km}$，空间采样间隔 $\Delta x=\Delta y=\Delta z=h=10$m，模型网格数为 $nx\times ny\times nz=601\times361\times601$，主频 22Hz 的 Ricker 子波作为震源，位于网格点(36,36,36)。三维 C-SFD($M=10$)、TS-SFD($M=10$)和 M-SFD($M=8;N=1,3$)分别采用不同的时间采样间隔进行模拟，TS-SFD($M=10$)计算差分系数时均选择 $\varphi=\pi/2$，$\theta=\pi/8$。

图 5-14(a)给出了三维 M-SFD($M=8;N=3$)采用 $\Delta t=1.5$ms 模拟生成的炮集记录，图 5-14 还给出了 C-SFD($M=10$)采用 $\Delta t=1.0$ms，TS-SFD($M=10$)采用 $\Delta t=1.5$ms 和 M-SFD($M=8;N=3$)采用 $\Delta t=1.5$ms 生成模拟炮集的局部。图 5-15 给出了 C-SFD($M=10$)采用 $\Delta t=1.0$ms，TS-SFD($M=10$)采用 $\Delta t=1.5$ms、1.0ms，M-SFD($M=8;N=1$)采用 $\Delta t=1.5$ms、1.0ms 和 M-SFD($M=8;N=3$)采用 $\Delta t=1.5$ms 生成模拟炮集的单道波形图。

从图 5-14 和图 5-15 可以看出：三维 C-SFD($M=10$)采用 $\Delta t=1.0$ms 存在明显的时间频散；TS-SFD($M=10$)采用 $\Delta t=1.5$ms 存在明显的时间频散，采用 $\Delta t=1.0$ms，仍然存在较明显的时间频散；M-SFD($M=8;N=1$)采用 $\Delta t=1.5$ms 和 $\Delta t=1.0$ms，存在基本可以忽略的数

值频散；M-SFD($M=8$；$N=3$)采用 $\Delta t=1.5\mathrm{ms}$，未出现明显的数值频散。

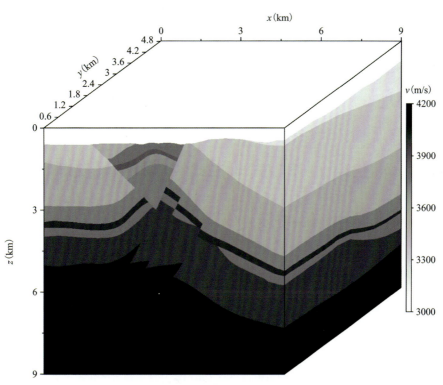

图 5-13　塔里木盆地典型复杂构造模型

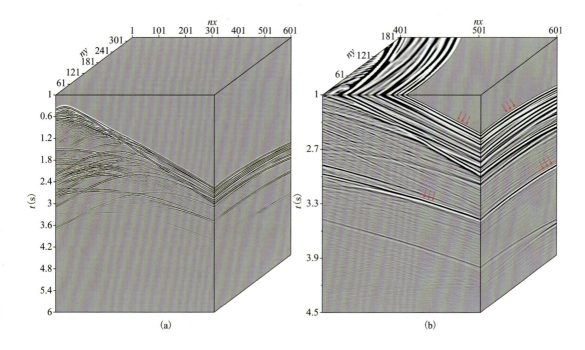

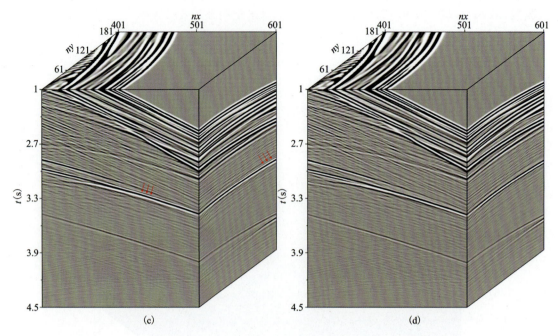

(a)M-SFD($M=8$;$N=3$)采用 $\Delta t=1.5$ms 生成的模拟炮集；(b)C-SFD($M=10$)采用 $\Delta t=1.0$ms 生成模拟炮集的局部；(c)TS-SFD($M=10$)采用 $\Delta t=1.5$ms 生成模拟炮集的局部；(d)M-SFD($M=8$;$N=3$)采用 $\Delta t=1.5$ms 生成模拟炮集的局部

图 5-14 塔里木盆地典型复杂构造模型不同交错网格有限差分法模拟炮集（压力场 P）

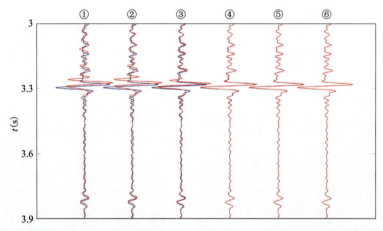

检波器位于网格点(531,1,36)，蓝色为参考波形，C-SFD($M=20$)采用非常小的时间采样间隔 $\Delta t=0.1$ms 模拟生成，红色为不同交错网格有限差分法模拟波形；①C-SFD($M=10$)采用 $\Delta t=1.0$ms 模拟生成的波形；②、③TS-SFD($M=10$)采用 $\Delta t=1.5$ms 和 $\Delta t=1.0$ms 模拟生成的波形；④、⑤M-SFD($M=8$；$N=1$)采用 $\Delta t=1.5$ms 和 $\Delta t=1.0$ms 模拟生成的波形；⑥M-SFD($M=8$；$N=3$)采用 $\Delta t=1.5$ms 模拟生成的波形

图 5-15 塔里木盆地典型复杂构造模型不同交错网格有限差分法模拟炮集（压力场 P）的单道波形图

塔里木盆地典型复杂构造模型数值模拟实例同样表明：相比三维 C-SFD 和 TS-SFD，M-SFD 能采用更大的时间采样间隔以提高计算效率，并保持更高的模拟精度。M-SFD($N=1$)

存在基本可以忽略的数值频散,模拟精度较高,能够满足绝大部分数值模拟的精度需求;M-SFD($N=3$)与 M-SFD($N=1$)相比,在模拟精度方面存在微弱的优势,但是随着传播距离和传播时间增大,这种优势会进一步增大。

第四节 本章小结

本章在详细阐述三维 C-SFD 和 TS-SFD 的算法原理基础上,提出联合利用坐标轴网格点和非坐标轴网格点构建一种混合型空间差分算子,构建了一种适用于三维一阶速度-应力声波方程数值模拟的混合交错网格有限差分法(M-SFD),推导了 M-SFD 基于时空域频散关系和泰勒级数展开的差分系数计算方法,并导出了差分系数的通解表达式。然后,还进行差分精度分析、数值频散分析和数值模拟实验,可以得出如下结论:

(1)三维 C-SFD 仅利用坐标轴网格点构建空间差分算子,并基于空间域频散关系和泰勒级数展开计算差分系数,虽然空间差分算子能够达到 $2M$ 阶差分精度,但是相应的差分离散声波方程仅具有二阶差分精度。

(2)三维 TS-SFD 和 C-SFD 采用的空间差分算子完全相同,它们给出的差分离散声波方程也完全相同,但是 TS-SFD 基于空间域频散关系和泰勒级数展开计算差分系数,可以使得差分离散声波方程沿特定的 6 个、12 个或 24 个传播方向达到 $2M$ 阶差分精度,但整体上仍然仅具有二阶差分精度。

(3)三维 M-SFD 联合利用坐标轴网格点和非坐标轴网格点构建空间差分算子,并基于时空域频散关系计算差分系数,可以使得差分离散声波方程沿任意传播方向达到四阶、六阶,甚至任意偶数阶差分精度。

(4)三维 TS-SFD 和 M-SFD 的差分系数均基于时空域频散关系求解,计算差分系数时选取的地震波传播方向角 φ 和 θ 的值会影响差分系数计算结果,也影响数值频散特性和稳定性。综合分析数值频散和稳定性,TS-SFD 计算差分系数时选择 $\varphi=\pi/2$、$\theta=\pi/8$ 为最优。本章仅给出了取 $\varphi=\pi/2$、$\theta=0$ 时,M-SFD 的差分系数通解,由于 φ 和 θ 取其他值时,M-SFD 的差分系数求解过程变得非常复杂,故没有讨论。

(5)稳定性分析表明:三维 C-SFD 的稳定性最弱,TS-SFD 的稳定性明显强于 C-SFD,M-SFD 的稳定性最强,且随着 N 取值的增大,M-SFD 的稳定性进一步增强。

(6)频散分析和数值模拟实例表明:相比三维 C-SFD 和 TS-SFD,M-SFD 能采用更大的时间采样间隔以提高计算效率,并保持更高的模拟精度。M-SFD($N=1$)存在基本可以忽略的数值频散,模拟精度较高,能够满足绝大部分数值模拟的精度需求;M-SFD($N=3$)比 M-SFD($N=1$)在模拟精度方面存在微弱的优势,但是随着传播距离和传播时间增大,这种优势会进一步增大。

(7)相比三维 C-SFD 和 TS-SFD,M-SFD 没有提高时间差分算子和空间差分算子的差分精度,而提高了差分离散声波方程的差分精度,进而成功地提高了速度-应力声波方程的数值模拟精度和稳定性。因此,为提高速度-应力声波方程数值模拟的性能,我们应设法提高差分离散声波方程的差分精度,而不是单独地提高时间差分算子或空间差分算子的差分精度。

第五节 附 录

三维 M-SFD($N=2,3$)给出的差分离散声波方程及差分系数通解

利用 M-SFD($N=2$)对速度-应力声波方程(5-1)进行差分离散可以导出相应的差分离散声波方程，这里仅给出 4 个差分离散方程中的一个。

$$\frac{v_{x(0,1/2,1/2)}^{1/2} - v_{x(0,1/2,1/2)}^{-1/2}}{\Delta t} \approx -\frac{1}{\rho h}\bigg\{\sum_{m=1}^{M} a_m(P_{m-1/2,1/2,1/2}^0 - P_{-m+1/2,1/2,1/2}^0) +$$

$$b_1\Big[(P_{1/2,3/2,1/2}^0 - P_{-1/2,3/2,1/2}^0 + P_{1/2,-1/2,1/2}^0 - P_{-1/2,-1/2,1/2}^0) +$$

$$(P_{1/2,1/2,3/2}^0 - P_{-1/2,1/2,3/2}^0 + P_{1/2,1/2,-1/2}^0 - P_{-1/2,1/2,-1/2}^0)\Big] +$$

$$b_2\Big[(P_{1/2,3/2,3/2}^0 - P_{-1/2,3/2,3/2}^0 + P_{1/2,-1/2,3/2}^0 - P_{-1/2,-1/2,3/2}^0) +$$

$$(P_{1/2,3/2,-1/2}^0 - P_{-1/2,3/2,-1/2}^0 + P_{1/2,-1/2,-1/2}^0 - P_{-1/2,-1/2,-1/2}^0)\Big]\bigg\}$$

(5-60)

其中 $a_1, a_2, \cdots, a_M$ 和 b_1, b_2 为差分系数，其通解为

$$b_1 = \frac{r^2}{24} - \frac{r^4}{180}, \quad b_2 = \frac{r^4}{360}, \quad a_1 = \prod_{2 \leqslant k \leqslant M}\left[\frac{r^2 - (2k-1)^2}{1 - (2k-1)^2}\right] - \frac{r^2}{6},$$

$$a_m = \frac{1}{2m-1}\prod_{1 \leqslant k \leqslant M, k \neq m}\frac{r^2 - (2k-1)^2}{(2m-1)^2 - (2k-1)^2} \quad (m = 2,3,\cdots,M)$$

(5-61)

利用 M-SFD($N=3$)对速度-应力声波方程(5-1)进行差分离散可以导出相应的差分离散声波方程，这里仅给出 4 个差分离散方程中的一个。

$$\frac{v_{x(0,1/2,1/2)}^{1/2} - v_{x(0,1/2,1/2)}^{-1/2}}{\Delta t} \approx -\frac{1}{\rho h}\bigg\{\sum_{m=1}^{M} a_m(P_{m-1/2,1/2,1/2}^0 - P_{-m+1/2,1/2,1/2}^0) +$$

$$b_1\Big[(P_{1/2,3/2,1/2}^0 - P_{-1/2,3/2,1/2}^0 + P_{1/2,-1/2,1/2}^0 - P_{-1/2,-1/2,1/2}^0) +$$

$$(P_{1/2,1/2,3/2}^0 - P_{-1/2,1/2,3/2}^0 + P_{1/2,1/2,-1/2}^0 - P_{-1/2,1/2,-1/2}^0)\Big] +$$

$$b_2\Big[(P_{1/2,3/2,3/2}^0 - P_{-1/2,3/2,3/2}^0 + P_{1/2,-1/2,3/2}^0 - P_{-1/2,-1/2,3/2}^0) +$$

$$(P_{1/2,3/2,-1/2}^0 - P_{-1/2,3/2,-1/2}^0 + P_{1/2,-1/2,-1/2}^0 - P_{-1/2,-1/2,-1/2}^0)\Big] +$$

$$b_3\Big[(P_{3/2,3/2,1/2}^0 - P_{-3/2,3/2,1/2}^0 + P_{3/2,-1/2,1/2}^0 - P_{-3/2,-1/2,1/2}^0) +$$

$$(P_{3/2,1/2,3/2}^0 - P_{-3/2,1/2,3/2}^0 + P_{3/2,1/2,-1/2}^0 - P_{-3/2,1/2,-1/2}^0)\Big]\bigg\}$$

(5-62)

其中 $a_1, a_2, \cdots, a_M$ 和 b_1, b_2, b_3 为差分系数,其通解为

$$b_1 = \frac{11}{192}r^2 - \frac{59}{5760}r^4, \quad b_2 = \frac{r^4}{360}, \quad b_3 = \frac{r^4}{640} - \frac{r^2}{192},$$

$$a_1 = \prod_{2 \leqslant k \leqslant M} \left[\frac{r^2 - (2k-1)^2}{1 - (2k-1)^2} \right] - 4b_1 - 4b_2,$$

$$a_2 = \frac{1}{3} \prod_{1 \leqslant k \leqslant M, k \neq 2} \left[\frac{r^2 - (2k-1)^2}{1 - (2k-1)^2} \right] - 4b_3,$$

$$a_m = \frac{1}{2m-1} \prod_{1 \leqslant k \leqslant M, k \neq m} \frac{r^2 - (2k-1)^2}{(2m-1)^2 - (2k-1)^2} \quad (m = 3, 4, \cdots, M)$$

(5-63)

第六章 弹性波混合交错网格有限差分数值模拟

第四章和第五章讲述了二维和三维速度-应力声波方程混合交错网格有限差分数值模拟方法,但是将地球介质近似看成声学介质显得过于简单,通常不能满足研究地震波在地球介质中传播规律的需求。因此,有必要进一步研究弹性波数值模拟方法。第四章中讲述的二维常规高阶交错网格有限差分法(C-SFD)、时空域高阶交错网格有限差分法(TS-SFD)和混合交错网格有限差分法(M-SFD)同样适用于二维速度-应力弹性波数值模拟。在第四章中还讲到,TS-SFD 和 M-SFD 的差分系数随着地震波在介质中的传播速度 v 自适应变化,那么在弹性波模拟中,存在纵波速度 v_p 和横波速度 v_s,二维弹性波 TS-SFD 和 M-SFD 的差分系数应该随 v_p 还是 v_s 自适应变化呢?

本章将针对二维速度-应力弹性波方程系统阐述二维弹性波 C-SFD、TS-SFD 和 M-SFD 的基本原理,并进行差分精度、数值频散和稳定性分析。然后利用层状介质模型和 Marmousi 模型进行数值模拟实验,对比 3 种方法的模拟精度。

第一节 二维弹性波混合交错网格有限差分法的基本原理

本节将从时间差分算子、空间差分算子和差分系数计算等方面系统阐述利用二维 C-SFD、TS-SFD 和 M-SFD 进行速度-应力弹性波方程数值模拟的基本原理,然后分析这 3 种交错网格有限差分法的差分精度。

二维速度-应力弹性波方程可表示为

$$\frac{\partial v_x}{\partial t} = \frac{1}{\rho}\left(\frac{\partial \tau_{xx}}{\partial x} + \frac{\partial \tau_{xz}}{\partial z}\right), \quad \frac{\partial v_z}{\partial t} = \frac{1}{\rho}\left(\frac{\partial \tau_{xz}}{\partial x} + \frac{\partial \tau_{zz}}{\partial z}\right),$$

$$\frac{\partial \tau_{xx}}{\partial t} = (\lambda + 2\mu)\frac{\partial v_x}{\partial x} + \lambda \frac{\partial v_z}{\partial z}, \quad \frac{\partial \tau_{zz}}{\partial t} = \lambda \frac{\partial v_x}{\partial x} + (\lambda + 2\mu)\frac{\partial v_z}{\partial z}, \quad \frac{\partial \tau_{xz}}{\partial t} = \mu\left(\frac{\partial v_x}{\partial z} + \frac{\partial v_z}{\partial x}\right)$$

(6-1)

其中 $\tau_{xx} = \tau_{xx}(x,z,t)$、$\tau_{zz} = \tau_{zz}(x,z,t)$ 和 $\tau_{xz} = \tau_{xz}(x,z,t)$ 为应力场,$v_x = v_x(x,z,t)$ 和 $v_z = v_z(x,z,t)$ 为质点振动速度场,$\lambda = \lambda(x,z)$ 和 $\mu = \mu(x,z)$ 为拉梅常数,$\rho = \rho(x,z)$ 为密度。

交错网格有限差分法求解方程(6-1),波场变量 $(\tau_{xx}, \tau_{zz}, \tau_{xz}, v_x, v_z)$ 和弹性参数 (λ, μ, ρ) 定义在交错的网格位置上,如图 6-1 所示。二维弹性波 C-SFD、TS-SFD 和 M-SFD 均采用二阶时间差分算子近似方程(6-1)中波场变量关于时间的偏微分算子。根据泰勒级数展开可以导出 $\partial v_x/\partial t$、$\partial v_z/\partial t$、$\partial \tau_{xx}/\partial t$、$\partial \tau_{zz}/\partial t$ 和 $\partial \tau_{xz}/\partial t$ 的二阶差分近似表达式为

$$\left.\frac{\partial v_x}{\partial t}\right|_{0,0}^{1/2} \approx \frac{v_{x(0,0)}^1 - v_{x(0,0)}^0}{\Delta t}, \quad \left.\frac{\partial v_z}{\partial t}\right|_{1/2,1/2}^{1/2} \approx \frac{v_{z(1/2,1/2)}^1 - v_{z(1/2,1/2)}^0}{\Delta t},$$

$$\left.\frac{\partial \tau_{xx}}{\partial t}\right|_{1/2,0}^0 \approx \frac{\tau_{xx(1/2,0)}^{1/2} - \tau_{xx(1/2,0)}^{-1/2}}{\Delta t}, \quad \left.\frac{\partial \tau_{zz}}{\partial t}\right|_{1/2,0}^0 \approx \frac{\tau_{zz(1/2,0)}^{1/2} - \tau_{zz(1/2,0)}^{-1/2}}{\Delta t}, \tag{6-2}$$

$$\left.\frac{\partial \tau_{xz}}{\partial t}\right|_{0,1/2}^0 \approx \frac{\tau_{xz(0,1/2)}^{1/2} - \tau_{xz(0,1/2)}^{-1/2}}{\Delta t}$$

其中 $\tau_{xx(m-1/2,n)}^{j-1/2} = \tau_{xx}[x+(m-1/2)h, z+nh, t+(j-1/2)h]$，$\tau_{zz(m-1/2,n)}^{j-1/2}$、$\tau_{xz(m,n-1/2)}^{j-1/2}$、$v_{x(m,n)}^j$ 和 $v_{z(m-1/2,n-1/2)}^j$ 具有相似的表达式，h 和 Δt 分别为空间和时间采样间隔。根据泰勒级数展开可以推导出，式(6-2)中各个差分近似表达式的截断误差为 $O(\Delta t^2)$，即时间差分算子具有二阶差分精度。

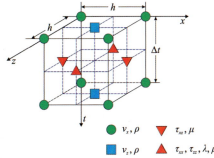

图 6-1 二维弹性波交错网格有限差分法中波场变量和弹性参数相对位置示意图

一、二维弹性波常规高阶交错网格有限差分法

二维弹性波 C-SFD 和 TS-SFD 仅利用坐标轴网格点构建空间差分算子近似波场变量关于 x 和 z 的一阶偏导数。如图 6-2 所示，图中的网格点可分成 M 组，每组网格点与差分中心点的距离相等。每组网格点可以构建一个空间差分算子，根据泰勒级数展开可以导出，与差分中心点相距 $(m-1/2)h$ 的一组网格点构建差分算子近似 $\partial \tau_{xx}/\partial x$ 的表达式为

$$\left.\frac{\partial \tau_{xx}}{\partial x}\right|_{0,0}^{1/2} \approx \frac{1}{(2m-1)h}\left[\tau_{xx(m-1/2,0)}^{1/2} - \tau_{xx(-m+1/2,0)}^{1/2}\right] \quad (m=1,2,\cdots,M) \tag{6-3}$$

式(6-3)表明 M 组网格点可以构建 M 个空间差分算子。根据泰勒级数展开可分析出，每个差分算子近似微分算子 $\partial \tau_{xx}/\partial x$ 的截断误差均为 $O(h^2)$，即每个差分算子都具有二阶差分精度。

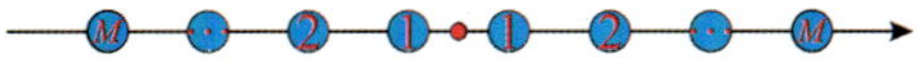

图 6-2 二维弹性波 C-SFD 和 TS-SFD 的空间差分算子示意图

为了提高空间差分算子的差分精度，C-SFD 将空间差分算子表示为坐标轴网格点构建的 M 个空间差分算子的加权平均，即

$$\left.\frac{\partial \tau_{xx}}{\partial x}\right|_{0,0}^{1/2} \approx \sum_{m=1}^{M} \frac{c_m}{(2m-1)h}\left[\tau_{xx(m-1/2,0)}^{1/2} - \tau_{xx(-m+1/2,0)}^{1/2}\right] \tag{6-4}$$

其中 $c_m(m=1,2,\cdots,M)$ 为权系数，令 $a_m = c_m/(2m-1)(m=1,2,\cdots,M)$ 得到

$$\left.\frac{\partial \tau_{xx}}{\partial x}\right|_{0,0}^{1/2} \approx \frac{1}{h}\sum_{m=1}^{M} a_m\left[\tau_{xx(m-1/2,0)}^{1/2} - \tau_{xx(-m+1/2,0)}^{1/2}\right] \tag{6-5}$$

其中 $a_m(m=1,2,\cdots,M)$ 为差分系数。同样地，可以导出 $\partial \tau_{xz}/\partial z$、$\partial \tau_{xz}/\partial x$、$\partial \tau_{zz}/\partial z$、$\partial v_x/\partial x$、

$\partial v_z/\partial z$、$\partial v_x/\partial z$ 和 $\partial v_z/\partial x$ 的差分表达式分别为

$$\left.\frac{\partial \tau_{xx}}{\partial z}\right|_{0,0}^{1/2} \approx \frac{1}{h}\sum_{m=1}^{M} a_m \left[\tau_{xz(0,m-1/2)}^{1/2} - \tau_{xz(0,-m+1/2)}^{1/2}\right], \quad \left.\frac{\partial \tau_{xx}}{\partial x}\right|_{1/2,1/2}^{1/2} \approx \frac{1}{h}\sum_{m=1}^{M} a_m \left[\tau_{xz(m,1/2)}^{1/2} - \tau_{xz(-m+1,1/2)}^{1/2}\right],$$

$$\left.\frac{\partial \tau_{zz}}{\partial z}\right|_{1/2,1/2}^{1/2} \approx \frac{1}{h}\sum_{m=1}^{M} a_m \left[\tau_{zz(1/2,m)}^{1/2} - \tau_{zz(1/2,-m+1)}^{1/2}\right], \quad \left.\frac{\partial v_x}{\partial x}\right|_{1/2,0}^{0} \approx \frac{1}{h}\sum_{m=1}^{M} a_m \left[v_{x(m,0)}^{0} - v_{x(-m+1,0)}^{0}\right],$$

$$\left.\frac{\partial v_z}{\partial z}\right|_{1/2,0}^{0} \approx \frac{1}{h}\sum_{m=1}^{M} a_m \left[v_{z(1/2,m-1/2)}^{0} - v_{z(1/2,-m+1/2)}^{0}\right], \quad \left.\frac{\partial v_x}{\partial z}\right|_{0,1/2}^{0} \approx \frac{1}{h}\sum_{m=1}^{M} a_m \left[v_{x(0,m)}^{0} - v_{x(0,-m+1)}^{0}\right],$$

$$\left.\frac{\partial v_z}{\partial x}\right|_{0,1/2}^{0} \approx \frac{1}{h}\sum_{m=1}^{M} a_m \left[v_{z(m-1/2,1/2)}^{0} - v_{z(-m+1/2,1/2)}^{0}\right]$$

(6-6)

合理计算差分系数 $a_m(m=1,2,\cdots,M)$，可以使得式(6-5)和式(6-6)中各差分表达式的截断误差为 $O(h^{2M})$，即空间差分算子可达到 $2M$ 阶差分精度。

将式(6-5)、式(6-6)和式(6-2)代入方程(6-1)得到

$$\frac{v_{x(0,0)}^{1} - v_{x(0,0)}^{0}}{\Delta t} \approx \frac{1}{\rho h}\sum_{m=1}^{M} a_m \left[\tau_{xx(m-1/2,0)}^{1/2} - \tau_{xx(-m+1/2,0)}^{1/2} + \tau_{xz(0,m-1/2)}^{1/2} - \tau_{xz(0,-m+1/2)}^{1/2}\right],$$

$$\frac{v_{z(1/2,1/2)}^{1} - v_{z(1/2,1/2)}^{0}}{\Delta t} \approx \frac{1}{\rho h}\sum_{m=1}^{M} a_m \left[\tau_{xz(m,1/2)}^{1/2} - \tau_{xz(-m+1,1/2)}^{1/2} + \tau_{zz(1/2,m)}^{1/2} - \tau_{zz(1/2,-m+1)}^{1/2}\right],$$

$$\frac{\tau_{xx(1/2,0)}^{1/2} - \tau_{xx(1/2,0)}^{-1/2}}{\Delta t} \approx \frac{(\lambda+2\mu)}{h}\sum_{m=1}^{M} a_m \left[v_{x(m,0)}^{0} - v_{x(-m+1,0)}^{0}\right] + \frac{\lambda}{h}\sum_{m=1}^{M} a_m \left[v_{z(1/2,m-1/2)}^{0} - v_{z(1/2,-m+1/2)}^{0}\right],$$

$$\frac{\tau_{zz(1/2,0)}^{1/2} - \tau_{zz(1/2,0)}^{-1/2}}{\Delta t} \approx \frac{\lambda}{h}\sum_{m=1}^{M} a_m \left[v_{x(m,0)}^{0} - v_{x(-m+1,0)}^{0}\right] + \frac{(\lambda+2\mu)}{h}\sum_{m=1}^{M} a_m \left[v_{z(1/2,m-1/2)}^{0} - v_{z(1/2,-m+1/2)}^{0}\right],$$

$$\frac{\tau_{xz(0,1/2)}^{1/2} - \tau_{xz(0,1/2)}^{-1/2}}{\Delta t} \approx \frac{\mu}{h}\sum_{m=1}^{M} a_m \left[v_{x(0,m)}^{0} - v_{x(0,-m+1)}^{0} + v_{z(m-1/2,1/2)}^{0} - v_{z(-m+1/2,1/2)}^{0}\right]$$

(6-7)

方程(6-7)为二维 C-SFD 对速度-应力弹性波方程(6-1)的差分离散弹性波方程，C-SFD 和 TS-SFD 采用的时间差分算子与空间差分算子完全相同，因此，方程(6-7)也是二维 TS-SFD 对速度-应力弹性波方程(6-1)的差分离散弹性波方程。

方程(6-7)可以改写为

$$v_{x(0,0)}^{1} \approx v_{x(0,0)}^{0} + \frac{\Delta t}{\rho h}\sum_{m=1}^{M} a_m \left[\tau_{xx(m-1/2,0)}^{1/2} - \tau_{xx(-m+1/2,0)}^{1/2} + \tau_{xz(0,m-1/2)}^{1/2} - \tau_{xz(0,-m+1/2)}^{1/2}\right],$$

$$v_{z(1/2,1/2)}^{1} \approx v_{z(1/2,1/2)}^{0} + \frac{\Delta t}{\rho h}\sum_{m=1}^{M} a_m \left[\tau_{xz(m,1/2)}^{1/2} - \tau_{xz(-m+1,1/2)}^{1/2} + \tau_{zz(1/2,m)}^{1/2} - \tau_{zz(1/2,-m+1)}^{1/2}\right],$$

$$\tau_{xx(1/2,0)}^{1/2} \approx \tau_{xx(1/2,0)}^{-1/2} + \frac{(\lambda+2\mu)\Delta t}{h}\sum_{m=1}^{M} a_m \left[v_{x(m,0)}^{0} - v_{x(-m+1,0)}^{0}\right] + \frac{\lambda\Delta t}{h}\sum_{m=1}^{M} a_m \left[v_{z(1/2,m-1/2)}^{0} - v_{z(1/2,-m+1/2)}^{0}\right],$$

$$\tau_{zz(1/2,0)}^{1/2} \approx \tau_{zz(1/2,0)}^{-1/2} + \frac{\lambda\Delta t}{h}\sum_{m=1}^{M} a_m \left[v_{x(m,0)}^{0} - v_{x(-m+1,0)}^{0}\right] + \frac{(\lambda+2\mu)\Delta t}{h}\sum_{m=1}^{M} a_m \left[v_{z(1/2,m-1/2)}^{0} - v_{z(1/2,-m+1/2)}^{0}\right],$$

$$\tau_{xz(0,1/2)}^{1/2} \approx \tau_{xz(0,1/2)}^{-1/2} + \frac{\mu\Delta t}{h}\sum_{m=1}^{M} a_m \left[v_{x(0,m)}^{0} - v_{x(0,-m+1)}^{0} + v_{z(m-1/2,1/2)}^{0} - v_{z(-m+1/2,1/2)}^{0}\right]$$

(6-8)

式(6-8)表明,利用 t 时刻的质点振动速度场(v_x 和 v_z)和($t+\Delta t/2$)时刻的应力场(τ_{xx}、τ_{zz} 和 τ_{xz})可推算出($t+\Delta t$)时刻的 v_x 和 v_z;然后,利用($t+\Delta t/2$)时刻 τ_{xx}、τ_{zz} 和 τ_{xz} 以及($t+\Delta t$)时刻的 v_x 和 v_z 可以推算出($t+3\Delta t/2$)时刻的 τ_{xx}、τ_{zz} 和 τ_{xz}。二维弹性波 C-SFD 和 TS-SFD 均通过迭代求解方程(6-8),遍历所有离散时间网格点和空间网格点,求解出任意离散时刻、任意空间网格点的质点振动速度场(v_x 和 v_z)和应力场(τ_{xx}、τ_{zz} 和 τ_{xz}),实现速度-应力弹性波方程数值模拟。

迭代求解方程(6-8)之前,需要计算出其中的差分系数 $a_m(m=1,2,\cdots,M)$,二维弹性波 TS-SFD 和 C-SFD 的主要差别就在于它们的差分系数计算方法不同,下文会详细阐述。

二、二维弹性波混合交错网格有限差分法

二维弹性波 C-SFD 和 TS-SFD 仅利用坐标轴网格点构建空间差分算子,主要通过增大 M 的取值,即增加空间差分算子长度来提高模拟精度,然而,随着 M 取值的增大,新增加的网格点距离差分中心点越来越远,对提高模拟精度的贡献越来越小。

二维弹性波 M-SFD 的基本构建思路是联合利用坐标轴网格点和非坐标轴网格点构建混合型空间差分算子。图 6-3 给出了 M-SFD($N=1,2,3,4$)的空间差分算子示意图,N 表示空间差分算子中与差分中心点等距的非坐标轴网格点的组数。相比 C-SFD 和 TS-SFD,M-SFD 能有效利用距离差分中心点更近的非坐标轴网格点,理论上更合理。

利用图 6-3(a)中的二维弹性波 M-SFD($N=1$)的空间差分算子近似方程(6-1)中波场变量关于空间变量 x 和 z 的一阶导数,$\partial \tau_{xx}/\partial x$、$\partial \tau_{xz}/\partial z$、$\partial \tau_{xx}/\partial x$、$\partial \tau_{zz}/\partial z$、$\partial v_x/\partial x$、$\partial v_z/\partial z$、$\partial v_x/\partial z$ 和 $\partial v_z/\partial x$ 可以分别表示为

$$\left.\frac{\partial \tau_{xx}}{\partial x}\right|_{0,0}^{1/2} \approx \sum_{m=1}^{M} \frac{c_m\left[\tau_{xx(m-1/2,0)}^{1/2} - \tau_{xx(-m+1/2,0)}^{1/2}\right]}{(2m-1)h} + \frac{d_1}{h}\left[\tau_{xx(1/2,1)}^{1/2} - \tau_{xx(-1/2,1)}^{1/2} + \tau_{xx(1/2,-1)}^{1/2} - \tau_{xx(-1/2,-1)}^{1/2}\right],$$

$$\left.\frac{\partial \tau_{xz}}{\partial z}\right|_{0,0}^{1/2} \approx \sum_{m=1}^{M} \frac{c_m\left[\tau_{xz(0,m-1/2)}^{1/2} - \tau_{xz(0,-m+1/2)}^{1/2}\right]}{(2m-1)h} + \frac{d_1}{h}\left[\tau_{xz(1,1/2)}^{1/2} - \tau_{xz(1,-1/2)}^{1/2} + \tau_{xz(-1,1/2)}^{1/2} - \tau_{xz(-1,-1/2)}^{1/2}\right],$$

$$\left.\frac{\partial \tau_{xx}}{\partial x}\right|_{1/2,1/2}^{1/2} \approx \sum_{m=1}^{M} \frac{c_m\left[\tau_{xx(m,1/2)}^{1/2} - \tau_{xx(-m+1,1/2)}^{1/2}\right]}{(2m-1)h} + \frac{d_1}{h}\left[\tau_{xx(1,3/2)}^{1/2} - \tau_{xx(0,3/2)}^{1/2} + \tau_{xx(1,-1/2)}^{1/2} - \tau_{xx(0,-1/2)}^{1/2}\right],$$

$$\left.\frac{\partial \tau_{zz}}{\partial z}\right|_{1/2,1/2}^{1/2} \approx \sum_{m=1}^{M} \frac{c_m\left[\tau_{zz(1/2,m)}^{1/2} - \tau_{zz(1/2,-m+1)}^{1/2}\right]}{(2m-1)h} + \frac{d_1}{h}\left[\tau_{zz(3/2,1)}^{1/2} - \tau_{zz(3/2,0)}^{1/2} + \tau_{zz(-1/2,1)}^{1/2} - \tau_{zz(-1/2,0)}^{1/2}\right];$$

$$\left.\frac{\partial v_x}{\partial x}\right|_{1/2,0}^{0} \approx \sum_{m=1}^{M} \frac{c_m\left[v_{x(m,0)}^{0} - v_{x(-m+1,0)}^{0}\right]}{(2m-1)h} + \frac{d_1}{h}\left[v_{x(1,1)}^{0} - v_{x(0,1)}^{0} + v_{x(1,-1)}^{0} - v_{x(0,-1)}^{0}\right],$$

$$\left.\frac{\partial v_z}{\partial z}\right|_{1/2,0}^{0} \approx \sum_{m=1}^{M} \frac{c_m\left[v_{z(1/2,m-1/2)}^{0} - v_{z(1/2,-m+1/2)}^{0}\right]}{(2m-1)h} + \frac{d_1}{h}\left[v_{z(3/2,1/2)}^{0} - v_{z(3/2,-1/2)}^{0} + v_{z(-1/2,1/2)}^{0} - v_{z(-1/2,-1/2)}^{0}\right],$$

$$\left.\frac{\partial v_x}{\partial z}\right|_{0,1/2}^{0} \approx \sum_{m=1}^{M} \frac{c_m\left[v_{x(0,m)}^{0} - v_{x(0,-m+1)}^{0}\right]}{(2m-1)h} + \frac{d_1}{h}\left[v_{x(1,1)}^{0} - v_{x(1,0)}^{0} + v_{x(-1,1)}^{0} - v_{x(-1,0)}^{0}\right],$$

$$\left.\frac{\partial v_z}{\partial x}\right|_{0,1/2}^{0} \approx \sum_{m=1}^{M} \frac{c_m\left[v_{z(m-1/2,1/2)}^{0} - v_{z(-m+1/2,1/2)}^{0}\right]}{(2m-1)h} + \frac{d_1}{h}\left[v_{z(1/2,3/2)}^{0} - v_{z(-1/2,3/2)}^{0} + v_{z(1/2,-1/2)}^{0} - v_{z(-1/2,-1/2)}^{0}\right]$$

(6-9)

其中 $c_1, c_2, \cdots, c_M$ 和 d_1 为权系数。

式(6-9)表明,二维弹性波 M-SFD($N=1$)采用坐标轴网格点构建的 M 个空间差分算子和非坐标轴网格点构建的 1 个空间差分算子的加权平均来近似波场变量的一阶空间偏导数。同样地,M-SFD 就是利用坐标轴网格点构建的 M 个空间差分算子和非坐标轴网格点构建的 N 个空间差分算子的加权平均来近似波场变量的一阶空间偏导数。

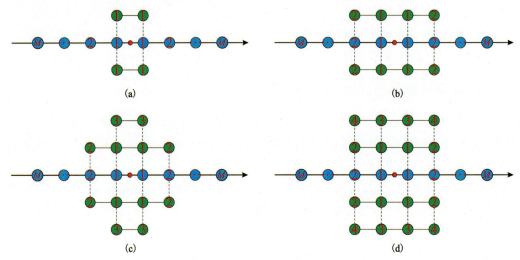

(a)~(d) M-SFD($N=1,2,3,4$)

图 6-3　二维弹性波 M-SFD 的空间差分算子示意图

将式(6-9)和式(6-2)代入方程(6-1)得到

$$\frac{v^1_{x(0,0)} - v^0_{x(0,0)}}{\Delta t} \approx \frac{1}{\rho h} \Big\{ \sum_{m=1}^{M} a_m \big[\tau^{1/2}_{xx(m-1/2,0)} - \tau^{1/2}_{xx(-m+1/2,0)} \big] +$$

$$b_1 \big[\tau^{1/2}_{xx(1/2,1)} - \tau^{1/2}_{xx(-1/2,1)} + \tau^{1/2}_{xx(1/2,-1)} - \tau^{1/2}_{xx(-1/2,-1)} \big] \Big\} +$$

$$\frac{1}{\rho h} \Big\{ \sum_{m=1}^{M} a_m \big[\tau^{1/2}_{xz(0,m-1/2)} - \tau^{1/2}_{xz(0,-m+1/2)} \big] +$$

$$b_1 \big[\tau^{1/2}_{xz(1,1/2)} - \tau^{1/2}_{xz(1,-1/2)} + \tau^{1/2}_{xz(-1,1/2)} - \tau^{1/2}_{xz(-1,-1/2)} \big] \Big\},$$

$$\frac{v^1_{z(1/2,1/2)} - v^0_{z(1/2,1/2)}}{\Delta t} \approx \frac{1}{\rho h} \Big\{ \sum_{m=1}^{M} a_m \big[\tau^{1/2}_{xz(m,1/2)} - \tau^{1/2}_{xz(-m+1,1/2)} \big] +$$

$$b_1 \big[\tau^{1/2}_{xz(1,3/2)} - \tau^{1/2}_{xz(0,3/2)} + \tau^{1/2}_{xz(1,-1/2)} - \tau^{1/2}_{xz(0,-1/2)} \big] \Big\} +$$

$$\frac{1}{\rho h} \Big\{ \sum_{m=1}^{M} a_m \big[\tau^{1/2}_{zz(1/2,m)} - \tau^{1/2}_{zz(1/2,-m+1)} \big] +$$

$$b_1 \big[\tau^{1/2}_{zz(3/2,1)} - \tau^{1/2}_{zz(3/2,0)} + \tau^{1/2}_{zz(-1/2,1)} - \tau^{1/2}_{zz(-1/2,0)} \big] \Big\},$$

第六章 弹性波混合交错网格有限差分数值模拟

$$\frac{\tau_{xx(1/2,0)}^{1/2} - \tau_{xx(1/2,0)}^{-1/2}}{\Delta t} \approx \frac{(\lambda+2\mu)}{h}\Big\{\sum_{m=1}^{M} a_m \big[v_{x(m,0)}^0 - v_{x(-m+1,0)}^0\big] +$$

$$b_1 \big[v_{x(1,1)}^0 - v_{x(0,1)}^0 + v_{x(1,-1)}^0 - v_{x(0,-1)}^0\big]\Big\} +$$

$$\frac{\lambda}{h}\Big\{\sum_{m=1}^{M} a_m \big[v_{z(1/2,m-1/2)}^0 - v_{z(1/2,-m+1/2)}^0\big] +$$

$$b_1 \big[v_{z(3/2,1/2)}^0 - v_{z(3/2,-1/2)}^0 + v_{z(-1/2,1/2)}^0 - v_{z(-1/2,-1/2)}^0\big]\Big\},$$

$$\frac{\tau_{zz(1/2,0)}^{1/2} - \tau_{zz(1/2,0)}^{-1/2}}{\Delta t} \approx \frac{\lambda}{h}\Big\{\sum_{m=1}^{M} a_m \big[v_{x(m,0)}^0 - v_{x(-m+1,0)}^0\big] +$$

$$b_1 \big[v_{x(1,1)}^0 - v_{x(0,1)}^0 + v_{x(1,-1)}^0 - v_{x(0,-1)}^0\big]\Big\} + \qquad (6\text{-}10)$$

$$\frac{(\lambda+2\mu)}{h}\Big\{\sum_{m=1}^{M} a_m \big[v_{z(1/2,m-1/2)}^0 - v_{z(1/2,-m+1/2)}^0\big] +$$

$$b_1 \big[v_{z(3/2,1/2)}^0 - v_{z(3/2,-1/2)}^0 + v_{z(-1/2,1/2)}^0 - v_{z(-1/2,-1/2)}^0\big]\Big\},$$

$$\frac{\tau_{xz(0,1/2)}^{1/2} - \tau_{xz(0,1/2)}^{-1/2}}{\Delta t} \approx \frac{\mu}{h}\Big\{\sum_{m=1}^{M} a_m \big[v_{x(0,m)}^0 - v_{x(0,-m+1)}^0\big] +$$

$$b_1 \big[v_{x(1,1)}^0 - v_{x(1,0)}^0 + v_{x(-1,1)}^0 - v_{x(-1,0)}^0\big]\Big\} +$$

$$\frac{\mu}{h}\Big\{\sum_{m=1}^{M} a_m \big[v_{z(m-1/2,1/2)}^0 - v_{z(-m+1/2,1/2)}^0\big] +$$

$$b_1 \big[v_{z(1/2,3/2)}^0 - v_{z(-1/2,3/2)}^0 + v_{z(1/2,-1/2)}^0 - v_{z(-1/2,-1/2)}^0\big]\Big\}$$

其中 $a_m = c_m/(2m-1) (m=1,2,\cdots,M)$，$b_1 = d_1$，$a_1, a_2, \cdots, a_M$ 和 b_1 为差分系数。

方程(6-10)为二维 M-SFD($N=1$)对速度-应力弹性波方程(6-1)的差分离散弹性波方程，同样地，可以导出 M-SFD($N=2,3,4$)对速度-应力弹性波方程(6-1)的差分离散弹性波方程，详见本章附录。方程(6-10)同样可以通过变形得到类似方程(6-8)的迭代形式，进而利用 M-SFD($N=1$)进行速度-应力弹性波方程数值模拟。

本章构建的面向二维弹性波数值模拟的 M-SFD 与 Ren 和 Li[51]提出的时间和空间高阶交错网格有限差分法具有一定的相似性，但是他们不恰当地使用了非坐标轴网格点的对称性，将与差分中心点距离不相等的两组非坐标轴网格点赋予了相同的差分系数。例如，他们将图 6-3(c)中标记为绿色②和③的两组非坐标轴网格点赋予了相同的差分系数，标记为绿色②的网格点与差分中心点的距离为 $\sqrt{13}h/2$，而标记为绿色③的网格点与差分中心点的距离为 $\sqrt{17}h/2$。他们这种不合理的赋值导致差分系数的解析表达式求解困难。本章给出的 M-SFD 将任意两组与差分中心点距离不等的非坐标轴网格点赋予不同的差分系数，理论上更合理，并使得求解差分系数的解析表达式更容易。

三、差分系数计算

本小节将基于平面波理论和泰勒级数展开阐述二维弹性波 C-SFD、TS-SFD 和 M-SFD 的差分系数计算方法,并导出差分系数的解析解。速度-应力弹性波方程(6-1)在均匀介质中存在平面波解,其离散形式为

$$\begin{aligned}
v_{x(m,n)}^{j} &= A_{v_x} e^{i[k_x(x+mh)+k_z(z+nh)-\omega(t+j\Delta t)]}, \\
v_{z(m-1/2,n-1/2)}^{j} &= A_{v_z} e^{i[k_x(x+(m-1/2)h)+k_z(z+(n-1/2)h)-\omega(t+j\Delta t)]}, \\
\tau_{xx(m-1/2,n)}^{j-1/2} &= A_{\tau_{xx}} e^{i[k_x(x+(m-1/2)h)+k_z(z+nh)-\omega(t+(j-1/2)\Delta t)]}, \\
\tau_{zz(m-1/2,n)}^{j-1/2} &= A_{\tau_{zz}} e^{i[k_x(x+(m-1/2)h)+k_z(z+nh)-\omega(t+(j-1/2)\Delta t)]}, \\
\tau_{xz(m,n-1/2)}^{j-1/2} &= A_{\tau_{xz}} e^{i[k_x(x+mh)+k_z(z+(n-1/2)h)-\omega(t+(j-1/2)\Delta t)]}
\end{aligned} \quad (6\text{-}11)$$

其中 A_{v_x}、A_{v_z}、$A_{\tau_{xx}}$、$A_{\tau_{zz}}$ 和 $A_{\tau_{xz}}$ 为平面波的振幅,$k_x = k\cos\theta$,$k_z = k\sin\theta$,k 为波数,θ 为平面波传播方向与 x 轴正向的夹角,ω 为角频率,i 为虚单位,即 $i^2 = -1$。

1. 二维弹性波 C-SFD 的差分系数计算

二维弹性波 C-SFD 计算差分系数时仅考虑空间差分算子的差分精度,将离散平面波解式(6-11)代入式(6-5)和式(6-6)得到

$$k_x \approx \frac{2}{h}\sum_{m=1}^{M} a_m \sin\left[\left(m-\frac{1}{2}\right)k_x h\right], \quad k_z \approx \frac{2}{h}\sum_{m=1}^{M} a_m \sin\left[\left(m-\frac{1}{2}\right)k_z h\right] \quad (6\text{-}12)$$

式(6-12)为二维弹性波 C-SFD 的空间差分算子的频散关系,也称为空间域频散关系。对其中的正弦函数进行泰勒级数展开得到

$$\begin{aligned}
k_x &\approx \frac{2}{h}\sum_{j=0}^{\infty}\sum_{m=1}^{M} a_m (-1)^j \frac{[(m-1/2)k_x h]^{2j+1}}{(2j+1)!}, \\
k_z &\approx \frac{2}{h}\sum_{j=0}^{\infty}\sum_{m=1}^{M} a_m (-1)^j \frac{[(m-1/2)k_z h]^{2j+1}}{(2j+1)!}
\end{aligned} \quad (6\text{-}13)$$

令式(6-13)左右两边 $k_x^{2j+1}h^{2j}$ 或 $k_z^{2j+1}h^{2j}$ 的系数对应相等,可得到

$$\begin{aligned}
\sum_{m=1}^{M}(2m-1)^{2j+1} a_m &= 1 \quad (j=0), \\
\sum_{m=1}^{M}(2m-1)^{2j+1} a_m &= 0 \quad (j=1,2,\cdots,M-1)
\end{aligned} \quad (6\text{-}14)$$

将方程(6-14)改写为矩阵方程得到

$$\begin{bmatrix} 1 & 1 & 1 & \cdots & 1 \\ 1^2 & 3^2 & 5^2 & \cdots & (2M-1)^2 \\ 1^4 & 3^4 & 5^4 & \cdots & (2M-1)^4 \\ \vdots & \vdots & \vdots & \ddots & \vdots \\ 1^{2M-2} & 3^{2M-2} & 5^{2M-2} & \cdots & (2M-1)^{2M-2} \end{bmatrix} \begin{bmatrix} 1a_1 \\ 3a_2 \\ 5a_3 \\ \vdots \\ (2M-1)a_M \end{bmatrix} = \begin{bmatrix} 1 \\ 0 \\ 0 \\ \vdots \\ 0 \end{bmatrix} \quad (6\text{-}15)$$

方程(6-15)为一个范德蒙德(Vandermonde)矩阵方程,求解此方程得到

$$a_m = \frac{(-1)^{M-1}}{2m-1} \prod_{1 \leq k \leq M, k \neq m} \frac{(2k-1)^2}{(2m-1)^2 - (2k-1)^2} \quad (m=1,2,\cdots,M) \tag{6-16}$$

式(6-16)为二维弹性波 C-SFD 的差分系数通解。总结其差分系数计算过程可以看出,二维弹性波 C-SFD 基于空间域频散关系和泰勒级数展开计算差分系数。

2. 二维弹性波 TS-SFD 的差分系数计算

二维弹性波 TS-SFD 计算差分系数时考虑差分离散弹性波方程的差分精度,将离散平面波解式(6-11)代入 TS-SFD 给出的差分离散弹性波方程(6-7)得到

$$gA_{v_x} \approx \frac{A_{\tau_{xx}}}{\rho}f_x + \frac{A_{\tau_{xz}}}{\rho}f_z, \quad gA_{v_z} \approx \frac{A_{\tau_{xz}}}{\rho}f_x + \frac{A_{\tau_{zz}}}{\rho}f_z,$$
$$gA_{\tau_{xx}} \approx (\lambda+2\mu)A_{v_x}f_x + \lambda A_{v_z}f_z, \quad gA_{\tau_{zz}} \approx \lambda A_{v_x}f_x + (\lambda+2\mu)A_{v_z}f_z, \tag{6-17}$$
$$gA_{\tau_{xz}} \approx \mu A_{v_x}f_z + \mu A_{v_z}f_x$$

其中

$$g = \frac{-\sin(\omega\Delta t/2)}{\Delta t}, \quad f_x = \frac{1}{h}\sum_{m=1}^{M} a_m \sin[(m-1/2)k_x h], \quad f_z = \frac{1}{h}\sum_{m=1}^{M} a_m \sin[(m-1/2)k_z h]$$
$$\tag{6-18}$$

消去式(6-17)中 A_{v_x}、A_{v_z}、$A_{\tau_{xx}}$、$A_{\tau_{zz}}$ 和 $A_{\tau_{xz}}$ 得到

$$g^2\left[g^2 - \frac{\lambda+2\mu}{\rho}(f_x^2+f_z^2)\right]\left(g^2 - \frac{\mu(f_x^2+f_z^2)}{\rho}\right) \approx 0 \tag{6-19}$$

其中 g^2 不恒为零,则可以得到

$$g^2 - \frac{\lambda+2\mu}{\rho}(f_x^2+f_z^2) \approx 0, \quad g^2 - \frac{\mu(f_x^2+f_z^2)}{\rho} \approx 0 \tag{6-20}$$

考虑 $v_p^2 = (\lambda+2\mu)/\rho$ 和 $v_s^2 = \mu/\rho$,并且将式(6-18)代入式(6-20)得到

$$\frac{1}{(v_p\Delta t)^2}\sin^2\left(\frac{r_p kh}{2}\right) \approx \frac{1}{h^2}\left\{\sum_{m=1}^{M} a_m \sin[(m-1/2)k_x h]\right\}^2 + \frac{1}{h^2}\left\{\sum_{m=1}^{M} a_m \sin[(m-1/2)k_z h]\right\}^2$$
$$\tag{6-21}$$

$$\frac{1}{(v_s\Delta t)^2}\sin^2\left(\frac{r_s kh}{2}\right) \approx \frac{1}{h^2}\left\{\sum_{m=1}^{M} a_m \sin[(m-1/2)k_x h]\right\}^2 + \frac{1}{h^2}\left\{\sum_{m=1}^{M} a_m \sin[(m-1/2)k_z h]\right\}^2$$
$$\tag{6-22}$$

其中 v_p 和 v_s 分别为纵波和横波在介质中的传播速度,$r_p = v_p\Delta t/h$ 和 $r_s = v_s\Delta t/h$ 分别为纵波和横波的 Courant 条件数。式(6-21)和式(6-22)分别为 TS-SFD 给出的差分离散弹性波方程的纵波和横波频散关系,也称为时空域纵波和横波频散关系。二维弹性波 C-SFD 和 TS-SFD 给出的差分离散弹性波方程相同,因此,它们的时空域纵波和横波频散关系也完全相同。

利用时空域纵波和横波频散关系计算差分系数的原理完全相同,下面以时空域纵波频散关系为例计算差分系数。对式(6-21)中的正弦函数进行泰勒级数展开得到

$$\left[\sum_{j=0}^{\infty} r_p^{2j}\beta_j (k/2)^{2j+1} h^{2j}\right]^2 \approx \left[\sum_{j=0}^{\infty} d_j\beta_j (\cos\theta)^{2j+1} (k/2)^{2j+1} h^{2j}\right]^2 +$$
$$\left[\sum_{j=0}^{\infty} d_j\beta_j (\sin\theta)^{2j+1} (k/2)^{2j+1} h^{2j}\right]^2 \tag{6-23}$$

其中

$$\beta_j = \frac{(-1)^j}{(2j+1)!}, \quad d_j = \sum_{m=1}^{M}(2m-1)^{2j+1}a_m \tag{6-24}$$

令方程(6-23)左右两边 $k^{2j+2}h^{2j}(j=0,1,2,\cdots,M-1)$ 的系数对应相等，可得到

$$d_0^2(\cos^2\theta + \sin^2\theta) = 1 \quad (j=0) \tag{6-25}$$

$$\sum_{q=0}^{j} d_q d_{j-q}\beta_q\beta_{j-q}(\cos^{2j+2}\theta + \sin^{2j+2}\theta) = \sum_{q=0}^{j}\beta_q\beta_{j-q}r_{\text{p}}^{2j} \quad (j=1,2,\cdots,M-1) \tag{6-26}$$

根据式(6-25)可得出 $d_0 = \pm 1$，当 d_0 从 1 变为 -1，相应的差分系数 $a_1, a_2, \cdots, a_M$ 变为其相反数，对最终结果没有影响。这里取 $d_0 = 1$，然后根据式(6-26)可以得到

$$d_j = \frac{\sum_{q=0}^{j}\beta_q\beta_{j-q}r_{\text{p}}^{2j} - \sum_{q=1}^{j-1}d_q d_{j-q}\beta_q\beta_{j-q}(\cos^{2j+2}\theta + \sin^{2j+2}\theta)}{2d_0\beta_0\beta_j(\cos^{2j+2}\theta + \sin^{2j+2}\theta)} \quad (j=1,2,\cdots,M-1) \tag{6-27}$$

式(6-27)中 β_j 已知，选取一个特定 θ 值，可依次计算出 $d_1, d_2, \cdots, d_{M-1}$。这样 $d_0, d_1, d_2, \cdots, d_{M-1}$ 就都计算出来了，然后再根据方程(6-24)可以得到如下矩阵方程：

$$\begin{bmatrix} 1 & 1 & 1 & \cdots & 1 \\ 1^2 & 3^2 & 5^2 & \cdots & (2M-1)^2 \\ 1^4 & 3^4 & 5^4 & \cdots & (2M-1)^4 \\ \vdots & \vdots & \vdots & \ddots & \vdots \\ 1^{2M-2} & 3^{2M-2} & 5^{2M-2} & \cdots & (2M-1)^{2M-2} \end{bmatrix} \begin{bmatrix} 1a_1 \\ 3a_2 \\ 5a_3 \\ \vdots \\ (2M-1)a_M \end{bmatrix} = \begin{bmatrix} d_0 \\ d_1 \\ d_2 \\ \vdots \\ d_{M-1} \end{bmatrix} \tag{6-28}$$

方程(6-28)为一个范德蒙德(Vandermonde)矩阵方程。从计算 $d_1, d_2, \cdots, d_{M-1}$ 的过程可知，d_j 与 θ 的取值有关，那么，差分系数 $a_1, a_2, \cdots, a_M$ 也与 θ 的取值相关。θ 取任意值，d_j 不存在简单的表达式，导致差分系数 $a_1, a_2, \cdots, a_M$ 的通解无法导出，须通过解方程(6-28)计算。

取 $\theta = 0$ 时，可推导出 $d_j = r_{\text{p}}^{2j}(j=0,1,2,\cdots,M-1)$，方程(6-28)可改写为

$$\begin{bmatrix} 1 & 1 & 1 & \cdots & 1 \\ 1^2 & 3^2 & 5^2 & \cdots & (2M-1)^2 \\ 1^4 & 3^4 & 5^4 & \cdots & (2M-1)^4 \\ \vdots & \vdots & \vdots & \ddots & \vdots \\ 1^{2M-2} & 3^{2M-2} & 5^{2M-2} & \cdots & (2M-1)^{2M-2} \end{bmatrix} \begin{bmatrix} 1a_1 \\ 3a_2 \\ 5a_3 \\ \vdots \\ (2M-1)a_M \end{bmatrix} = \begin{bmatrix} 1 \\ r_{\text{p}}^2 \\ r_{\text{p}}^4 \\ \vdots \\ r_{\text{p}}^{2M-2} \end{bmatrix} \tag{6-29}$$

解方程(6-29)得到

$$a_m = \frac{1}{2m-1}\prod_{1 \leqslant k \leqslant M, k \neq m}\frac{r_{\text{p}}^2 - (2k-1)^2}{(2m-1)^2 - (2k-1)^2} \quad (m=1,2,\cdots,M) \tag{6-30}$$

取 $\theta = \pi/4$ 时，可推导出 $d_j = (\sqrt{2}r_{\text{p}})^{2j}(j=0,1,2,\cdots,M-1)$，方程(6-28)可改写为

$$\begin{bmatrix} 1 & 1 & 1 & \cdots & 1 \\ 1^2 & 3^2 & 5^2 & \cdots & (2M-1)^2 \\ 1^4 & 3^4 & 5^4 & \cdots & (2M-1)^4 \\ \vdots & \vdots & \vdots & \ddots & \vdots \\ 1^{2M-2} & 3^{2M-2} & 5^{2M-2} & \cdots & (2M-1)^{2M-2} \end{bmatrix} \begin{bmatrix} 1a_1 \\ 3a_2 \\ 5a_3 \\ \vdots \\ (2M-1)a_M \end{bmatrix} = \begin{bmatrix} 1 \\ (\sqrt{2}r_\mathrm{p})^2 \\ (\sqrt{2}r_\mathrm{p})^4 \\ \vdots \\ (\sqrt{2}r_\mathrm{p})^{2M-2} \end{bmatrix} \quad (6\text{-}31)$$

解方程(6-31)得到

$$a_m = \frac{1}{2m-1} \prod_{1 \leqslant k \leqslant M, k \neq m} \frac{(\sqrt{2}r_\mathrm{p})^2 - (2k-1)^2}{(2m-1)^2 - (2k-1)^2} \quad (m=1,2,\cdots,M) \quad (6\text{-}32)$$

式(6-30)和式(6-32)分别给出了 $\theta=0$ 和 $\theta=\pi/4$ 时,二维弹性波 TS-SFD 基于时空域纵波频散关系导出的差分系数通解。计算差分系数时也可以取 $\theta=\pi/8$,但相应的差分系数通解较难导出,需计算出 $d_0,d_1,d_2,\cdots,d_{M-1}$ 的值后通过解方程(6-28)计算差分系数。

上面给出了二维弹性波 TS-SFD 基于时空域纵波频散关系的差分系数计算方法,只需要将推导过程的等式中的 r_p 换成 r_s 就可以得到基于时空域横波频散关系的差分系数计算方法,因此,将式(6-30)和式(6-32)中的 r_p 换成 r_s 就能得到二维弹性波 TS-SFD 基于时空域横波频散关系且计算差分系数取 $\theta=0$ 和 $\theta=\pi/4$ 的差分系数通解。

对比二维弹性波 C-SFD 的差分系数通解式(6-16)与 TS-SFD 的差分系数通解式(6-30)和式(6-32)可以看出,C-SFD 的差分系数通解是 TS-SFD 的差分系数通解中取 $r_\mathrm{p}=0$ 的特殊情况。C-SFD 的差分系数仅与 M 的取值有关,与地震波在介质中的传播速度 v 无关。TS-SFD 的差分系数不仅与 M 的取值以及计算差分系数时选取的地震波传播方向角 θ 的值有关,还与 $r_\mathrm{p}=v_\mathrm{p}\Delta t/h$ 或 $r_\mathrm{s}=v_\mathrm{s}\Delta t/h$ 的取值相关,数值模拟过程中时间采样间隔 Δt 和空间采样间隔 h 取值固定,差分系数随纵波速度 v_p 或横波速度 v_s 自适应变化,这是二维弹性波 TS-SFD 比 C-SFD 具有更高模拟精度的根本原因。

总结二维弹性波 TS-SFD 的差分系数计算过程可以看出,二维弹性波 TS-SFD 基于时空域纵波或横波频散关系及泰勒级数展开计算差分系数。

3. 二维 M-SFD 的差分系数计算

二维弹性波 M-SFD 计算差分系数时考虑差分离散弹性波方程的差分精度,将离散平面波解式(6-11)代入 M-SFD($N=1$)给出的差分离散弹性波方程(6-10)得到

$$\begin{aligned} gA_{v_x} &\approx \frac{A_{\tau_{xx}}}{\rho} f_x + \frac{A_{\tau_{xz}}}{\rho} f_z, \quad gA_{v_z} \approx \frac{A_{\tau_{xz}}}{\rho} f_x + \frac{A_{\tau_{zz}}}{\rho} f_z, \\ gA_{\tau_{xx}} &\approx (\lambda+2\mu) A_{v_x} f_x + \lambda A_{v_z} f_z, \quad gA_{\tau_{zz}} \approx \lambda A_{v_x} f_x + (\lambda+2\mu) A_{v_z} f_z, \\ gA_{\tau_{xz}} &\approx \mu A_{v_x} f_z + \mu A_{v_z} f_x \end{aligned} \quad (6\text{-}33)$$

其中

$$g = \frac{-\sin(\omega\Delta t/2)}{\Delta t}, \quad f_x = \frac{1}{h}\left\{\sum_{m=1}^{M} a_m \sin[(m-1/2)k_x h] + 2b_1 \cos(k_z h)\sin\left(\frac{k_x h}{2}\right)\right\},$$

$$f_z = \frac{1}{h}\left\{\sum_{m=1}^{M} a_m \sin[(m-1/2)k_z h] + 2b_1 \cos(k_x h)\sin\left(\frac{k_z h}{2}\right)\right\} \quad (6\text{-}34)$$

消去式(6-33)中 A_{v_x}、A_{v_z}、$A_{\tau_{xx}}$、$A_{\tau_{zz}}$ 和 $A_{\tau_{xz}}$ 得到

$$g^2 \left[g^2 - \frac{\lambda + 2\mu}{\rho}(f_x^2 + f_z^2) \right] \left(g^2 - \frac{\mu(f_x^2 + f_z^2)}{\rho} \right) \approx 0 \tag{6-35}$$

其中 g^2 不恒为零,则可以得到

$$g^2 - \frac{\lambda + 2\mu}{\rho}(f_x^2 + f_z^2) \approx 0, \quad g^2 - \frac{\mu(f_x^2 + f_z^2)}{\rho} \approx 0 \tag{6-36}$$

考虑 $v_p^2 = (\lambda+2\mu)/\rho$ 和 $v_s^2 = \mu/\rho$,并且将式(6-34)代入式(6-36)得到

$$\frac{1}{(v_p \Delta t)^2} \sin^2\left(\frac{r_p kh}{2}\right) \approx \frac{1}{h^2} \left\{ \sum_{m=1}^M a_m \sin[(m-1/2)k_x h] + 2b_1 \cos(k_z h) \sin\left(\frac{k_x h}{2}\right) \right\}^2 +$$
$$\frac{1}{h^2} \left\{ \sum_{m=1}^M a_m \sin[(m-1/2)k_z h] + 2b_1 \cos(k_x h) \sin\left(\frac{k_z h}{2}\right) \right\}^2 \tag{6-37}$$

$$\frac{1}{(v_s \Delta t)^2} \sin^2\left(\frac{r_s kh}{2}\right) \approx \frac{1}{h^2} \left\{ \sum_{m=1}^M a_m \sin[(m-1/2)k_x h] + 2b_1 \cos(k_z h) \sin\left(\frac{k_x h}{2}\right) \right\}^2 +$$
$$\frac{1}{h^2} \left\{ \sum_{m=1}^M a_m \sin[(m-1/2)k_z h] + 2b_1 \cos(k_x h) \sin\left(\frac{k_z h}{2}\right) \right\}^2 \tag{6-38}$$

其中 v_p 和 v_s 分别为纵波和横波在介质中的传播速度,$r_p = v_p \Delta t/h$ 和 $r_s = v_s \Delta t/h$ 分别为纵波和横波的 Courant 条件数。式(6-37)和式(6-38)分别为 M-SFD($N=1$)给出的差分离散弹性波方程的纵波和横波频散关系,也称为时空域纵波和横波频散关系。

利用时空域纵波和横波频散关系计算差分系数的原理完全相同,下面以时空域纵波频散关系为例计算差分系数。对式(6-37)中的三角函数进行泰勒级数展开得到

$$\left\{ \sum_{j=0}^\infty d_j \beta_j (k_x/2)^{2j+1} h^{2j} + 2b_1 \left[\sum_{j=0}^\infty \beta_j (k_x/2)^{2j+1} h^{2j} \right] \cdot \left[\sum_{j=1}^\infty \gamma_j k_z^{2j} h^{2j} \right] \right\}^2 +$$
$$\left\{ \sum_{j=0}^\infty d_j \beta_j (k_z/2)^{2j+1} h^{2j} + 2b_1 \left[\sum_{j=0}^\infty \beta_j (k_z/2)^{2j+1} h^{2j} \right] \cdot \left[\sum_{j=1}^\infty \gamma_j k_x^{2j} h^{2j} \right] \right\}^2$$
$$\approx \left[\sum_{j=0}^\infty r_p^{2j} \beta_j (k/2)^{2j+1} h^{2j} \right]^2 \tag{6-39}$$

其中

$$\beta_j = \frac{(-1)^j}{(2j+1)!}, \quad \gamma_j = \frac{(-1)^j}{(2j)!}, \quad d_j = \sum_{m=1}^M (2m-1)^{2j+1} a_m + 2b_1 \tag{6-40}$$

令式(6-39)左右两边 $k_x^2 k_z^2 h^2$ 的系数对应相等得到

$$d_0 b_1 = \frac{r_p^2}{24} \tag{6-41}$$

令式(6-39)左右两边 $k_x^{2j+2} h^{2j}$(或 $k_z^{2j+2} h^{2j}$)($j=0,1,2,\cdots,M-1$)的系数对应相等得到

$$d_0^2 = 1 \quad (j=0) \tag{6-42}$$

$$\sum_{q=0}^j d_q d_{j-q} \beta_q \beta_{j-q} = \sum_{q=0}^j \beta_q \beta_{j-q} r_p^{2j} \quad (j=1,2,\cdots,M-1) \tag{6-43}$$

根据式(6-42)可得出 $d_0 = \pm 1$，当 d_0 从 1 变为 -1，相应的差分系数 $a_1, a_2, \cdots, a_M$ 变为其相反数，对最终结果没有影响。这里取 $d_0 = 1$，并根据式(6-43)进行计算和推导可以得出

$$d_j = r_p^{2j} \quad (j = 0, 1, 2, \cdots, M-1) \tag{6-44}$$

将式(6-44)代入式(6-40)得到

$$\sum_{m=1}^{M}(2m-1)^{2j+1}a_m + 2b_1 = r_p^{2j} \quad (j = 0, 1, 2, \cdots, M-1) \tag{6-45}$$

方程(6-45)可改写为矩阵方程

$$\begin{bmatrix} 1 & 1 & 1 & \cdots & 1 \\ 1^2 & 3^2 & 5^2 & \cdots & (2M-1)^2 \\ 1^4 & 3^4 & 5^4 & \cdots & (2M-1)^4 \\ \vdots & \vdots & \vdots & \ddots & \vdots \\ 1^{2M-2} & 3^{2M-2} & 5^{2M-2} & \cdots & (2M-1)^{2M-2} \end{bmatrix} \begin{bmatrix} 1(a_1 + 2b_1) \\ 3a_2 \\ 5a_3 \\ \vdots \\ (2M-1)a_M \end{bmatrix} = \begin{bmatrix} 1 \\ r_p^2 \\ r_p^4 \\ \vdots \\ r_p^{2M-2} \end{bmatrix} \tag{6-46}$$

方程(6-46)为一个范德蒙德(Vandermonde)矩阵方程。将 $d_0 = 1$ 代入(6-41)可得出 $b_1 = r_p^2/24$，然后求解方程(6-46)可以得到

$$b_1 = \frac{r_p^2}{24}, \quad a_1 = \prod_{2 \leqslant k \leqslant M}\left[\frac{r_p^2 - (2k-1)^2}{1 - (2k-1)^2}\right] - \frac{r_p^2}{12},$$

$$a_m = \frac{1}{2m-1}\prod_{1 \leqslant k \leqslant M, k \neq m} \frac{r_p^2 - (2k-1)^2}{(2m-1)^2 - (2k-1)^2} \quad (m = 2, 3, \cdots, M) \tag{6-47}$$

方程(6-42)和方程(6-43)是使得方程(6-39)左右两边 $k_x^{2j+2}h^{2j}$（或 $k_z^{2j+2}h^{2j}$）($j = 0, 1, 2, \cdots, M$)的系数对应相等条件下构建的等式。考虑 $k_x = k\cos\theta$ 和 $k_z = k\sin\theta$，取 $\theta = 0$，使得在方程(6-39)左右两边 $k^{2j+2}h^{2j}$ ($j = 0, 1, 2, \cdots, M$)的系数对应相等条件下构建的等式与方程(6-42)和方程(6-43)完全一致。因此，式(6-47)为取 $\theta = 0$ 时，二维弹性波 M-SFD($N=1$)基于时空域纵波频散关系导出的差分系数通解。θ 取其他值时，d_j 的计算过程变得非常复杂，差分系数计算则变得更加困难。二维弹性波 M-SFD($N=2,3,4$)的差分系数也可以采取同样的方法求解，本章附录给出了 $\theta = 0$ 时，M-SFD($N=2,3,4$)基于时空域纵波频散关系导出的差分系数通解。

上面给出了二维弹性波 M-SFD($N=1$)基于时空域纵波频散关系的差分系数计算方法，只需要将推导过程的等式中的 r_p 换成 r_s 就可以得到基于时空域横波频散关系的差分系数计算方法。因此，将式(6-47)中的 r_p 换成 r_s 就能得到二维弹性波 M-SFD($N=1$)基于时空域横波频散关系且计算差分系数取 $\theta = 0$ 的差分系数通解。

与二维弹性波 TS-SFD 的差分系数计算过程类似，M-SFD 也是基于时空域纵波或横波频散关系及泰勒级数展开计算差分系数。二维弹性波 M-SFD 的差分系数不仅与 M 和 N 的取值相关，还与计算差分系数时 θ 的取值相关，并且随纵波速度 v_p 或横波速度 v_s 自适应变化。

四、差分精度分析

差分精度通常用来描述差分算子近似微分算子的精确程度。目前大部分学者将时间差

分算子和空间差分算子的差分精度分开分析,通常认为,时间差分算子和空间差分算子的差分精度越高,有限差分法的模拟精度越高。交错网格有限差分法通过迭代求解差分离散弹性波方程实现弹性波数值模拟。本章通过定义差分离散弹性波方程的纵波和横波差分精度来直接衡量差分离散弹性波方程近似偏微分弹性波方程的精确程度。我们认为差分离散弹性波方程的纵波和横波差分精度能更合理地描述交错网格有限差分法的模拟精度。

1. 二维弹性波 C-SFD 的差分精度

根据二维弹性波 C-SFD 的空间域频散关系式(6-12),定义空间差分算子的误差函数 $\varepsilon_{\text{C-SFD}}$ 为

$$\varepsilon_{\text{C-SFD}} = \frac{2}{h}\sum_{m=1}^{M} a_m \sin[(m-1/2)k_x h] - k_x \quad \text{或} \quad \varepsilon_{\text{C-SFD}} = \frac{2}{h}\sum_{m=1}^{M} a_m \sin[(m-1/2)k_z h] - k_z \tag{6-48}$$

根据泰勒级数展开式(6-48)中的正弦函数,并结合 C-SFD 的差分系数求解过程,可以得到

$$\varepsilon_{\text{C-SFD}} = 2\sum_{j=M}^{\infty}\sum_{m=1}^{M} a_m \frac{(-1)^j (2m-1)^{2j+1} (k_x/2)^{2j+1} h^{2j}}{(2j+1)!} \tag{6-49}$$

或

$$\varepsilon_{\text{C-SFD}} = 2\sum_{j=M}^{\infty}\sum_{m=1}^{M} a_m \frac{(-1)^j (2m-1)^{2j+1} (k_z/2)^{2j+1} h^{2j}}{(2j+1)!} \tag{6-50}$$

式(6-49)和式(6-50)表明,误差函数 $\varepsilon_{\text{C-SFD}}$ 中 h 的最小幂指数为 $2M$,因此,二维弹性波 C-SFD 的空间差分算子具有 $2M$ 阶差分精度,即 C-SFD 具有 $2M$ 阶空间差分精度。

进一步分析二维弹性波 C-SFD 给出的差分离散弹性波方程的纵波和横波差分精度。根据 C-SFD 的时空域纵波频散关系式(6-21),定义差分离散弹性波方程的纵波误差函数 $E_{\text{C-SFD(P)}}$ 为

$$E_{\text{C-SFD(P)}} = \frac{1}{h^2}\left\{\sum_{m=1}^{M} a_m \sin[(m-1/2)k_x h]\right\}^2 + \frac{1}{h^2}\left\{\sum_{m=1}^{M} a_m \sin[(m-1/2)k_z h]\right\}^2 - \frac{1}{(v_p \Delta t)^2}\sin^2\left(\frac{r_p k h}{2}\right) \tag{6-51}$$

考虑 $r_p = v_p \Delta t / h$,泰勒级数展开式(6-51)中的正弦函数,并结合 C-SFD 的差分系数求解过程,可以得到

$$E_{\text{C-SFD(P)}} = \sum_{j=1}^{\infty}\left\{\sum_{q=0}^{j} d_q d_{j-q} \beta_q \beta_{j-q} (\cos^{2j+2}\theta + \sin^{2j+2}\theta) - \sum_{q=0}^{j}\beta_q \beta_{j-q} r_p^{2j}\right\}(k/2)^{2j+2} h^{2j} \tag{6-52}$$

其中 d_j 和 β_j 的表达式由式(6-24)给出。式(6-52)表明,误差函数 $E_{\text{C-SFD(P)}}$ 中 h 的最小幂指数为 2,如果将 $r_p = v_p \Delta t / h$ 代入式(6-52)会发现误差函数 $E_{\text{C-SFD(P)}}$ 中 Δt 的最小幂指数为 2,因此,二维弹性波 C-SFD 给出的差分离散弹性波方程的纵波仅具有二阶差分精度。同样地,差分离散弹性波方程的横波也仅具有二阶差分精度。

综合上述分析可知:二维弹性波 C-SFD 的时间差分算子具有二阶差分精度,空间差分算

子具有 $2M$ 阶差分精度；二维弹性波 C-SFD 给出的差分离散弹性波方程的纵波和横波都仅具有二阶差分精度。

2. 二维弹性波 TS-SFD 的差分精度

二维弹性波 TS-SFD 与 C-SFD 采用相同的空间差分算子，它们的空间域频散关系也完全相同，均由式(6-12)表示。根据此式，定义二维弹性波 TS-SFD 的空间差分算子的误差函数 $\varepsilon_{\text{TS-SFD}}$ 为

$$\varepsilon_{\text{TS-SFD}} = \frac{2}{h}\sum_{m=1}^{M}a_m\sin[(m-1/2)k_xh] - k_x \quad \text{或} \quad \varepsilon_{\text{TS-SFD}} = \frac{2}{h}\sum_{m=1}^{M}a_m\sin[(m-1/2)k_zh] - k_z$$

(6-53)

根据泰勒级数展开式(6-53)中的正弦函数，并结合 TS-SFD 基于时空域纵波（或横波）频散关系的差分系数求解过程，可以得到

$$\varepsilon_{\text{TS-SFD}} = 2\sum_{j=1}^{\infty}\sum_{m=1}^{M}a_m\frac{(-1)^j(2m-1)^{2j+1}(k_x/2)^{2j+1}h^{2j}}{(2j+1)!}$$

(6-54)

或

$$\varepsilon_{\text{TS-SFD}} = 2\sum_{j=1}^{\infty}\sum_{m=1}^{M}a_m\frac{(-1)^j(2m-1)^{2j+1}(k_z/2)^{2j+1}h^{2j}}{(2j+1)!}$$

(6-55)

式(6-54)和式(6-55)表明，误差函数 $\varepsilon_{\text{TS-SFD}}$ 中 h 的最小幂指数为 2，因此，二维弹性波 TS-SFD 的空间差分算子具有二阶差分精度，即 TS-SFD 具有二阶空间差分精度。

我们注意到，二维弹性波 C-SFD 和 TS-SFD 的空间差分算子完全相同，只是差分系数计算方法不同，C-SFD 的空间差分算子具有 $2M$ 阶差分精度，而 TS-SFD 的空间差分算子仅具有二阶差分精度。这说明空间差分算子的差分精度不仅取决于空间差分算子的结构（构建空间差分算子使用的网格点数），还取决于差分系数计算方法。

进一步分析二维弹性波 TS-SFD 给出的差分离散弹性波方程的纵波和横波差分精度。根据 TS-SFD 的时空域纵波频散关系式(6-21)，定义差分离散弹性波方程的纵波误差函数 $E_{\text{TS-SFD(P)}}$ 为

$$\begin{aligned}E_{\text{TS-SFD(P)}} = &\frac{1}{h^2}\left\{\sum_{m=1}^{M}a_m\sin[(m-1/2)k_xh]\right\}^2 + \\ &\frac{1}{h^2}\left\{\sum_{m=1}^{M}a_m\sin[(m-1/2)k_zh]\right\}^2 - \\ &\frac{1}{(v_p\Delta t)^2}\sin^2\left(\frac{r_pkh}{2}\right)\end{aligned}$$

(6-56)

考虑 $r_p = v_p\Delta t/h$，泰勒级数展开式(6-56)中的正弦函数，并结合 TS-SFD 基于时空域纵波频散关系的差分系数计算过程，可以得到

$$E_{\text{TS-SFD(P)}} = \sum_{j=1}^{\infty}\left\{\sum_{q=0}^{j}d_qd_{j-q}\beta_q\beta_{j-q}(\cos^{2j+2}\theta + \sin^{2j+2}\theta) - \sum_{q=0}^{j}\beta_q\beta_{j-q}r_p^{2j}\right\}(k/2)^{2j+2}h^{2j}$$

(6-57)

其中 d_j 和 β_j 的表达式由式(6-24)给出。式(6-57)表明，误差函数 $E_{\text{TS-SFD(P)}}$ 中 h 的最小幂指数为 2，如果将 $r_p = v_p \Delta t / h$ 代入式(6-57)会发现误差函数 $E_{\text{TS-SFD(P)}}$ 中 Δt 的最小幂指数为 2，因此，二维 TS-SFD 给出的差分离散弹性波方程的纵波仅具有二阶差分精度。

下面结合二维弹性波 TS-SFD 基于时空域纵波频散关系的差分系数计算过程，对误差函数 $E_{\text{TS-SFD(P)}}$ 进行进一步分析。计算差分系数时取 $\theta=0$，式(6-26)成立，那么 $\theta=0、\pi/2、\pi、3\pi/2$ 时，式(6-26)也成立，此时式(6-57)可改写为

$$E_{\text{TS-SFD(P)}} = \sum_{j=M}^{\infty} \left\{ \sum_{q=0}^{j} d_q d_{j-q} \beta_q \beta_{j-q} (\cos^{2j+2}\theta + \sin^{2j+2}\theta) - \sum_{q=0}^{j} \beta_q \beta_{j-q} r_p^{2j} \right\} (k/2)^{2j+2} h^{2j}$$
(6-58)

注意，仅当 θ 取值为 $0、\pi/2、\pi、3\pi/2$ 时，式(6-58)成立，误差函数 $E_{\text{TS-SFD}}$ 中 h 的最小幂指数为 $2M$，此时，二维弹性波 TS-SFD 给出的差分弹性波方程的纵波可达到 $2M$ 阶差分精度。

上述分析表明，TS-SFD 基于时空域纵波频散关系计算差分系数，差分离散弹性波方程的纵波整体上仅具有二阶差分精度。但是，计算差分系数时取 $\theta=0$，差分离散弹性波方程的纵波沿 $\theta=0、\pi/2、\pi、3\pi/2$ 表示的 4 个传播方向可以达到 $2M$ 阶差分精度；同样地可以分析出，计算差分系数时取 $\theta=\pi/4$，差分离散弹性波方程的纵波沿 $\theta=(2n-1)\pi/4(n=1,2,3,4)$ 表示的 4 个传播方向可以达到 $2M$ 阶差分精度；计算差分系数时取 $\theta=\pi/8$，差分离散弹性波方程的纵波沿 $\theta=(2n-1)\pi/8(n=1,2,\cdots,8)$ 表示的 8 个传播方向可以达到 $2M$ 阶差分精度。我们还可以进一步分析出，TS-SFD 基于时空域纵波频散关系计算差分系数时，差分离散弹性波方程的横波仅具有二阶差分精度。

如果二维弹性波 TS-SFD 基于时空域横波频散关系计算差分系数，可以得出相似的结论。TS-SFD 基于时空域横波频散关系计算差分系数，差分离散弹性波方程的横波整体上仅具有二阶差分精度。但是，计算差分系数时取 $\theta=0$，差分离散弹性波方程的横波沿 $\theta=0、\pi/2、\pi、3\pi/2$ 表示的 4 个传播方向可以达到 $2M$ 阶差分精度；计算差分系数时取 $\theta=\pi/4$，差分离散弹性波方程的横波沿 $\theta=(2n-1)\pi/4(n=1,2,3,4)$ 表示的 4 个传播方向可以达到 $2M$ 阶差分精度；计算差分系数时取 $\theta=\pi/8$，差分离散弹性波方程的横波沿 $\theta=(2n-1)\pi/8(n=1,2,\cdots,8)$ 表示的 8 个传播方向可以达到 $2M$ 阶差分精度。TS-SFD 基于时空域横波频散关系计算差分系数，差分离散弹性波方程的纵波仅具有二阶差分精度。

综合上述分析可以得到：二维弹性波 TS-SFD 的时间差分算子具有二阶差分精度，空间差分算子也仅具有二阶差分精度；基于时空域纵波频散关系计算差分系数时，TS-SFD 给出的差分离散弹性波方程的纵波和横波都只具有二阶差分精度，但纵波沿特定的 4 个或 8 个传播方向可以达到 $2M$ 阶差分精度，这 4 个或 8 个传播方向取决于计算差分系数时选取的 θ 值；基于时空域横波频散关系计算差分系数时，TS-SFD 给出的差分离散弹性波方程的纵波和横波都只具有二阶差分精度，但横波沿特定的 4 个或 8 个传播方向可以达到 $2M$ 阶差分精度，这 4 个或 8 个传播方向取决于计算差分系数时选取的 θ 值。

3. 二维弹性波 M-SFD 的差分精度

与二维弹性波 C-SFD 和 TS-SFD 的空间差分算子的差分精度分析过程类似，定义 M-

SFD($N=1$)的空间差分算子的误差函数 $\varepsilon_{\text{M-SFD}(N=1)}$ 为

$$\varepsilon_{\text{M-SFD}(N=1)} = \frac{2}{h}\left\{\sum_{m=1}^{M} a_m \sin[(m-1/2)k_x h] + 2b_1 \cos(k_z h)\sin\left(\frac{k_x h}{2}\right)\right\} - k_x \quad (6\text{-}59)$$

或

$$\varepsilon_{\text{M-SFD}(N=1)} = \frac{2}{h}\left\{\sum_{m=1}^{M} a_m \sin[(m-1/2)k_z h] + 2b_1 \cos(k_x h)\sin\left(\frac{k_z h}{2}\right)\right\} - k_z \quad (6\text{-}60)$$

根据泰勒级数展开式(6-59)和式(6-60)中的正弦和余弦函数,并结合 M-SFD($N=1$)的差分系数求解过程,可以得到

$$\varepsilon_{\text{M-SFD}(N=1)} = 2\sum_{j=1}^{\infty} d_j \beta_j (k_x/2)^{2j+1} h^{2j} + 4b_1 \left[\sum_{j=0}^{\infty} \beta_j (k_x/2)^{2j+1} h^{2j}\right] \cdot \left[\sum_{j=1}^{\infty} \gamma_j k_z^{2j} h^{2j}\right] \quad (6\text{-}61)$$

或

$$\varepsilon_{\text{M-SFD}(N=1)} = 2\sum_{j=1}^{\infty} d_j \beta_j (k_z/2)^{2j+1} h^{2j} + 4b_1 \left[\sum_{j=0}^{\infty} \beta_j (k_z/2)^{2j+1} h^{2j}\right] \cdot \left[\sum_{j=1}^{\infty} \gamma_j k_x^{2j} h^{2j}\right] \quad (6\text{-}62)$$

其中 d_j、β_j 和 γ_j 的表达式由式(6-40)给出。式(6-61)和式(6-62)表明,误差函数 $\varepsilon_{\text{M-SFD}(N=1)}$ 中 h 的最小幂指数为 2,因此,二维弹性波 M-SFD($N=1$)的空间差分算子具有二阶差分精度,即 M-SFD($N=1$)具有二阶空间差分精度。

进一步分析二维弹性波 M-SFD($N=1$)给出的差分离散弹性波方程的纵波和横波差分精度,根据 M-SFD($N=1$)的时空域纵波频散关系式(6-37),定义差分离散弹性波方程的纵波误差函数 $E_{\text{M-SFD}(N=1)}$ 为

$$\begin{aligned}
E_{\text{M-SFD}(N=1)(\text{P})} &= \frac{1}{h^2}\left\{\sum_{m=1}^{M} a_m \sin[(m-1/2)k_x h] + 2b_1 \cos(k_z h)\sin\left(\frac{k_x h}{2}\right)\right\}^2 + \\
&\quad \frac{1}{h^2}\left\{\sum_{m=1}^{M} a_m \sin[(m-1/2)k_z h] + 2b_1 \cos(k_x h)\sin\left(\frac{k_z h}{2}\right)\right\}^2 - \\
&\quad \frac{1}{(v_\text{p}\Delta t)^2}\sin^2\left(\frac{r_\text{p} k h}{2}\right)
\end{aligned} \quad (6\text{-}63)$$

考虑 $r_\text{p} = v_\text{p}\Delta t/h$,泰勒级数展开式(6-63)中的正弦和余弦函数,并结合 M-SFD($N=1$)基于时空域纵波频散关系的差分系数求解过程,可以得到

$$\begin{aligned}
E_{\text{M-SFD}(N=1)(\text{P})} &= \sum_{j=M}^{\infty}\sum_{q=0}^{j}(d_q d_{j-q} - r_\text{p}^{2j})\beta_q \beta_{j-q}\frac{1}{2^{2j+2}}(k_x^{2j+2} + k_z^{2j+2})h^{2j} + \\
&\quad \left\{\sum_{j=2}^{\infty}\sum_{q=0}^{j-1}\left[\frac{\gamma_{j-q}}{2^{2q+2}}\sum_{s=0}^{q}(2d_s b_1 + 4b_1^2)\beta_s \beta_{q-s} + \right.\right.\\
&\quad \left.\frac{\gamma_{q+1}}{2^{2(j-q)}}\sum_{s=0}^{j-q-1}(2d_s b_1 + 4b_1^2)\beta_s \beta_{j-q-1-s}\right] - \\
&\quad \left.\sum_{j=2}^{\infty}\sum_{q=0}^{j-1}\left[\frac{r_\text{p}^{2j} C_{j+1}^{q+1}}{2^{2j+2}}\sum_{s=0}^{j}(\beta_s \beta_{j-s})\right]\right\}k_x^{2q+2} k_z^{2(j-q)} h^{2j}
\end{aligned} \quad (6\text{-}64)$$

其中 C_{j+1}^{q+1} 为组合数,d_j、β_j 和 γ_j 的表达式由式(6-40)给出。

式(6-64)表明,误差函数 $E_{\text{M-SFD}(N=1)(\text{P})}$ 中 h 的最小幂指数为 4,如果将 $r_\text{p}=v_\text{p}\Delta t/h$ 代入式(6-64),会发现误差函数 $E_{\text{M-SFD}(N=1)(\text{P})}$ 中 Δt 的最小幂指数也为 4,因此,二维 M-SFD($N=1$)

的差分离散弹性波方程的纵波具有四阶差分精度。误差函数 $E_{\text{M-SFD}(N=1)(P)}$ 的表达式(6-64)是在计算差分系数时取 $\theta=0$ 的条件下导出的,如果将 $\theta=0$、$\pi/2$、π、$3\pi/2$ 代入式(6-64)可以看出误差函数 $E_{\text{M-SFD}(N=1)}$ 中 h 的最小幂指数为 $2M$,因此,二维弹性波 M-SFD($N=1$)基于时空域纵波频散关系计算差分系数且计算差分系数时取 $\theta=0$,差分离散弹性波方程的纵波沿 $\theta=0$、$\pi/2$、π、$3\pi/2$ 表示的 4 个传播方向可以达到 $2M$ 阶差分精度。我们还可以进一步分析出,M-SFD($N=1$)基于时空域纵波频散关系计算差分系数时,差分离散弹性波方程的横波仅具有二阶差分精度。

如果二维弹性波 M-SFD($N=1$)基于时空域横波频散关系计算差分系数,可以得出相似的结论:M-SFD($N=1$)基于时空域横波频散关系计算差分系数,差分离散弹性波方程的横波整体上可达到四阶差分精度。而且,计算差分系数时取 $\theta=0$,差分离散弹性波方程的横波沿 $\theta=0$、$\pi/2$、π、$3\pi/2$ 表示的 4 个传播方向可以达到 $2M$ 阶差分精度。M-SFD($N=1$)基于时空域横波频散关系计算差分系数,差分离散弹性波方程的纵波仅具有二阶差分精度。

综合上述分析可以得到:二维弹性波 M-SFD($N=1$)的时间差分算子具有二阶差分精度,空间差分算子也仅具有二阶差分精度;基于时空域纵波频散关系计算差分系数时,M-SFD($N=1$)给出的差分离散弹性波方程的纵波可达到四阶差分精度,且沿特定的 4 个传播方向可以达到 $2M$ 阶差分精度,但差分离散弹性波方程的横波仅具有二阶差分精度;基于时空域横波频散关系计算差分系数时,M-SFD($N=1$)给出的差分离散弹性波方程的横波可达到四阶差分精度,且沿特定的 4 个传播方向可以达到 $2M$ 阶差分精度,但差分离散弹性波方程的纵波仅具有二阶差分精度。

利用同样的方法,可以分析出 M-SFD($N=2,3,4$)的时间差分算子、空间差分算子以及差分离散弹性波方程的纵波和横波差分精度。表 6-1 给出了二维弹性波 C-SFD、TS-SFD 和 M-SFD($N=1,2,3,4$)的差分精度,可以看出,相比 C-SFD 和 TS-SFD,M-SFD 虽然没有提高时间差分算子和空间差分算子的差分精度,但有效提高了差分离散弹性波方程的纵波或横波差分精度。

表 6-1 二维弹性波 C-SFD、TS-SFD 和 M-SFD($N=1,2,3,4$)的差分精度

交错网格有限差分法	差分精度			
	时间差分算子	空间差分算子	纵波	横波
C-SFD	二阶	$2M$ 阶	二阶	二阶
TS-SFD	二阶	二阶	二阶	二阶
M-SFD($N=1$),纵波频散关系计算差分系数	二阶	二阶	四阶	二阶
M-SFD($N=1$),横波频散关系计算差分系数	二阶	二阶	二阶	四阶
M-SFD($N=2$),纵波频散关系计算差分系数	二阶	二阶	六阶	二阶
M-SFD($N=2$),横波频散关系计算差分系数	二阶	二阶	二阶	六阶
M-SFD($N=3$),纵波频散关系计算差分系数	二阶	二阶	六阶	二阶
M-SFD($N=3$),横波频散关系计算差分系数	二阶	二阶	二阶	六阶
M-SFD($N=4$),纵波频散关系计算差分系数	二阶	二阶	八阶	二阶
M-SFD($N=4$),横波频散关系计算差分系数	二阶	二阶	二阶	八阶

第二节　纵横波分离的弹性波方程及高精度模拟方案

二维弹性波 TS-SFD 和 M-SFD 基于时空域纵波频散关系计算差分系数时，仅能保证纵波获得较高的模拟精度，横波的模拟精度会相对较低；相反，基于时空域横波频散关系计算差分系数时，仅能够保证横波获得较高的模拟精度，纵波的模拟精度会相对较低。

为了确保纵波和横波同时获得较高的模拟精度，借鉴马德堂和朱光明[54]以及李振春等[55]的思路，将弹性波方程分解成相对独立的纵波方程和横波方程。下面给出纵波和横波分离方程的导出过程。

二维弹性波方程(6-1)可改写为

$$\frac{\partial v_x}{\partial t} = \frac{1}{\rho}\left(\frac{\partial \tau_{xx}}{\partial x} + \frac{\partial \tau_{xz}}{\partial z}\right), \frac{\partial v_z}{\partial t} = \frac{1}{\rho}\left(\frac{\partial \tau_{xz}}{\partial x} + \frac{\partial \tau_{zz}}{\partial z}\right),$$

$$\frac{\partial \tau_{xx}}{\partial t} = (\lambda + 2\mu)\left(\frac{\partial v_x}{\partial x} + \frac{\partial v_z}{\partial z}\right) - 2\mu\frac{\partial v_z}{\partial z},$$

$$\frac{\partial \tau_{zz}}{\partial t} = (\lambda + 2\mu)\left(\frac{\partial v_x}{\partial x} + \frac{\partial v_z}{\partial z}\right) - 2\mu\frac{\partial v_x}{\partial x},$$

$$\frac{\partial \tau_{xz}}{\partial t} = \mu\left(\frac{\partial v_x}{\partial z} + \frac{\partial v_z}{\partial x}\right)$$

(6-65)

在方程(6-65)中引入混合波场新变量 $\vec{U} = \{v_x, v_z\}$，纵波波场新变量 $\vec{U}^p = \{v_x^p, v_z^p\}$ 和横波波场新变量 $\vec{U}^s = \{v_x^s, v_z^s\}$，经变换后得到如下方程组：

$$v_x = v_x^p + v_x^s, \quad v_z = v_z^p + v_z^s \tag{6-66}$$

$$\frac{\partial v_x^p}{\partial t} = \frac{1}{\rho}\frac{\partial \tau_{xx}^p}{\partial x}, \quad \frac{\partial v_z^p}{\partial t} = \frac{1}{\rho}\frac{\partial \tau_{zz}^p}{\partial z},$$

$$\frac{\partial \tau_{xx}^p}{\partial t} = (\lambda + 2\mu)\left(\frac{\partial v_x}{\partial x} + \frac{\partial v_z}{\partial z}\right), \quad \frac{\partial \tau_{zz}^p}{\partial t} = (\lambda + 2\mu)\left(\frac{\partial v_x}{\partial x} + \frac{\partial v_z}{\partial z}\right)$$

(6-67)

$$\frac{\partial v_x^s}{\partial t} = \frac{1}{\rho}\left(\frac{\partial \tau_{xx}^s}{\partial x} + \frac{\partial \tau_{xz}^s}{\partial z}\right), \quad \frac{\partial v_z^s}{\partial t} = \frac{1}{\rho}\left(\frac{\partial \tau_{xz}^s}{\partial x} + \frac{\partial \tau_{zz}^s}{\partial z}\right),$$

$$\frac{\partial \tau_{xx}^s}{\partial t} = -2\mu\frac{\partial v_z}{\partial z}, \quad \frac{\partial \tau_{zz}^s}{\partial t} = -2\mu\frac{\partial v_x}{\partial x}, \quad \frac{\partial \tau_{xz}^s}{\partial t} = \mu\left(\frac{\partial v_x}{\partial z} + \frac{\partial v_z}{\partial x}\right)$$

(6-68)

其中 $v_i^p(i=x,z)$ 和 $v_i^s(i=x,z)$ 分别为质点振动速度场的纵波和横波分量，$\tau_{ij}^p(i,j=x,z)$ 和 $\tau_{ij}^s(i,j=x,z)$ 分别为应力场的纵波分量和横波分量，$v_i(i=x,z)$ 为混合弹性波的质点振动速度场。

在均匀各向同性介质中，弹性波场可以分解为纯纵波和纯横波两部分。通过对波场分别求散度和旋度，可以提取纯纵波和纯横波。纵波是无旋场，即 $\nabla \times \vec{U}^p = \vec{0}$，横波为无散场，即 $\nabla \cdot \vec{U}^s = 0$。对方程组(6-67)中的纵波 $\vec{U}^p$ 的旋度进行分析得到

$$\frac{\partial^2}{\partial t^2}(\nabla \times \vec{U}^p) = \nabla \times \frac{\partial^2 \vec{U}^p}{\partial t^2} = -\vec{j}\left(\frac{\partial}{\partial x}\frac{\partial v_z^p}{\partial t^2} - \frac{\partial}{\partial z}\frac{\partial^2 v_x^p}{\partial t^2}\right)$$

$$= -\vec{j}\left(\frac{1}{\rho}\frac{\partial^2}{\partial x \partial z}\frac{\partial \tau_{zz}^p}{\partial t} - \frac{1}{\rho}\frac{\partial^2}{\partial x \partial z}\frac{\partial \tau_{xx}^p}{\partial t}\right)$$

$$=-\frac{\lambda+2\mu}{\rho}\frac{\partial^2}{\partial x\partial z}\left[\left(\frac{\partial v_x}{\partial x}+\frac{\partial v_z}{\partial z}\right)-\left(\frac{\partial v_x}{\partial x}+\frac{\partial v_z}{\partial z}\right)\right]\vec{j}=\vec{0} \quad (6\text{-}69)$$

其中 $\vec{j}$ 为指向 y 轴正向的单位向量。式(6-69)表明，$\nabla\times\vec{U}^{\text{p}}$ 关于时间 t 的二阶偏导数为零，从而 $\nabla\times\vec{U}^{\text{p}}$ 关于时间 t 的一阶偏导为常数，故 $\nabla\times\vec{U}^{\text{p}}$ 关于时间 t 要么为常数，要么为线性函数。由波动特性可知，$\nabla\times\vec{U}^{\text{p}}$ 关于时间只能为常数，由解波动方程的零初始条件可知，$\nabla\times\vec{U}^{\text{p}}$ 应等于零。这说明 $\vec{U}^{\text{p}}$ 为无旋场，即 $\vec{U}^{\text{p}}$ 表示纵波。

再考查方程组中 $\vec{U}^{\text{s}}$ 的散度得到

$$\begin{aligned}\frac{\partial^2}{\partial t^2}(\nabla\cdot\vec{U}^{\text{s}})&=\frac{\partial^2}{\partial t^2}\left(\frac{\partial v_x^{\text{s}}}{\partial x}+\frac{\partial v_z^{\text{s}}}{\partial z}\right)=\frac{\partial^2}{\partial x\partial t}\frac{\partial v_x^{\text{s}}}{\partial t}+\frac{\partial^2}{\partial z\partial t}\frac{\partial v_z^{\text{s}}}{\partial t}\\ &=\frac{1}{\rho}\left[\frac{\partial^2}{\partial x\partial t}\left(\frac{\partial\tau_{xx}^{\text{s}}}{\partial x}+\frac{\partial\tau_{xz}^{\text{s}}}{\partial z}\right)+\frac{\partial^2}{\partial z\partial t}\left(\frac{\partial\tau_{xz}^{\text{s}}}{\partial x}+\frac{\partial\tau_{zz}^{\text{s}}}{\partial z}\right)\right]\\ &=\frac{1}{\rho}\left(\frac{\partial^2}{\partial x^2}\frac{\partial\tau_{xx}^{\text{s}}}{\partial t}+2\frac{\partial^2}{\partial x\partial z}\frac{\partial\tau_{xz}^{\text{s}}}{\partial t}+\frac{\partial^2}{\partial z^2}\frac{\partial\tau_{zz}^{\text{s}}}{\partial t}\right)\\ &=\frac{2\mu}{\rho}\left(-\frac{\partial^3 v_z}{\partial x^2\partial z}+\frac{\partial^3 v_x}{\partial x\partial z^2}+\frac{\partial^3 v_z}{\partial x^2\partial z}-\frac{\partial^3 v_x}{\partial x\partial z^2}\right)=0\end{aligned} \quad (6\text{-}70)$$

依据同样的道理，基于式(6-70)可以推断出 $\nabla\cdot\vec{U}^{\text{s}}=0$，这说明 $\vec{U}^{\text{s}}$ 为无旋场，即 $\vec{U}^{\text{s}}$ 表示横波。

上述分析表明，方程(6-66)、(6-67)和(6-68)构成纵波和横波分离的弹性波方程。采用二维弹性波 M-SFD 对纵波和横波分离的弹性波方程进行数值模拟的主要步骤如下：

(1) 利用 M-SFD 对方程(6-67)和方程(6-68)进行差分离散，导出相应的差分离散方程；

(2) 利用时空域纵波频散关系求解的差分系数迭代求解方程(6-67)对应的差分离散方程；

(3) 利用时空域横波频散关系求解的差分系数迭代求解方程(6-68)对应的差分离散方程；

(4) 利用方程(6-66)计算当前时刻的 v_x 和 v_z；

(5) 重复步骤(2)、(3)、(4)，迭代至数值模拟设定的最大时间。

采用二维 TS-SFD 和 M-SFD 求解纵波和横波分离的弹性波方程的步骤完全相同，只是两种方法采用不同的空间差分算子对方程(6-67)和方程(6-68)进行差分离散。由上述求解步骤可以看出，纵波和横波分别基于时空域纵波和横波频散关系计算的差分系数求解，纵波和横波均能够获得较高的模拟精度[51,52]。

第三节　数值频散和稳定性分析

交错网格有限差分法作为一类数值求解一阶速度-应力弹性波方程的重要方法，模拟精度和稳定性是交错网格有限差分法的重要研究内容。数值频散的大小直接反映交错网格有限差分法进行弹性波数值模拟的精度，稳定性条件给出了确保交错网格有限差分法迭代过程稳定时，时间采样间隔 Δt、空间采样间隔 h 和弹性波在介质中的传播速度 v_{p} 和 v_{s} 必须满足的定量关系。在数值模拟之前，进行数值频散特征和稳定性条件分析，可以有效指导数值模拟中震源子波带宽、Δt 和 h 等参数的选择。

第六章 弹性波混合交错网格有限差分数值模拟

一、数值频散分析

1. 归一化相速度误差表达式

采用纵波归一化相速度误差函数 $\varepsilon_{\text{ph(p)}}(kh,\theta)=v_{\text{ph(p)}}/v_\text{p}-1$ 描述纵波相速度的数值频散特征,根据相速度的定义 $v_{\text{ph(p)}}=\omega/k$ 和二维弹性波 C-SFD 的时空域纵波频散关系式(6-21),可导出二维弹性波 C-SFD 的纵波归一化相速度误差函数 $\varepsilon_{\text{ph(p)}}(kh,\theta)$ 的表达式为

$$\varepsilon_{\text{ph(p)}}(kh,\theta) = \frac{v_{\text{ph(p)}}}{v_\text{p}} - 1 = \frac{2}{r_\text{p}kh}\sin^{-1}(r_\text{p}\sqrt{q}) - 1 \tag{6-71}$$

其中

$$q = \left\{\sum_{m=1}^{M} a_m \sin[(m-1/2)kh\cos\theta]\right\}^2 + \left\{\sum_{m=1}^{M} a_m \sin[(m-1/2)kh\sin\theta]\right\}^2 \tag{6-72}$$

二维弹性波 TS-SFD 和 C-SFD 具有相同的时空域纵波频散关系表达式,因此,它们的纵波归一化相速度误差函数 $\varepsilon_{\text{ph(p)}}(kh,\theta)$ 的表达式也完全相同,但差分系数 $a_1,a_2,\cdots,a_M$ 的值不同。

同样地,根据二维弹性波 M-SFD($N=1$) 的时空域纵波频散关系式(6-37)可以导出其纵波归一化相速度误差函数 $\varepsilon_{\text{ph(p)}}(kh,\theta)$ 的表达式,与式(6-71)的形式完全相同,仅其中 q 的表达式不同。M-SFD($N=1$) 的纵波归一化相速度误差函数 $\varepsilon_{\text{ph(p)}}(kh,\theta)$ 的表达式中

$$\begin{aligned}q = &\left\{\sum_{m=1}^{M} a_m \sin[(m-1/2)kh\cos\theta] + 2b_1\cos(kh\sin\theta)\sin\left(\frac{kh\cos\theta}{2}\right)\right\}^2 + \\ &\left\{\sum_{m=1}^{M} a_m \sin[(m-1/2)kh\sin\theta] + 2b_1\cos(kh\cos\theta)\sin\left(\frac{kh\sin\theta}{2}\right)\right\}^2\end{aligned} \tag{6-73}$$

利用同样的方法可以导出二维弹性波 M-SFD($N=2,3,4$) 的纵波归一化相速度误差函数 $\varepsilon_{\text{ph(p)}}(kh,\theta)$ 的表达式。

与上述纵波归一化相速度误差函数 $\varepsilon_{\text{ph(p)}}(kh,\theta)$ 的表达式导出过程类似,根据二维弹性波 C-SFD、TS-SFD 和 M-SFD($N=1,2,3,4$) 的时空域横波频散关系式,可以导出它们的横波归一化相速度误差函数 $\varepsilon_{\text{ph(s)}}(kh,\theta)$ 的表达式,与式(6-71)的形式完全相同,只需将其中的 r_p 换成 r_s。另外,还需要注意,纵波或横波归一化相速度误差函数 $\varepsilon_{\text{ph(p)}}(kh,\theta)$ 或 $\varepsilon_{\text{ph(s)}}(kh,\theta)$ 表达式中 q 的值与差分系数的取值相关,C-SFD 的差分系数基于空间域频散关系计算,TS-SFD 和 M-SFD($N=1,2,3,4$) 的差分系数可基于时空域纵波或横波频散关系计算。如果 TS-SFD 和 M-SFD($N=1,2,3,4$) 想要使得 $\varepsilon_{\text{ph(p)}}(kh,\theta)$ 和 $\varepsilon_{\text{ph(s)}}(kh,\theta)$ 表达式中的差分系数分别基于时空域纵波和横波频散关系计算差分系数,必须采用纵、横波分解的弹性波方程(6-66)、(6-67)和(6-68)进行数值求解。

归一化相速度 $\varepsilon_{\text{ph(p)}}(kh,\theta)$ 或 $\varepsilon_{\text{ph(s)}}(kh,\theta)$ 等于零,表示相速度等于真实速度,无数值频散;$\varepsilon_{\text{ph(p)}}(kh,\theta)$ 或 $\varepsilon_{\text{ph(s)}}(kh,\theta)$ 大于零,表示相速度大于真实速度,有时间频散,会出现波至超前现象;$\varepsilon_{\text{ph(p)}}(kh,\theta)$ 或 $\varepsilon_{\text{ph(s)}}(kh,\theta)$ 小于零,表示相速度小于真实速度,有空间频散,会出现波至拖尾现象。根据二维弹性波 C-SFD、TS-SFD 和 M-SFD($N=1,2,3,4$) 的归一化相速度误差函数 $\varepsilon_{\text{ph(p)}}(kh,\theta)$ 和 $\varepsilon_{\text{ph(s)}}(kh,\theta)$ 的表达式,绘制相应的纵波和横波相速度频散曲线,可以有效分

析它们的纵横波相速度频散特征。

2. 相速度频散曲线

图 6-4 给出了二维弹性波 C-SFD($M=8$)、TS-SFD($M=8$)、M-SFD($M=8;N=1$)的纵波和横波相速度频散曲线。绘制纵波和横波相速度频散曲线时,纵波和横波归一化相速度误差函数中 Courant 条件数的取值分别为 $r_p=0.45$ 和 $r_s=0.25$,另外,TS-SFD($M=8$)计算差分系数时取 $\theta=\pi/8$。分析对比纵波和横波相速度频散曲线可以得出如下结论:

(1) C-SFD($M=8$)的纵波和横波均存在较明显的时间频散,纵波和横波的模拟精度均较低。

(2) TS-SFD($M=8$),基于时空域纵波频散关系计算差分系数时,纵波数值频散相对较小,但横波存在明显的空间频散;基于时空域横波频散关系计算差分系数时,横波数值频散相对较小,但纵波存在明显的时间频散;如果绘制纵波和横波相速度频散曲线时,纵波和横波归一化相速度误差函数中的差分系数分别基于时空域纵波和横波频散关系计算,这意味着对纵波和横波分离的弹性波方程进行数值模拟,纵波和横波的数值频散均相对较小。进一步分析会发现,TS-SFD($M=8$)的纵波和横波相速度频散曲线较发散,纵波和横波均存在一定的数值频散。

(3) M-SFD($M=8;N=1$),基于时空域纵波频散关系计算差分系数时,纵波数值频散相对较小,但横波存在明显的空间频散;基于时空域横波频散关系计算差分系数时,横波数值频散相对较小,但纵波存在明显的时间频散;如果绘制纵波和横波相速度频散曲线时,纵波和横波归一化相速度误差函数中的差分系数分别基于时空域纵波和横波频散关系计算,这意味着对纵波和横波分离的弹性波方程进行数值模拟,纵波和横波相速度频散曲线收敛性较好,纵波和横波的数值频散均会得到有效压制,模拟精度均较高。

(4) 进一步分析 TS-SFD($M=8$)和 M-SFD($M=8;N=1$)的纵波与横波的数值频散幅值会发现,如果不采用纵波和横波分离的弹性波方程进行数值模拟,基于时空域横波频散关系计算差分系数,数值频散的幅值会相对较小。

(5) TS-SFD($M=8$)基于时空域横波频散关系计算差分系数时,纵波和横波的数值频散均小于 C-SFD($M=8$);M-SFD($M=8;N=1$)和 TS-SFD($M=8$)均基于时空域横波频散关系计算差分系数,M-SFD($M=8;N=1$)的纵波和横波的数值频散都更小。

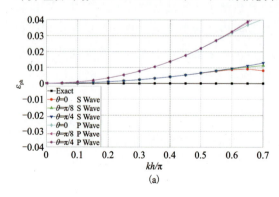
(a)

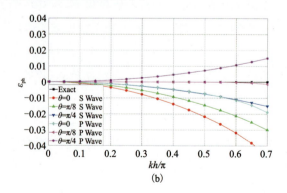
(b)

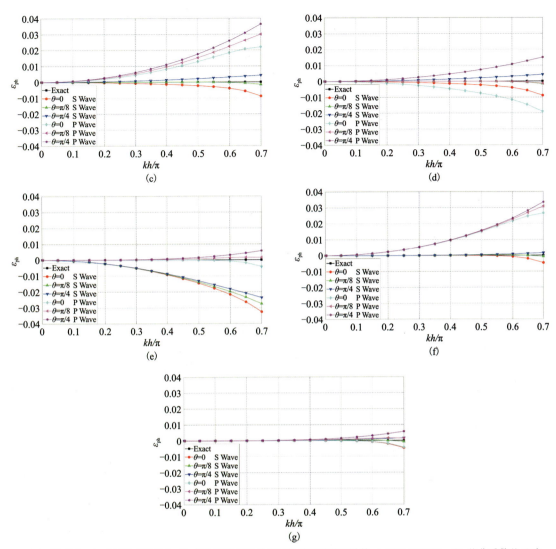

(a)C-SFD($M=8$);(b)TS-SFD($M=8$),差分系数基于时空域纵波频散关系计算;(c)TS-SFD($M=8$),差分系数基于时空域横波频散关系计算;(d)TS-SFD($M=8$),绘制纵波和横波相速度频散曲线时分别基于时空域纵波和横波频散关系计算差分系数;(e)M-SFD($M=8$;$N=1$),差分系数基于时空域纵波频散关系计算;(f)M-SFD($M=8$;$N=1$),差分系数基于时空域横波频散关系计算;(g)M-SFD($M=8$;$N=1$),绘制纵波和横波相速度频散曲线时分别基于时空域纵波和横波频散关系计算差分系数

图 6-4 二维弹性波 C-SFD($M=8$)、TS-SFD($M=8$)和 M-SFD($M=8$;$N=1$)的纵波和横波相速度频散曲线

二、稳定性分析

根据二维弹性波 M-SFD($N=1$)的时空域纵波频散关系式(6-37)得到

$$\sin^2\left(\frac{r_p kh}{2}\right) \approx r_p^2 \left\{ \sum_{m=1}^{M} a_m \sin[(m-1/2)k_x h] + 2b_1 \cos(k_z h)\sin\left(\frac{k_x h}{2}\right) \right\}^2 + \\ r_p^2 \left\{ \sum_{m=1}^{M} a_m \sin[(m-1/2)k_z h] + 2b_1 \cos(k_x h)\sin\left(\frac{k_z h}{2}\right) \right\}^2 \quad (6-74)$$

根据 Von Neumann 稳定性分析法[22,53]，上式右侧的取值必须满足左侧的取值范围，即

$$0 \leqslant r_p^2 \left\{ \sum_{m=1}^{M} a_m \sin[(m-1/2)k_x h] + 2b_1 \cos(k_z h) \sin\left(\frac{k_x h}{2}\right) \right\}^2 +$$
$$r_p^2 \left\{ \sum_{m=1}^{M} a_m \sin[(m-1/2)k_z h] + 2b_1 \cos(k_x h) \sin\left(\frac{k_z h}{2}\right) \right\} \leqslant 1 \quad (6-75)$$

式(6-75)中，左侧不等式恒成立，稳定性条件需要确保右侧不等式成立，取最大空间波数 $k_x = k_z = \pi/h$ 得到

$$r_p \leqslant S = \cfrac{1}{\sqrt{2} \left| \sum_{m=1}^{M} (-1)^{m-1} a_m - 2b_1 \right|} \quad (6-76)$$

其中 S 为稳定性因子，式(6-76)为二维弹性波 M-SFD($N=1$)的纵波稳定性条件。同样地，利用时空域横波频散关系式(6-38)可以导出相应的横波稳定性条件

$$r_s \leqslant S = \cfrac{1}{\sqrt{2} \left| \sum_{m=1}^{M} (-1)^{m-1} a_m - 2b_1 \right|} \quad (6-77)$$

同理，可以导出二维弹性波 C-SFD、TS-SFD 和 M-SFD($N=2,3,4$)的纵波和横波稳定性条件。与分析数值频散时的情况类似，TS-SFD 和 M-SFD($N=1,2,3,4$)的纵波稳定性条件不等式中的差分系数可以基于时空域纵波或横波频散关系计算；横波稳定性条件不等式中的差分系数也可以基于时空域纵波或横波频散关系计算。考虑到一般情况下 $r_p > r_s$，因此，弹性波交错网格有限差分法的稳定性取决于纵波稳定性条件。

根据稳定性条件表达式，可以得出稳定性条件约束下的最大 r_p 值随 M 的变化曲线，称为稳定性曲线。稳定性条件约束下，r_p 值越大，稳定性越强；反之，则稳定性越弱。

图 6-5(a)和图 6-5(b)分别给出了基于时空域纵波和横波频散关系计算差分系数时，二维弹性波 C-SFD、TS-SFD 和 M-SFD($N=1,2,3,4$)的纵波稳定性曲线。可以看出，基于时空域纵波或横波频散关系计算差分系数，TS-SFD 和 M-SFD 的纵波稳定性均强于 C-SFD；基于时空域纵波频散关系计算差分系数，M-SFD 的纵波稳定性强于 TS-SFD，基于时空域横波频散关系计算差分系数，M-SFD 与 TS-SFD 的纵波稳定性相差不大。

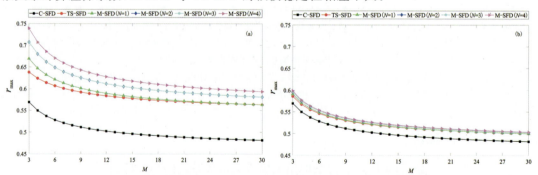

(a) TS-SFD 和 M-SFD($N=1,2,3,4$)的差分系数基于时空域纵波频散关系计算；
(b) TS-SFD 和 M-SFD($N=1,2,3,4$)的差分系数基于时空域横波频散关系计算

图 6-5　二维弹性波 C-SFD、TS-SFD 和 M-SFD($N=1,2,3,4$)的纵波
稳定性曲线(TS-SFD 计算差分系数时取 $\theta=\pi/8$)

第四节　数值模拟实例

一、层状介质模型

图 6-6 显示了一个规模为 6.0km×6.0km 的三层弹性波速度模型，两个速度界面的深度依次为 2.0km 和 3.3km，三层的纵波速度依次为 2400m/s、2700m/s 和 3200m/s，横波速度依次为 1500m/s、1620m/s 和 1800m/s，空间采样间隔 $\Delta x = \Delta z = 10$m。震源为主频 20Hz 的 Ricker 子波，位于点(0.5km,0.5km)。二维弹性波 C-SFD($M=10$)、TS-SFD($M=10$)和 M-SFD($M=8;N=1$)均采用时间采样间隔 $\Delta t = 1.5$ms 进行模拟。C-SFD($M=10$)采用标准的弹性波方程模拟，TS-SFD($M=10$)和 M-SFD($M=8;N=1$)均采用三种模拟策略，第一种和第二种策略为采用标准的弹性波方程模拟，差分系数分别基于时空域纵波或横波频散关系计算；第三种策略为采用纵波和横波分离的弹性波方程模拟，差分系数分别基于时空域纵波或横波频散关系计算。TS-SFD($M=10$)基于时空域纵波或横波频散关系计算差分系数时取 $\theta = \pi/8$。

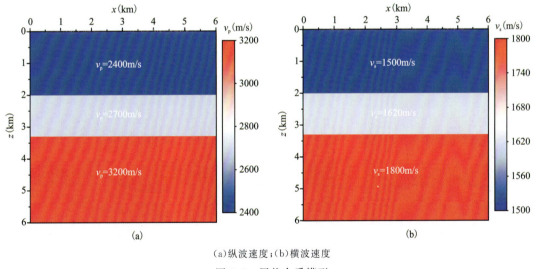

(a)纵波速度；(b)横波速度
图 6-6　层状介质模型

二维弹性波 C-SFD($M=10$)、TS-SFD($M=10$)和 M-SFD($M=8;N=1$)三种交错网格有限差分法的空间差分算子均由 20 个网格点构建，它们单次时间迭代的浮点运算量基本相等。因此，这三种交错网格有限差分法模拟时长和采用的时间采样间隔都相同时，计算效率也基本相同。

图 6-7 和图 6-8 给出了二维 C-SFD($M=10$)、TS-SFD($M=10$)和 M-SFD($M=8;N=1$)利用层状介质模型进行弹性波模拟生成的 2.4s 时刻质点振动速度场 v_x 和 v_z 的波场快照。波场快照图依次给出了纵横波未分离的波场快照、分离出的纵波和横波波场快照。图 6-9 给出了 $x=5.0$km 处，纵横波未分离的波场快照的单道波形图。

波动方程混合网格有限差分数值模拟及逆时偏移

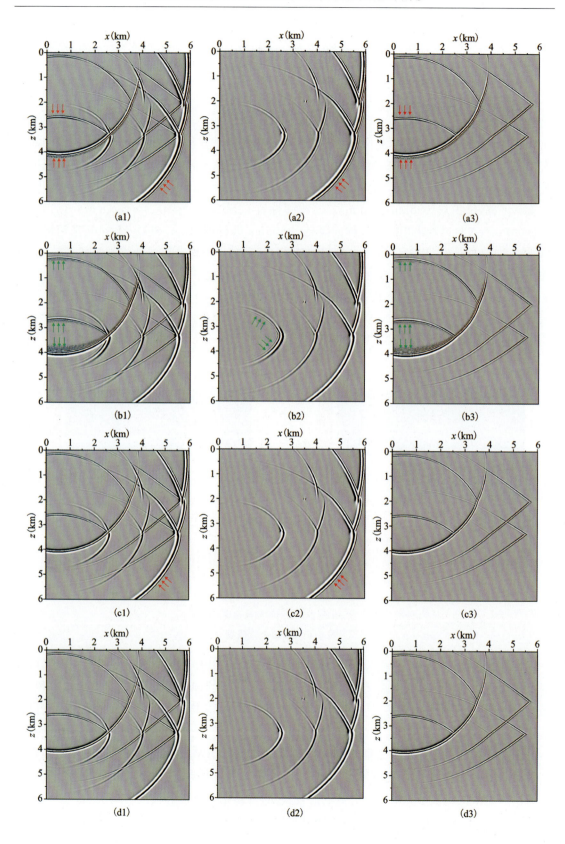

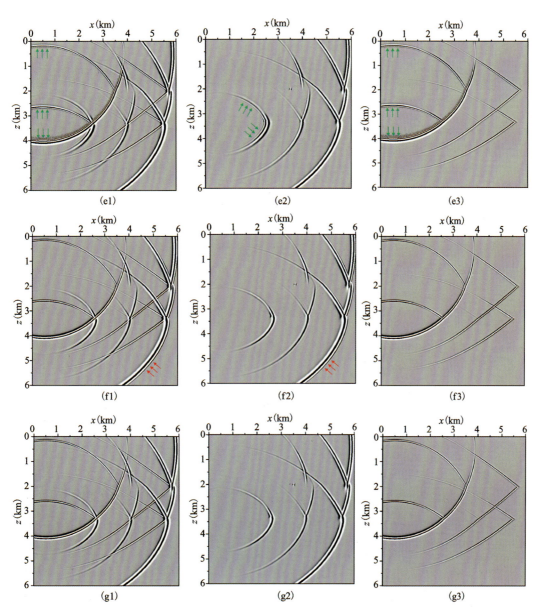

1——纵、横波未分离的波场快照,2——分离出的纵波波场快照,3——分离出的横波波场快照;(a)C-SFD($M=10$);(b)TS-SFD($M=10$),基于时空域纵波频散关系计算差分系数;(c)TS-SFD($M=10$),基于时空域横波频散关系计算差分系数;(d)TS-SFD($M=10$),采用纵波和横波分离的弹性波方程模拟,且差分系数分别基于时空域纵波和横波频散关系计算;(e)M-SFD($M=8$;$N=1$),基于时空域纵波频散关系计算差分系数;(f)M-SFD($M=8$;$N=1$),基于时空域横波频散关系计算差分系数;(g)M-SFD($M=8$;$N=1$),采用纵波和横波分离的弹性波方程模拟,且差分系数分别基于时空域纵波和横波频散关系计算

图 6-7 层状介质模型弹性波模拟 2.4s 时刻的波场快照和 v_x 分量

波动方程混合网格有限差分数值模拟及逆时偏移

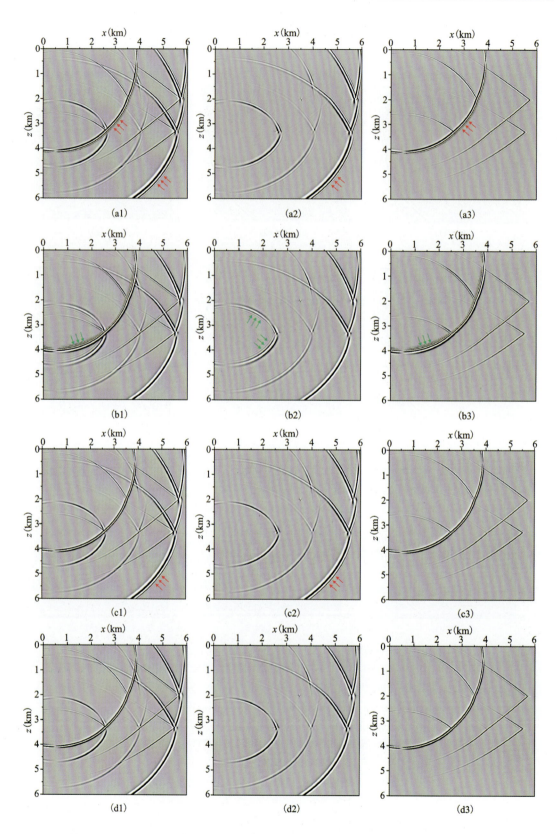

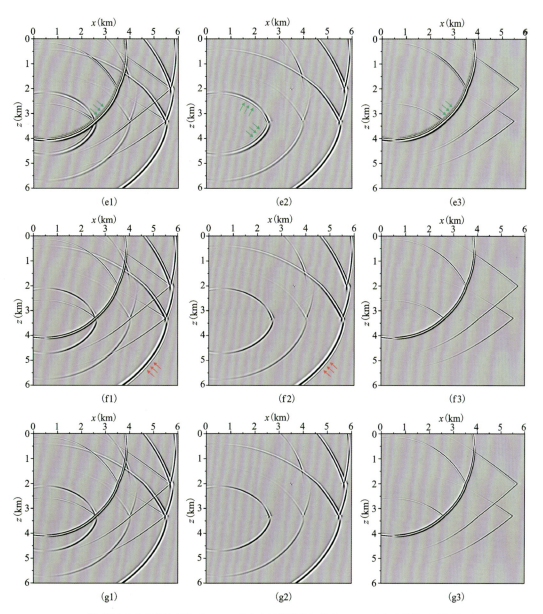

1——纵、横波未分离的波场快照,2——分离出的纵波波场快照,3——分离出的横波波场快照;(a)C-SFD($M=10$);(b)TS-SFD($M=10$),基于时空域纵波频散关系计算差分系数;(c)TS-SFD($M=10$),基于时空域横波频散关系计算差分系数;(d)TS-SFD($M=10$),采用纵波和横波分离的弹性波方程模拟,且差分系数分别基于时空域纵波和横波频散关系计算;(e)M-SFD($M=8;N=1$),基于时空域纵波频散关系计算差分系数;(f)M-SFD($M=8;N=1$),基于时空域横波频散关系计算差分系数;(g)M-SFD($M=8;N=1$),采用纵波和横波分离的弹性波方程模拟,且差分系数分别基于时空域纵波和横波频散关系计算

图 6-8 层状介质模型弹性波模拟 2.4s 时刻的波场快照和 v_z 分量

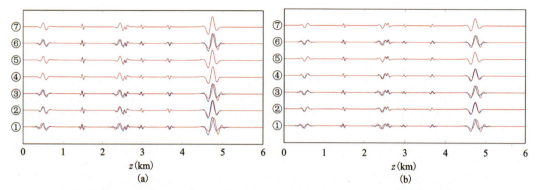

蓝色为参考波形,由 C-SFD($M=20$)采用非常小的时间采样间隔 $\Delta t=0.1$ms 模拟得到,红色为不同交错网格有限差分法的模拟波形;(a)v_x 分量;(b)v_z 分量;①C-SFD($M=10$);②TS-SFD($M=10$),基于时空域纵波频散关系计算差分系数;③TS-SFD($M=10$),基于时空域横波频散关系计算差分系数;④TS-SFD($M=10$),采用纵波和横波分离的弹性波方程模拟,且差分系数分别基于时空域纵波和横波频散关系计算;⑤M-SFD($M=8;N=1$),基于时空域纵波频散关系计算差分系数;⑥M-SFD($M=8;N=1$),基于时空域横波频散关系计算差分系数;⑦M-SFD($M=8;N=1$),采用纵波和横波分离的弹性波方程模拟,且差分系数分别基于时空域纵波和横波频散关系计算

图 6-9 层状介质模型弹性波模拟 2.4s 时刻纵横波未分离的波场快照 $x=5.0$km 处单道波形对比图

从图 6-7、图 6-8 和图 6-9 可以看出:①C-SFD($M=10$)采用标准的弹性波方程模拟,纵波和横波都存在明显的时间频散[图 6-7(a)和图 6-8(a)中的红色箭头位置]。②TS-SFD($M=10$)采用标准的弹性波方程模拟,基于时空域纵波频散关系计算差分系数时,横波存在明显的空间频散[图 6-7(b)和图 6-8(b)中的绿色箭头位置];基于时空域横波频散关系计算差分系数时,纵波存在一定的时间频散[图 6-7(c)和图 6-8(c)中的红色箭头位置];采用纵波和横波分离的弹性波方程模拟,分别基于时空域纵波和横波频散关系计算差分系数,纵波和横波均无明显的数值频散。③M-SFD($M=8;N=1$)采用标准的弹性波方程模拟,基于时空域纵波频散关系计算差分系数时,横波存在明显的空间频散[图 6-7(e)和图 6-8(e)中的绿色箭头位置];基于时空域横波频散关系计算差分系数时,纵波存在一定的时间频散[图 6-7(f)和图 6-8(f)中的红色箭头位置];采用纵波和横波分离的弹性波方程模拟,分别基于时空域纵波和横波频散关系计算差分系数,纵波和横波均无明显的数值频散。

层状介质模型弹性波模拟实例表明:计算效率基本相同时(均采用标准的弹性波方程模拟),C-SFD 的纵波和横波模拟精度均较低;TS-SFD 和 M-SFD 基于时空域横波频散关系计算差分系数,横波模拟精度明显提高,纵波模拟精度也略有提高。另外,TS-SFD 和 M-SFD 采用纵波和横波分离的弹性波方程模拟,分别基于时空域纵波和横波频散关系计算差分系数,纵波和横波的模拟精度均较高,但是也会增加一定的计算量和计算机内存占用量。

二、塔里木盆地典型复杂构造模型

图 6-10 显示了中国西部塔里木盆地典型复杂构造弹性波模型,横波速度通过纵波速度除以 1.8 得到,模型尺寸为 12.0km×5.25km,空间采样间隔 $\Delta x=\Delta z=10$m。震源为主频

25Hz 的 Ricker 子波,位于点(6.0km,0.1km)。二维 C-SFD($M=10$)、TS-SFD($M=10$)和 M-SFD($M=8;N=1$)均采用时间采样间隔 $\Delta t=1.0$ms 进行模拟。C-SFD($M=10$)采用标准的弹性波方程模拟,TS-SFD($M=10$)和 M-SFD($M=8;N=1$)均采用三种模拟策略,第一种和第二种策略为采用标准的弹性波方程模拟,差分系数分别基于时空域纵波或横波频散关系计算;第三种策略为采用纵波和横波分离的弹性波方程模拟,差分系数分别基于时空域纵波和横波频散关系计算。TS-SFD($M=10$)基于时空域纵波或横波频散关系计算差分系数时取 $\theta=\pi/8$。

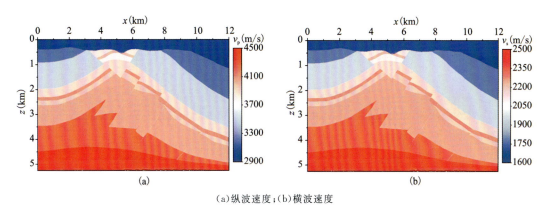

(a)纵波速度;(b)横波速度
图 6-10 塔里木盆地典型复杂构造模型

图 6-11 和图 6-12 给出了二维 C-SFD($M=10$)、TS-SFD($M=10$)和 M-SFD($M=8;N=1$)利用塔里木盆地典型复杂构造模型进行弹性波模拟生成的质点振动速度场 v_x 和 v_z 的炮集记录局部。图 6-13 给出了图 6-11 和图 6-12 中第 601 道的单道波形图。

从图 6-11、图 6-12 和图 6-13 可以看出:①C-SFD($M=10$)采用标准的弹性波方程模拟,炮集记录中存在明显的时间频散。②TS-SFD($M=10$)采用标准的弹性波方程模拟,基于时空域纵波频散关系计算差分系数时,炮集记录中存在明显的空间频散;基于时空域横波频散关系计算差分系数时,炮集记录中看不出明显的数值频散,但单道波形对比显示,模拟波形由于数值频散产生了一定的相移和畸变;采用纵波和横波分离的弹性波方程模拟,分别基于时空域纵波或横波频散关系计算差分系数,炮集记录中也看不出明显的数值频散,但单道波形对比显示,模拟波形由于数值频散也产生了一定的相移和畸变。③M-SFD($M=8;N=1$)采用标准的弹性波方程模拟,基于时空域纵波频散关系计算差分系数时,炮集记录中存在明显的空间频散;基于时空域横波频散关系计算差分系数时,炮集记录中看不出明显的数值频散,但单道波形对比显示,模拟波形由于数值频散产生了轻微的相移和畸变;采用纵波和横波分离的弹性波方程模拟,分别基于时空域纵波或横波频散关系计算差分系数,炮集记录和单道波形中均看不出明显的数值频散。

塔里木盆地典型复杂构造模型数值模拟实例表明:计算效率基本相同时(均采用标准的弹性波方程模拟),C-SFD 的模拟结果存在明显的时间频散,模拟精度低;TS-SFD 基于时空域横波频散关系计算差分系数,模拟精度明显比 C-SFD 高,但模拟结果仍然存在一定的数值频散;基于时空域横波频散关系计算差分系数,相比 TS-SFD,M-SFD 的模拟精度进一步提高。另外，M-SFD 采用纵波和横波分离的弹性波方程模拟，分别基于时空域纵波和横波频散关系计算差分系数，模拟精度最高，基本无可见的数值频散，但是会增加一定的计算量和计算机内存占用量。

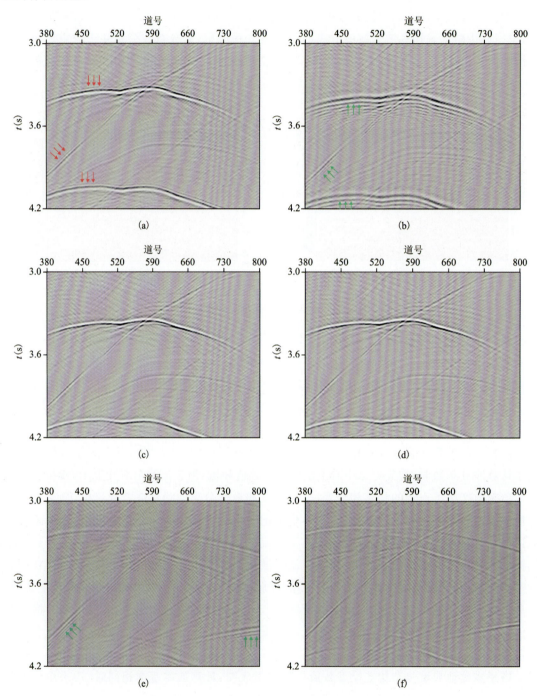

第六章 弹性波混合交错网格有限差分数值模拟

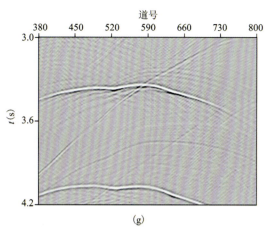

(g)

(a)C-SFD($M=10$);(b)TS-SFD($M=10$),基于时空域纵波频散关系计算差分系数;(c)TS-SFD($M=10$),基于时空域横波频散关系计算差分系数;(d)TS-SFD($M=10$),采用纵波和横波分离的弹性波方程模拟,且差分系数分别基于时空域纵波和横波频散关系计算;(e)M-SFD($M=8;N=1$),基于时空域纵波频散关系计算差分系数;(f)M-SFD($M=8;N=1$),基于时空域横波频散关系计算差分系数;(g)M-SFD($M=8;N=1$),采用纵波和横波分离的弹性波方程模拟,且差分系数分别基于时空域纵波和横波频散关系计算

图 6-11 塔里木盆地典型复杂构造模型弹性波模拟炮集局部和 v_x 分量

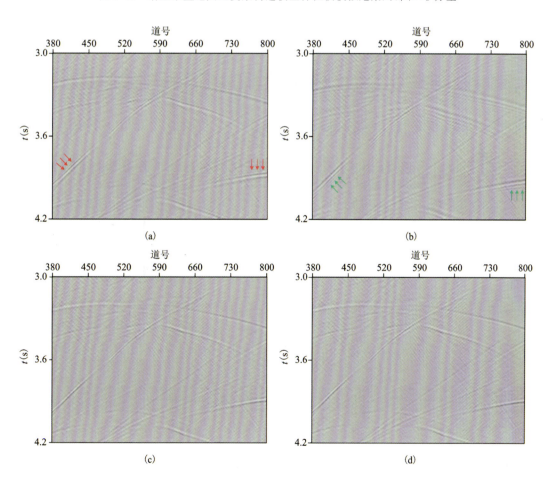

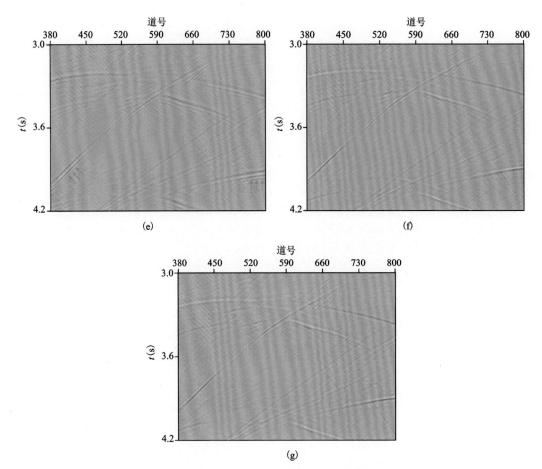

(a)C-SFD($M=10$);(b)TS-SFD($M=10$),基于时空域纵波频散关系计算差分系数;(c)TS-SFD($M=10$),基于时空域横波频散关系计算差分系数;(d)TS-SFD($M=10$),采用纵波和横波分离的弹性波方程模拟,且差分系数分别基于时空域纵波和横波频散关系计算;(e)M-SFD($M=8$;$N=1$),基于时空域纵波频散关系计算差分系数;(f)M-SFD($M=8$;$N=1$),基于时空域横波频散关系计算差分系数;(g)M-SFD($M=8$;$N=1$),采用纵波和横波分离的弹性波方程模拟,且差分系数分别基于时空域纵波和横波频散关系计算

图 6-12 塔里木盆地典型复杂构造模型弹性波模拟炮集局部和 v_z 分量

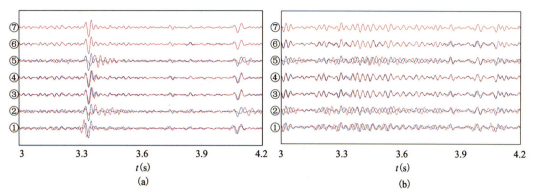

蓝色为参考波形,C-SFD($M=20$)采用非常小的时间采样间隔 $\Delta t=0.1\text{ms}$ 模拟得到,红色为不同交错网格有限差分法的模拟波形;(a)v_x 分量;(b)v_z 分量;①C-SFD($M=10$);②TS-SFD($M=10$),基于时空域纵波频散关系计算差分系数;③TS-SFD($M=10$),基于时空域横波频散关系计算差分系数;④TS-SFD($M=10$),采用纵波和横波分离的弹性波方程模拟,且差分系数分别基于时空域纵波和横波频散关系计算;⑤M-SFD($M=8$;$N=1$),基于时空域纵波频散关系计算差分系数;⑥M-SFD($M=8$;$N=1$),基于时空域横波频散关系计算差分系数;⑦M-SFD($M=8$;$N=1$),采用纵波和横波分离的弹性波方程模拟,且差分系数分别基于时空域纵波和横波频散关系计算

图 6-13 塔里木盆地典型复杂构造模型弹性波模拟炮集中第 601 道波形对比图

第五节 本章小结

本章在第四章的基础上,将二维混合交错网格有限差分法(M-SFD)从速度-应力声波方程推广至弹性波方程,构建了适用于速度-应力弹性波方程数值模拟的混合交错网格有限差分法。然后导出了二维弹性波 M-SFD 基于时空域纵波和横波频散关系的差分系数计算方法,并进行差分精度分析、数值频散分析、稳定性分析和数值模拟实验,可得出如下结论。

(1)二维弹性波 C-SFD 基于空间域频散关系计算差分系数,空间差分算子能够达到 $2M$ 阶差分精度,但是差分离散弹性波方程中的纵波和横波均仅具有二阶差分精度。

(2)二维弹性波 TS-SFD 基于时空域纵波频散关系计算差分系数时,差分离散弹性波方程中的纵波沿特定的 4 个或 8 个传播方向能达到 $2M$ 阶差分精度;相反,基于时空域横波频散关系计算差分系数时,差分离散弹性波方程中的横波沿特定的 4 个或 8 个传播方向能达到 $2M$ 阶差分精度。基于时空域纵波或横波频散关系计算差分系数,差分离散弹性波方程中的纵波和横波整体上都仅具有二阶差分精度。

(3)二维弹性波 M-SFD 基于时空域纵波频散关系计算差分系数时,差分离散弹性波方程中的纵波能够达到四阶、六阶、八阶甚至任意偶数阶差分精度,但横波仅具有二阶差分精度;相反,基于时空域横波频散关系计算差分系数时,差分离散弹性波方程中的横波能够达到四阶、六阶、八阶甚至任意偶数阶差分精度,但纵波仅具有二阶差分精度。

(4)稳定性分析表明:基于时空域纵波或横波频散关系计算差分系数,二维弹性波 TS-SFD 的稳定性均强于 C-SFD;基于时空域纵波频散关系计算差分系数时,M-SFD 的稳定性强于 TS-SFD,基于时空域横波频散关系计算差分系数时,M-SFD 和 TS-SFD 的稳定性相差不大。

(5)计算效率基本相同时(均采用标准的弹性波方程模拟),C-SFD 的模拟精度最低;TS-SFD 基于时空域横波频散关系计算差分系数,模拟精度明显高于 C-SFD;基于时空域横波频散关系计算差分系数,M-SFD 的模拟精度较 TS-SFD 会进一步提高。M-SFD 采用纵波和横波分离的弹性波方程模拟,模拟精度最高,但是会增加一定的计算量和内存占用量。

第六节 附 录

二维 M-SFD($N=2,3,4$)给出的差分离散弹性波方程及差分系数通解

利用 M-SFD($N=2$)对速度-应力弹性波方程(6-1)进行差分离散可以导出相应的差分离散弹性波方程,这里仅给出 5 个差分离散方程中的一个:

$$\frac{v_{x(0,0)}^1 - v_{x(0,0)}^0}{\Delta t} \approx \frac{1}{\rho h} \Big\{ \sum_{m=1}^{M} a_m \big[\tau_{xx(m-1/2,0)}^{1/2} - \tau_{xx(-m+1/2,0)}^{1/2} \big] + \\
\sum_{m=1}^{M} a_m \big[\tau_{xz(m-1/2,0)}^{1/2} - \tau_{xx(-m+1/2,0)}^{1/2} \big] + \\
b_1 \big[\tau_{xx(1/2,1)}^{1/2} - \tau_{xx(-1/2,1)}^{1/2} + \tau_{xx(1/2,-1)}^{1/2} - \tau_{xx(-1/2,-1)}^{1/2} \big] + \\
b_1 \big[\tau_{xx(1,1/2)}^{1/2} - \tau_{xx(1,-1/2)}^{1/2} + \tau_{xx(-1,1/2)}^{1/2} - \tau_{xx(-1,-1/2)}^{1/2} \big] + \\
b_2 \big[\tau_{xx(3/2,1)}^{1/2} - \tau_{xx(-3/2,1)}^{1/2} + \tau_{xx(3/2,-1)}^{1/2} - \tau_{xx(-3/2,-1)}^{1/2} \big] + \\
b_2 \big[\tau_{xx(1,3/2)}^{1/2} - \tau_{xz(1,-3/2)}^{1/2} + \tau_{xx(-1,3/2)}^{1/2} - \tau_{xx(-1,-3/2)}^{1/2} \big] \Big\} \quad (6\text{-}78)$$

其中 $a_1, a_2, \cdots, a_M$ 和 b_1, b_2 为差分系数。基于时空域纵波频散关系的差分系数通解为

$$b_1 = -\frac{3r_p^4}{640} + \frac{11r_p^2}{192}, \quad b_2 = \frac{r_p^4}{640} - \frac{r_p^2}{192},$$

$$a_1 = \prod_{2 \leqslant k \leqslant M} \left[\frac{r_p^2 - (2k-1)^2}{1 - (2k-1)^2} \right] - 2b_1,$$

$$a_2 = \frac{1}{3} \prod_{1 \leqslant k \leqslant M, k \neq 2} \left[\frac{r_p^2 - (2k-1)^2}{3^2 - (2k-1)^2} \right] - 2b_2, \quad (6\text{-}79)$$

$$a_m = \frac{1}{2m-1} \prod_{1 \leqslant k \leqslant M, k \neq m} \frac{r_p^2 - (2k-1)^2}{(2m-1)^2 - (2k-1)^2}, \quad (m=3,4,\cdots,M)$$

将式(6-79)中的 r_p 替换为 r_s 可以得到基于时空域横波频散关系的差分系数通解。

利用 M-SFD($N=3$)对速度-应力弹性波方程(6-1)进行差分离散可以导出相应的差分离散弹性波方程,这里仅给出 5 个差分离散方程中的一个:

第六章　弹性波混合交错网格有限差分数值模拟

$$\begin{aligned}\frac{v_{x(0,0)}^1 - v_{x(0,0)}^0}{\Delta t} \approx \frac{1}{\rho h}\Big\{ &\sum_{m=1}^{M} a_m \big[\tau_{xx(m-1/2,0)}^{1/2} - \tau_{xx(-m+1/2,0)}^{1/2}\big] + \\ &\sum_{m=1}^{M} a_m \big[\tau_{xz(m-1/2,0)}^{1/2} - \tau_{xx(-m+1/2,0)}^{1/2}\big] + \\ &b_1 \big[\tau_{xx(1/2,1)}^{1/2} - \tau_{xx(-1/2,1)}^{1/2} + \tau_{xx(1/2,-1)}^{1/2} - \tau_{xx(-1/2,-1)}^{1/2}\big] + \\ &b_1 \big[\tau_{xz(1,1/2)}^{1/2} - \tau_{xz(1,-1/2)}^{1/2} + \tau_{xz(-1,1/2)}^{1/2} - \tau_{xz(-1,-1/2)}^{1/2}\big] + \\ &b_2 \big[\tau_{xx(3/2,1)}^{1/2} - \tau_{xx(-3/2,1)}^{1/2} + \tau_{xx(3/2,-1)}^{1/2} - \tau_{xx(-3/2,-1)}^{1/2}\big] + \\ &b_2 \big[\tau_{xz(1,3/2)}^{1/2} - \tau_{xz(1,-3/2)}^{1/2} + \tau_{xz(-1,3/2)}^{1/2} - \tau_{xz(-1,-3/2)}^{1/2}\big] + \\ &b_3 \big[\tau_{xx(1/2,2)}^{1/2} - \tau_{xx(-1/2,2)}^{1/2} + \tau_{xx(1/2,-2)}^{1/2} - \tau_{xx(-1/2,-2)}^{1/2}\big] + \\ &b_3 \big[\tau_{xz(2,1/2)}^{1/2} - \tau_{xz(2,-1/2)}^{1/2} + \tau_{xz(-2,1/2)}^{1/2} - \tau_{xz(-2,-1/2)}^{1/2}\big] \Big\}\end{aligned} \quad (6\text{-}80)$$

其中 $a_1, a_2, \cdots, a_M$ 和 b_1, b_2, b_3 为差分系数，基于时空域纵波频散关系的差分系数通解为

$$\begin{aligned} b_1 &= \frac{r_p^6}{4480} - \frac{r_p^4}{128} + \frac{37 r_p^2}{576}, \quad b_2 = \frac{r_p^6}{4480} - \frac{r_p^4}{640} + \frac{r_p^2}{576}, \\ b_3 &= -\frac{r_p^6}{4480} + \frac{r_p^4}{320} - \frac{r_p^2}{144}, \\ a_1 &= \prod_{2 \leqslant k \leqslant M} \left[\frac{r_p^2 - (2k-1)^2}{1 - (2k-1)^2}\right] - 2b_1 - 2b_3, \\ a_2 &= \frac{1}{3} \prod_{1 \leqslant k \leqslant M, k \neq 2} \left[\frac{r_p^2 - (2k-1)^2}{3^2 - (2k-1)^2}\right] - 2b_2, \\ a_m &= \frac{1}{2m-1} \prod_{1 \leqslant k \leqslant M, k \neq m} \frac{r_p^2 - (2k-1)^2}{(2m-1)^2 - (2k-1)^2}, \quad (m = 3, 4, \cdots, M) \end{aligned} \quad (6\text{-}81)$$

将式(6-81)中的 r_p 替换为 r_s 可以得到基于时空域横波频散关系的差分系数通解。

利用 M-SFD($N=4$) 对速度-应力弹性波方程(6-1)进行差分离散可以导出相应的差分离散弹性波方程，这里仅给出 5 个差分离散方程中的一个：

$$\begin{aligned}\frac{v_{x(0,0)}^1 - v_{x(0,0)}^0}{\Delta t} \approx \frac{1}{\rho h}\Big\{ &\sum_{m=1}^{M} a_m \big[\tau_{xx(m-1/2,0)}^{1/2} - \tau_{xx(-m+1/2,0)}^{1/2}\big] + \\ &\sum_{m=1}^{M} a_m \big[\tau_{xz(m-1/2,0)}^{1/2} - \tau_{xx(-m+1/2,0)}^{1/2}\big] + \\ &b_1 \big[\tau_{xx(1/2,1)}^{1/2} - \tau_{xx(-1/2,1)}^{1/2} + \tau_{xx(1/2,-1)}^{1/2} - \tau_{xx(-1/2,-1)}^{1/2}\big] + \\ &b_1 \big[\tau_{xz(1,1/2)}^{1/2} - \tau_{xz(1,-1/2)}^{1/2} + \tau_{xz(-1,1/2)}^{1/2} - \tau_{xz(-1,-1/2)}^{1/2}\big] + \\ &b_2 \big[\tau_{xx(3/2,1)}^{1/2} - \tau_{xx(-3/2,1)}^{1/2} + \tau_{xx(3/2,-1)}^{1/2} - \tau_{xx(-3/2,-1)}^{1/2}\big] + \\ &b_2 \big[\tau_{xz(1,3/2)}^{1/2} - \tau_{xz(1,-3/2)}^{1/2} + \tau_{xz(-1,3/2)}^{1/2} - \tau_{xz(-1,-3/2)}^{1/2}\big] + \\ &b_3 \big[\tau_{xx(1/2,2)}^{1/2} - \tau_{xx(-1/2,2)}^{1/2} + \tau_{xx(1/2,-2)}^{1/2} - \tau_{xx(-1/2,-2)}^{1/2}\big] + \\ &b_3 \big[\tau_{xz(2,1/2)}^{1/2} - \tau_{xz(2,-1/2)}^{1/2} + \tau_{xz(-2,1/2)}^{1/2} - \tau_{xz(-2,-1/2)}^{1/2}\big] + \\ &b_4 \big[\tau_{xx(3/2,2)}^{1/2} - \tau_{xx(-3/2,2)}^{1/2} + \tau_{xx(3/2,-2)}^{1/2} - \tau_{xx(-3/2,-2)}^{1/2}\big] + \\ &b_2 \big[\tau_{xz(2,3/2)}^{1/2} - \tau_{xz(2,-3/2)}^{1/2} + \tau_{xz(-2,3/2)}^{1/2} - \tau_{xz(-2,-3/2)}^{1/2}\big] \Big\}\end{aligned} \quad (6\text{-}82)$$

其中 $a_1, a_2, \cdots, a_M$ 和 b_1, b_2, b_3, b_4 为差分系数。基于时空域纵波频散关系的差分系数通解为

$$b_1 = \frac{1}{240 \times 16}\left(-\frac{r_p^6}{7} - 15r_p^4 + \frac{629}{3}r_p^2\right),$$

$$b_2 = \frac{1}{240 \times 48}\left(-\frac{31r_p^6}{7} + 87r_p^4 - 239r_p^2\right),$$

$$b_3 = \frac{1}{240 \times 64}\left(\frac{25r_p^6}{7} - 57r_p^4 + \frac{457r_p^2}{3}\right),$$

$$b_4 = \frac{1}{240 \times 24 \times 8}(r_p^6 - 15r_p^4 + 37r_p^2),$$

$$a_1 = \prod_{2 \leqslant k \leqslant M}\left[\frac{r_p^2 - (2k-1)^2}{1 - (2k-1)^2}\right] - 2b_1 - 2b_3,$$

$$a_2 = \frac{1}{3}\prod_{1 \leqslant k \leqslant M, k \neq 2}\left[\frac{r_p^2 - (2k-1)^2}{3^2 - (2k-1)^2}\right] - 2b_2 - 2b_4,$$

$$a_m = \frac{1}{2m-1}\prod_{1 \leqslant k \leqslant M, k \neq m}\frac{r_p^2 - (2k-1)^2}{(2m-1)^2 - (2k-1)^2} \quad (m = 3, 4, \cdots, M)$$

(6-83)

将式(6-83)中的 r_p 替换为 r_s 可以得到基于时空域横波频散关系的差分系数通解。

第七章 吸收边界条件

实际地下介质为半无限空间,在地震波数值模拟过程中由于计算机内存和计算时间的限制,通常需要引入人工边界对无限的空间进行截断。人工边界会产生不必要的边界反射,形成较为严重的干扰波。地震波数值模拟中常用的吸收边界有三种:①单程波吸收边界[56-58],这类边界能较好地吸收入射角在一定范围内的反射波,当入射角较大时吸收效果较差;②海绵吸收边界[59,60],这类边界实现简单,但是很难确定最优化参数,并且需要非常多的吸收层才能达到足够好的吸收效果;③完全匹配层吸收边界(PML)[61-63],这类边界基于复坐标变换,使得地震波传播至吸收层内,地震波振幅随指数衰减,PML边界对连续波动方程的所有入射角和所有频率的反射系数都为零,是吸收效果最好边界,但是该方法通常辅助变量多,占用内存大。

本章将详细阐述三种吸收边界的基本原理,并对它们的吸收效果进行对比分析。

第一节 单程波吸收边界

边界和界面处反射波的产生取决于传播方向与入射波传播方向相反的波的存在,这一现象激发人们对波动方程的旁轴近似的推导。旁轴近似波动方程,通常也称为单程波方程,只允许地震波单向传播。单程波方程吸收边界能够有效吸收沿法线方向入射的波,入射角较大的入射波吸收效果较差。

一、CE 吸收边界

Clayton 和 Engquist 导出了适用于声波和弹性波的单程波吸收边界[56],Engquist 和 Majan 进一步解决了单程波吸收边界在角点处的稳定性问题[64]。这里我们称这种吸收边界为 CE 吸收边界。下面以二维标量声波方程为例阐述 CE 吸收边界的基本原理。

二维标量声波方程可表示为

$$\frac{1}{v^2}\frac{\partial^2 P}{\partial t^2} = \frac{\partial^2 P}{\partial x^2} + \frac{\partial^2 P}{\partial z^2} \tag{7-1}$$

其中 P 为压力场,v 为声波在介质中的传播速度。讨论在区间 $\{(x,z)|-a \leqslant x \leqslant a, -b \leqslant z \leqslant b\}$ 求解二维标量声波方程。

对式(7-1)中的时间 t,空间变量 x、z 进行傅里叶变换,可以得到如下频散关系式:

$$\frac{\omega^2}{v^2} = k_x^2 + k_z^2 \qquad (7-2)$$

其中 k_x 和 k_z 分别为水平和垂直波数,ω 为角频率。根据单程波理论[65],我们可以得到如下的沿 x 方向的平方根算子:

$$\frac{vk_x}{\omega} = \pm\sqrt{1-\left(\frac{vk_z}{\omega}\right)^2} \qquad (7-3)$$

其中"±"代表平面波沿着 x 轴正向/负向传播。单程波方程能够将边界附近向内传播和向外传播的波分开。在模型的右边界向 x 轴正向传播的波满足

$$\frac{vk_x}{\omega} = \sqrt{1-\left(\frac{vk_z}{\omega}\right)^2} \qquad (7-4)$$

该式为控制波在模型的右边界向外传播的单程波方程满足的频散关系。对式(7-4)右边的平方根算子进行泰勒级数展开会导致差分求解不稳定[56],Clayton 和 Engquist[56] 采用 Padé 近似将该平方根算子进行展开,其一阶、二阶和三阶 Padé 近似表达式为

$$\frac{vk_x}{\omega} \approx 1, \quad \frac{vk_x}{\omega} \approx 1 - \frac{1}{2}\left(\frac{vk_z}{\omega}\right)^2, \quad \frac{vk_x}{\omega} \approx \left[1 - \frac{3}{4}\left(\frac{vk_z}{\omega}\right)^2\right] \Big/ \left[1 - \frac{1}{4}\left(\frac{vk_z}{\omega}\right)^2\right] \qquad (7-5)$$

上述 Padé 逼近的递推关系如下:

$$a_{j+1} = 1 - \left(\frac{vk_z}{\omega}\right)^2 \Big/ (1 + a_j) \qquad (7-6)$$

其中 $a_1 = 1$。方程(7-5)给出的频散关系对应的单程波方程分别为

$$\text{A1:} \quad \frac{\partial P}{\partial x} + \frac{1}{v}\frac{\partial P}{\partial t} = 0 \qquad (7-7)$$

$$\text{A2:} \quad \frac{\partial^2 P}{\partial x \partial t} + \frac{1}{v}\frac{\partial^2 P}{\partial t^2} - \frac{v}{2}\frac{\partial^2 P}{\partial z^2} = 0 \qquad (7-8)$$

$$\text{A3:} \quad \frac{\partial^3 P}{\partial x \partial t^2} - \frac{v^2}{4}\frac{\partial^3 P}{\partial x \partial z^2} + \frac{1}{v}\frac{\partial^3 P}{\partial t^3} - \frac{3v}{4}\frac{\partial^3 P}{\partial t \partial z^2} = 0 \qquad (7-9)$$

其中 A1、A2、A3 分别为右边界的一阶、二阶和三阶 CE 吸收边界条件。图 7-1 给出了 A1、A2 和 A3 代表的三种单程波方程与标量波动方程的频散关系对比图。可以看出,高阶单程波近似的精度高,低阶单程波近似的精度低。A1 数值求解过程简单但精度太低;A3 虽然精度较高,但是数值求解难度较大;A2 较好地兼顾了数值求解难度和近似精度,是应用最广泛的 CE 吸收边界条件。

同样地,可以导出左边界、上边界和下边界的二阶 CE 吸收边界条件分别为

$$\begin{aligned}
\frac{\partial^2 P}{\partial x \partial t} - \frac{1}{v}\frac{\partial^2 P}{\partial t^2} + \frac{v}{2}\frac{\partial^2 P}{\partial z^2} = 0 & \quad x = -a, \\
\frac{\partial^2 P}{\partial z \partial t} - \frac{1}{v}\frac{\partial^2 P}{\partial t^2} + \frac{v}{2}\frac{\partial^2 P}{\partial x^2} = 0 & \quad z = -b, \\
\frac{\partial^2 P}{\partial z \partial t} + \frac{1}{v}\frac{\partial^2 P}{\partial t^2} - \frac{v}{2}\frac{\partial^2 P}{\partial x^2} = 0 & \quad z = b
\end{aligned} \qquad (7-10)$$

CE 吸收边界中,模型的 4 个角点归属到哪一个边界不是很好处理,角点会表现为点源引起不稳定[64]。因此,在高阶的 CE 吸收边界中的角点需要特殊处理,一种处理方法是将 A2 替

第七章 吸收边界条件

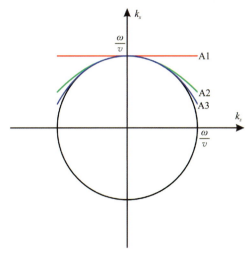

黑色圆形为标量波动方程的频散关系,红色、绿色和蓝色曲线分别为
A1、A2 和 A3 代表的单程波方程的频散关系

图 7-1 右边界的 CE 吸收边界的单程波与标量声波方程的频散关系对比图

换为 A1,并且假定波沿 $\pi/4$ 方向入射至角点。此时,4 个角点处的吸收边界方程可表示为

$$\frac{\partial P}{\partial x}+\frac{\partial P}{\partial z}+\frac{\sqrt{2}}{v}\frac{\partial P}{\partial t}=0 \quad x=a,z=b, \qquad \frac{\partial P}{\partial x}-\frac{\partial P}{\partial z}+\frac{\sqrt{2}}{v}\frac{\partial P}{\partial t}=0 \quad x=a,z=-b,$$

$$-\frac{\partial P}{\partial x}+\frac{\partial P}{\partial z}+\frac{\sqrt{2}}{v}\frac{\partial P}{\partial t}=0 \quad x=-a,z=b, \qquad -\frac{\partial P}{\partial x}-\frac{\partial P}{\partial z}+\frac{\sqrt{2}}{v}\frac{\partial P}{\partial t}=0 \quad x=-a,z=-b$$

(7-11)

上面我们导出了 CE 吸收边界条件方程,下面我们进一步基于平面波解导出 CE 吸收边界的反射系数。根据均匀介质中波动方程的平面波解,传播至右边界的平面波可以表示为

$$P(x,z,t) = e^{i(k_x x \pm k_z z - \omega t)} = e^{i(kx\cos\theta \pm kz\sin\theta - \omega t)} \tag{7-12}$$

其中 θ 为入射角,即平面波传播方向与 x 轴正向的夹角,k 为波数,k_x 和 k_z 分别为水平波数和垂直波数。类似地,反射波可以表示为

$$P(x,z,t) = r e^{i(-kx\cos\theta \pm kz\sin\theta - \omega t)} \tag{7-13}$$

其中 r 为反射系数。右边界附近总的波场可以表示为

$$P(x,z,t) = e^{i(kx\cos\theta \pm kz\sin\theta - \omega t)} + r e^{i(-kx\cos\theta \pm kz\sin\theta - \omega t)} \tag{7-14}$$

将式(7-14)代入右边界的 CE 吸收边界条件方程(7-7)~(7-9),可导出反射系数为

$$r = -\left(\frac{1-\cos\theta}{1+\cos\theta}\right)^j, \quad \theta \in \left[-\frac{\pi}{2},\frac{\pi}{2}\right] \tag{7-15}$$

其中 $j=1,2,3$,分别表示一阶、二阶和三阶 CE 边界条件。

二、Reynolds 吸收边界

Reynolds[66] 推导出了基于单程波的另外一种吸收边界条件,通常称之为透明边界条件,我们称之为 Reynolds 吸收边界。二维标量声波方程(7-1)可改写为

$$\left(\frac{1}{v^2}\frac{\partial^2}{\partial t^2}-\frac{\partial^2}{\partial x^2}+\frac{\partial^2}{\partial z^2}\right)P=\left[\frac{1}{v}\frac{\partial}{\partial t}+\left(\frac{\partial^2}{\partial x^2}+\frac{\partial^2}{\partial z^2}\right)^{1/2}\right]\left[\frac{1}{v}\frac{\partial}{\partial t}-\left(\frac{\partial^2}{\partial x^2}+\frac{\partial^2}{\partial z^2}\right)^{1/2}\right]P=0 \tag{7-16}$$

记

$$L_1=\frac{\partial}{\partial x}\left(1+\frac{\partial^2}{\partial z^2}\bigg/\frac{\partial^2}{\partial x^2}\right)^{1/2} \tag{7-17}$$

方程(7-16)变为

$$\left(\frac{1}{v}\frac{\partial}{\partial t}+L_1\right)\left(\frac{1}{v}\frac{\partial}{\partial t}-L_1\right)P=0 \tag{7-18}$$

其中 $\left(\frac{1}{v}\frac{\partial}{\partial t}+L_1\right)P=0$ 代表右边界的吸收边界条件，$\left(\frac{1}{v}\frac{\partial}{\partial t}-L_1\right)P=0$ 代表左边界的吸收边界条件。对 L_1 进行泰勒级数展开得到

$$L_1=\frac{\partial}{\partial x}\left(1+\frac{\partial^2}{\partial z^2}\bigg/\frac{\partial^2}{\partial x^2}\right)^{1/2}\approx\frac{\partial}{\partial x}\left(1+\frac{1}{2}\frac{\partial^2}{\partial z^2}\bigg/\frac{\partial^2}{\partial x^2}\right) \tag{7-19}$$

因此，右边界的吸收边界条件为

$$\frac{1}{v}\frac{\partial^2 P}{\partial x\partial t}+\frac{\partial^2 P}{\partial x^2}+\frac{1}{2}\frac{\partial^2 P}{\partial z^2}=0,\quad x=a \tag{7-20}$$

考虑有限差分法的稳定性条件，将方程(7-20)中 $\partial^2 P/\partial z^2$ 前面的系数替换为 $s/(1+s)$，其中 $s=v\Delta t/\Delta x$，Δt 为时间采样间隔，Δx 为 x 轴方向的空间采样间隔。此时，方程(7-20)可变形为

$$\frac{1}{v}\frac{\partial^2 P}{\partial x\partial t}+\frac{\partial^2 P}{\partial x^2}+\frac{s}{1+s}\frac{\partial^2 P}{\partial z^2}=0,\quad x=a \tag{7-21}$$

将 $\frac{\partial^2 P}{\partial z^2}=\frac{1}{v^2}\frac{\partial^2 P}{\partial t^2}-\frac{\partial^2 P}{\partial x^2}$ 代入式(7-21)得到

$$\frac{1}{v}\frac{\partial^2 P}{\partial x\partial t}+\frac{1}{1+s}\frac{\partial^2 P}{\partial x^2}+\frac{s}{1+s}\frac{1}{v^2}\frac{\partial^2 P}{\partial t^2}=0,\quad x=a \tag{7-22}$$

式(7-22)可进一步改写为

$$\left(\frac{1}{v}\frac{\partial}{\partial t}+\frac{\partial}{\partial x}\right)\left(\frac{s}{v}\frac{\partial}{\partial t}+\frac{\partial}{\partial x}\right)P=0\quad x=a \tag{7-23}$$

显然，方程(7-20)是 $s=1$ 的特例。

式(7-23)为右边界的 Reynolds 吸收边界条件，类似地，左边界、上边界和下边界的 Reynolds 吸收边界条件为

$$\begin{aligned}\left(\frac{1}{v}\frac{\partial}{\partial t}-\frac{\partial}{\partial x}\right)\left(\frac{s}{v}\frac{\partial}{\partial t}-\frac{\partial}{\partial x}\right)P=0,&\quad x=-a\\ \left(\frac{1}{v}\frac{\partial}{\partial t}-\frac{\partial}{\partial z}\right)\left(\frac{s}{v}\frac{\partial}{\partial t}-\frac{\partial}{\partial z}\right)P=0,&\quad z=-b\\ \left(\frac{1}{v}\frac{\partial}{\partial t}+\frac{\partial}{\partial z}\right)\left(\frac{s}{v}\frac{\partial}{\partial t}+\frac{\partial}{\partial z}\right)P=0,&\quad z=b\end{aligned} \tag{7-24}$$

以右边界的吸收边界条件为例，将式(7-14)代入式(7-21)得到

$$r=\frac{\cos\theta-\cos^2\theta-\dfrac{s}{1+s}(\sin^2\theta)}{\cos\theta+\cos^2\theta+\dfrac{s}{1+s}(\sin^2\theta)} \tag{7-25}$$

式(7-25)给出了 Reynolds 吸收边界的反射系数 r 的表达式。

三、Higdon 吸收边界

Higdon[57,58,67] 推导出了一种基于单程波的渐进吸收边界条件,我们称之为 Higdon 吸收边界条件。

传播至模型右边界的平面波可以由式(7-12)表示,也满足如下吸收边界条件:

$$\left(\cos\theta \frac{\partial}{\partial t} + v \frac{\partial}{\partial x}\right)P = 0, \quad x = a \tag{7-26}$$

式(7-26)为右边界的一阶 Higdon 吸收边界条件,它可以看成是式(7-12)的相容方程,能够完全吸收以 $\pm\theta$ 入射的平面波。特别地,取 $\theta=0$,式(7-26)可变形为 $\partial P/\partial x+(1/v)\partial P/\partial t=0$,能够完全吸收垂直入射至模型右边界的平面波,它与右边界的一阶 CE 吸收边界条件完全相同。

类似地,以 $\pm\theta_1, \pm\theta_2, \cdots, \pm\theta_m$ 入射至模型右边界的平面波的线性组合会满足如下高阶 Higdon 吸收边界条件:

$$B_m P = \left[\prod_{j=1}^{m}\left(\cos\theta_j \frac{\partial}{\partial t} + v \frac{\partial}{\partial x}\right)\right]P = 0, \quad x = a \tag{7-27}$$

其中 m 为 Higdon 吸收边界条件的阶数,θ_j 是可选择的角度参数。满足式(7-27)的吸收边界能够完全吸收以 $\pm\theta_j$ 入射至模型右边界的平面波,通过下文导出的反射系数公式能直接得出此结论。Higdon[58] 指出可以通过预估地震波以何种角度入射到边界来选择参数 θ_j,如果近似垂直入射的地震波占主导,我们可以对所有 j 的取值均选择 $\theta_j=0$。如果入射波具有较宽的角度范围,选择 θ_j 偏离零值是合理的,这样可以使得反射系数的根分布在一个较宽的角度范围。一般情况,参数 θ_j 的最优取值是一个独立的研究问题。我们这里在二阶 Higdon 吸收边界条件中取 $\theta_1=0$、$\theta_2=\pi/6$。

同样地,左边界、上边界、下边界的 m 阶 Higdon 吸收边界条件为

$$\begin{aligned} B_m P &= \left[\prod_{j=1}^{m}\left(\cos\theta_j \frac{\partial}{\partial t} - v \frac{\partial}{\partial x}\right)\right]P = 0, \quad x = -a, \\ B_m P &= \left[\prod_{j=1}^{m}\left(\cos\theta_j \frac{\partial}{\partial t} - v \frac{\partial}{\partial z}\right)\right]P = 0, \quad z = -b, \\ B_m P &= \left[\prod_{j=1}^{m}\left(\cos\theta_j \frac{\partial}{\partial t} + v \frac{\partial}{\partial z}\right)\right]P = 0, \quad z = b \end{aligned} \tag{7-28}$$

当 $m=1、2、3$ 时,式(7-27)可改写成如下形式:

B1: $$B_1 P = \cos\theta_1 \frac{\partial P}{\partial t} + v \frac{\partial P}{\partial x} = 0 \tag{7-29}$$

B2: $$B_2 P = \cos\theta_1\cos\theta_2 \frac{\partial^2 P}{\partial t^2} + v(\cos\theta_1 + \cos\theta_2) \frac{\partial^2 P}{\partial t \partial x} + v^2 \frac{\partial^2 P}{\partial x^2} = 0 \tag{7-30}$$

B3: $$B_3 P = \cos\theta_1\cos\theta_2\cos\theta_3 \frac{\partial^3 P}{\partial t^3} + v(\cos\theta_1\cos\theta_2 + \cos\theta_2\cos\theta_3 + \cos\theta_1\cos\theta_3) \frac{\partial^3 P}{\partial t^2 \partial x} + \\ v^2(\cos\theta_1 + \cos\theta_2 + \cos\theta_3) \frac{\partial^3 P}{\partial t \partial x^2} + v^3 \frac{\partial^3 P}{\partial x^3} = 0$$

$$\tag{7-31}$$

其中，B1、B2和B3分别为右边界的一阶、二阶和三阶Higdon吸收边界条件。与CE吸收边界条件类似，B3精度较高，但数值求解难度较大；B1数值求解容易但精度低；B2是实际应用的首选。

将式(7-14)代入方程(7-27)得到

$$r = -\prod_{j=1}^{m}\left(\frac{\cos\theta_j - \cos\theta}{\cos\theta_j + \cos\theta}\right) \tag{7-32}$$

其中θ为平面波的入射角，θ_j为给定的角度参数。式(7-32)为Higdon吸收边界的反射系数r的表达式。可以看出，以$\pm\theta_j$入射的平面波反射系数等于零，即会被完全吸收。

四、三种单程波吸收边界的关系

1. CE吸收边界与Reynolds吸收边界的关系

方程(7-20)是右边界的Reynolds吸收边界条件中取$s=1$的特殊情形，将方程(7-20)中的$\partial^2 P/\partial x^2$替换为$\frac{1}{v^2}\partial^2 P/\partial t^2 - \partial^2 P/\partial z^2$得到

$$\frac{1}{v}\frac{\partial^2 P}{\partial x\partial t} + \frac{1}{v^2}\frac{\partial^2 P}{\partial t^2} - \frac{1}{2}\frac{\partial^2 P}{\partial z^2} = 0, \quad x = a \tag{7-33}$$

方程(7-33)左右两边乘以v得到

$$\frac{\partial^2 P}{\partial x\partial t} + \frac{1}{v}\frac{\partial^2 P}{\partial t^2} - \frac{v}{2}\frac{\partial^2 P}{\partial z^2} = 0, \quad x = a \tag{7-34}$$

可以看出式(7-34)与式(7-8)完全相同。因此，二阶CE吸收边界是Reynolds吸收边界中取$s=1$的特例。

2. CE吸收边界与Higdon吸收边界的关系

对比方程(7-7)和方程(7-29)会发现：当$\theta_1 = 0$时，B1与A1完全相同。当$\theta_1 = \theta_2 = 0$时，方程(7-30)可简化为

$$\frac{1}{2v}\frac{\partial^2 P}{\partial t^2} + \frac{\partial^2 P}{\partial t\partial x} + \frac{v}{2}\frac{\partial^2 P}{\partial x^2} = 0 \tag{7-35}$$

将式(7-35)中的$\partial^2 P/\partial x^2$替换为$\frac{1}{v^2}\partial^2 P/\partial t^2 - \partial^2 P/\partial z^2$得到

$$\frac{\partial^2 P}{\partial x\partial t} + \frac{1}{v}\frac{\partial^2 P}{\partial t^2} - \frac{v}{2}\frac{\partial^2 P}{\partial z^2} = 0 \tag{7-36}$$

式(7-36)与式(7-8)完全相同。即当$\theta_1 = \theta_2 = 0$时，B2与A2完全相同。同样地，可以导出$\theta_1 = \theta_2 = \theta_3 = 0$时，B3与A3完全相同。

综合上述分析可知：CE吸收边界可以看成是Higdon吸收边界中角度参数$\theta_j = 0$的特例。

3. 三种单程波吸收边界条件的反射系数分析

利用CE、Reynolds和Higdon吸收边界的反射系数公式，可以绘制反射系数r的绝对值

随平面波入射角 θ 的变化曲线,如图 7-2 所示。从图中可以得出如下结论:

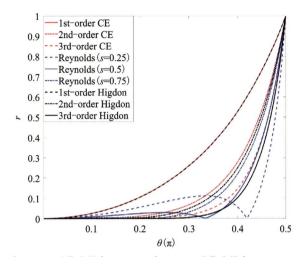

在一阶 Higdon 吸收边界中 $\theta_1=0$,二阶 Higdon 吸收边界中 $\theta_1=0$、$\theta_2=\pi/6$,
三阶 Higdon 吸收边界中 $\theta_1=0$、$\theta_2=\pi/8$、$\theta_3=\pi/4$

图 7-2 CE、Reynolds 和 Higdon 吸收边界的反射系数 r 的绝对值随入射角 θ 的变化曲线

(1)CE 吸收边界随着阶数升高,反射系数减小,即吸收效果变好。

(2)Reynolds 吸收边界中 s 取值不同,会影响反射系数 r 第二个零值出现的位置;Reynolds 吸收边界的反射系数曲线呈现先增大、后减小、再增大的特征。

(3)Higdon 吸收边界随着阶数升高,反射系数减小,即吸收效果变好。

(4)CE、Reynolds 和 Higdon 吸收边界的反射系数 r 的绝对值在 $\theta=\pi/2$ 时均为 1,说明基于单程波理论的吸收边界无法有效吸收大角度入射波。

(5)二阶 CE 吸收边界和 Reynolds 吸收边界的吸收效果在 θ 的不同取值区间各有优劣,Reynolds 吸收边界的吸收效果很难超越二阶 CE 吸收边界的吸收效果。

(6)一阶 CE 吸收边界和一阶 Higdon 吸收边界的反射系数曲线完全重合;二阶 Higdon 吸收边界的反射系数 r 的绝对值小于二阶 CE 吸收边界;同样地,三阶 Higdon 吸收边界的反射系数 r 的绝对值小于三阶 CE 吸收边界 r 的绝对值。因此,Higdon 吸收边界的吸收效果通常优于相同阶数 CE 吸收边界的吸收效果。

五、单程波吸收边界条件的离散形式

1. 二阶 CE 吸收边界条件的差分离散

下面以二维标量声波方程为例,对二阶 CE 吸收边界条件进行差分离散。设模型区域 x 轴方向的网格点索引范围为 $[0,NX]$,z 轴方向的网格点索引范围为 $[0,NZ]$,时间 t 的网格点索引范围为 $[0,NT]$。模型内部区域的波场值基于标量声波方程(7-1)进行差分求解,具体差分求解方法参见第二章,可采用二维 C-FD、TS-FD 和 M-FD 求解。边界处的波场值采用二阶 CE 吸收边界条件进行差分求解,下面我们将导出二阶 CE 吸收边界条件方程的差分离散形式。

在模型右边界，对式(7-8)中的 $\partial^2 P/\partial t^2$、$\partial^2 P/\partial z^2$ 和 $\partial^2 P/\partial x \partial t$ 进行差分离散得到

$$\frac{\partial^2 P}{\partial t^2} \approx \frac{P_{NX,j}^{k+1} + P_{NX-1,j}^{k+1} - 2(P_{NX,j}^k + P_{NX-1,j}^k) + P_{NX,j}^{k-1} + P_{NX-1,j}^{k-1}}{2\Delta t^2},$$

$$\frac{\partial^2 P}{\partial z^2} \approx \frac{P_{NX,j+1}^k + P_{NX-1,j+1}^k - 2(P_{NX,j}^k + P_{NX-1,j}^k) + P_{NX,j-1}^k + P_{NX-1,j-1}^k}{2\Delta z^2}, \quad (7\text{-}37)$$

$$\frac{\partial^2 P}{\partial x \partial t} \approx \frac{(P_{NX,j}^{k+1} - P_{NX,j}^{k-1}) - (P_{NX-1,j}^{k+1} - P_{NX-1,j}^{k-1})}{2\Delta x \Delta t}$$

其中 $P_{i,j}^k = P(i\Delta x, j\Delta z, k\Delta t)$。将式(7-37)代入式(7-8)得到

$$P_{NX,j}^{k+1} = \frac{1}{(1+r_x)} \Big\{ r_x (P_{NX,j}^{k-1} + P_{NX-1,j}^{k+1} - P_{NX-1,j}^{k-1}) - $$
$$[P_{NX-1,j}^{k+1} - 2(P_{NX,j}^k + P_{NX-1,j}^k) + P_{NX,j}^{k-1} + P_{NX-1,j}^{k-1}] + $$
$$\frac{1}{2} r_z^2 [P_{NX,j+1}^k + P_{NX-1,j+1}^k - 2(P_{NX,j}^k + P_{NX-1,j}^k) + P_{NX,j-1}^k + P_{NX-1,j-1}^k] \Big\}$$

$$(7\text{-}38)$$

其中 $r_x = v\Delta t/\Delta x$，$r_z = v\Delta t/\Delta z$。同样地，对左边界、上边界和下边界的二阶 CE 吸收边界进行差分离散然后整理得到

$$P_{0,j}^{k+1} = \frac{1}{1+r_x} \{ r_x (P_{1,j}^{k+1} - P_{1,j}^{k-1} + P_{0,j}^{k-1}) - [P_{1,j}^{k+1} - 2(P_{0,j}^k + P_{1,j}^k) + P_{0,j}^{k-1} + P_{1,j}^{k-1}] + $$
$$\frac{r_z^2}{2} [P_{0,j+1}^k + P_{1,j+1}^k - 2(P_{0,j}^k + P_{1,j}^k) + P_{0,j-1}^k + P_{1,j-1}^k] \}$$

$$(7\text{-}39)$$

$$P_{i,0}^{k+1} = \frac{1}{1+r_z} \{ r_z (P_{i,1}^{k+1} - P_{i,1}^{k-1} + P_{i,0}^{k-1}) - [P_{i,1}^{k+1} - 2(P_{i,0}^k + P_{i,1}^k) + P_{i,0}^{k-1} + P_{i,1}^{k-1}] + $$
$$\frac{r_x^2}{2} [P_{i+1,0}^k + P_{i+1,1}^k - 2(P_{i,0}^k + P_{i,1}^k) + P_{i-1,0}^k + P_{i-1,1}^k] \}$$

$$(7\text{-}40)$$

$$P_{i,NZ}^{k+1} = \frac{1}{(1+r_z)} \Big\{ r_z (P_{i,NZ}^{k-1} + P_{i,NZ-1}^{k+1} - P_{i,NZ-1}^{k-1}) - $$
$$[P_{i,NZ-1}^{k+1} - 2(P_{i,NZ}^k + P_{i,NZ-1}^k) + P_{i,NZ}^{k-1} + P_{i,NZ-1}^{k-1}] + \quad (7\text{-}41)$$
$$\frac{1}{2} r_x^2 [P_{i+1,NZ}^k + P_{i+1,NZ-1}^k - 2(P_{i,NZ}^k + P_{i,NZ-1}^k) + P_{i-1,NZ}^k + P_{i-1,NZ-1}^k] \Big\}$$

对 4 个角点处的吸收边界条件方程(7-11)进行差分离散得到

$$P_{NX,NZ}^{k+1} = \frac{1}{r_x + r_z + \sqrt{2}} (\sqrt{2} P_{NX,NZ}^k + r_x P_{NX-1,NZ}^{k+1} + r_z P_{NX-1,NZ}^{k+1}),$$

$$P_{NX,0}^{k+1} = \frac{1}{r_x + r_z + \sqrt{2}} (\sqrt{2} P_{NX,0}^k + r_x P_{NX-1,0}^{k+1} + r_z P_{NX,1}^{k+1}),$$

$$P_{0,NZ}^{k+1} = \frac{1}{r_x + r_z + \sqrt{2}} (\sqrt{2} P_{0,NZ}^k + r_z P_{0,NZ-1}^{k+1} + r_x P_{1,NZ}^{k+1}),$$

$$P_{0,0}^{k+1} = \frac{1}{r_x + r_z + \sqrt{2}}(\sqrt{2}P_{0,0}^k + r_x P_{1,0}^{k+1} + r_z P_{0,1}^{k+1}) \tag{7-42}$$

式(7-38)~(7-42)共同构成二阶 CE 吸收边界条件的差分离散迭代形式。

2. Higdon 吸收边界的差分离散形式

本小节我们将导出一阶和二阶 Higdon 吸收边界条件的差分离散形式及相应的迭代形式。模型右边界的一阶 Higdon 吸收算子可以差分离散表示为

$$B_1(E_x^{-1}, E_t^{-1}) = \beta_1\left(\frac{I - E_t^{-1}}{\Delta t}\right)\left[(1-b)I + bE_x^{-1}\right] + v\left(\frac{I - E_x^{-1}}{\Delta x}\right)\left[(1-b)I + bE_t^{-1}\right] \tag{7-43}$$

其中 $\beta_1 = \cos\alpha_1$,b 为介于 $0.3 \sim 0.5$ 之间的常数。E_x^{-1} 为负向空间移位算子,满足 $E_x^{-1}P_{i,j}^k = P_{i-1,j}^k$,$E_t^{-1}$ 为负向时间移位算子,满足 $E_t^{-1}P_{i,j}^k = P_{i,j}^{k-1}$,$I$ 为单位算子,满足 $I \cdot P_{i,j}^k = P_{i,j}^k$。

为了简化式(7-43)的计算,将算子 $B_1(E_x^{-1}, E_t^{-1})$ 乘以一个常数 $\frac{\Delta t}{(\beta_1+r)(1-b)}$ 得到

$$\frac{\Delta t}{(\beta_1+r)(1-b)}B_1(E_x^{-1}, E_t^{-1}) = I + q_t E_t^{-1} + q_x E_x^{-1} + q_{xt} E_x^{-1} E_t^{-1} \tag{7-44}$$

其中

$$q_t = \frac{b(\beta_1+r) - \beta_1}{(\beta_1+r)(1-b)}, \quad q_x = \frac{b(\beta_1+r) - r}{(\beta_1+r)(1-b)}, \quad q_{xt} = \frac{b}{b-1} \tag{7-45}$$

同样地,模型左边界的一阶 Higdon 吸收算子的差分离散表达式 $B_1(E_x, E_t^{-1})$ 可表示为

$$\frac{\Delta t}{(\beta_1+r)(1-b)}B_1(E_x, E_t^{-1}) = I + q_t E_t^{-1} + q_x E_x + q_{xt} E_x E_t^{-1} \tag{7-46}$$

其中,q_t、q_x 和 q_{xt} 的表达式由式(7-45)给出。

根据式(7-44)和式(7-46)可导出一阶 Higdon 吸收边界条件,右边界和左边界处波场的离散迭代方程为

$$\begin{aligned}P_{NX,j}^{k+1} &= -q_t P_{NX,j}^k - q_x P_{NX-1,j}^{k+1} - q_{xt} P_{NX-1,j}^k, \\ P_{0,j}^{k+1} &= -q_t P_{0,j}^k - q_x P_{1,j}^{k+1} - q_{xt} P_{1,j}^k\end{aligned} \tag{7-47}$$

同样地,可以导出二阶 Higdon 吸收边界条件下,右边界和左边界处波场的离散迭代方程[58]为

$$\begin{aligned}P_{NX,j}^{k+1} &= \sum_{i=1}^{2}\gamma_{0,i}P_{NX-i,j}^{k+1} + \sum_{l=0}^{1}\sum_{i=0}^{2}\gamma_{1+l,i}P_{NX-i,j}^{k-l}, \\ P_{0,j}^{k+1} &= \sum_{i=1}^{2}\gamma_{0,i}P_{i,j}^{k+1} + \sum_{l=0}^{1}\sum_{i=0}^{2}\gamma_{1+l,i}P_{i,j}^{k-l}\end{aligned} \tag{7-48}$$

其中

$$\begin{aligned}\gamma_{0,1} &= -(q_{1,x} + q_{2,x}), \quad \gamma_{0,2} = -q_{1,x}q_{2,x}, \\ \gamma_{1,0} &= -(q_{1,t} + q_{2,t}), \quad \gamma_{1,1} = -(q_{1,t}q_{2,x} + q_{2,t}q_{1,x} + q_{1,xt} + q_{2,xt}), \\ \gamma_{1,2} &= -(q_{1,x}q_{2,xt} + q_{2,x}q_{1,xt}), \\ \gamma_{2,0} &= -q_{1,t}q_{2,t}, \quad \gamma_{2,1} = -(q_{1,t}q_{2,xt} + q_{2,t}q_{1,xt}), \quad \gamma_{2,2} = -q_{1,xt}q_{2,xt}\end{aligned} \tag{7-49}$$

$$q_{i,x} = \frac{b(\beta_i+r)-r}{(\beta_i+r)(1-b)}, \quad q_{i,t} = \frac{b(\beta_i+r)-\beta_i}{(\beta_i+r)(1-b)}, \quad q_{i,xt} = \frac{b}{(b-1)} \quad (7-50)$$

其中 $\beta_i = \cos\alpha_i (i=1,2)$。

式(7-45)和(7-47)给出了一阶 Higdon 吸收边界条件下，左边界和右边界处波场的离散迭代方程，式(7-48)~式(7-50)给出了二阶 Higdon 吸收边界条件下，左边界和右边界处波场的离散迭代方程。同样地，可以导出上边界和下边界处波场的离散迭代方程，限于篇幅，这里不再给出。

二阶 Higdon 吸收边界条件下，模型左上角角点处波场的离散迭代方程可以通过加权平均左边界和上边界的离散迭代方程得到，形式如下：

$$P_{0,0}^{k+1} = \frac{1}{2}\sum_{i=1}^{2}\gamma_{0,i}(P_{i,0}^{k+1}+P_{0,i}^{k+1}) + \frac{1}{2}\sum_{l=0}^{1}\sum_{i=0}^{2}\gamma_{1+l,i}(P_{i,0}^{k-l}+P_{0,i}^{k-l}) \quad (7-51)$$

一阶 Higdon 吸收边界条件下，角点处波场的离散迭代方程也可以采用同样的加权平均处理方法。

Higdon 吸收边界条件可以方便地应用于二阶标量声波方程或一阶速度-应力声波和弹性波方程。

六、混合吸收边界

为了改进基于单程波原理的吸收边界条件的吸收效果，Liu 和 Sen[68,69]提出了一种有效的混合吸收边界条件，其核心思想是在计算区域和边界之间加入一个过渡区。图 7-3 给出了

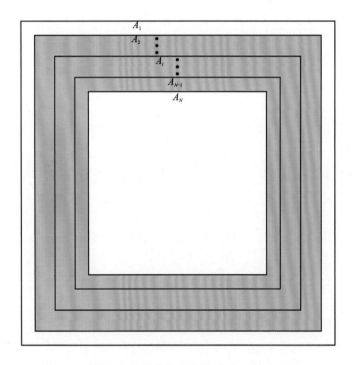

图 7-3 混合吸收边界条件示意图（灰色区域为过渡区）

混合吸收边界的示意图,过渡区域(图 7-3 中的灰色区域)的波场值表示为双程波波动方程和单程波波动方程计算的波场值的加权平均。通常采用一个线性加权函数,过渡区的波场值可以表示为

$$P_{A_i} = w_{A_i} P^{\text{two}} + (1 - w_{A_i}) P^{\text{one}} \quad i = 1, 2, \cdots, N,$$
$$w_{A_i} = (i - 1)/N \tag{7-52}$$

其中,P^{two} 表示由双程波波动方程计算的波场值,P^{one} 表示由单程波波动方程计算的波场值,N 为混合吸收边界的网格层数。

混合吸收边界是一种思想,其中 P^{one} 表示基于单程波吸收边界条件方程计算的波场值,可以采用 CE 吸收边界、Reynolds 吸收边界和 Higdon 吸收边界中的任意一种。

第二节 海绵吸收边界

海绵吸收边界的基本原理是在计算区域外部设置衰减层,使得波场在衰减层内呈指数衰减,从而减弱边界反射能量。

一、Cerjan 海绵吸收边界

Cerjan 等[59]提出在计算区域外面设置衰减层以减弱边界反射波,每一个波场外推时刻,衰减层内每个网格点的地震波振幅随高斯函数衰减

$$G(n) = \exp[-\lambda^2 (n_0 - n)^2] \quad n = 0, 1, 2, \cdots, n_0 \tag{7-53}$$

其中 λ 为衰减系数,n 为衰减层内的网格点索引,n_0 为吸收衰减层的网格层数(最外层网格的索引)。Cerjan[59]通过大量的实验给出了一组经验参数 $n_0 = 20$ 和 $\lambda = 0.015$。Bording[60]指出这组参数不是最优的,并给出了一组近似最优化的参数 $n_0 = 45$ 和 $\lambda = 0.005\,3$。

二、Sochacki 海绵吸收边界

Cerjan 等[59]证实了通过将衰减层内地震波的振幅乘以一个指数衰减函数能够显著减小任意角度入射波的振幅。然而,他们的方法作用于离散的数值解,不是作用于波动方程。Sochacki 等[70]提出在波动方程中引入衰减项对衰减层内的地震波实施衰减,波动方程扩展为

$$\frac{\partial^2 P}{\partial t^2} + 2A(x,z) \frac{\partial P}{\partial t} = v^2 \left(\frac{\partial^2 P}{\partial x^2} + \frac{\partial^2 P}{\partial z^2} \right) \tag{7-54}$$

其中 $A(x,z)$ 为衰减函数。在计算区域 $A(x,z) = 0$,在阻尼区 Sochacki 等[70]给出了五种阻尼函数。

相比 Cerjan 海绵吸收边界,Sochacki 海绵边界具有如下优点:首先,阻尼项具有明确的物理意义,可以研究摩擦和其他耗散现象对声波和弹性波的影响;其次,容易计算反射系数;第三,阻尼项是波动方程的一部分,大量的数值解法可以采用并且理论结果容易获得。

第三节 完全匹配层吸收边界

完全匹配层吸收边界(PML)基于复坐标变换原理实现波场在匹配层内呈指数衰减,波场

在计算区域保持不变。对连续波动方程,PML 对所有入射角和所有频率的入射波,反射系数都为零。

一、完全匹配层吸收边界(PML)

在本小节,我们将呈现一般情况下传播问题的 PML 模型的基本原理,这有助于我们将它推广到其他波传播模型中。考虑如下形式的一般传播问题:

$$(a) \quad \frac{\partial v}{\partial t} - A\frac{\partial v}{\partial x} - B\frac{\partial v}{\partial y} = 0, \quad (b) \quad v(t=0) = v_0 \tag{7-55}$$

在一般情况下,v 是一个 m 维向量,A 是一个 $m \times m$ 型的矩阵,$x \in R$,$y \in R^{n-1}$。为了简化讨论的问题,下面我们讨论 $m=1, n=2$ 的标量情形。此外,我们假设右半空间的初始条件为 $v_0 = 0$,将方程(7-55)替换为左半空间的等价问题。PML 模型的基本原理是将左半空间中的方程与右半空间中的方程耦合,使得界面处没有反射波,并且波在右半空间随指数衰减。为此,我们首先引入如下方程系统:

$$\frac{\partial v^{\parallel}}{\partial t} - B\frac{\partial v}{\partial y} = 0, \quad \frac{\partial v^{\perp}}{\partial t} - B\frac{\partial v}{\partial x} = 0 \tag{7-56}$$

其中 $v = v^{\parallel} + v^{\perp}$,上标"$\parallel$"表示仅保留与界面平行方向的导数,也就是 y 轴方向的偏导数,上标"$\perp$"表示仅保留与界面垂直方向的导数,也就是 x 轴方向的偏导数。容易看出,方程(7-56)与方程(7-55)中的(a)完全等价。

其次,我们引入一个函数 $d(x)$,它在左半空间为零值,在右半空间为正值。我们定义一个新的波场变量 u,满足如下方程:

$$\frac{\partial u^{\perp}}{\partial t} + d(x)u^{\perp} - A\frac{\partial u}{\partial x} = 0,$$

$$\frac{\partial u^{\parallel}}{\partial t} - B\frac{\partial u}{\partial y} = 0,$$

$$u(t=0) = v_0 \tag{7-57}$$

其中 $u = u^{\parallel} + u^{\perp}$,容易看出 u 和 v 在左半空间满足完全相同的方程系统。

为了分析方便,将方程(7-55)变换到频率空间域得到

$$i\omega \hat{v} - A\frac{\partial \hat{v}}{\partial x} - B\frac{\partial \hat{v}}{\partial y} = 0 \tag{7-58}$$

同样地,将方程(7-57)变换到频率空间域得到

$$(i\omega + d(x))\hat{u}^{\perp} - A\frac{\partial \hat{u}}{\partial x} = 0,$$

$$i\omega \hat{u}^{\parallel} - B\frac{\partial \hat{u}}{\partial y} = 0 \tag{7-59}$$

其中 $\hat{u} = \hat{u}^{\parallel} + \hat{u}^{\perp}$,式(7-59)等价于

$$i\omega \hat{u}^{\perp} - \frac{i\omega}{i\omega + d(x)}A\frac{\partial \hat{u}}{\partial x} = 0,$$

$$i\omega \hat{u}^{\parallel} - B\frac{\partial \hat{u}}{\partial y} = 0 \tag{7-60}$$

现在，我们可以发现 PML 模型由如下简单的替换构成：

$$\frac{\partial}{\partial x} \to \frac{\partial}{\partial \widetilde{x}} = \frac{1}{s_x}\frac{\partial}{\partial x}, \quad s_x = 1 + \frac{d(x)}{i\omega} \tag{7-61}$$

其中 s_x 为复坐标变换参数。式(7-61)包含如下的复变量代换：

$$\widetilde{x}(x) = x - \frac{i}{\omega}\int_0^x d(s)\mathrm{d}s \tag{7-62}$$

现在，我们可以利用平面波分析来研究 PML 模型的性质。我们寻求方程(7-55)的如下形式特解

$$\begin{aligned}v &= v_0\exp[-i(k_x x + k_y y - \omega t)],\\ k &= (k_x, k_y) \in R\times R, \quad \omega \in R\end{aligned} \tag{7-63}$$

式(7-63)要成为方程(7-55)的解，v 必须满足如下关系：

$$iv_0\omega + iAv_0 k_x + iBv_0 k_y = 0 \tag{7-64}$$

同样地，我们寻求方程(7-57)具有如下形式的特解：

$$\begin{aligned}u^{\|} &= a^{\|}\exp[-i(k_x\widetilde{x}(x) + k_y y - \omega t)],\\ u^{\perp} &= a^{\perp}\exp[-i(k_x\widetilde{x}(x) + k_y y - \omega t)],\\ u &= u^{\|} + u^{\perp}\end{aligned} \tag{7-65}$$

式(7-65)要成为方程(7-57)的解，$u^{\|}$ 和 $u^{\perp}$ 必须满足如下关系：

$$\begin{aligned}&[i\omega + d(x)]a^{\perp} + i\left(1 - \frac{id(x)}{\omega}\right)A(a^{\perp} + a^{\|})k_x = 0,\\ &i\omega a^{\|} + iB(a^{\perp} + a^{\|})k_y = 0\end{aligned} \tag{7-66}$$

式(7-66)等价于

$$\begin{aligned}&i\omega a^{\perp} + iA(a^{\perp} + a^{\|})k_x = 0,\\ &i\omega a^{\|} + iB(a^{\perp} + a^{\|})k_y = 0\end{aligned} \tag{7-67}$$

式(7-67)的两个子式相加得到

$$i\omega(a^{\perp} + a^{\|}) + iA(a^{\perp} + a^{\|})k_x + iB(a^{\perp} + a^{\|})k_z = 0 \tag{7-68}$$

可以看出，如果取

$$a^{\perp} + a^{\|} = v_0 \tag{7-69}$$

式(7-68)就变得与式(7-64)完全一致，而且从式(7-67)可以得到

$$a^{\|} = -Bv_0\frac{k_y}{\omega}, \quad a^{\perp} = -Av_0\frac{k_x}{\omega} \tag{7-70}$$

这样式(7-65)就是方程(7-57)的解。进一步，我们可以得到如下性质，方程(7-57)的平面波解可以改写成如下形式：

$$u = v_0\exp[-i(k_x x + k_y y - \omega t)]\exp\left[-\frac{k_x}{\omega}\int_0^x d(x)\mathrm{d}s\right] \tag{7-71}$$

且满足如下两条性质：

(1) 在左半空间($x \leqslant 0$)，$u \equiv v$，这意味着界面处没有反射，PML 模型匹配是完美的；

(2) 在右半空间，波场 u 呈指数衰减，衰减因子为

$$\alpha_d = \frac{\| u(x) \|}{\| v(x) \|} = \exp\left[-\frac{k_x}{\omega}\int_0^x d(s)\mathrm{d}s\right] \quad (7\text{-}72)$$

式(7-72)表明：波在右半空间随指数衰减,衰减因子 α_d 依赖于波传播的方向。波沿垂直于界面方向传播,波场 u 衰减很快,随着传播方向逐渐接近平行于界面方向,波场 u 衰减会越来越缓慢。

二、卷积完全匹配层(CPML)

经典的 PML 需要对波场进行分裂,在分裂方程中添加 PML 吸收边界,这样会增加方程的个数和计算量。Komatitsch 和 Martin[63]通过对复坐标变换参数 s_x 进行修改,导出了一种非分裂的卷积完全匹配层吸收边界(CPML)。

CPML 模型的主要思路是对复坐标变换参数 s_x 进行改造,改造后的 s_x 的表达式为

$$s_x = \chi_x + \frac{d_x}{\alpha_x + i\omega} \quad (7\text{-}73)$$

其中 $\alpha_x \geq 0$, $\chi_x \geq 1$。可以看出,经典 PML 的复坐标变换参数 s_x 是式(7-73)中取 $\chi_x=1$、$\alpha_x=0$ 的特例。

对式(7-73)进行变形可以得到

$$\frac{1}{s_x} = \frac{1}{\chi_x + d_x/(\alpha_x + i\omega)} = \frac{1}{\chi_x} - \frac{d_x}{\chi_x^2}\frac{1}{(d_x/\chi_x + \alpha_x) + i\omega} \quad (7\text{-}74)$$

假设 $\overline{s_x}(t)$ 是 $1/s_x$ 关于角频率 ω 的逆傅里叶变换,可以得到

$$\overline{s_x}(t) = \frac{\delta(t)}{\chi_x} - \frac{d_x}{\chi_x^2}u(t)\mathrm{e}^{-(d_x/\chi_x + \alpha_x)t} \quad (7\text{-}75)$$

其中 $\delta(t)$ 为狄拉克函数(Dirac 函数), $u(t)$ 表示单位阶跃函数。

记

$$\zeta_x(t) = -\frac{d_x}{\chi_x^2}u(t)\mathrm{e}^{-(d_x/\chi_x + \alpha_x)t} \quad (7\text{-}76)$$

则,式(7-75)可简化为

$$\overline{s_x}(t) = \frac{\delta(t)}{\chi_x} + \zeta_x(t) \quad (7\text{-}77)$$

在时间域,有

$$\frac{\partial}{\partial \tilde{x}} = \overline{s_x}(t) * \frac{\partial}{\partial x} = \frac{1}{\chi_x}\frac{\partial}{\partial x} + \zeta_x(t) * \frac{\partial}{\partial x} \quad (7\text{-}78)$$

在 $n\Delta t$ 时刻,式(7-78)中的卷积项可以写成

$$\psi_x^n = \int_0^{n\Delta t}\left(\frac{\partial}{\partial x}\right)^{n\Delta t - \tau}\zeta_x(\tau)\mathrm{d}\tau \quad (7\text{-}79)$$

式(7-79)中的积分写成离散形式得到

$$\psi_x^n = \sum_{m=0}^{n-1}\int_{m\Delta t}^{(m+1)\Delta t}\left(\frac{\partial}{\partial x}\right)^{n\Delta t - \tau}\zeta_x(\tau)\mathrm{d}\tau = \sum_{m=0}^{n-1}\left(\frac{\partial}{\partial x}\right)^{n-(m+1/2)}\int_{m\Delta t}^{(m+1)\Delta t}\zeta_x(\tau)\mathrm{d}\tau$$
$$= \sum_{m=0}^{n-1}Z_x(m)\left(\frac{\partial}{\partial x}\right)^{n-(m+1/2)} \quad (7\text{-}80)$$

其中
$$Z_x(m) = \int_{m\Delta t}^{(m+1)\Delta t} \zeta_x(\tau) d\tau \tag{7-81}$$

将式(7-76)代入式(7-81)得到
$$Z_x(m) = \int_{m\Delta t}^{(m+1)\Delta t} \zeta_x(\tau) d\tau = -\frac{d_x}{\chi_x^2} \int_{m\Delta t}^{(m+1)\Delta t} e^{-(d_x/\chi_x + a_x)\tau} d\tau = a_x e^{-(d_x/\chi_x + a_x)m\Delta t} \tag{7-82}$$

其中
$$a_x = \frac{d_x}{\chi_x(d_x + \chi_x\alpha_x)}(b_x - 1), \quad b_x = e^{-(d_x/\chi_x + a_x)\Delta t} \tag{7-83}$$

将式(7-83)代入式(7-80)得到
$$\begin{aligned}\psi_x^n &= \sum_{m=0}^{n-1}\left\{a_x\left(\frac{\partial}{\partial x}\right)^{[n-(m+1/2)]\Delta t} e^{-(d_x/\chi_x + a_x)m\Delta t}\right\} \\
&= a_x\left(\frac{\partial}{\partial x}\right)^{(n-1/2)\Delta t} + \sum_{m=1}^{n-1}\left\{a_x\left(\frac{\partial}{\partial x}\right)^{[n-(m+1/2)]\Delta t} e^{-(d_x/\chi_x + a_x)m\Delta t}\right\} \\
&= a_x\left(\frac{\partial}{\partial x}\right)^{(n-1/2)\Delta t} + e^{-(d_x/\chi_x + a_x)\Delta t}\sum_{m=0}^{n-2}\left\{a_x\left(\frac{\partial}{\partial x}\right)^{[(n-1)-(m+1/2)]\Delta t} e^{-(d_x/\chi_x + a_x)m\Delta t}\right\} \\
&= a_x\left(\frac{\partial}{\partial x}\right)^{(n-1/2)\Delta t} + b_x\psi_x^{n-1}\end{aligned}$$
$$\tag{7-84}$$

即 ψ_x^n 存在如下递推关系:
$$\psi_x^n = b_x\psi_x^{n-1} + a_x\left(\frac{\partial}{\partial x}\right)^{n-1/2} \tag{7-85}$$

此递推关系极大地简化了 ψ_x^n 的卷积计算。

因此,CPML模型中关于复坐标 $\tilde{x}$ 和实坐标 x 的求导对应关系为
$$\frac{\partial}{\partial \tilde{x}} = \frac{1}{\chi_x}\frac{\partial}{\partial x} + \zeta_x(t) * \frac{\partial}{\partial x} = \frac{1}{\chi_x}\frac{\partial}{\partial x} + \psi_x \tag{7-86}$$

离散化之后 ψ_x 可基于式(7-85)进行迭代计算。

三、二维一阶速度-应力声波和弹性波方程的完全匹配层吸收边界

1. 含PML吸收边界的速度-应力声波方程

二维速度-应力声波方程可表示为
$$\frac{\partial P}{\partial t} + \kappa\left(\frac{\partial v_x}{\partial x} + \frac{\partial v_z}{\partial z}\right) = 0, \quad \frac{\partial v_x}{\partial t} + \frac{1}{\rho}\frac{\partial P}{\partial x} = 0, \quad \frac{\partial v_z}{\partial t} + \frac{1}{\rho}\frac{\partial P}{\partial z} = 0 \tag{7-87}$$

其中 $P=P(x,z,t)$ 为压力场,$v_x=v_x(x,z,t)$ 和 $v_z=v_z(x,z,t)$ 分别为质点振动速度场的 x 和 z 分量,$\kappa=\kappa(x,z)$ 为体积模量,$\rho=\rho(x,z)$ 为介质的密度。

经典的PML吸收边界条件需要对波场进行分裂,根据PML吸收边界条件的原理,在二维速度-应力声波方程(7-87)中添加PML吸收边界条件得到

$$P = P^x + P^z, \quad \frac{\partial P^x}{\partial t} + d_x P^x + \kappa \frac{\partial v_x}{\partial x} = 0, \quad \frac{\partial P^z}{\partial t} + d_z P^z + \kappa \frac{\partial v_z}{\partial z} = 0,$$
$$\frac{\partial v_x}{\partial t} + d_x v_x + \frac{1}{\rho}\frac{\partial P}{\partial x} = 0, \quad \frac{\partial v_z}{\partial t} + d_z v_z + \frac{1}{\rho}\frac{\partial P}{\partial z} = 0 \tag{7-88}$$

其中 d_x 和 d_z 分别为 x 方向和 z 方向的阻尼因子。

2. 含 CPML 吸收边界的速度-应力声波方程

根据 CPML 吸收边界条件中复坐标 $\tilde{x}$ 和实坐标 x 的求导对应关系，得出含 CPML 吸收边界的二维速度-应力声波方程可表示为

$$\frac{\partial v_x}{\partial t} = -\frac{1}{\rho}\left(\frac{1}{\chi_x}\frac{\partial P}{\partial x} + \psi_{P_x}\right), \quad \frac{\partial v_z}{\partial t} = -\frac{1}{\rho}\left(\frac{1}{\chi_z}\frac{\partial P}{\partial z} + \psi_{P_z}\right),$$
$$\frac{\partial P}{\partial t} = -\kappa\left(\frac{1}{\chi_x}\frac{\partial v_x}{\partial x} + \psi_{v_x} + \frac{1}{\chi_z}\frac{\partial v_z}{\partial z} + \psi_{v_z}\right) \tag{7-89}$$

其中 ψ_{v_x}、ψ_{v_z}、ψ_{P_x} 和 ψ_{P_z} 的离散递推关系如下：

$$\psi_{P_x}^n = b_x \psi_{P_x}^{n-1} + a_x \left(\frac{\partial P}{\partial x}\right)^{(n-1/2)}, \quad \psi_{P_z}^n = b_z \psi_{P_z}^{n-1} + a_z \left(\frac{\partial P}{\partial z}\right)^{(n-1/2)},$$
$$\psi_{v_x}^{n+1/2} = b_x \psi_{v_x}^{n-1/2} + a_x \left(\frac{\partial v_x}{\partial x}\right)^n, \quad \psi_{v_z}^{n+1/2} = b_z \psi_{v_z}^{n-1/2} + a_z \left(\frac{\partial v_z}{\partial z}\right)^n,$$
$$a_x = \frac{d_x}{\chi_x(d_x + \chi_x \alpha_x)}(b_x - 1), \quad b_x = e^{-(d_x/\chi_x + \alpha_x)\Delta t},$$
$$a_z = \frac{d_z}{\chi_z(d_z + \chi_z \alpha_z)}(b_z - 1), \quad b_z = e^{-(d_z/\chi_z + \alpha_z)\Delta t} \tag{7-90}$$

其中 d_x 和 d_z 分别为 x 方向和 z 方向的阻尼因子。在匹配层内，$\alpha_x \geqslant 0, \chi_x \geqslant 1, \alpha_z \geqslant 0, \chi_z \geqslant 1$；在计算区域内部 $d_x = 0, d_z = 0, \alpha_x = 0, \chi_x = 1, \alpha_z = 0, \chi_z = 1$。

式(7-89)和式(7-90)共同构成含 CPML 吸收边界条件的二维速度-应力声波方程。

3. 含 PML 吸收边界的速度-应力弹性波方程

二维速度-应力弹性波方程可表示为

$$\frac{\partial v_x}{\partial t} = \frac{1}{\rho}\left(\frac{\partial \tau_{xx}}{\partial x} + \frac{\partial \tau_{xz}}{\partial z}\right), \quad \frac{\partial v_z}{\partial t} = \frac{1}{\rho}\left(\frac{\partial \tau_{xz}}{\partial x} + \frac{\partial \tau_{zz}}{\partial z}\right),$$
$$\frac{\partial \tau_{xx}}{\partial t} = (\lambda + 2\mu)\frac{\partial v_x}{\partial x} + \lambda \frac{\partial v_z}{\partial z},$$
$$\frac{\partial \tau_{zz}}{\partial t} = \lambda \frac{\partial v_x}{\partial x} + (\lambda + 2\mu)\frac{\partial v_z}{\partial z}, \quad \frac{\partial \tau_{xz}}{\partial t} = \mu\left(\frac{\partial v_x}{\partial z} + \frac{\partial v_z}{\partial x}\right) \tag{7-91}$$

其中 $\tau_{xx} = \tau_{xx}(x,z,t)$、$\tau_{zz} = \tau_{zz}(x,z,t)$ 和 $\tau_{xz} = \tau_{xz}(x,z,t)$ 为应力场，$v_x = v_x(x,z,t)$ 和 $v_z = v_z(x,z,t)$ 为质点振动速度场，$\lambda = \lambda(x,z)$ 和 $\mu = \mu(x,z)$ 为拉梅常数，$\rho = \rho(x,z)$ 为密度。

根据 PML 吸收边界条件的原理，在二维速度-应力弹性波方程(7-91)中添加 PML 吸收边界条件得到

$$v_x = v_x^x + v_x^z, \quad \frac{\partial v_x^x}{\partial t} + d_x v_x^x = \frac{1}{\rho}\frac{\partial \tau_{xx}}{\partial x}, \quad \frac{\partial v_x^z}{\partial t} + d_z v_x^z = \frac{1}{\rho}\frac{\partial \tau_{xz}}{\partial z},$$

$$v_z = v_z^x + v_z^z, \quad \frac{\partial v_z^x}{\partial t} + d_x v_z^x = \frac{1}{\rho}\frac{\partial \tau_{xz}}{\partial x}, \quad \frac{\partial v_z^z}{\partial t} + d_z v_z^z = \frac{1}{\rho}\frac{\partial \tau_{zz}}{\partial z},$$

$$\tau_{xx} = \tau_{xx}^x + \tau_{xx}^z, \quad \frac{\partial \tau_{xx}^x}{\partial t} + d_x \tau_{xx}^x = (\lambda + 2\mu)\frac{\partial v_x}{\partial x}, \quad \frac{\partial \tau_{xx}^z}{\partial t} + d_z \tau_{xx}^z = \lambda \frac{\partial v_z}{\partial z},$$

$$\tau_{zz} = \tau_{zz}^x + \tau_{zz}^z, \quad \frac{\partial \tau_{zz}^x}{\partial t} + d_x \tau_{zz}^x = \lambda \frac{\partial v_x}{\partial x}, \quad \frac{\partial \tau_{zz}^z}{\partial t} + d_z \tau_{zz}^z = (\lambda + 2\mu)\frac{\partial v_z}{\partial z}, \quad (7\text{-}92)$$

$$\tau_{xz} = \tau_{xz}^x + \tau_{xz}^z, \quad \frac{\partial \tau_{xz}^x}{\partial t} + d_x \tau_{xz}^x = \mu \frac{\partial v_z}{\partial x}, \quad \frac{\partial \tau_{xz}^z}{\partial t} + d_z \tau_{xz}^z = \mu \frac{\partial v_x}{\partial z}.$$

其中 d_x 和 d_z 分别为 x 方向和 z 方向的阻尼因子。

4. 含CPML吸收边界的速度-应力弹性波方程

根据CPML吸收边界条件中复坐标$\tilde{x}$和实坐标x的求导对应关系,可以得出含CPML吸收边界的二维速度-应力弹性波方程可表示为

$$\frac{\partial v_x}{\partial t} = \frac{1}{\rho}\left(\frac{1}{\chi_x}\frac{\partial \tau_{xx}}{\partial x} + \psi_{\tau_{xx}} + \frac{1}{\chi_z}\frac{\partial \tau_{xz}}{\partial z} + \psi_{\tau_{xz(z)}}\right),$$

$$\frac{\partial v_z}{\partial t} = \frac{1}{\rho}\left(\frac{1}{\chi_x}\frac{\partial \tau_{xz}}{\partial x} + \psi_{\tau_{xz(x)}} + \frac{1}{\chi_z}\frac{\partial \tau_{zz}}{\partial z} + \psi_{\tau_{zz}}\right),$$

$$\frac{\partial \tau_{xx}}{\partial t} = (\lambda + 2\mu)\left(\frac{1}{\chi_x}\frac{\partial v_x}{\partial x} + \psi_{v_x}\right) + \lambda\left(\frac{1}{\chi_z}\frac{\partial v_z}{\partial z} + \psi_{v_z}\right), \quad (7\text{-}93)$$

$$\frac{\partial \tau_{zz}}{\partial t} = \lambda\left(\frac{1}{\chi_x}\frac{\partial v_x}{\partial x} + \psi_{v_x}\right) + (\lambda + 2\mu)\left(\frac{1}{\chi_z}\frac{\partial v_z}{\partial z} + \psi_{v_z}\right),$$

$$\frac{\partial \tau_{xz}}{\partial t} = \mu\left(\frac{1}{\chi_z}\frac{\partial v_x}{\partial z} + \psi_{v_x(z)} + \frac{1}{\chi_x}\frac{\partial v_z}{\partial x} + \psi_{v_z(x)}\right)$$

其中 $\psi_{\tau_{xx}}$、$\psi_{\tau_{xz(z)}}$、$\psi_{\tau_{xz(x)}}$、$\psi_{\tau_{zz}}$、ψ_{v_x}、ψ_{v_z}、$\psi_{v_x(z)}$ 和 $\psi_{v_z(x)}$ 的离散递推关系如下:

$$\psi_{\tau_{xx}}^{n+1/2} = b_x \psi_{\tau_{xx}}^{n-1/2} + a_x \left(\frac{\partial \tau_{xx}}{\partial x}\right)^n, \quad \psi_{\tau_{xz(z)}}^{n+1/2} = b_z \psi_{\tau_{xz(z)}}^{n-1/2} + a_z \left(\frac{\partial \tau_{xz}}{\partial z}\right)^n,$$

$$\psi_{\tau_{xz(x)}}^{n+1/2} = b_x \psi_{\tau_{xz(x)}}^{n-1/2} + a_x \left(\frac{\partial \tau_{xz}}{\partial x}\right)^n, \quad \psi_{\tau_{zz}}^{n+1/2} = b_z \psi_{\tau_{zz}}^{n-1/2} + a_z \left(\frac{\partial \tau_{zz}}{\partial z}\right)^n,$$

$$\psi_{v_x}^n = b_x \psi_{v_x}^{n-1} + a_x \left(\frac{\partial v_x}{\partial x}\right)^{(n-1/2)}, \quad \psi_{v_z}^n = b_z \psi_{v_z}^{n-1} + a_z \left(\frac{\partial v_z}{\partial z}\right)^{(n-1/2)}, \quad (7\text{-}94)$$

$$\psi_{v_x(z)}^n = b_z \psi_{v_x(z)}^{n-1} + a_z \left(\frac{\partial v_x}{\partial z}\right)^{(n-1/2)}, \quad \psi_{v_z(x)}^n = b_x \psi_{v_z(x)}^{n-1} + a_x \left(\frac{\partial v_z}{\partial x}\right)^{(n-1/2)},$$

$$a_x = \frac{d_x}{\chi_x(d_x + \chi_x \alpha_x)}(b_x - 1), \quad b_x = \mathrm{e}^{-(d_x/\chi_x + \alpha_x)\Delta t},$$

$$a_z = \frac{d_z}{\chi_z(d_z + \chi_z \alpha_z)}(b_z - 1), \quad b_z = \mathrm{e}^{-(d_z/\chi_z + \alpha_z)\Delta t}.$$

其中 d_x 和 d_z 分别为 x 方向和 z 方向的阻尼因子。在匹配层内,$\alpha_x \geqslant 0$,$\chi_x \geqslant 1$,$\alpha_z \geqslant 0$,$\chi_z \geqslant 1$; 在计算区域内部 $d_x = 0$,$d_z = 0$,$\alpha_x = 0$,$\chi_x = 1$,$\alpha_z = 0$,$\chi_z = 1$。

式(7-93)和式(7-94)共同构成含CPML吸收边界条件的二维速度-应力弹性波方程。

四、二阶标量声波方程的卷积完全匹配层吸收边界

均匀各向同性介质中,标量声波方程可表示为

$$\frac{1}{v^2}\frac{\partial^2 P}{\partial t^2} = \frac{\partial^2 P}{\partial x^2} + \frac{\partial^2 P}{\partial z^2} \tag{7-95}$$

其中 $P=P(x,z,t)$ 为压力场,$v=v(x,z)$ 为压力场的传播速度。

根据 CPML 吸收边界条件中复坐标 $\tilde{x}$ 和实坐标 x 的求导对应关系,方程(7-95)可改写为

$$\frac{1}{v^2}\frac{\partial^2 P}{\partial t^2} = \frac{\partial}{\partial x}\left(\frac{1}{\chi_x}\frac{\partial P}{\partial x} + \psi_x\right) + \frac{\partial}{\partial z}\left(\frac{1}{\chi_z}\frac{\partial P}{\partial z} + \psi_z\right) \tag{7-96}$$

根据 CPML 吸收边界条件中复坐标 $\tilde{x}$ 和实坐标 x 的求导对应关系,方程(7-96)可进一步改写为

$$\frac{1}{v^2}\frac{\partial^2 P}{\partial t^2} = \frac{1}{\chi_x}\frac{\partial}{\partial x}\left(\frac{1}{\chi_x}\frac{\partial P}{\partial x} + \psi_x\right) + \frac{1}{\chi_z}\frac{\partial}{\partial z}\left(\frac{1}{\chi_z}\frac{\partial P}{\partial z} + \psi_z\right) + \zeta_x + \zeta_z \tag{7-97}$$

如果取 $\chi_x = \chi_z = 1$,则方程(7-97)可简化为

$$\frac{1}{v^2}\frac{\partial^2 P}{\partial t^2} = \frac{\partial^2 P}{\partial x^2} + \frac{\partial^2 P}{\partial z^2} + \frac{\partial \psi_x}{\partial x} + \frac{\partial \psi_z}{\partial z} + \zeta_x + \zeta_z \tag{7-98}$$

其中 ψ_x、ψ_z、ζ_x 和 ζ_z 的离散递推关系如下:

$$\psi_x^n = b_x \psi_x^{n-1} + a_x \left(\frac{\partial P}{\partial x}\right)^{(n-1/2)}, \quad \psi_z^n = b_z \psi_z^{n-1} + a_z \left(\frac{\partial P}{\partial z}\right)^{(n-1/2)},$$

$$\zeta_x^n = b_x \zeta_x^{n-1} + a_x \left(\frac{\partial^2 P}{\partial x^2} + \frac{\partial \psi_x}{\partial x}\right)^{(n-1/2)}, \quad \zeta_z^n = b_z \zeta_z^{n-1} + a_z \left(\frac{\partial^2 P}{\partial z^2} + \frac{\partial \psi_z}{\partial z}\right)^{(n-1/2)},$$

$$a_x = \frac{d_x}{(d_x + \alpha_x)}(b_x - 1), \quad b_x = e^{-(d_x + \alpha_x)\Delta t},$$

$$a_z = \frac{d_z}{(d_z + \alpha_z)}(b_z - 1), \quad b_z = e^{-(d_z + \alpha_z)\Delta t}$$

$$\tag{7-99}$$

其中 d_x 和 d_z 分别为 x 方向和 z 方向的阻尼因子。在匹配层内,$\alpha_x \geqslant 0$,$\alpha_z \geqslant 0$;在计算区域内部,$d_x=0$,$d_z=0$,$\alpha_x=0$,$\alpha_z=0$。

式(7-98)和式(7-99)共同构成含 CPML 吸收边界条件的二阶标量声波方程。

第四节 数值模拟实例及吸收边界效果对比分析

二阶标量波动方程、一阶速度-应力声波和弹性波方程进行数值模拟时可以采用不同的吸收边界条件,本节将利用不同的数值模型进行数值模拟实验,分析不同吸收边界条件的吸收效果。

一、二阶标量波动方程数值模拟实例

图 7-4 给出了二维标量波动方程不采用吸收边界条件,采用混合一阶和二阶 Higdon 吸收边界在均匀介质模型中模拟生成的 0.5s 和 0.95s 时刻波场快照,模型速度为 3000m/s,模型尺寸为 3.6km×3.6km,空间采样间隔 $\Delta x = \Delta z = h = 10$m,震源为主频 15Hz 的 Ricker 子波,位于模型中心点(1.8km,1.8km)。

第七章 吸收边界条件

从图 7-4 可以看出：①无吸收边界条件，入射波到达人工边界后，入射波能量全部反射回来，边界反射能量强；②混合一阶 Higdon 吸收边界，随着 N 取值的增大，吸收效果越来越好，边界反射能量越来越弱，但即使 N 的取值增大到 100，仍然存在较明显的边界反射能量；③混合二阶 Higdon 吸收边界，N 取值等于 1 时，会出现边界吸收不稳定的情况，随着 N 取值增大，稳定性变好，N 的取值增大到 10，稳定性问题得到有效解决，吸收效果也很好，基本看不到明显的边界反射能量。

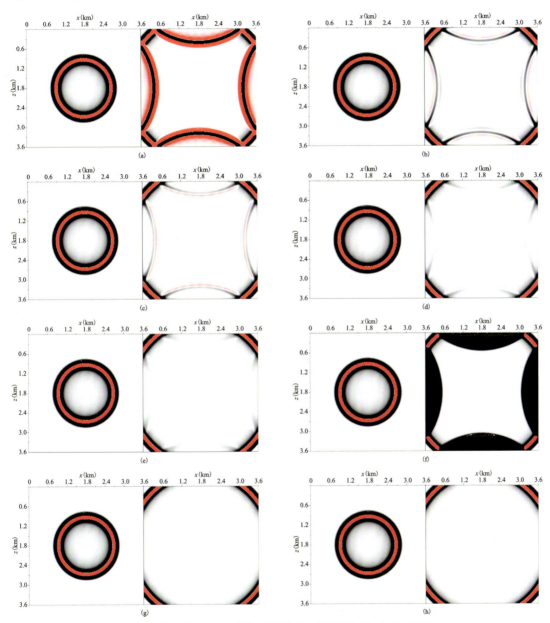

(a)无吸收边界；(b)～(e)混合一阶 Higdon 吸收边界，$N=1,10,50,100$；
(f)～(h)混合二阶 Higdon 吸收边界，$N=1,5,10$

图 7-4　二阶标量声波方程采用不同吸收边界条件在均匀介质
模型中模拟生成的 0.5s 和 0.95s 时刻波场快照

上述分析表明：二阶标量波动方程数值模拟可采用混合二阶 Higdon 吸收边界条件，随着 N 的取值增大，边界条件的稳定性增强，吸收效果越来越好，N 的取值为 10 时能够很好地解决稳定性问题，吸收效果也好。

二、一阶速度-应力声波方程数值模拟实例

图 7-5 给出了一阶速度-应力声波方程采用混合一阶 Higdon、PML 和 CPML 吸收边界在均匀介质模型中模拟生成的 0.8s、1.8s 和 2.45s 时刻波场快照，模型速度为 3000m/s，模型尺寸为 8.0km×2.0km，空间采样间隔 $\Delta x = \Delta z = h = 10\text{m}$，震源为主频 15Hz 的 Ricker 子波，位于模型中心点(1.0km,0.5km)。

从图 7-5 可以看出：①混合一阶 Higdon 吸收边界，随着 N 取值的增大，吸收效果越来越好，边界反射能量越来越弱，但即使 N 的取值增大到 100，仍然存在较明显的边界反射能量；②PML 吸收边界，随着 N 取值的增大，吸收效果越来越好，N 的取值增大到 40，吸收效果很好，无明显边界反射能量；③CPML 吸收边界，吸收效果随 N 值的变化规律与 PML 吸收边界基本一致，N 的取值增大到 40，无明显边界反射能量。

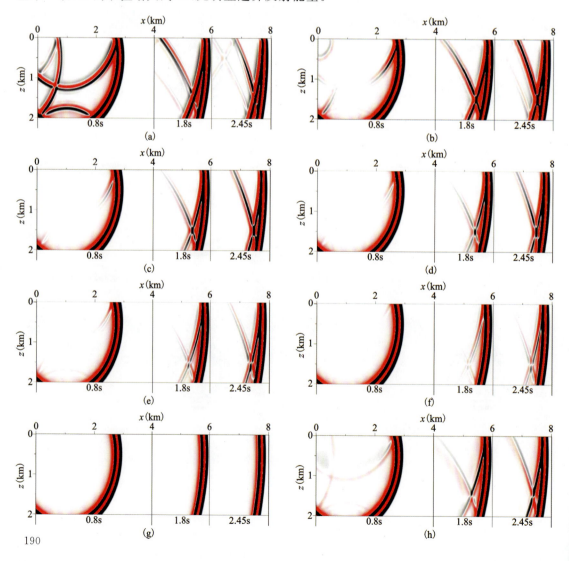

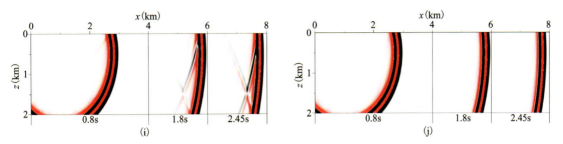

(a)～(d)混合一阶 Higdon 吸收边界，$N=1,10,50,100$；(e)～(g)PML 吸收边界，
$N=10,20,40$；(h)～(j)CPML 吸收边界，$N=10,20,40$

图 7-5　一阶速度-应力声波方程采用不同吸收边界条件在均匀介质模型
中模拟生成的波场快照

上述分析表明：一阶速度-应力声波方程数值模拟可采用 PML 或 CPML 吸收边界，随着 N 的取值增大，吸收效果越来越好，N 的取值增大至 40 时，无明显边界反射能量。

图 7-6 为 Marmousi 速度模型，尺寸为 $6.9\text{km}\times 4.5\text{km}$，空间采样间隔 $\Delta x=\Delta z=h=6\text{m}$。图 7-7(a)给出了一阶速度-应力声波方程采用扩大计算区域方法生成的无边界反射炮集记录，图 7-7(b)～(g)给出了一阶速度-应力声波方程采用混合一阶 Higdon、PML 和 CPML 吸收边界生成的炮集记录，震源为主频 15Hz 的 Ricker 子波，位于模型中心点(1.8km,0.018km)。

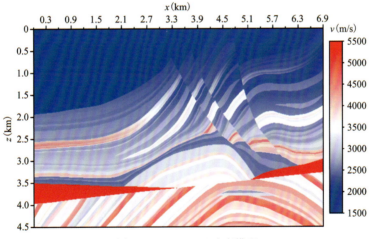

图 7-6　Marmousi 速度模型

从图 7-7 可以看出：①混合一阶 Higdon 吸收边界，随着 N 取值的增大，模型左边界的反射波能量越来越弱，N 值增大至 50 时，左边界反射能量基本消失；但是 N 的取值从 5 增大至 50，上边界反射波与直达波能量互相抵消，导致直达波能量消失的问题没有明显改善。②PML 吸收边界，N 取值等于 10 时，中远偏移距的直达波能量损失严重，说明顶界面大角度入射波能量没有被有效吸收而产生反射波，并与直达波能量互相抵消；N 取值等于 20 时，整个偏移距上的直达波完整，基本没有受到顶界面反射波的干扰，说明顶界面入射波能量得到有效吸收。③CPML 吸收边界，吸收效果随 N 值的变化规律与 PML 基本一致。

Marmousi 模型数值模拟实例同样表明：一阶速度-应力声波方程数值模拟采用 PML 或

CPML 吸收边界时,吸收效果好,能够有效消除模型边界反射能量。

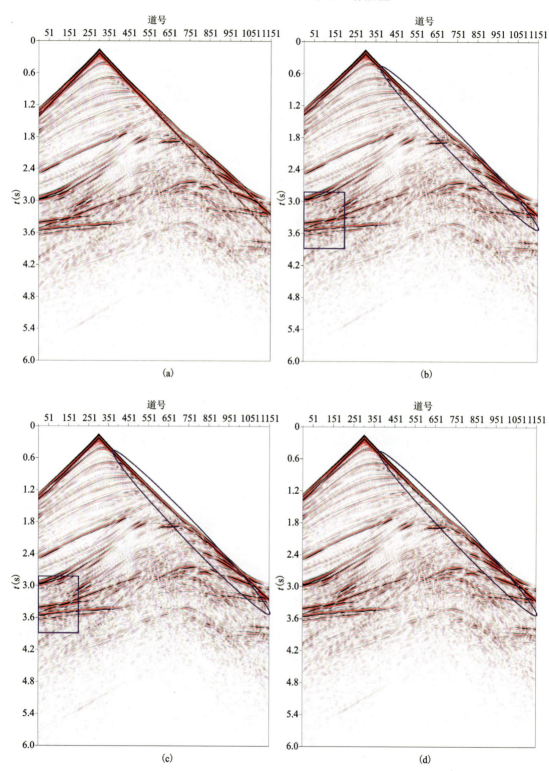

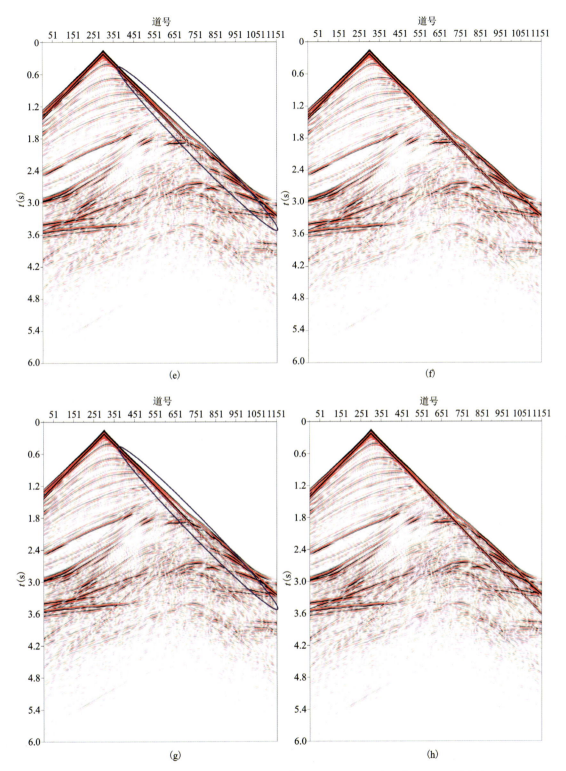

(a)采用扩大计算区域方法生成的无边界反射炮集记录;(b)～(d)混合一阶 Higdon 吸收边界,
$N=5,10,50$;(e)、(f)PML 吸收边界,$N=10,20$;(g)、(h)CPML 吸收边界,$N=10,20$

图 7-7 一阶速度-应力声波方程采用不同吸收边界条件在 Marmousi 模型中模拟生成的炮集记录

三、一阶速度-应力弹性波方程数值模拟实例

图7-8和图7-9给出了二维一阶速度-应力弹性波方程采用混合一阶Higdon、CPML和PML吸收边界在均匀介质模型中模拟生成的0.72s、0.9s和1.5s时刻v_x和v_z分量的波场快照,模型纵波速度为3000m/s,横波速度为1600m/s,空间采样间隔$\Delta x=\Delta z=h=10$m,震源为主频15Hz的Ricker子波,位于模型中心点(1.8km,1.8km)。

从图7-8和图7-9可以看出:①混合一阶Higdon吸收边界,随着N取值的增大,吸收效果越来越好,但即使N的取值增大至100,模型边界仍然存在较明显的横波反射。②PML吸收边界,N的取值等于10时,模型边界存在较明显的横波反射;N的取值等于20时,模型边界存在轻微的横波反射能量,基本可以忽略。③CPML吸收边界,吸收效果随N值的变化规律与PML基本一致。上述三种吸收边界,模型边界的纵波反射能量比横波反射能量更弱,不是因为纵波吸收效果更好,而是纵波能量比横波能量更弱。

均匀介质模型弹性波数值模拟实例表明:一阶速度-应力弹性波方程采用PML或CPML吸收边界,通过增大N的取值($N\geqslant20$),能够有效消除模型边界反射。

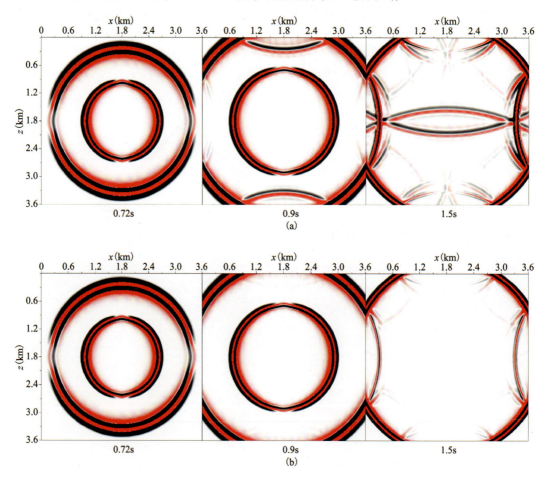

第七章 吸收边界条件

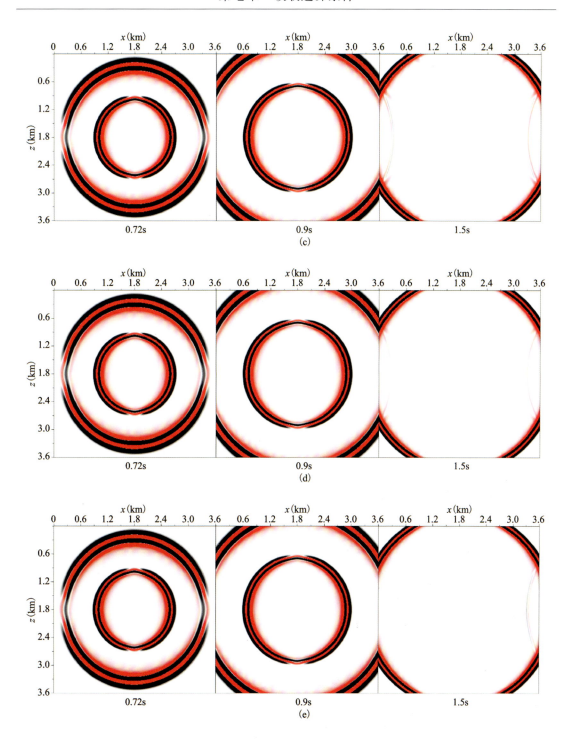

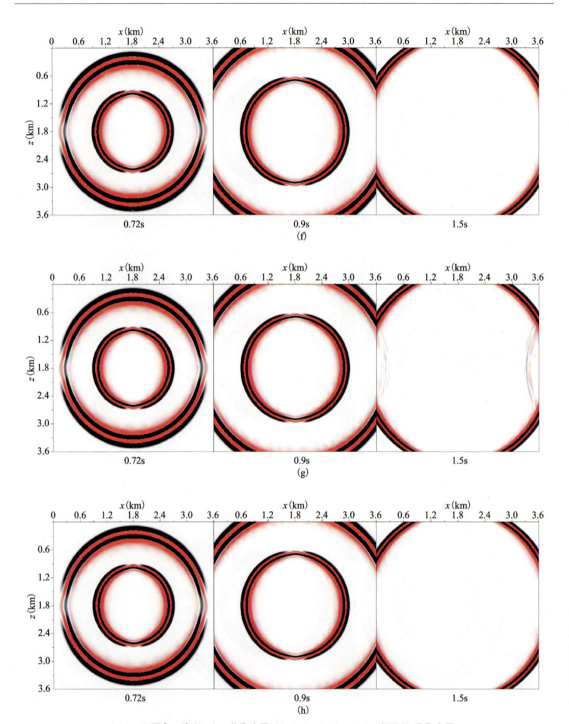

(a)～(d)混合一阶 Higdon 吸收边界，$N=1,10,50,100$；(e)、(f)PML 吸收边界，$N=10,20$；(g)、(h)CPML 吸收边界，$N=10,20$

图 7-8　一阶速度-应力弹性波方程采用不同吸收边界条件在均匀介质模型中模拟生成的波场快照的 v_x 分量

第七章 吸收边界条件

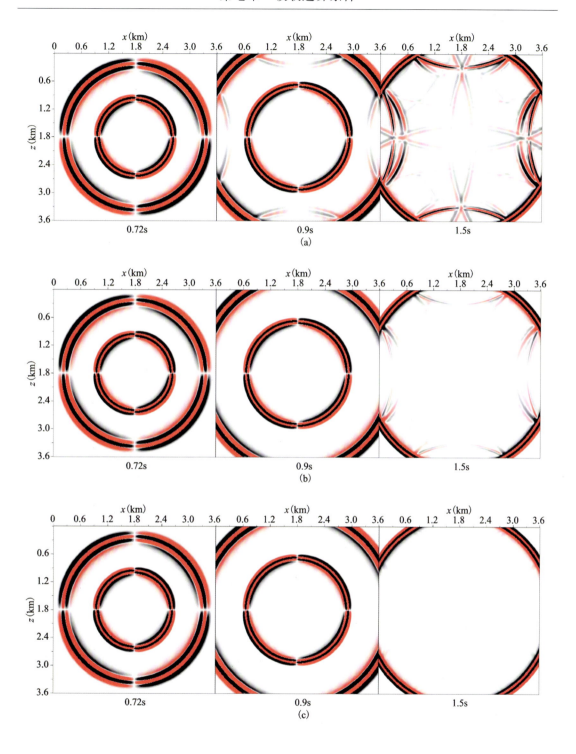

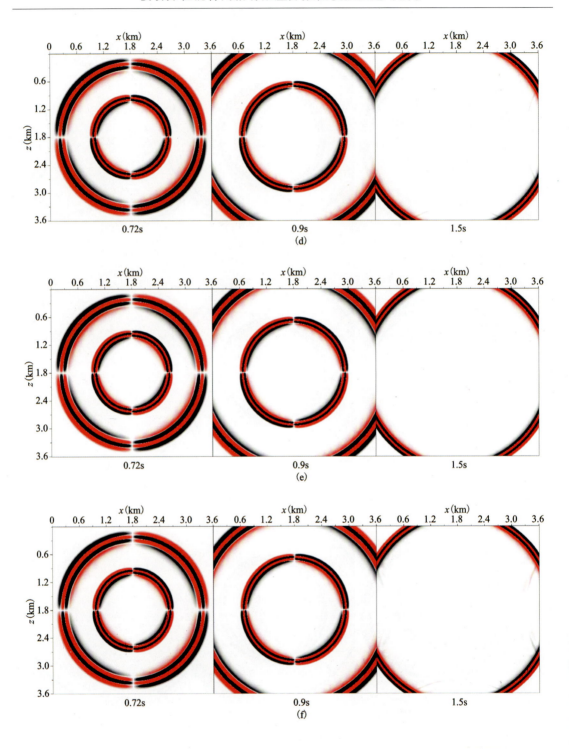

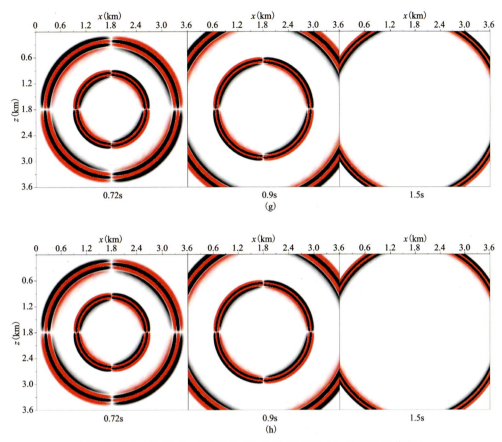

(a)～(d)混合一阶 Higdon 吸收边界，$N=1,10,50,100$；(e)、(f)PML 吸收边界，$N=10,20$；(g)、(h)CPML 吸收边界，$N=10,20$

图 7-9　一阶速度-应力弹性波方程采用不同吸收边界条件在均匀介质模型中模拟生成的波场快照的 v_z 分量

图 7-10 给出了四川盆地川中-川西构造储层模型的纵波速度和横波速度模型，尺寸为 $5.0\text{km}\times3.5\text{km}$，空间采样间隔 $\Delta x=\Delta z=h=5\text{m}$。图 7-11 给出了一阶速度-应力弹性波方程采用扩大计算区域方法生成的无边界反射炮集记录的 v_x 分量，以及采用混合一阶 Higdon、PML

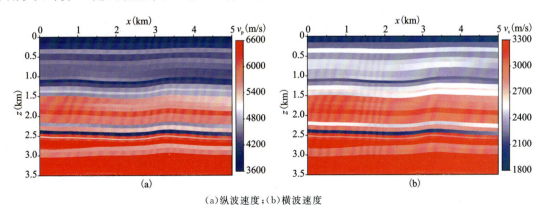

(a)纵波速度；(b)横波速度

图 7-10　四川盆地川中-川西构造储层模型

和 CPML 吸收边界声波的炮集记录的 v_x 分量;图 7-12 给出了与图 7-11 对应炮集记录的 v_z 分量。震源为主频 15Hz 的 Ricker 子波,位于模型中心点(1.8km,0.018km)。

从图 7-11 和图 7-12 可以看出:混合一阶 Higdon 吸收边界,炮集记录中存在明显的模型顶边界反射波;PML 和 CPML 吸收边界,炮集记录中无明显的边界反射波。

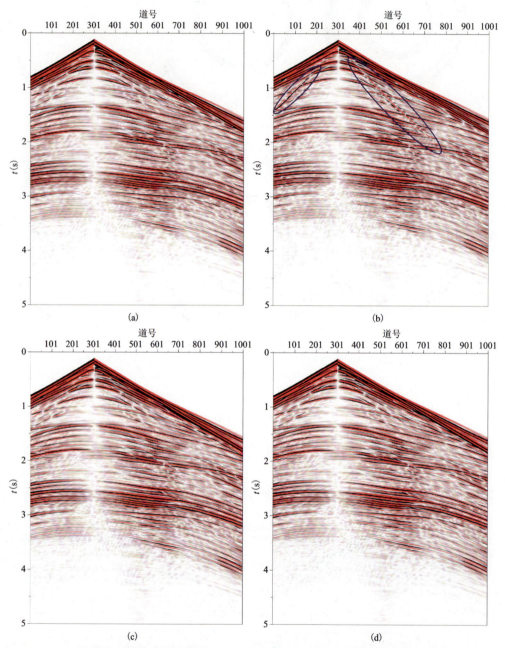

(a)采用扩大计算区域方法生成的无边界反射炮集记录;(b)混合一阶 Higdon 吸收边界,
$N=50$;(c)PML 吸收边界,$N=20$;(d)CPML 吸收边界,$N=20$

图 7-11　一阶速度-应力弹性波方程采用不同吸收边界条件在四川
盆地川中-川西构造储层模型中模拟生成的炮集记录的 v_x 分量

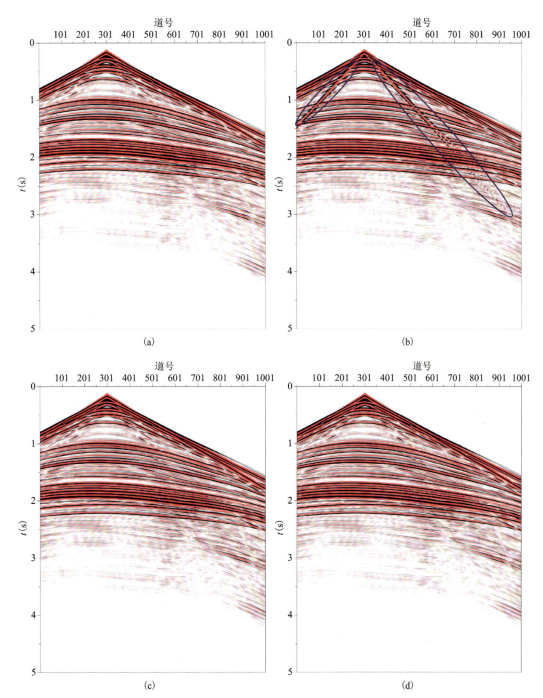

(a)采用扩大计算区域方法生成的无边界反射炮集记录;(b)混合一阶 Higdon 吸收边界, $N=50$;(c)PML 吸收边界, $N=20$;(d)CPML 吸收边界, $N=20$

图 7-12 一阶速度-应力弹性波方程采用不同吸收边界条件在四川盆地川中-川西构造储层模型中模拟生成的炮集记录的 v_z 分量

四川盆地川中-川西构造储层模型弹性波模拟实例表明：一阶速度-应力弹性波方程采用PML或CPML吸收边界，能够有效消除模型边界反射。考虑到PML边界需要将弹性波方程进行分裂，导致方程个数增多，计算量增大，因此，综合考虑吸收效果和计算效率，CPML吸收边界是一种更好的选择。

第五节　本章小结

本章首先详细论述了单程波吸收边界、海绵吸收边界和完全匹配层吸收边界三大类吸收边界条件的方法原理。然后，采用不同的吸收边界条件进行二阶标量波动方程，一阶速度-应力声波和弹性波方程数值模拟，并对比和分析吸收效果，可以得出如下结论：

（1）二阶标量声波方程采用混合二阶Higdon吸收边界，随着混合吸收边界的网格层数N的取值增大，稳定性增强，吸收效果越来越好，N的取值增大至10时，模型边界反射得到有效压制。

（2）一阶速度-应力声波和弹性波方程采用PML和CPML吸收边界，随着匹配层的网格层数N的取值增大，吸收效果越来越好，$N \geqslant 20$时，模型边界反射基本能够得到有效压制；采用PML吸收边界，需要对波动方程进行分裂，使得方程个数增多，计算量增大，因此，综合考虑计算效率和吸收效果，CPML吸收边界是一种更好的选择。

第八章　起伏地表地震波场模拟

起伏地表问题是陆地地震勘探不可回避的问题,直接解决地表问题的方式是静校正。在起伏地表地震偏移成像中,地震数据在偏移之前通过静校正到参考平面后再进行处理。高程静校正假定通过近地表地震射线是垂直的,因而可以用一个静校正量对某道数据整体进行校正。但是,这种假设在地表情况复杂、高程变化大的情况下并不准确。目前,全波形反演技术难以在陆地地震中得到较为成功的应用,一个主要的因素就是受陆地起伏地表形态的制约,而其中重要的一点在于缺少高效、精确且稳定的地震波场正演模拟工具[71]。本章对起伏地表下的地震波场模拟问题进行研究。

第一节　起伏地表在地震模拟中的问题

为了适用于起伏地表形态,基于不规则网格的有限元法及谱元法能够较好地适用于不规则地表情况下的网格剖分。采用有限元法(二维情况中的三角形或三维情况中四面体网格)和谱元法(二维情况中的四边形或三维情况中六面体网格)可以直接生成适应地表形态的空间离散网格,并可以实现由细到粗的可变网格以适应地下介质速度的变化,这对模拟近地表低速区域非常有效。因此,有限元法和谱元法特别适用于复杂地质环境中高精度的波场模拟,在起伏地表模拟中应用广泛。有限元法和谱元法能够较好地适用于不规则地表的波场模拟问题,但是这两种方法计算成本都高于有限差分法及伪谱法。

本书重点研究的有限差分法使用矩形网格对计算区域进行剖分,真实的不规则地表边界被近似截断至矩形剖分的网格端点处,从而形成"阶梯状"的地表形态。这些网格端点在波场传播过程将作为绕射点产生绕射波,并对地震波走时造成误差[72]。最直接的方式是用精细的网格对模型进行离散,从而减小这种离散误差。实验证明,在起伏地表情况下需要使用很小的空间采样网格才能满足不同倾角入射的波场计算精度[73],这在工业级的地震波场正演模拟计算中是不能承受的。

一、常规有限差分法起伏地表模拟中所存在的问题

常规有限差分法起伏地表的波场模拟是存在问题的,当直接用波动方程进行起伏地表波场模拟时,可以直接采用真空法进行波场模拟。该方法将起伏地表界面以上的空气层用较小的速度和密度值的介质参数进行计算,从而简明地计算波动方程在起伏地表条件下的传播。通过控制起伏地表自由表面上的速度、密度参数,在保证起伏地表上下的波阻抗差与实际物

理情况类似,同时在兼顾计算稳定性的情况下,可以采用该方法进行起伏地表地震波波场正演模拟。

该方法较为常见且物理意义鲜明,但需要注意的是,由于介质离散网格化,起伏地表界面处广泛存在着离散误差。以波动方程有限差分正演模拟为例,将处于非整数网格上的地表边界通过离散表达在整数网格上,会产生明显的"阶梯状"误差。如图 8-1 所示,由于这种不精确的模拟方式,在所接收到的地震记录中会出现明显的由斜坡地表反射产生的错误绕射。

真空法在保持有限差分正演计算稳定的情况下,可以通过进一步加密网格减小时间和空间采样间隔来减弱这种假象,但与此同时显著地增加了正演模拟的计算量。

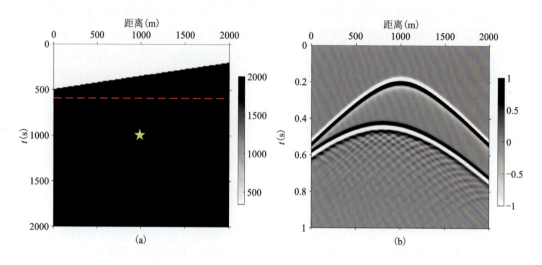

(a)斜坡速度模型,检波点均匀放置红色虚线处,震源位于黄色五角星处;(b)检波器接收到的地震记录(压强分量)

图 8-1　简单斜坡模型在常规有限差分法模拟产生的绕射假象

二、基于有限差分法解决起伏地表模拟问题的一些方案

目前利用有限差分法解决起伏地表问题的方案主要包括以下几种:

(1)垂向变网格法。通过对复杂变化的浅地表区域用更小尺寸的网格进行空间采样,在地下深部高速区域使用较大尺寸的粗网格来实现区域的剖分,并在两区域边界采用插值方法进行连接[74,75]。此外,有学者在浅层采用有限元法进行建模,深层采用有限差分法建模,通过两种方法的结合来适配地表变化[76]。

(2)网格映射法。通过坐标映射将不规则但可微的光滑地表边界转换成水平界面,地下部分的基于深度方向进行重新刻度。在此基础上在新的计算区域内进行波场模拟[77,78]。

(3)贴体网格法。该方法能够适用于更加复杂的地表形态(不光滑、不可微),贴体坐标是一种坐标映射,实际物理域的曲线坐标系可映射成计算域的笛卡儿坐标系,来适应不规则的地表形态。基于曲线坐标系可以重写波动方程并进行有限差分求解[79,80],Zhang 等[81,82]通过使用一阶速度-应力方程和贴体网格实现了弹性波场正演模拟。贴体网格在地表形态变化剧烈的情况下,容易在局部出现欠采样或者过采样的情况,在有限差分中会显著影响计算稳定性。

(4)浸入边界法。该方法是处理复杂物理界面问题的一类有效方法,在流体力学领域首先得到应用,最早由 Peskin 提出并用于模拟心脏动力学和相关血流的方法[83]。不同的物理场方程在笛卡儿坐标系下进行数值离散,处于非整数网格上的不规则界面"浸入"在笛卡儿坐标系下的矩形网格中,边界附近整数网格上的节点值用于实现不同的边界条件。有学者提出了一种有效的鬼点浸入边界法(GCIBM),用于模拟复杂几何形态下的湍流[80],该类方法在复杂边界流体科学计算领域有了很多应用[84-86]。

此外,浸入边界法在其他物理场的数值计算中也有应用,包括电磁场及地震波场的数值模拟[87-90]。Zhao[87]在电磁场计算中使用了射线投影浸入边界法来解决不规则边界处电磁场计算问题;Almuhaidib 和 Toksöz[88]、Hu[90]在地震波场中基于浸入边界法分别求解了弹性波方程和声波方程,验证了这类方法在地震波场计算中的有效性和准确性。

此外,由于起伏地表是一个自由表面,地震波到达自由表面时会发生强反射,所以在起伏地表波场模拟过程中必须考虑自由表面问题。水平地表情况下地震波在自由表面传播反射情况难精确模拟,在地表起伏变化时则更加困难[91]。目前处理水平自由表面问题最为有效的两种方法包括真空法和镜像法。

(1)真空法。将自由表面上方的弹性参数设置为小值并且在自由表面上方的第一速度层中使用小密度值来避免除零,可以隐式地实现自由表面边界条件[92]。然而,当地表边界与网格之间的角度增大时,真空法计算的精度会降低[93]。实验证明在起伏地表自由表面的波场模拟中,在最小波长内需要至少 60 个空间采样点才能满足起伏地表的地震波模拟计算精度[94,95],这将极大地增加波场正演模拟的计算量。

(2)镜像法。Levander[29]在四阶空间差分的交错网格形式中,设置沿自由表面反对称的应力分量以实现自由表面边界条件,称为镜像法,是弹性波方程模拟中比较经典的一类方法。Zhang 等[81,82]在曲线网格下,提出了关于地表对称的牵引力镜像法,从而实现起伏地表自由表面边界条件。本章涉及的浸入边界法自由表面主要参考镜像法进行实施。

此外还有在边界处添加计算节点近似中心差分的单边差分法[7]和通过解耦后的单向波场外推计算间接实现自由表面边界条件的特征向量法[96]可以用来处理水平自由表面问题。

第二节 起伏地表地震波场正演模拟方法

经典的二阶变密度声波方程由下式给出:

$$\frac{1}{v(x)^2}\frac{\partial^2 P(x,t)}{\partial t^2} - \rho(x)\nabla\cdot\frac{1}{\rho(x)}\nabla P(x,t) = \delta(x-x_s)s(t) \tag{8-1}$$

其中,$P(x,t)$表示在位置 x 处 t 时刻的压强波场,$s(t)$表示震源信号,$v(x)$和$\rho(x)$分别表示地下介质的声波速度及密度分布,$\delta(x-x_s)$表示 Delta 函数,用以在震源位置x_s处加载震源信号。二维情况下其对应的一阶声波方程组为

$$\frac{\partial v_x}{\partial t} = \frac{1}{\rho}\frac{\partial P}{\partial x}, \quad \frac{\partial v_z}{\partial t} = \frac{1}{\rho}\frac{\partial P}{\partial z},$$

$$\frac{\partial P}{\partial t} = K\left(\frac{\partial v_x}{\partial x} + \frac{\partial v_z}{\partial z}\right) + \frac{K}{\rho}\delta(x-x_s)\int_0^t s(\tau)\mathrm{d}\tau \tag{8-2}$$

其中,v_x 和 v_z 分别表示空间水平方向和垂直方向的质点振动速度分量,P 表示 t 时刻的压强分量,$K = \rho v^2$ 表示地下模型的体积模量。

基于第二章至第四章的内容可实现对上述方程的规则网格及交错网格有限差分求解,此处不作赘述。

一、水平地表下自由表面边界条件的实施

在地球表面 $\partial \Omega$ 处,应力张量 $\boldsymbol{\sigma}$ 的法向分量消失,即

$$\boldsymbol{\sigma} \cdot \boldsymbol{n}\big|_{x\in\partial\Omega} = 0 \tag{8-3}$$

其中,$\boldsymbol{n}$ 为自由表面的法线方向,式(8-3)为自由表面边界条件。地震波在到达地表自由表面时会发生反射,因此自由表面的数值处理值得特别关注。在有限差分法中,精确实现自由表面条件是困难的。目前,在地震波场数值模拟中有多种实现自由表面条件的方法。最简便的方法是真空法[28,92],它将弹性参数设置为接近自由表面上方空气参数的小值以及一个小的密度值,以避免由于除零而导致的计算不稳定情况。

应力镜像法是另一种实现自由表面边界条件的有效方法[29],该方法将自由表面上方点处的应力分量设置为其镜像点处应力的负值,并将自由表面处的应力设置为零。在这个过程中,自由表面上方参与计算的网格点数是有限差分空间算子长度的一半。Zhang 等[81,82]将这一概念进一步发展为用于具有不规则自由表面的弹性波场正演的牵引力镜像方法,该方法首先在计算域将具有不规则自由表面的物理网格转化为矩形网格,然后应用牵引力镜像方法实现自由表面条件。

基于声波传播方程(8-1),考虑地震波在均匀半空间的传播,初始条件为

$$P(x,t)\big|_{t=0} = 0, \quad \partial P(x,t)/\partial t\big|_{t=0} = 0 \tag{8-4}$$

边界条件表示为

$$P(x,t)\big|_{x\in\Omega} = 0 \tag{8-5}$$

其中,Ω 表示自由表面,则式(8-5)表示声波自由表面边界条件。因为自由表面截断了地下介质和空气层,因此自由表面处的反射系数无限接近于 -1。在自由表面处,计算时针对声波方程中的压强场,设地表位于 $z = z_0$ 处,向下为正方向,可以使用

$$P(z_0 - \Delta z) = -P(z_0 + \Delta z) \tag{8-6}$$

其中,Δz 为距地表的距离,对于声波波动方程,水平边界情况下可以将自由表面边界条件对应的整数网格点上的压力场设为 0,当自由边界处于半网格点上时,可以将自由边界上方的压强场和下方的压强场设置为绝对值相同、符号相反的两值,即令压强关于地表镜像反对称[29,93,97]。

下面基于交错网格有限差分法进行声波方程正演模拟测试。二维常速模型尺寸为 3000m×3000m,纵波速度为 3000m/s,密度为 2000kg/m³。在模型正中央($x = 1500$m,$z = $

1500m)激发主频15Hz的Ricker子波,震源类型为爆炸源。在地表实施自由表面边界条件,在模型的其余三个边界实施PML吸收边界条件。

图8-2展示了声波方程在不同时刻传播的波场快照,可以看出当地震波到达自由表面后会发生反射,波场到达除自由表面外的其他三个人工边界后被吸收。

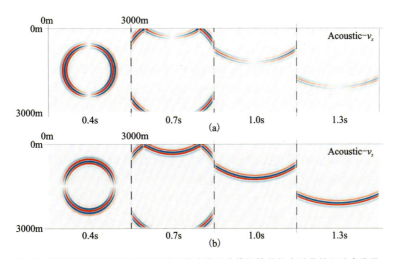

(a)和(b)分别为基于声波方程交错网格有限差分模拟结果的水平分量和垂直分量

图8-2 不同时刻的质点振动速度分量的传播快照

二、起伏地表浸入边界法处理方法

为消除起伏地表对波场模拟结果的影响,本小节采用流体力学科学计算领域处理非规则表面的"浸入边界法"进行地震波场模拟。该方法最先由Peskin提出并用于模拟心脏动力学和相关血流的方法[83]。计算系统建立在笛卡儿坐标系下,而需要处理的不规则表面则"浸入"在规则的坐标系下,因此不需要网格映射等特殊处理。不规则边界处于非整数网格节点上,而所求的计算量(如波场)则处于整数网格。需要针对起伏边界进行特殊处理,来满足相应的力学分析要求。

在计算过程中,浸入边界法只需对不规则边界处理一次,得到的相关参量可以在每个时间步长内进行计算,因而产生的计算量是可控的[90]。与非结构化网格方法处理不规则边界相比,浸入边界法的主要优点是节省内存和计算资源,以及较为轻便。

可以在常规有限差分法计算的基础上配置浸入边界法的处理,当使用浸入边界法进行起伏地表地震波场模拟时,可以在常规的有限差分波场模拟的基础上进行,不需要修改波场有限差分模拟的主程序。首先在不规则自由边界上方的每个节点处添加鬼点(位于空气层中),并设定鬼点层的数量为空间有限差分算子长度的二分之一,以便自由表面以下的每个网格点可进行有限差分运算。

在此基础上,需要针对每个鬼点寻找其在边界上的截断点。寻找截断点最简单的一种方法就是寻找鬼点到边界上的最短距离点。由于在整个计算过程中,鬼点位置只需要寻找一次,所以通过适当加密起伏边界的空间采样点,来寻找较为准确的截断点且并不会显著地增加计算量。在此基础上,通过鬼点和截断点所确定的法线方程,进一步确定 z 方向和 x 方向都处于非整数网格上的镜像点坐标。如图 8-3 所示,空心圆点为起伏边界以上的各层鬼点,实心圆点为其对应的地下镜像点,黑色虚线为鬼点及到镜像点的连线,也是起伏地表对应的法线,垂足处为边界截断点。利用浸入边界法处理起伏地表时,通过寻找鬼点和其关于地表的镜像点,在每个有限差分的时间步长内,通过人为将起伏地表上下镜像点的波场值与鬼点的波场值进行镜像反对称来使其满足自由表面边界条件,从而实现波场的自由表面边界条件。

如图 8-3 所示,地下计算区域的镜像点大都位于非整数网格点上,无法在有限差分实现过程中直接计算。为计算处于非整数网格上的镜像点处压强分量波场值,考虑在二维区域内利用插值算法计算整数网格点处的波场值,通过插值获得位于非整数网格点上的镜像点处波场值。该方法需要在每一次有限差分的时间步长内进行,当获得了该时刻的波场后,通过插值计算镜像点波场,再将该镜像点处波场值的相反数赋给其对应的鬼点处来满足边界处中心差分正常运算,并同时实现了自由表面边界条件。

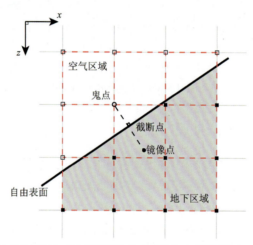

空心圆为起伏边界以上的各层鬼点,实心圆代表起伏地表以下对应的镜像点,黑色实线为自由表面所在位置,红色虚线为参与二维插值的区域边界,黑色虚线为鬼点和镜像点的连线,其垂直于自由表面,垂足处为截断点

图 8-3　浸入边界法对不规则自由表面处理示意图

位于空气层中的鬼点处的波场由人工对应投影获得,这种处理方式在起伏地表处,在计算中隐式实现了起伏地表的自由表面边界条件,此外还能保证在实际计算域内波场有限差分的稳定性。由前文可知,鬼点层层数需要和有限差分的空间差分阶数相统一。这种插值结果取相反数投影的起伏地表自由表面处理方式,增加的额外计算量仅限于插值算法本身。

在浸入边界法起伏地表波场模拟过程中,针对一个鬼点对应的处于非整数网格上的镜像点波场,需要采用插值方式计算。波场插值方法需要在空间域进行,以二维空间域波场插值为例,图 8-3 中黑色空心圆表示鬼点,黑色实心圆表示其对应的镜像点,实心方块表示处于界面下方的整数网格上的点,空心方块表示处于界面上方的整数网格上的点。要插值非整数网格上的镜像点处的波场,则需要其中心二维区域上整数网格节点上的波场值。

以 4×4 共 16 点参与插值计算的拉格朗日插值为例,如果镜像点靠近地表,那么这个方形区域很可能处于起伏地表边界之外,这些位置上鬼点处的波场值依托于其对应的镜像点处的波场反对称设置,而计算镜像点处的波场又有可能需要对未知的鬼点处的波场进行计算。如图 8-3 所示,在靠近地表边界的镜像点处进行插值计算,则参与插值的样点很容易就超出了地表边界,也就是说,地表以上的鬼点处的波场也可能会参与插值计算。

为了解决这一问题,采用鬼点处波场迭代求解的方式对处于起伏地表之外的鬼点的波场进行计算,迭代方程如下:

$$P^n_{\mathrm{mirror}} = \sum_{i=1}^{m} c_i P^n_i, \quad P^{n+1}_{\mathrm{ghost}} = -P^n_{\mathrm{mirror}} \tag{8-7}$$

其中,P^n_i 表示第 n 次迭代过程中位于整数网格点处的压强场,c_i 表示第 i 个点的插值系数,P^n_{mirror} 表示第 n 次迭代过程中地表以下镜像点处的压强场,第二个方程表示第 $n+1$ 次鬼点处的波场 P^{n+1}_{ghost} 是第 n 次迭代过程中地表以下镜像点处的压强场的相反数(实现了地表自由表面边界条件)。

三、波场插值方法

为进一步准确计算针对镜像点处波场的空间插值效果,可选用以下 3 种插值方法。

(1)选用针对二维区域的双线性插值:该方法需要对非整数网格镜像点周围的 4 个整数节点的值进行插值计算。

(2)选用拉格朗日插值:针对分数节点上的镜像点,在 x 方向左右选择相邻的两条整数节点的值,z 方向上下选择相邻的两条整数节点的值。在每条边上选用 4 个整数节点上的值参与插值,整个二维区域针对一个镜像点,需要对周围 16 个点进行插值。插值过程中先在沿着 z 方向插值 4 次,获得在 x 坐标为整数、z 坐标为非整数的 4 个辅助点处波场值;在此基础上,用 4 个辅助点的波场值,插值得到 x 坐标和 z 坐标都为非整数的镜像点处波场。

(3)选用加 Kaiser 窗口的 sinc 函数插值:如果每个波长内的离散节点的数量大于等于 4,则该插值方法导致的相位误差和振幅误差不超过 0.1%,精度很高。采用该方法,在 x 方向和 z 方向各选用 8 条整数边,合计 64 个整数节点参与插值计算。通过用两步一维插值来实现二维插值,插值计算过程与拉格朗日插值计算流程类似[98,99]。

由于所涉及插值计算需要在空间域进行,因此对比试验了 3 种插值方法在空间域对地震波场的插值效果。首先设计了一个简单的常速度模型进行波场空间域插值测试:模型空间大小为 1000m×1000m,纵波速度为 3000m/s,密度为 2000kg/m³,水平方向和垂直方向的空间采样间隔均设为 1m,时间采样间隔设为 0.1ms。震源选用了主频相对较高的 60Hz 的 Ricker 子波进行波场模拟,模拟结果如图 8-4(a)所示;将模拟结果在 x 和 z 方向 10 倍采样间隔重采样,抽稀为 100×100 的数据单元,如图 8-4(b)所示。

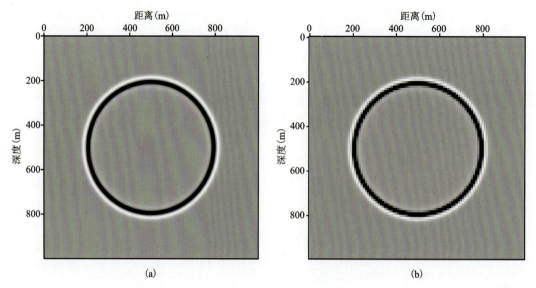

(a)原始模拟结果,网格数为1000×1000;(b)10倍抽稀结果,网格数为100×100

图 8-4　1000ms 时刻波场快照

在图 8-4(b)抽稀的模拟数据基础上,选用了上述 3 种波场插值方法在 x 和 z 方向上进行加密插值,插值后的数据单元为 1000×1000。由于浸入边界法可以实现针对目标点周围二维区域对称插值,其波场计算精度肯定更高,对模型 $x=500\mathrm{m}$ 处的一道数据波形进行对照测试的结果见图 8-5。由此可见,采用外推法[90]显然会增加计算的误差,这也是传统浸入边界法中常用的波场获取方法,在实际计算中会影响正演模拟的稳定性。

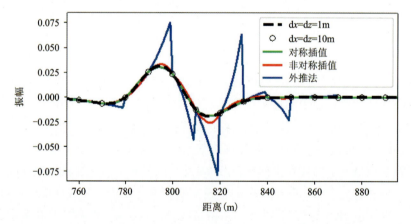

黑色虚线表示以 1m 的空间间隔模拟的原始波场,黑色实线表示以 10m 的间隔从黑色虚线上取样的点。绿色、红色和蓝色曲线分别表示通过使用对称插值、非对称插值和外推计算得到的波场。外推法使用目标点左侧的 4 个点,而对称插值从目标点的左侧和右侧都取 4 个点。非对称插值在目标点左边取 4 个点,在右边取 1 个点

图 8-5　用拉格朗日插值和外推法对波场进行波场恢复的结果

进一步对比不同插值方法对结果的影响,对模型 $x=500\mathrm{m}$ 处的一道数据波形进行对比,结果如图 8-6 所示,可以看出双线性插值明显不能满足波场插值的要求,波形出现尖锐的点,从而引入假高频,拉格朗日插值和加窗 Sinc 插值方法得到的空间波场加密结果与真实原始精细采样的波场模拟结果很类似。

从图 8-6 的波形对比中可以看出,加窗 Sinc 插值结果优于拉格朗日插值结果,与直接计算的结果(红色虚线)最为接近。

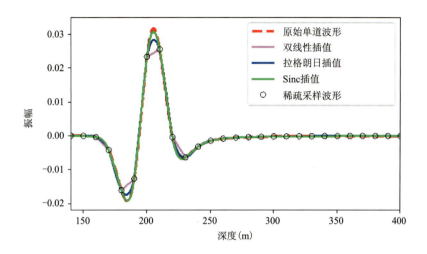

红色虚线表示采样间隔为 1m 的原始单道波形;稀疏的黑色空心圆表示间隔为 10m 的稀疏采样波形;紫色、蓝色和绿色曲线分别表示双线性插值、拉格朗日插值和加窗 Sinc 插值的波场插值结果

图 8-6　不同的内插值方法对波场插值结果的影响

四、计算地表(浅地表)质点振动速度

依照自由表面边界条件,地表上的波场压强应当为 0,在实际施工中检波器通常记录的是质点振动速度分量。考虑一阶声波方程,压强分量和需要计算的质点振动速度分量之间的关系由式(8-2)确定。

考虑实际起伏地表模型的地震波激发接收条件,炮点和检波点都应当处于地表或者十分接近地表的位置。与此同时,检波器需要依照地形放置,在起伏地表区域,检波器所在的位置也处于非整数网格上,因而按照常规的有限差分模拟过程无法模拟实际物理过程。

根据前文所述鬼点在非整数网格上的镜像点处波场计算过程,可以将位于非整数网格上的检波点处的波场通过插值获得。依照自由表面边界条件,地表上的波场压强应当为 0,检波器实际记录的是位于地表的质点振动速度。因而可以在地表(浅地表)计算质点振动速度作为地震记录。

浸入边界法处理起伏地表,整个处理的流程(图 8-7)包括以下几个步骤:

(1)根据有限差分波场模拟的算法确定隐层数,即根据空间差分阶数来控制浸入边界法所需隐层数,隐层数与空间差分阶数相同;

(2)基于输入的不规则地表边界确定整数网格节点上的鬼点空间位置坐标;

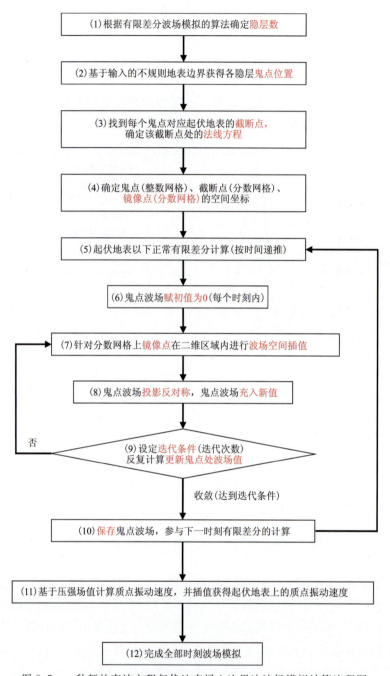

图 8-7 一种新的声波方程起伏地表浸入边界法波场模拟计算流程图

(3)找到每个鬼点对应起伏地表的截断点,根据鬼点和地表截断点确定该截断点处的法线方程;

(4)确定鬼点、截断点、镜像点的空间坐标;

(5)在起伏地表以下区域进行正常的有限差分计算(按时间递推);

(6)在每个计算时刻内,鬼点波场赋初值为 0;

(7)选用前文提到的波场空间内插值方法,对位于非整数网格点上的镜像点在其所在二维空间区域内进行波场空间对称插值,得到位于非整数网格处的镜像点波场值;

(8)设置所有鬼点处的压强波场值为其对应镜像点压强场值的相反数,鬼点处的波场充入新值;

(9)计算完返回第(7)步,迭代计算更新鬼点处波场值,可以设定迭代次数来控制计算的进程,经过多次测试,经过10~20次迭代便可获得较为稳定的鬼点波场结果;

(10)保存鬼点处波场,返回第(5)步,使该鬼点处波场参与下一时刻有限差分递推运算;

(11)基于一阶声波方程在地表附近进行压强场到质点振动速度的转换,通过空间 z 方向插值得到非规则自由表面上的地震记录;

(12)完成全部时刻有限差分波场模拟,并保存计算结果。

第三节 数值模拟实例

一、高斯山峰模型(模型 1)

为验证本章提出的基于迭代对称插值的浸入边界法有限差分计算的有效性,设计一个含不规则地表的模型进行正演模拟。速度模型形态如图 8-8 所示,采用 25Hz 主频 Ricker 子波进行波场模拟,x 和 z 方向的空间采样间隔均为 10m,非规则地形由一高斯函数确定,函数表达式为 $d(x)=600-300e^{-(\frac{x-1250}{200})^2}$,其中 x 表示水平方向距离,模型尺寸为 2500m×2500m。

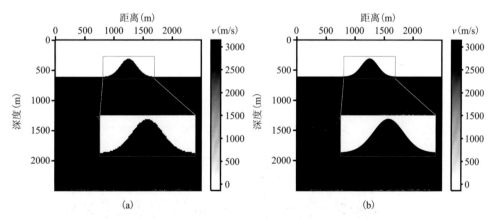

(a)和(b)分别表示模型的空间采样间隔为 10m 和 1m

图 8-8 高斯山峰速度模型剖面

图 8-9 展示了模型起伏段各鬼点及其镜像点的分布情况,起伏地表(黑线)、四层鬼点(彩色空心圆)和各层鬼点对应的镜像点(彩色实心圆)位置关系;图 8-9 中小框内为顶部和中间线性段放大展示,且投影在正方形网格上($\Delta x = \Delta z$)。可见鬼点全部位于整数网格上,镜像点几乎全部位于非整数网格上。

在该模型的计算过程中,选用拉格朗日插值的策略进行浸入边界法起伏地表波场模拟,炮点位于水平方向 $x=1250$m,深度 600m 处;检波点位于模型深度 600m 的水平范围内。

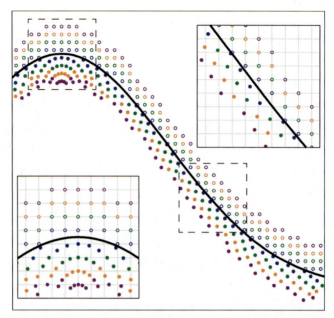

黑线代表不规则自由表面边界，空心彩色圆代表四层鬼点，实心彩色圆表示每个鬼点对应的镜像点。左下角和右上角的两个小方框内是虚线方框所表示的两个部分的放大显示

图 8-9 高斯地形模型中鬼点及其镜像点的位置关系图

图 8-10 展示了模拟波场在第 300ms 时刻，最靠近起伏地表第一层各个鬼点处的波场值随着迭代次数变化的情况，其中每一条黑色线代表一个位置处的波场变化情况。在计算过程中，将各个鬼点处的波场值初始值设为 0，该处波场不断进行迭代更新，当满足设定的迭代次数（或结果收敛的精度达到设定要求）时，停止迭代。该时刻保存的鬼点处的波场值，将在整个有限差分模拟的一个时间步长内进行使用。由图 8-10 可见，鬼点处的波场随着迭代次数的增加，逐渐收敛于稳定状态。该状态的波场可以为下一时刻的有限差分模拟提供输入。

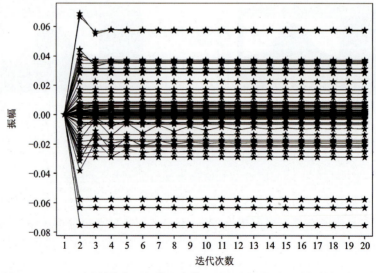

图 8-10　300ms 时刻最靠近起伏地表第一层各个鬼点处的波场值随着迭代次数变化的情况（其中每一条黑色线代表一个位置处的波场变化情况）

第八章 起伏地表地震波场模拟

为了进行比较,使用真空法模拟了空间采样间隔分别为 10m 和 1m 的波场。图 8-11(a) 和图 8-11(b)分别显示了间隔为 10m 和 1m 的 4 张波场快照。可以看出,由于采用阶梯状离散真空法在间隔为 10m 的情况下会产生大量的绕射波,对应的地震记录如图 8-12(a) 和

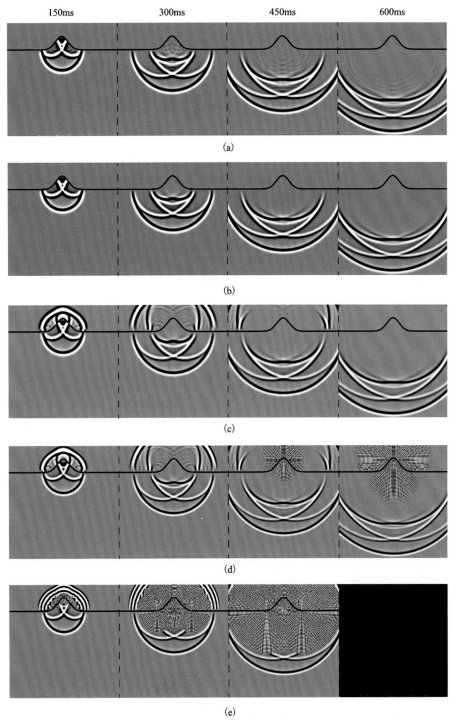

图 8-11　5 种正演模拟策略不同时刻波场快照

图 8-12(b)所示。相比之下，采用小空间采样间隔可以消除人工绕射假象，但是计算成本显著增加。由于空间采样间隔变小，需要使用更小的时间采样间隔才能使得有限差分计算稳定，图 8-11(a)和图 8-11(b)计算结果所采用的时间采样间隔分别为 1ms 和 0.1ms。

因此在本例这种二维情况下，空间采样间隔为 1m 的计算成本是空间采样间隔为 10m 计算成本的 1000 倍。为一个更准确的模拟结果，这样增加的计算量显然难以承受。

图 8-11(c)显示了使用浸入边界法模拟的波场快照，采样间隔为 10m。可以看出，该方法去除了图 8-11(a)中所示的人工绕射假象，使得正演模拟更加准确。在图 8-12(c)所示的单炮记录中也可明显看出这种改进。

为了进一步对比，我们还使用非对称插值来计算前向波场。计算过程参考 Hu[90] 的研究。这里使用了与其相似的迭代插值法，首先计算 Hu[90] 图 4 中用三角形表示的虚拟点处的波场；然后，通过使用非对称插值计算自由表面上 4 个虚拟点和一个镜像点处的波场值，并显式设定自由界面处波场值为 0。如图 8-11(d)所示，当波场在 300ms 之后传播时，波场正演变得不稳定，相应的单炮记录如图 8-12(d)所示。此外，还尝试通过直接使用外推法来计算鬼点处的波场，这是 Hu[90] 的公式(4)～公式(7)所说明的方法。此例中，外推系数使用拉格朗日多项式计算获得，这种方法会使得有限差分的计算更加不稳定，结果如图 8-11(e)所示。图 8-5 也说明了采用外推法对波场的重构是有问题的，而针对浸入边界法进行有限差分正演模拟，波场插值重构的精度会直接影响计算的稳定性和精度。

为了进一步说明迭代插值方法的收敛性，绘制出了 $x=1000\mathrm{m}$ 处的单个地震道波形。图 8-13(a)显示了在计算鬼点处的波场时，不同迭代次数所得的地震道记录。在第 1 次迭代后，人工绕射假象已经减少，随着迭代次数的增加，波场迅速收敛到一个稳定状态。迭代 20 次后，结果（蓝线）与精细采样间隔（$\Delta x=\Delta z=1\mathrm{m}$）下产生的记录（红色虚线）非常相似。

在同样的位置测试上述不同插值方法对起伏地表波场模拟结果的影响，采用 3 种插值方式分别进行正演模拟，插值迭代次数均为 20 次，收集波场正演记录如图 8-13(c)所示，其中 a 为双线性插值，b 为拉格朗日插值，c 为加窗 Sinc 插值。由图 8-13(d)可见，双线性插值未能完全去除边界假绕射，而拉格朗日插值和加窗 Sinc 插值模拟波场都较好地去除了边界假绕射，且拉格朗日插值计算量略小于加窗 Sinc 插值计算量，所以在镜像点插值过程中，拉格朗日插值最为高效且准确。

上述计算过程，炮点和检波点都在地下一定深度处的整数网格上，考虑实际起伏地表模型的地震波激发接收条件，炮点和检波点都应当处于地表或者十分接近地表的位置。与此同时，检波器需要依照地形放置，在起伏地表区域，检波器所在的位置也处于非整数网格上。因而按照常规的有限差分模拟过程无法模拟实际物理过程。据前文所述，可在 z 方向进行插值获得检波点真实位置处的地震记录。图 8-14 对比了地表处接收到的波场记录。

考虑更贴近实际的地震采集情况，图 8-15 给出了高斯山峰模型在地表放炮、地表接收的地震记录，炮点位于地下 5m，检波器在地表。由图 8-15 所示，通过边界处插值，获得了地表的直达波信号，并且没有起伏地表引起阶梯端点处的绕射波。这是该方法应用到实际地震波场模拟的重要基础。

第八章　起伏地表地震波场模拟

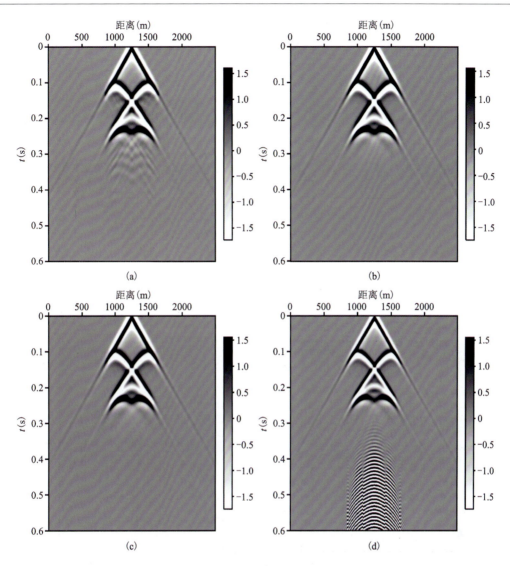

(a)和(b)分别为以10m和1m的空间间隔采用真空方法进行地震单炮记录剖面;(c)以10m的空间间隔进行对称插值浸入边界法模拟的地震单炮记录剖面;(d)以10m的空间间隔进行非对称插值浸入边界法模拟的地震单炮记录剖面

图 8-12　不同空间采样间隔的地震单炮记录剖面

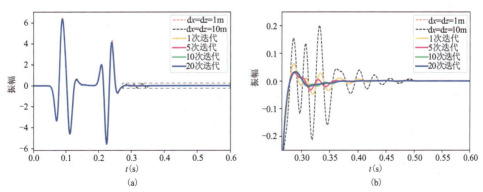

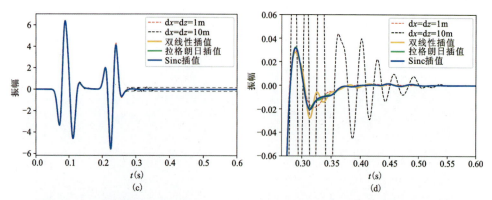

虚线表示真空法的正演记录,即对应图8-11中直接采用真空法进行正演模拟的单道波形;(a)和(b)中彩色实线表示采用改进的浸入边界法波场模拟结果,不同颜色对应不同迭代次数;(a)和(c)中彩色实线表示采用改进的浸入边界法波场模拟结果,不同颜色对应不同插值方法;(b)和(d)分别放大显示了(a)和(c)中的灰色框内部分

图 8-13　正演模拟记录的单道波形对比图

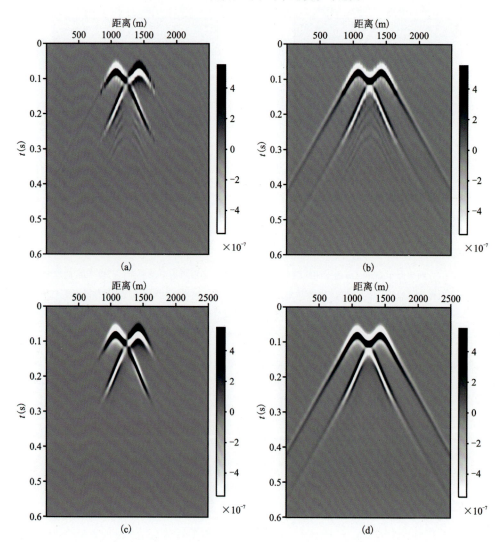

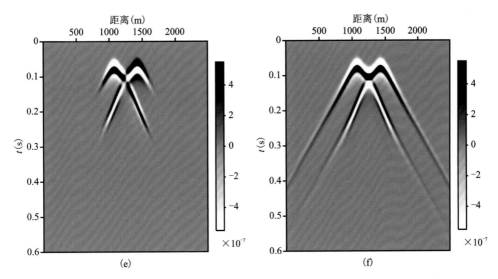

左列为垂直分量,右列为水平分量。从上到下的三行(a)(b)、(c)(d)、(e)(f)分别为间隔 10m 和 1m 的真空法及间隔为 10m 的浸入边界法,对应图 8-11(a)~8-11(c)中的结果

图 8-14　地表上接收到的质点振动速度分量剖面

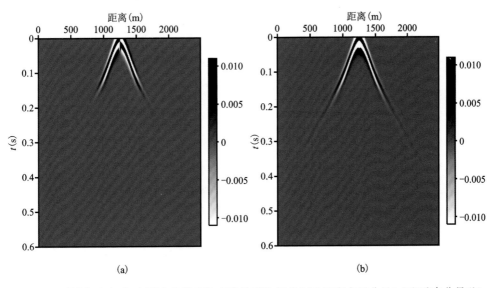

图 8-15　震源在地表时,高斯山峰模型地表接收到的质点振动速度水平分量(a)和垂直分量(b)

二、正弦函数起伏地表模型(模型 2)

为了进一步研究改进的浸入边界地震波场模拟方法对地表起伏程度的适用性,设计图 8-16 所示的 4 个速度模型,速度为 3000m/s,密度为 2000kg/m³。震源子波选用 30Hz 主频 Ricker 子波,水平和垂直方向的空间采样间隔为 10m,地表形态由正弦函数确定,函数表达式为 $d(x)=405-100\sin(\pi x/a)$,其中 x 表示水平方向距离,参数 a 用于调整模型地表变化的剧烈程度(该例中 a 的取值为 100、150、200 和 300)。

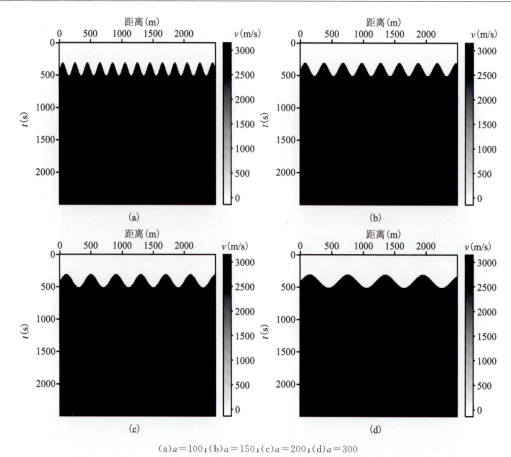

(a) $a=100$; (b) $a=150$; (c) $a=200$; (d) $a=300$

图 8-16 不同正弦函数控制的 4 个地形模型

图 8-17 展示了对于这 4 个模型,通过将源设置在水平方向的中心和 610m 的深度,将接收器设置在 610m 的深度生成的记录。图 8-17 中从上到下的 4 行分别描述了图 8-16(a)~(d) 中所示的 4 个不同模型的单炮记录。图 8-17 的左列和中间列分别显示了使用真空法模拟的单炮记录,空间采样间隔分别为 10m 和 1m;右列为使用浸入边界方法模拟的单炮记录,空间采样间隔为 10m。

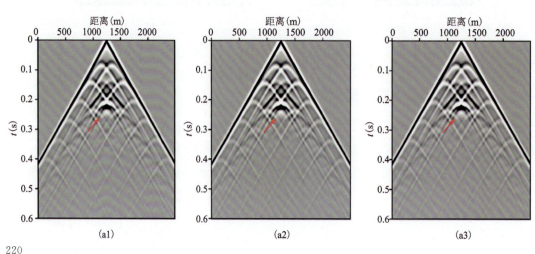

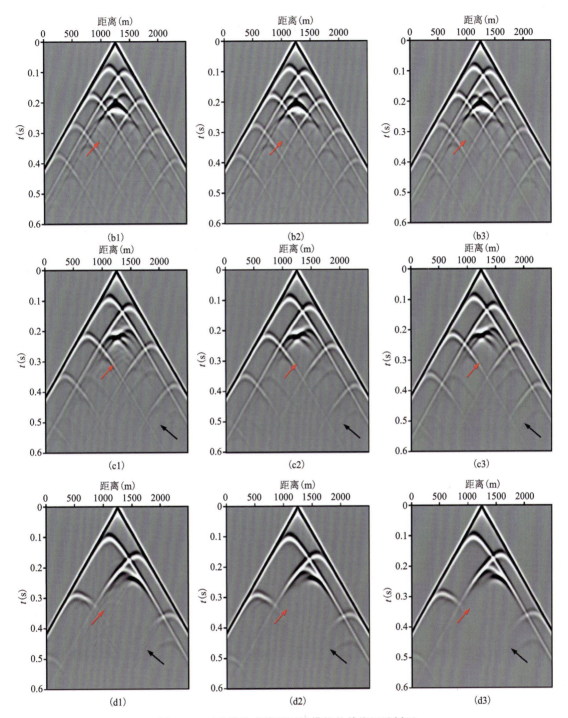

图 8-17 正弦形地表模型正演模拟的单炮记录剖面

如图 8-17(a1)~(d1)所示,采样间隔为 10m 的真空方法会为 4 个模型生成人工绕射,即使对于图 8-16(a)所示的模型(地表最大倾角为 73°),浸入边界法也可以有效消除这些绕射假象。如果通过减小参数 a 的值使倾角变大,这些绕射将变得更加明显。实际上,由于野外地震勘探设备移动困难,在地表坡度与第 2 个模型的坡度一样大(地表最大倾角 64°)的区域进行地震勘测几乎是不切实际的。因此,改进的浸入边界法应足以应付地震勘探的起伏地表问题。

三、加拿大 Foothills 逆掩推覆模型(模型 3)

加拿大 Foothills 山麓模型是一个二维合成模型,如图 8-18 所示。该模型涵盖了复杂的逆掩推覆地质特征[100]。针对 SEG 公开的加拿大起伏地表逆掩推覆模型进行模拟计算。

图 8-18 是加拿大 Foothills 模型的速度场,模型网格分别为 $nx=1668$ 和 $nz=1000$,x 方向和 z 方向的空间采样间隔分别为 15m 和 10m,时间采样间隔为 0.5ms,模拟震源子波为主频 25Hz 的 Ricker 子波,震源位置在图 8-18 黄色五角星处。

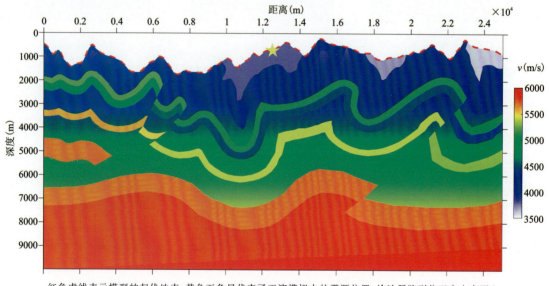

红色虚线表示模型的起伏地表,黄色五角星代表了正演模拟中的震源位置,检波器阵列位于自由表面上

图 8-18 加拿大起伏地表 Foothills 速度模型

图 8-19 分别显示了 1000ms、1500ms 和 2500ms 的压强波场快照,从图中可以清楚看到来自自由表面的反射波。相应的地表处接收的质点振动速度结果如图 8-20 所示,表明该模拟方法是稳定的。

从图 8-20 可以看出,由于受到不规则地形的影响,地震能量分布是不均匀的。在水平分量的剖面图中地表接近水平的位置,波场的振幅降低至接近零[图 8-20(a)]。然而,这些波场记录在垂直分量的剖面上是清晰和连续的[图 8-20(b)],这就是在陆地地震数据勘探中通常只采集垂直分量的主要原因。还可以看到,如果在震源和检波器之间有一个山谷,当炮点处于一侧,地震波在另一侧遮挡面上接收时振幅会减弱;在地表顶面接近水平时,水平方向质点振动速度分量能量也会减弱。

上述改进针对起伏地表检波器位于非整数网格的情况,采用整数网格点上波场空间插值的方式进行计算,为该类方法提供了模拟地表放炮、地表接收的实际计算情形。得到的质点振动速度连续稳定,记录剖面上直达波和反射波同相轴清晰,正演结果说明本章提出的方法针对复杂起伏地表自由表面模型具有一定的适用性[101]。

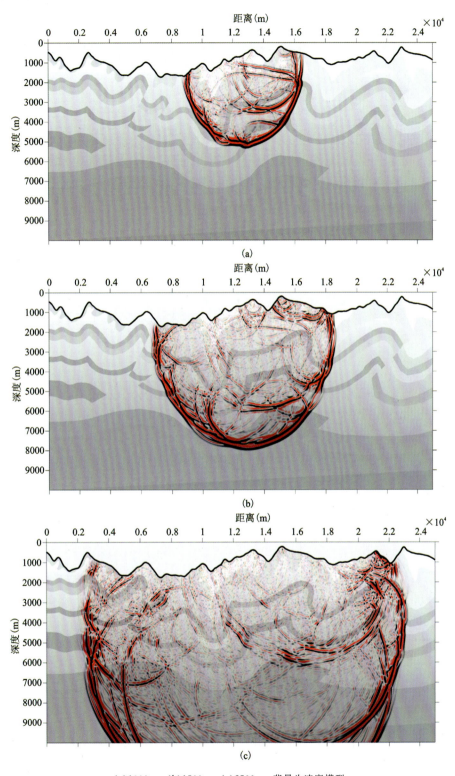

(a)1000ms;(b)1500ms;(c)2500ms;背景为速度模型

图 8-19　不同时刻的地震压强分量快照

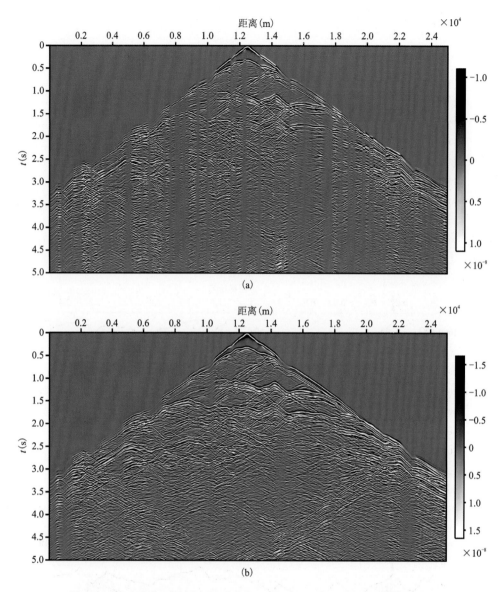

图 8-20 地表收集到的质点振动速度 v_x 分量(a)和 v_z 分量(b)的地震记录

四、塔里木盆地"双复杂"系列模型(模型 4)

为了深入研究塔里木盆地西南坳陷地震波场传播规律,中国石油天然气集团有限公司基于该区块实际地质特征进行建模,建立了塔里木盆地"双复杂"系列模型。该模型双复杂性体现在:①地表条件复杂(地表起伏且可能出露地表低速风化带);②地下构造形态复杂(发育由逆掩推覆构造运动形成的断块)。

所设计建立的"双复杂"地质模型如图 8-21 所示,其中图 8-21(b)在模型[图 8-21(a)]的基础上,在地表添加了两层速度低至约 900m/s 的低速风化层,使得所建模型与真实地质情况更为接近。基于前文起伏地表下的浸入边界法对"双复杂"系列模型开展数值正演模拟,两个

第八章 起伏地表地震波场模拟

参与模拟的模型网格数为 $nx=1207$ 和 $nz=1249$；x 方向和 z 方向的空间采样间隔分别为 15m 和 10m，时间采样间隔为 0.5ms，模拟震源子波为主频 15Hz 的 Ricker 子波，震源放置在模型内部断块顶部地表，水平位置于 7200m。

图 8-22 和图 8-23 分别展示了两个模型的地震波场传播过程波场快照，其中波场快照的背景为相对应的模型速度剖面。可以看出，本章提出的方法可以较好地模拟地震波在起伏地表上激发产生并在地下介质进行传播的状态，且在图中可清晰看到当地震波反射至地表自由表面时，在自由表面处重新反射并产生向下传播的反射波，进一步增加了波场传播的复杂性。

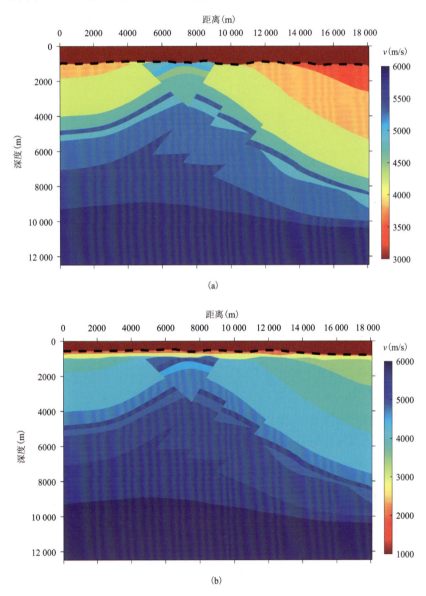

黑色虚线表示该陆地模型的起伏地表位置，检波器阵列均匀分布于自由表面上。
（a）无地表低速风化层情况；（b）含地表低速风化层情况
图 8-21 塔里木盆地"双复杂"介质速度模型

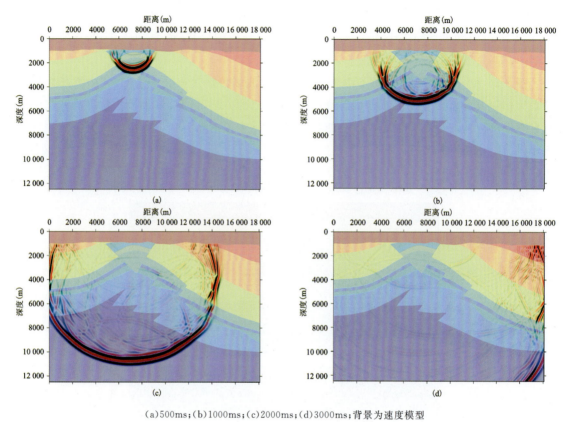

(a)500ms;(b)1000ms;(c)2000ms;(d)3000ms;背景为速度模型

图 8-22　无地表低速风化层"双复杂"模型不同时刻的地震压强分量波场快照

图 8-23 为含地表低速风化层模型 4 个不同时刻的波场快照,与图 8-22 对比可见,由于震源在地表低速层内激发,地震波能量一定程度上被约束于低速带内传播,波场复杂性增加,地下深层反射波信号能量较弱。该现象在图 8-24 所示的地表采集到的单炮记录上也能看出,图 8-24 中黑色框和箭头标识了两处来自地下相同构造的反射波同相轴,由于低速层的存在,反射波到时有延迟,且反射信号能量较低,除直达波外波场强能量集中于地表低速层内反复震荡传播的波场。该现象论证了当地表不规则且近地表具有明显的低速层时,所采集到的地震波场成像及反演的难度将显著提高。

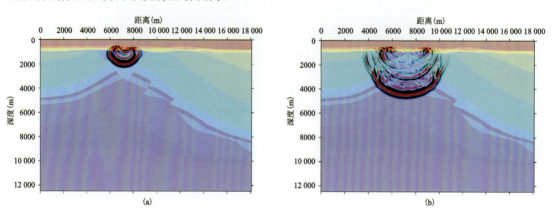

第八章　起伏地表地震波场模拟

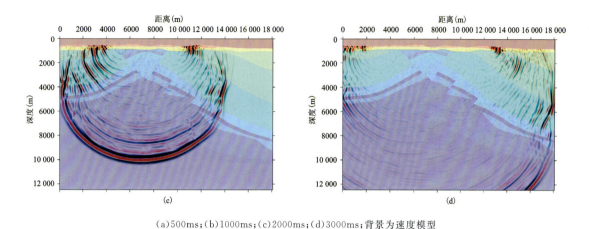

(a)500ms；(b)1000ms；(c)2000ms；(d)3000ms；背景为速度模型

图 8-23　含地表低速风化层"双复杂"模型不同时刻的地震压强分量波场快照

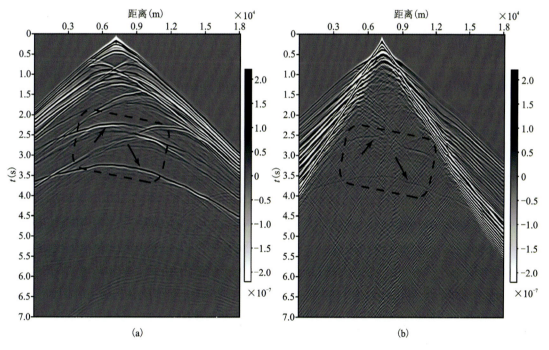

(a)无地表低速风化层情况；(b)含地表低速风化层情况

图 8-24　地表收集到的质点振动速度垂直分量单炮记录

第四节　本章小结

本章详细介绍了起伏地表情况下的地震波场正演模拟方法，首先介绍了起伏地表在地震数值模拟中存在的问题及影响计算精度的原因，并对目前主流的处理不规则边界的地震波场数值模拟方法进行综述。然后重点引入流体力学领域处理不规则边界的浸入边界法进行起伏地表下的地震声波场正演模拟，并详细介绍了计算实施细节及多个数值模型，获得结论如下：

(1)浸入边界式有限差分法可以在笛卡儿坐标系下进行有限差分波场求解计算，这有助于新方法在不同有限差分正演程序中的实施和应用；

(2)新的迭代对称插值式浸入边界法在地震波场模拟精度、稳定性和计算效率方面都具有一定的优势，新方法能有效降低由不规则地表网格离散引起的虚假绕射，可以更加精确地采集地表检波点真深度处波场值，不同的数值算例验证了该方法能适用于地表较极端情况下的波场模拟（模型 2 中地表最大倾角达到 73°）；

(3)在更接近实际情况的起伏地表模型（模型 3 及模型 4）数值波场正演过程中，新方法展示了有效模拟复杂模型及复杂地表情况下地震波场的能力，这为复杂地表地质条件下的反演建模及逆时偏移成像提供可靠的正演模拟算法。

第九章　混合网格有限差分法在逆时偏移中的应用

随着勘探开发程度的不断深入,地震资料解释对偏移成像的精度要求越来越高。叠前深度偏移能够适应速度的横向变化,是实现复杂构造区高精度成像的有效途径。目前,工业界广泛应用的叠前深度偏移方法主要有:基于射线理论的Kirchhoff积分偏移算法,基于地震波方向分解的单程波偏移算法,基于双程波方程的逆时偏移算法。Kirchhoff积分偏移通常仅考虑单一射线路径走时,无法适应速度横向剧烈变化的构造成像。单程波偏移的理论基础是对双程波方程的单程波逼近,且算法的数值实现需要对描述单程波的拟微分方程作进一步简化,从而导致单程波偏移存在偏移倾角限制,不适应高陡构造成像。

逆时偏移采用能够精确描述复杂介质中地震波传播过程的波场延拓算子进行偏移成像,物理概念清晰,能够自然地处理多路径问题以及由速度变化引起的聚焦或焦散效应,并具有很好的振幅保持特性;避免了上、下行波场的分离,从而克服了偏移倾角和偏移孔径的限制,有效克服了Kirchhoff积分偏移和单程波偏移的缺点。逆时偏移相位准确,成像精度高,能够适应地层速度横向剧烈变化区域和高陡倾角区域的成像,甚至可以利用回转波和多次波进行成像。逆时偏移是目前理论最先进、成像精度最高的深度域成像方法。

本章将首先简要介绍逆时偏移的基本原理、偏移噪声压制、波场存储策略,然后介绍混合网格有限差分法在逆时偏移中的应用。

第一节　逆时偏移的基本原理

本节从逆时偏移的成像条件和实现步骤两个方面阐述逆时偏移的基本原理。

一、逆时偏移的成像条件

逆时偏移的原理可以简单概括为三部分:一是震源波场正向延拓,二是检波点波场(地表接收记录)逆时延拓,三是应用成像条件计算成像结果。

成像条件是地震偏移成像算法的一个关键因素,它直接影响成像剖面的质量和计算成本。逆时偏移常用的成像条件主要有三类:激发时间成像条件、振幅比成像条件和互相关成像条件。Chattopadhyay和McMechan[102]对逆时偏移成像条件作了比较全面的对比研究。

1. 激发时间成像条件

激发时间成像条件的理论出发点是时间一致性准则,即上行波产生的时间等于下行波到达的时间[103]。下行波到达时间也称为地震波的初至走时,可以利用射线追踪和波场延拓两种方法计算。

基于射线追踪计算初至走时的激发时间成像条件又称为初至时成像条件,该成像条件将震源初至波到达时刻记作计算网格点的成像时间,并以该时刻该网格点上地表接收记录逆时外推波场的振幅值作为成像点的像值[104]。初至时成像条件的数学表达式为

$$\mathrm{Map}(x,z) = P_r(x,z,t_e) \tag{9-1}$$

其中,$\mathrm{Map}(x,z)$表示成像点(x,z)的像值,t_e为初至旅行时,$P_r(x,z,t_e)$为t_e时刻地表接收记录逆时外推波场的振幅值。初至时成像条件基于射线追踪计算初至旅行时,计算效率高。在构造相对简单的情况下,能够较好成像;当构造复杂时,容易导致初至波能量弱,续至波能量强,成像效果变差。

基于波场延拓计算初至走时的激发时间成像条件又称为最大振幅到达时成像条件,该成像条件是将震源激发的地震波在计算网格点上出现最大振幅的时间记作计算网格点的成像时间,并以该时刻该网格点上地表接收记录逆时外推波场的振幅值作为成像点的像值。最大振幅到达时成像条件的数学表达式为

$$\mathrm{Map}(x,z) = P_r(x,z,t_a) \tag{9-2}$$

其中,$\mathrm{Map}(x,z)$为成像点(x,z)的像值,t_a为最大振幅到达时间,$P_r(x,z,t_a)$为t_a时刻地表接收记录逆时外推波场的振幅值[105]。最大振幅到达时成像条件通过波动方程正演计算成像时间,计算量大。它选取能量最强的绕射波聚焦成像,提高了成像质量,但叠加强振幅常常导致成像剖面上能量不连续[106]。

2. 振幅比成像条件

振幅比成像条件也是基于Claerbout提出的时间一致性成像原理[107]:成像点处下行波达到的时间与上行波产生的时间相同,且成像点处的反射系数为上行波振幅$U(x,z,t)$除以下行波振幅$D(x,z,t)$。振幅比成像条件的数学表达式为

$$\mathrm{Map}(x,z) = U(x,z,t)/D(x,z,t) \tag{9-3}$$

其中,t为下行波到达成像点的时间,可以选用初至旅行时t_e或最大振幅到达时间t_a。振幅比成像条件的优点是保留了振幅信息且分辨率高,但它没有考虑反射系数随入射角的变化关系,另外,当下行波振幅接近零时,振幅比成像条件计算不稳定。

3. 互相关成像条件

为克服振幅比成像条件计算不稳定的问题,Claerbout还提出了一种互相关成像条件[107]:

$$\mathrm{Map}(x,z) = \int U(x,z,t)D(x,z,t)\mathrm{d}t \tag{9-4}$$

第九章 混合网格有限差分法在逆时偏移中的应用

需要指出的是,逆时偏移采用双程波方程,没有上行波与下行波之分,而是以地表接收记录逆时外推波场 $R(x,z,t)$ 代替上行波,以震源时间正向外推波场 $S(x,z,t)$ 代替下行波。因此,逆时偏移互相关条件可写作

$$\text{Map}(x,z) = \int R(x,z,t)S(x,z,t)\text{d}t \tag{9-5}$$

其中,积分核 $R(x,z,t)S(x,z,t)$ 表示在 t 时刻对空间全波场做一次成像运算,对时间 t 求积分则说明成像结果 $\text{Map}(x,z)$ 是各时间切片的成像值的叠加。因此,互相关成像条件可以充分利用双程波全波场信息,对同一成像网格点实现多次成像,其中多次反射波、绕射波都可以作为增强成像效果的有效信号。

Chattopadhyay 和 McMechan[102]研究指出互相关成像条件的保幅性存在一定的问题,对互相关成像条件添加一个照明补偿因子,得到归一化互相关成像条件:

$$\text{Map}(x,z) = \int \frac{R(x,z,t)S(x,z,t)}{S^2(x,z,t)}\text{d}t \tag{9-6}$$

相比互相关成像条件,归一化互相关成像条件的保幅性得到明显改善。

目前,互相关成像条件和归一化互相关成像条件在逆时偏移中应用最为广泛,本章就选择这两种成像条件作为逆时偏移的成像条件。

二、逆时偏移实现流程

选择的成像条件不同时,逆时偏移实现的具体步骤会有所不同。下面给出选择互相关成像条件时,逆时偏移实现的主要步骤。

第一步:震源波场在时间方向从零时刻进行正向传播至最大时刻,并将所有时刻的波场值保存到存储空间(硬盘);

第二步:检波点波场(地面接收记录)在时间方向从最大时刻进行反向传播至零时刻,并在每一时刻读取相应时刻的震源波场值;

第三步:利用互相关成像条件对正传和反传波场进行零延迟互相关成像。

震源波场正传和检波点波场反传通过波动方程数值模拟实现,可以采用前文中介绍的波动方程混合(交错)网格有限差分数值模拟算法。

第二节 逆时偏移的存储策略

从互相关成像条件下逆时偏移实现的主要步骤可以看出,逆时偏移的第一步要求保存所有时刻的震源波场,这要求计算机有较大的硬盘存储空间。以 Marmousi 模型为例,横向网格数 2301(4m 网格),纵向网格数 751(4m 网格),PML 吸收边界包含 32 层网格,时间采样点数 10 000(时间采样间隔为 0.3ms),波场数据类型为 4 字节浮点型,则共需要约 64GB 的硬盘存储空间(仅存储模型内部网格点的波场)。三维逆时偏移对硬盘存储空间的需求是二维逆时偏移的几百倍至几千倍,将需要几十 TB 至几百 TB 级的硬盘存储空间,并且这些波场数据的读写和通信会增加大量的耗时。所以逆时偏移的波场存储是一个需要重点关注和研究的

问题[108]。

一、常用存储策略

自从逆时偏移提出以来,如何降低逆时偏移对存储空间的需求就一直是研究者们探索的一个重要研究方向。目前常用的有以下几种存储策略:

(1)从零时刻开始将震源正向传播到最大时刻 NT(正演时间采样点数),并将所有时刻的震源波场存储在大容量硬盘中,进行偏移成像时再从硬盘读出。这种策略的计算量最小(为 $2NT$),易于实现,但是存储量巨大,导致存取非常耗时。

(2)假设需要 t 时刻的震源波场,则从零时刻通过正演传播模块将震源正向传播到 t 时刻,即每个时刻的震源波场都从零时刻计算得到。这种策略的好处就是不需要存储任何波场,但是极大地增加了计算量[约为 $(3+NT)NT/2$]。

(3)先进行一次震源波场的正向传播,并每 N 步保存一次波场值 P_i^0(二维情况下可保存到内存);在进行逆时偏移成像时,t' 时刻的震源波场可以通过利用最近的波场值 $P_i^0(t'>t)$ 经过正向传播计算得到。这种策略降低了逆时偏移的波场存储量,但是增加了正向传播的计算量,对计算量和存储量进行了折中,存储量降低为原来的 $1/N$,而计算量为 $(N+3)NT/2$。通过调整 N 的大小可以较好地调控计算量和存储量,当 $N=1$ 时,等同于策略(1),当 $N=NT$ 时,则等同于策略(2)。

(4)先进行一次震源波场的正向传播,然后利用最后几个时刻的波场作为初始波场值(由正演时间阶数决定,如时间二阶,最后两个波场)使用伴随波动方程进行反向传播。这种策略中,震源波场反向传播能够与检波点波场反向传播同步,因此,不需要额外的存储,只增加了一次反向传播的计算量,且实现过程简单。但是该策略只适用于 Dirichlet 边界条件,而不适用于其他边界条件,比如边界吸收效果更好的完全匹配层吸收边界条件(PML)。该策略的存储量为 0,计算量为 $3NT$。

(5)Clapp[109] 提出了一种边界存储策略:只存储人工边界层内的炮点正传波场,反传时将这些边界波场取出并作为边界条件来重构之前时刻的波场。该策略需要事先进行一次震源波场正向传播,但较大地降低了逆时偏移的存储量(下文会详细讨论该存储策略的实现原理)。

(6)Symes[110] 提出了一种 Checkpointing 技术:首先确定 Nb 个波场存储点和 Nc 个检波点($Nb \ll Nc$);然后进行一次震源波场的正向传播,并记录规定时刻的波场值(Nb 个);成像时利用检波点之前最近存储点的波场经过正向传播得到该成像时刻的震源波场。当 $Nb=Nc=Nt$ 时,等同于策略(1);当 $Nb=0$,$Nc=NT$ 时,则等同于策略(2)。Checkpointing 技术将计算量和存储量之间的折中关系更加细化,有利于更好地平衡计算量和存储量。

(7)Clapp[111] 提出在逆时偏移的震源波场传播过程中使用随机散射边界技术:这种技术是在模型外面增加一定厚度的随机边界(速度、密度等参数从内边界到外边界按照下降趋势随机给定),地震波传播到边界处会产生随机散射,不会形成规则反射,而且能量没有像其他边界条件一样被吸收,因此,完全可以通过最后两个时刻的波场反向外推出之前任一时刻的波场值,且在此过程中不必考虑边界(边界内和边界外使用同一个方程),进而可以减少正演计算时间。随机散射边界技术的使用可以使逆时偏移不需要额外的存储空间,且计算量较小

[为 $3NT$,等同于策略(4)],但是随机边界的设置仍然有待研究(随机边界厚度参数、随机分布规律以及随机边界对低频分量散射效果不佳等)。

二、边界存储策略的实现原理

边界存储策略具有存储量小、计算量相对较少、易于实现、能够适用于任何边界条件(包括 PML)等优点。下面以二维速度-应力声波方程逆时偏移为例来详细地阐述这种策略。

二维速度-应力声波方程可表示为

$$\frac{\partial P}{\partial t}+\kappa\left(\frac{\partial v_x}{\partial x}+\frac{\partial v_z}{\partial z}\right)=0,\quad \frac{\partial v_x}{\partial t}+\frac{1}{\rho}\frac{\partial P}{\partial x}=0,\quad \frac{\partial v_z}{\partial t}+\frac{1}{\rho}\frac{\partial P}{\partial z}=0 \tag{9-7}$$

其中 $P=P(x,z,t)$ 为压力场,$v_x=v_x(x,z,t)$ 和 $v_z=v_z(x,z,t)$ 分别为质点振动速度场的 x 和 z 分量,$\kappa=\kappa(x,z)$ 为体积模量,$\rho=\rho(x,z)$ 为介质的密度。

采用常规高阶交错网格有限差分法(C-SFD)对方程(9-7)进行差分离散得到

$$\begin{aligned}
v_{x(i,j+1/2)}^{n+1/2} &\approx v_{x(i,j+1/2)}^{n-1/2}-\frac{\Delta t}{\rho h}\sum_{m=1}^{M}a_m(P_{i+m-1/2,1/2}^{n}-P_{i-m+1/2,1/2}^{n}),\\
v_{z(i+1/2,j)}^{n+1/2} &\approx v_{z(i+1/2,j)}^{n-1/2}-\frac{\Delta t}{\rho h}\sum_{m=1}^{M}a_m(P_{i+1/2,j+m-1/2}^{n}-P_{i+1/2,j-m+1/2}^{n}),\\
P_{i+1/2,j+1/2}^{n+1} &\approx P_{i+1/2,j+1/2}^{n}-\frac{\kappa\Delta t}{h}\sum_{m=1}^{M}a_m\left[v_{x(i+m,j+1/2)}^{n+1/2}-v_{x(i-m+1,j+1/2)}^{n+1/2}\right]-\\
&\quad \frac{\kappa\Delta t}{h}\sum_{m=1}^{M}a_m\left[v_{z(i+1/2,j+m)}^{n+1/2}-v_{z(i+1/2,j-m+1)}^{n+1/2}\right]
\end{aligned} \tag{9-8}$$

其中,Δt 为时间采样间隔,h 为空间采样间隔,$a_m(m=1,2,\cdots,M)$ 为差分系数,下标 i 和 j 表示离散空间网格位置,上标 n 表示离散时刻。

策略(4)中通过利用最后两个时刻的波场值进行反向传播计算出之前任一时刻的波场值,这在传播顺序上和检波点波场反向传播一致,因此,不需要额外的存储量。但是它仅适用于 Dirichlet 边界条件,而不适用于吸收效果好的 PML 边界条件。原因在于 PML 边界条件在时间方向上是不可逆的。而如果事先将边界区域的波场存储下来,反向传播时作为边界条件来替换边界处的波场,就可完全正确地计算出之前任一时刻的波场,这正是边界存储策略的基本原理。

边界存储策略实现过程中,震源波场反向传播所用的离散差分方程为:

$$\begin{aligned}
v_{x(i,j+1/2)}^{n-1/2} &\approx v_{x(i,j+1/2)}^{n+1/2}+\frac{\Delta t}{\rho h}\sum_{m=1}^{M}a_m(P_{i+m-1/2,1/2}^{n}-P_{i-m+1/2,1/2}^{n}),\\
v_{z(i+1/2,j)}^{n-1/2} &\approx v_{z(i+1/2,j)}^{n+1/2}+\frac{\Delta t}{\rho h}\sum_{m=1}^{M}a_m(P_{i+1/2,j+m-1/2}^{n}-P_{i+1/2,j-m+1/2}^{n}),\\
P_{i+1/2,j+1/2}^{n} &\approx P_{i+1/2,j+1/2}^{n+1}+\frac{\kappa\Delta t}{h}\sum_{m=1}^{M}a_m\left[v_{x(i+m,j+1/2)}^{n+1/2}-v_{x(i-m+1,j+1/2)}^{n+1/2}\right]+\\
&\quad \frac{\kappa\Delta t}{h}\sum_{m=1}^{M}a_m\left[v_{z(i+1/2,j+m)}^{n+1/2}-v_{z(i+1/2,j-m+1)}^{n+1/2}\right],
\end{aligned} \quad (i,j)\in\Omega, \tag{9-9}$$

$$P_{i,j}^n = \widetilde{P}_{i,j}^n, \quad v_{x(i,j+1/2)}^{n-1/2} = \widetilde{v}_{x(i,j+1/2)}^{n-1/2}, \quad v_{z(i+1/2,j)}^{n-1/2} = \widetilde{v}_{z(i+1/2,j)}^{n-1/2}, \quad (i,j) \in \Psi \quad (9-10)$$

其中，Ω 表示内部网格，Ψ 表示所有边界层网格。式(9-9)用于计算内部网格点处的波场，而式(9-10)用于计算人工边界层内网格点处的波场，式(9-10)在此作为边界条件。$\widetilde{P}_{i,j}^n$，$\widetilde{v}_{x(i,j+1/2)}^{n-1/2}$ 和 $\widetilde{v}_{z(i+1/2,j)}^{n-1/2}$ 表示震源正向传播时所存储的波场。该策略的具体实现步骤如图 9-1 所示。从图中可以看出，反向传播是正向传播的逆过程，同时，反向传播不需要对边界区域进行额外处理，只需要对事先保存好的边界波场值进行替换，从而节省了边界处理所使用的计算时间(图 9-1)。

由式(9-10)可计算出该策略的存储量为
$$\text{Memory} = 3 \times 2N(NX+NZ)NT \times 4 \quad \text{(bytes)} \quad (9-11)$$

其中，NX、NZ 分别为内部区域的横向和纵向网格数，N 为边界层厚度。

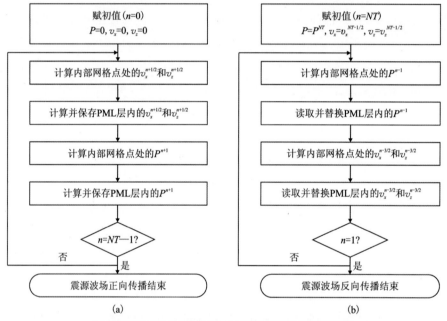

(a)震源波场正向传播流程图；(b)震源波场反向传播流程图

图 9-1 震源波场正、反向传播流程图

三、有效边界存储策略的实现原理

边界存储策略可以在不增加计算量的情况下有效地降低逆时偏移所需要的存储量。例如对上面提到的 Marmousi 模型来说，假设完全匹配层包含 32 层网格，采用边界存储策略可将约 64GB 的存储量降低到约 21.8GB。下面讨论一种改进的边界存储策略，将进一步降低逆时偏移的存储量。

边界存储策略要求利用最后两个时刻的波场值通过波场反向传播得到之前任意时刻的正确波场值。所谓正确的波场值，不仅要求模型内部网格点的波场值正确，还要求人工边界区域网格点的波场值也正确，因此，就需要保存所有边界区域网格点的波场值。而实际上逆时偏移仅对模型内部网格进行偏移成像，因此，只需要保证内部网格的波场值正确即可。下面将探讨在保证模型内部网格点的波场值正确的情况下,如何改进边界存储策略以进一步降低逆时偏移的内存需求量。

图 9-2 给出了利用式(9-9)计算质点振动速度场 v_x 与用到的压力场 P 的相对位置示意图,计算 $v_{x(i,j+1/2)}$(模型内部区域最外层的一个网格)时,需要用到 PML 区域和内部区域各 M(空间 $2M$ 阶差分算子)个网格点的压力场 P,比如空间四阶差分算子需要用 PML 区域的 $P_{i-1/2,j+1/2}$ 和 $P_{i-3/2,j+1/2}$ 以及内部区域的 $P_{i+1/2,j+1/2}$ 和 $P_{i+3/2,j+1/2}$。如果在每一步反向传播时 PML 区域内 M 层网格的压力场 P 是正确的,就可以保证内部区域质点振动速度场 v_x 和 v_z 是正确的。同理,从式(9-9)可以看出,计算压力场 P 用到左右边界区域的 v_x 和上下边界区域的 v_z,此时,只需要保证 PML 区域内左右边界中 M 层网格的 v_x 和上下边界中 M 层网格的 v_z 是正确的,就可以保证内部区域压力场 P 的正确性。因此,在反向传播时只要事先保存每个时刻 PML 区域内 M 层网格的 v_x、v_z 和 P(PML 区域内左右边界中的 v_x、上下边界中的 v_z 和上下左右边界中 P),就可以保证计算得到的之前任一时刻内部区域的波场值是正确的。所以,可将式(9-10)修改为

$$
\begin{aligned}
P_{i,j}^n &= \widetilde{P}_{i,j}^n \quad (i,j) \in \Phi, \\
v_{x(i,j+1/2)}^{n-1/2} &= \widetilde{v}_{x(i,j+1/2)}^{n-1/2} \quad (i,j) \in \Phi_1, \\
v_{z(i+1/2,j)}^{n-1/2} &= \widetilde{v}_{z(i+1/2,j)}^{n-1/2} \quad (i,j) \in \Phi_2
\end{aligned}
\quad (9\text{-}12)
$$

其中

$$
\begin{aligned}
\Phi_1 &= (N \leqslant j < NZ+N) \cap [(N-M \leqslant i < N) \cup (NX+N) \leqslant i < NX+N+M], \\
\Phi_2 &= (N \leqslant i < NX+N) \cap [(N-M \leqslant j < N) \cup (NZ+N) \leqslant j < NZ+N+M], \\
\Phi &= \Phi_1 \cup \Phi_2
\end{aligned}
$$

(9-13)

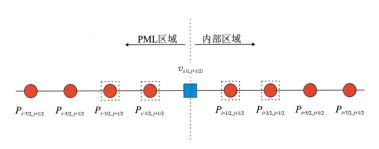

图 9-2 计算质点振动速度场 v_x 与用到的压力场 P 的相对位置示意图

式(9-10)和式(9-12)均可以保证模型内部区域网格点处波场值的正确性,但是 Φ 比 Ψ 小很多,因此,使用式(9-12)存储量更小。上述方法中,需要分别保存每个时刻 PML 区域内 M 层网格的 P、v_x 和 v_z,实现比较繁琐。考虑到 P、v_x 和 v_z 相互之间的关系,如果事先保存每个时刻 PML 区域内 $2M$ 层网格的压力场 P,那么用 P 反向计算出的 v_x 和 v_z 不仅在模型内部区域网格点处是正确的,而且在 PML 区域内 N 层网格点处也是正确的,这样就可以保证后面利用 v_x 和 v_z 计算出的 P 在模型内部网格点处也是正确的。这样在存取波场时只需考虑压力场 P,而不需要考虑质点振动速度场 v_x 和 v_z,便于编写程序。据此,式(9-12)和式(9-13)可改写为

$$P_{i,j}^n = \mathcal{P}_{i,j}^n \quad (i,j) \in \Gamma, \quad \Gamma = \Gamma_1 \bigcup \Gamma_2,$$
$$\Gamma_1 = (N \leqslant j < NZ+N) \bigcap [(N-2M \leqslant i < N) \bigcup (NX+N) \leqslant i < NX+N+2M],$$
$$\Gamma_2 = (N \leqslant i < NX+N) \bigcap [(N-2M \leqslant j < N) \bigcup (NZ+N) \leqslant j < NZ+N+2M]$$
(9-14)

式(9-14)与式(9-12)是等效的,均能得到模型内部网格点处的正确波场值,同时二者所需要的存储量也是相等的,即从区域大小上说满足 $\Gamma = \Phi + \Phi_1 + \Phi_2$。但从公式上可以看出,式(9-14)只需要存储压力场 P,而不需要存储质点振动速度场 v_x 和 v_z,实现更加简单。式(9-14)中的 Γ(图 9-3 中蓝色区域)能够保证模型内部区域 Ω 中的波场完全正确,且 $\Gamma \subseteq \Psi$,因此便于叙述,将该区域称为有效边界,将这种存储策略称为有效边界存储策略。

有效边界存储策略的存储量可以通过下式计算:

$$\text{Memory} = 4M(NX+NZ)NT \times 4 \quad \text{(bytes)} \tag{9-15}$$

与总存储量之比为

$$R = \frac{4M(NX+NZ)}{NX \cdot NZ} \tag{9-16}$$

仍以上面的 Marmousi 模型为例,如果使用八阶($M=4$)空间差分算子,则有效边界存储策略只需要 $4 \times 4 \times (2301+751) \times 10\,000 \times 4\text{Bytes} \approx 1.82\text{GB}$。相比边界存储策略的 21.8GB 降低了很多(为改进前的 $\frac{2M}{3N}$)。有效边界存储策略的存储量与 PML 区域的网格层数 N 无关,而与空间差分算子的阶数有关,空间差分算子的阶数越高,存储量越大;反之,阶数越低,存储量越小。另外,从式(9-16)可以看出,模型越大(NX,NZ 越大),R 就越小,表示该策略越有效。

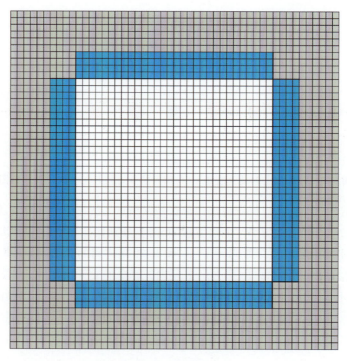

蓝色为需要存储的区域 Γ,灰色区域为节省的区域 Ψ-Γ,白色为模型内部区域 Ω

图 9-3 有效边界存储策略($M=2$)

第三节 逆时偏移噪声压制

低频噪声严重影响逆时偏移的成像质量,本节将简要介绍低频噪声的产生机理及压制方法。

一、逆时偏移噪声的产生机理

图 9-4(a)是一个简单的两层模型,模型横向长度为 4.5km,纵向深度为 3.0km,第一层的厚度为 1.5km,速度为 3000m/s,第二层厚度为 1.5km,速度为 4500m/s。震源位于 $x=0.9$km 处,位于 $x=3.6$km 处的一个检波器采集到的单道地震记录中反射波的走时为 1.03s。

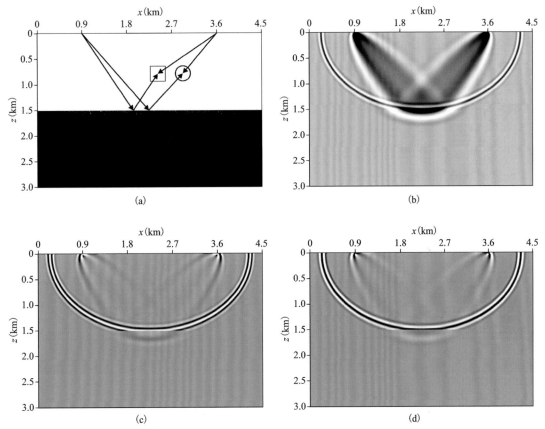

(a)速度模型,圆圈和方框位置分别代表入射角等于和不等于 90°的噪声产生机制;(b)含低频噪声的逆时偏移结果;(c)Laplace 滤波去除部分低频噪声后的逆时偏移结果;(d)Laplace 滤波去除部分低频噪声并做振幅和相位校正后的逆时偏移结果

图 9-4 逆时偏移低频噪声及 Laplace 滤波效果图

图 9-4(b)给出了单道地震记录采用互相关成像条件的逆时偏移成像结果,椭圆底部是反射界面的位置,如果将多炮多道地震记录偏移结果相加,椭圆底部(反射界面位置)能量会相干增强,而椭圆的其他位置会相干相消。图 9-4(b)中还存在一组"兔子耳朵"形状的噪声,即

逆时偏移的低频噪声,这种噪声在多炮多道地震记录偏移结果相加时并不会相干相消,会严重影响成像效果。

我们可以从互相关成像条件出发,了解低频噪声产生的原因。凡是满足互相关成像条件[式(9-5)]的位置都可以成像。在本例中,凡是震源波场正传时间加上检波点波场反传时间等于地震记录中反射波走时 1.03s 的位置都可以成像,如图 9-4(a)中圆圈和方框表示的位置。实际上,图中线条代表的射线路径上的所有位置点,成像条件都是满足的,因此会在整条射线路径上成像,形成图 9-4(b)中"兔子耳朵"形状的噪声,这就是逆时偏移中低频噪声的产生机制。

二、逆时偏移噪声压制方法

低频噪声压制主要有三种思路:第一种思路是通过修改波动方程或平滑模型慢度来衰减界面反射波,如采用无反射双程波动方程法[112]、平滑慢度模型等[113],这类方法不能完全压制反射波能量,而且在一定程度上损失了"双程波"的优势,不能对一些具有多个传播方向的波(如回转波、棱柱波等)进行成像;第二种思路是通过修改成像条件直接消除噪声成像,如采用波场方向分解成像条件[114]、角度衰减因子成像条件[115]等,这类方法去噪效果较好,但是计算量明显增大;第三种思路是对成像结果进行滤波直接去除低频噪声,如 Laplace 滤波[116]。杜启正等[117]对逆时偏移中低频噪声压制方法作了较为系统的阐述。Laplace 滤波是目前工业界应用最为普遍的逆时偏移低频噪声压制方法,具有压制效果好,计算量小等优点,这里我们将重点介绍这种方法。

1. Laplace 滤波

Laplace 算子的傅里叶变换可表示为

$$F(\nabla^2) = -(k_x^2 + k_y^2 + k_z^2) = -|\vec{k}_I|^2 \tag{9-17}$$

其中,F 表示傅里叶变换,∇^2 表示 Laplace 算子,k_x、k_y、k_z 分别表示成像域波数矢量 $\vec{k}_I$ 沿 x、y、z 方向的投影。如图 9-5 所示,$\vec{k}_I$ 与震源波场的波数矢量 $\vec{k}_S$ 和检波点波场的波数矢量 $\vec{k}_R$ 之间满足如下关系:

$$\vec{k}_I = \vec{k}_R - \vec{k}_S \tag{9-18}$$

应用余弦定理可以得到

$$|\vec{k}_I|^2 = |\vec{k}_R|^2 + |\vec{k}_S|^2 - 2|\vec{k}_R||\vec{k}_S|\cos(\pi - 2\theta) \tag{9-19}$$

其中 θ 为反射角。又因为

$$|\vec{k}_R| = |\vec{k}_S| = \frac{\omega}{v} \tag{9-20}$$

其中,ω 为圆频率,v 为地震波的传播速度。将式(9-20)代入式(9-19)得到

$$|\vec{k}_I|^2 = \frac{\omega^2}{v^2}(2 + 2\cos 2\theta) = \frac{4\omega^2}{v^2}\cos^2\theta \tag{9-21}$$

式(9-21)表明:Laplace 算子作用于逆时偏移成像结果相当于在角度道集上做角度衰减,但这种方法并不需要输出角度道集,因为 Laplace 算子是线性操作。图 9-4(a)中圆圈位置成像噪声入射角为 90°,根据式(9-21),这部分噪声可以完全消除;方框位置的噪声的入射角等于

90°，只能被部分消除。成像域波数矢量计算原理如图9-5所示。刘红伟等[116]认为这种低频噪声去除方法是合理的，因为方框位置所示的波场传播路径与棱柱波传播路径完全相同，如果这种噪声被完全去除，那么棱柱波成像结果也会被去除，逆时偏移的优势便会荡然无存。与棱柱波不同的是，这种噪声在多炮多道偏移结果叠加是相消，而棱柱波会相干增强。

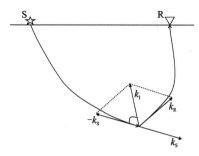

图9-5 成像域波数矢量计算原理

图9-4(c)展示了图9-4(b)中逆时偏移结果采用Laplace滤波去除低频噪声的效果，可以看出，低频噪声得到有效压制。然而，仔细对比图9-4(c)和图9-4(b)中的有效成像信息（椭圆信号）会发现，二者的相位发生了明显变化，实际上振幅也发生了变化，这说明Laplace滤波会破坏成像结果的振幅和相位信息。

2. 振幅和相位校正

式(9-21)可以解释Laplace滤波破坏振幅和相位信息的原因，分母的速度平方项比较容易处理，分子中的频率项可以通过对偏移的输入道集数据进行处理来实现补偿。

一种简单的方法就是对输入道集数据在时间域做两次积分处理[116]，利用如下关系：

$$F\left[\int g(t)\mathrm{d}t\right] = \frac{1}{i\omega}F[g(t)] \tag{9-22}$$

该方法操作简单，增加的额外计算量可以忽略不计。图9-4(d)给出了偏移前对输入道集在时间域做两次积分处理后再做逆时偏移，然后进行Laplace滤波的结果，与图9-4(b)对比，可以看出，低频噪声得到有效压制且保持了有效成像信息（椭圆信号）的振幅和相位信息。

第四节 逆时偏移应用实例

本章前三节介绍了逆时偏移的成像条件、波场存储策略以及低频噪声压制方法，本节将利用模型数据和实际资料进行逆时偏移。

一、塔里木盆地复杂构造模型逆时偏移

波动方程数值模拟算法直接决定逆时偏移中波场正传和反传的精度，从而影响逆时偏移的成像质量。这里，利用第四章介绍的常规高阶交错网格有限差分法（C-SFD）和混合交错网格有限差分法（M-SFD）进行一阶速度-应力声波方程数值模拟和逆时偏移。

图9-6(a)为中国塔里木盆地典型复杂构造速度模型，模型尺寸为18km×7.875km，模型

空间采样间隔 $h=15\text{m}$，网格数为 1201×526。震源采用主频为 25Hz 的雷克子波，位于点 $(9\text{km},0.15\text{km})$。图 9-6(b) 给出了 M-SFD($M=8;N=1$) 采用时间采样间隔 $\Delta t=1.5\text{ms}$ 模拟生成的单炮记录。为了对比方便，图 9-6(c)～(f) 给出了 C-SFD($M=10$) 和 M-SFD($M=8;N=1$) 采用 $\Delta t=1.0\text{ms}$ 和 $\Delta t=1.5\text{ms}$ 模拟生成单炮的放大局部。由对比可以看出：C-SFD($M=10$) 采用 $\Delta t=1.0\text{ms}$ 和 $\Delta t=1.5\text{ms}$ 模拟生成的单炮记录中均在明显的时间频散；M-SFD($M=8;N=1$) 采用 $\Delta t=1.0\text{ms}$ 和 $\Delta t=1.5\text{ms}$ 模拟生成的单炮记录中均无明显数值频散。数值模拟结果表明：计算效率基本相同（采用的时间采样间隔相等）时，M-SFD 比 C-SFD 能更有效地压制数值频散，模拟精度更高；M-SFD 能采用比 C-SFD 更大的时间采样间隔以提高计算效率，并保持更高的模拟精度。M-SFD 比 C-SFD 具有更高的模拟精度，因此，将 M-SFD 作为逆时偏移中的波场传播算子，进行震源波场正传和检波点波场反传将有助于提高逆时偏移的成像精度。

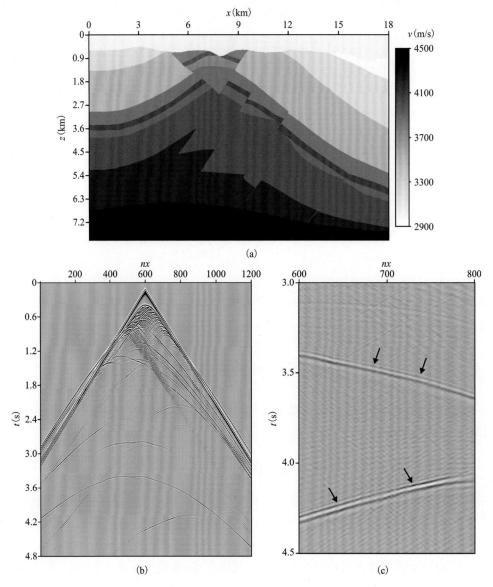

第九章 混合网格有限差分法在逆时偏移中的应用

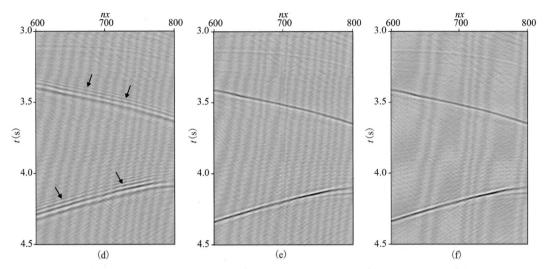

(a)复杂构造速度模型;(b)M-SFD($M=8;N=1$)采用时间采样间隔 $\Delta t=1.5\text{ms}$ 模拟生成的单炮记录;(c)、(d)C-SFD($M=10$)采用时间采样间隔 $\Delta t=1.0\text{ms}$,1.5ms 模拟生成单炮记录的放大局部;(e)(f)M-SFD($M=8;N=1$)采用时间采样间隔 $\Delta t=1.0\text{ms}$,1.5ms 模拟生成单炮记录的放大局部

图 9-6　塔里木盆地典型复杂构造模型及声波交错网格有限差分数值模拟单炮记录(压力场 P)

对图 9-6(a)中的复杂构造模型进行逆时偏移测试。震源采用主频为 25Hz 的雷克子波。C-SFD($M=15$)采用非常小的时间采样间隔 $\Delta t=0.1\text{ms}$,模拟生成 150 炮无数值频散的炮集资料作为逆时偏移的输入道集,每炮 600 道接收,炮间距 120m,道间距 30m。

分别以 C-SFD($M=10$)和 M-SFD($M=8;N=1$)作为逆时偏移中的波场传播算子,时间采样间隔 $\Delta t=1.5\text{ms}$,均选用互相关成像条件。偏移前对输入道集数据作两次时间积分处理,并对成像结果采用 Laplace 滤波去除低频噪声。图 9-7 给出了 C-SFD($M=10$)和 M-SFD($M=8;N=1$)的逆时偏移剖面。对比可以看出:C-SFD($M=10$)的偏移成像结果中,深层同相轴存在大量由数值频散造成的成像假象;M-SFD($M=8;N=1$)的偏移成像结果中,由数值频散造成的成像假象消失,深层同相轴能量更强,分辨率更高。因此,相比 C-SFD,M-SFD 作为逆时偏移的波场传播算子能有效改善深层的构造成像精度和分辨率。

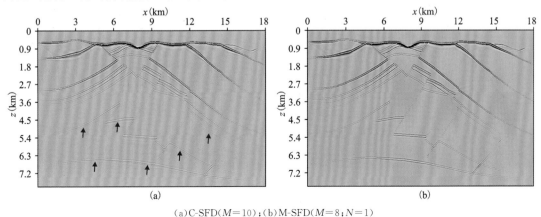

(a)C-SFD($M=10$);(b)M-SFD($M=8;N=1$)

图 9-7　塔里木盆地典型复杂构造模型声波混合交错网格有限差分逆时偏移剖面

二、实际资料逆时偏移

选用中国东部某盆地三维工区实际资料开展逆时偏移,图 9-8 给出了某单炮记录的 4 个排列。从图中可以看出,炮集信噪比较高,反射同相轴双曲特征明显,说明静校正问题不严重,适合开展逆时偏移成像。

图 9-9 给出了该三维工区一条 Inline 测线的速度剖面,图 9-10 给出了该测线的 Kirchhoff 叠前深度偏移和逆时偏移的成像剖面。两种方法的偏移成像结果整体上相差不大,但逆时偏移在高陡构造成像细节上有一定的优势。

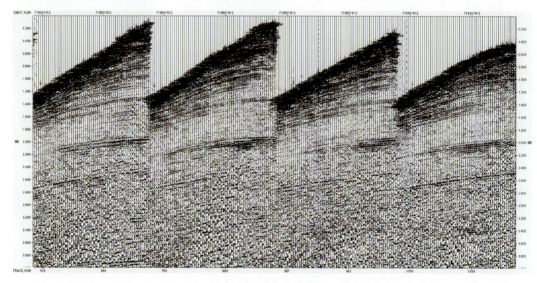

图 9-8　三维炮集记录

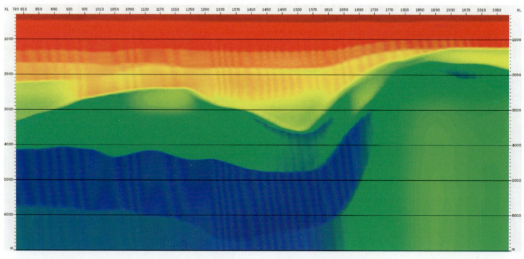

图 9-9　三维工区一条 Inline 测线速度剖面

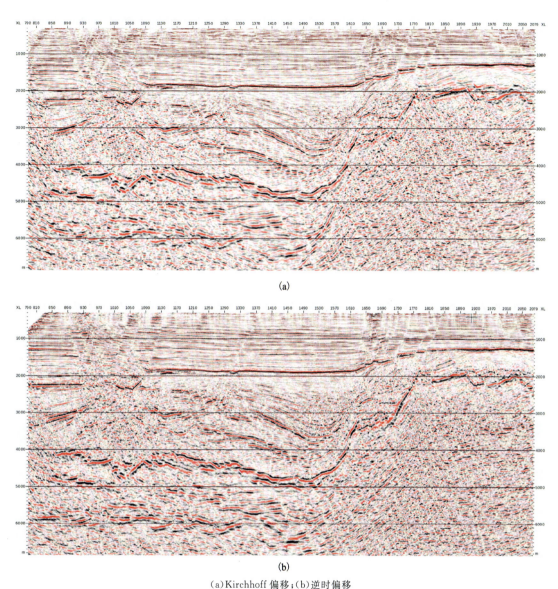

(a)Kirchhoff 偏移；(b)逆时偏移

图 9-10　三维实际资料一条 Inline 测线叠前深度偏移剖面

第五节　本章小结

本章较为系统地介绍了逆时偏移的成像条件、波场存储策略和低频噪声压制方法，并利用塔里木盆地典型复杂构造模型和中国东部某盆地三维工区实际资料开展逆时偏移应用测试，可以得出如下结论：

（1）理论分析表明，有效边界存储策略能够极大地降低逆时偏移的震源波场存储量，并且仅增加一次波场正演模拟计算量，是一种较好的波场存储策略，能够适用于二维和三维逆时偏移。

(2)相比 C-SFD,M-SFD 作为逆时偏移的波场传播算子能够更有效地消除数值频散造成的成像假象,进而提高深层的成像精度和分辨率。

(3)相比 Kirchhoff 叠前深度偏移,逆时偏移能够改善高陡构造的成像质量。

主要参考文献

[1] 牟永光,裴正林.三维复杂介质地震数值模拟[M].北京:石油工业出版社,2005.

[2] DE BASABE J,SEN M. Grid dispersion and stability criteria of some common finite-element methods for acoustic and elastic wave equations[J]. Geophysics,2007,72(6):T81-T95.

[3] MOCZO P,KRISTEK J,GALIS M,et al. On accuracy of the finite-difference and finite-element schemes with respect to P-wave to S-wave speed ratio[J]. Geophysical Journal International,2010,182(1):493-510.

[4] MOCZO P,KRISTEK J,GALIS M,et al. 3-D finite-difference,finite-element,discontinuous-Galerkin and spectral-element schemes analysed for their accuracy with respect to P-wave to S-wave speed ratio[J]. Geophysical Journal International,2011,187(3):1645-1667.

[5] RESHEF M,KOSLOFF D,EDWARDS M,et al. Three-dimensional elastic modeling by the Fourier method[J]. Geophysics,1988,53(9):1184-1193.

[6] 黄建平,黄金强,李振春,等.TTI介质一阶qP波方程交错网格伪谱法正演模拟[J].石油地球物理勘探,2016,51(3):487-496.

[7] ALTERMAN Z,KARAL F C. Propagation of elastic waves in layered media by finite difference methods[J]. Bulletin of the Seismological Society of America,1968,58(1):367-398.

[8] LIU Y,SEN M K. A new time-space domain high-order finite-difference method for the acoustic wave equation[J]. Journal of Computational Physics,2009,228(23):8779-8806.

[9] 梁文全,杨长春,王彦飞,等.用于声波方程数值模拟的时间-空间域有限差分系数确定新方法[J].地球物理学报,2013,56(10):3497-3506.

[10] DE BASABE J,SEN M. New developments in the finite-element method for seismic modeling[J]. The Leading Edge,2009,28(5):562-567.

[11] RESHEF M,KOSLOFF D,EDWARDS M,et al. Three-dimensional acoustic modeling by the Fourier method[J]. Geophysics,1988,53(9):1175-1183.

[12] LIU Y. Globally optimal finite-difference schemes based on least squares[J]. Geophysics,2013,78(4):T113-T132.

［13］胡自多,刘威,雍学善,等.三维波动方程时空域混合网格有限差分数值模拟方法[J].地球物理学报,2021,64(8):2809-2828.

［14］LIU Y,SEN M K. Finite-difference modeling with adaptive variable-length spatial operators[J]. Geophysics,2011,76(4):T79-T89.

［15］严红勇,刘洋.黏弹TTI介质中旋转交错网格高阶有限差分数值模拟[J].地球物理学报,2012,55(4):1354-1365.

［16］胡自多,贺振华,刘威,等.旋转网格和常规网格混合的时空域声波有限差分正演[J].地球物理学报,2016,59(10):3829-3846.

［17］ZHOU H,LIU Y,WANG J. Time-space domain scalar wave modeling by a novel hybrid staggered-grid finite-difference method with high temporal and spatial accuracies[J]. Journal of Computational Physics,2022,455:111004.

［18］HOBRO J,WILLIAMS M,CALVEZ J L. The finite-difference method in microseismic modeling:Fundamentals, implementation, and applications[J]. The Leading Edge,2016,35(4):362-366.

［19］YAN H,LIU Y. Visco-acoustic prestack reverse-time migration based on the time-space domain adaptive high-order finite-difference method[J]. Geophysical Prospecting, 2013,61(5):941-954.

［20］VIRIEUX J,CALANDRA H,PLESSIX R É. A review of the spectral, pseudo-spectral, finite-difference and finite-element modelling techniques for geophysical imaging[J]. Geophysical Prospecting,2011,59(5):794-813.

［21］陈汉明.波动方程数值模拟与粘滞波形反演方法研究[D].北京:中国石油大学(北京),2017.

［22］胡光辉,王立歆,方伍宝.全波形反演方法及应用[M].北京:石油工业出版社,2014.

［23］ALFORD R,KELLY K,BOORE D. Accuracy of finite-difference modeling of the acoustic wave equation[J]. Geophysics,1974,39(6):834-842.

［24］DABLAIN M A. The application of high-order differencing to the scalar wave equation[J]. Geophysics,1986,51(1):54-66.

［25］KELLY K,WARD R,TREITEL S,et al. Synthetic seismograms:a finite-difference approach[J]. Geophysics,1976,41(1):2-27.

［26］KANE Y. Numerical solution of initial boundary value problems involving maxwell's equations in isotropic media[J]. IEEE Transactions on Antennas and Propagation,1966,14(3):302-307.

［27］VIRIEUX J. SH-wave propagation in heterogeneous media:Velocity-stress finite-difference method[J]. Geophysics,1984,49(11):1933-1942.

［28］VIRIEUX J. P-SV wave propagation in heterogeneous media:Velocity-stress finite-difference method[J]. Geophysics,1986,51(4):889-901.

［29］LEVANDER A R. Fourth-order finite-difference P-SV seismograms［J］.

Geophysics,1988,53(11):1425-1436.

[30] FORNBERG B. Classroom note: Calculation of weights in finite difference formulas[J]. SIAM Review,1998,40(3):685-691.

[31] 刘洋,李承楚,牟永光. 任意偶数阶精度有限差分法数值模拟[J]. 石油地球物理勘探,1998,33(1):1-10.

[32] KINDELAN M,KAMEL A,SGUAZZERO P. On the construction and efficiency of staggered numerical differentiators for the wave equation[J]. Geophysics,1990,55(1):107-110.

[33] ZHANG J,YAO Z. Globally optimized finite-difference extrapolator for strongly VTI media[J]. Geophysics,2012,77(4):T125-T35.

[34] CHU C,STOFFA P L. Determination of finite-difference weights using scaled binomial windows[J]. Geophysics,2012,77(3):W17-W26.

[35] LIU Y. Optimal staggered-grid finite-difference schemes based on least-squares for wave equation modelling[J]. Geophysical Journal International,2014,197(2):1033-1047.

[36] LIU Y,SEN M K. Scalar Wave Equation Modeling with Time – Space Domain Dispersion-Relation-Based Staggered-Grid Finite-Difference Schemes[J]. Bulletin of the Seismological Society of America,2011,101(1):141-159.

[37] LIU Y,SEN M K. 3D acoustic wave modelling with time-space domain dispersion-relation-based finite-difference schemes and hybrid absorbing boundary conditions[J]. Exploration Geophysics,2011,42(3):176-189.

[38] YAN H,LIU Y. Acoustic VTI modeling and pre-stack reverse-time migration based on the time – space domain staggered-grid finite-difference method[J]. Journal of Applied Geophysics,2013,90(2013):41-52.

[39] YAN H,LIU Y,ZHANG H. Prestack reverse-time migration with a time-space domain adaptive high-order staggered-grid finite-difference method[J]. Exploration Geophysics,2013,44(2):77-86.

[40] 严红勇,刘洋. 基于时空域自适应高阶有限差分的声波叠前逆时偏移[J]. 地球物理学报,2013,56(3):971-984.

[41] LIU Y,SEN M K. Acoustic VTI modeling with a time-space domain dispersion-relation-based finite-difference scheme[J]. Geophysics,2010,75(3):A11-A17.

[42] REN Z,LIU Y. Acoustic and elastic modeling by optimal time-space-domain staggered-grid finite-difference schemes[J]. Geophysics,2015,80(1):T17-T40.

[43] LIU Y,SEN M K. Time – space domain dispersion-relation-based finite-difference method with arbitrary even-order accuracy for the 2D acoustic wave equation[J]. Journal of Computational Physics,2013,232(1):327-345.

[44] WANG E,LIU Y,SEN M K. Effective finite-difference modelling methods with 2-D acoustic wave equation using a combination of cross and rhombus stencils[J].

Geophysical Journal International,2016,206(3):1933-1958.

[45] 张保庆,周辉,陈汉明,等.基于新的差分结构的时-空域高阶有限差分波动方程数值模拟方法[J].地球物理学报,2016,59(5):1804-1814.

[46] JO C H,SHIN C,SUH J H. An optimal 9-point,finite-difference,frequency-space,2-D scalar wave extrapolator[J]. Geophysics,1996,61(2):529-537.

[47] SHIN C,SOHN H. A frequency-space 2-D scalar wave extrapolator using extended 25-point finite-difference operator[J]. Geophysics,1998,63(1):289-296.

[48] TAN S,HUANG L. An efficient finite-difference method with high-order accuracy in both time and space domains for modelling scalar-wave propagation[J]. Geophysical Journal International,2014,197(2):1250-1267.

[49] TAN S,HUANG L. A staggered-grid finite-difference scheme optimized in the time – space domain for modeling scalar-wave propagation in geophysical problems[J]. Journal of Computational Physics,2014,276(0):613-634.

[50] REN Z,LI Z,LIU Y,et al. Modeling of the Acoustic Wave Equation by Staggered-Grid Finite-Difference Schemes with High-Order Temporal and Spatial Accuracy[J]. Bulletin of the Seismological Society of America,2017,107(5):2160-2182.

[51] REN Z,LI Z C. Temporal high-order staggered-grid finite-difference schemes for elastic wave propagation[J]. Geophysics,2017,82(5):T207-T224.

[52] LIU W,HU Z,YONG X,et al. Wave equation numerical simulation and RTM with mixed Staggered-Grid Finite-Difference schemes[J]. Frontiers in Earth Science,2022,10:238-250.

[53] MOCZO P,KRISTEK J,HALADA L. 3D Fourth-Order Staggered-Grid Finite-Difference Schemes:Stability and Grid Dispersion[J]. Bulletin of the Seismological Society of America,2000,90(3):587-603.

[54] 马德堂,朱光明.弹性波波场 P 波和 S 波分解的数值模拟[J].石油地球物理勘探,2003,38(5):482-486.

[55] 李振春,张华,刘庆敏,等.弹性波交错网格高阶有限差分法波场分离数值模拟[J].石油地球物理勘探,2007,42(05):510-515.

[56] CLAYTON R,ENGQUIST B. Absorbing boundary conditions for acoustic and elastic wave equations[J]. Bulletin of the Seismological Society of America,1977,67(6):1529-1540.

[57] HIGDON R L. Numerical Absorbing Boundary Conditions for the Wave Equation [J]. Mathematics of Computation,1987,49(179):65-90.

[58] HIGDON R L. Absorbing boundary conditions for elastic waves[J]. Geophysics,1991,56(2):231-241.

[59] CERJAN C,KOSLOFF D,KOSLOFF R,et al. A nonreflecting boundary condition for discrete acoustic and elastic wave equations[J]. Geophysics,1985,50(4):705-708.

[60] BORDING R P. Finite difference modeling - nearly optimal sponge boundary conditions[M]. SEG Technical Program Expanded Abstracts,2004.

[61] BERENGER J P. A perfectly matched layer for the absorption of electromagnetic waves[J]. Journal of Computational Physics,1994,114(2):185-200.

[62] COLLINO F,TSOGKA C. Application of the perfectly matched absorbing layer model to the linear elastodynamic problem in anisotropic heterogeneous media [J]. Geophysics,2001,66(1):294-307.

[63] KOMATITSCH D,MARTIN R. An unsplit convolutional perfectly matched layer improved at grazing incidence for the seismic wave equation[J]. Geophysics,2007,72(5): SM155-SM167.

[64] ENGQUIST B,MAJDA A. Radiation boundary conditions for acoustic and elastic wave calculations [J]. Communications on Pure and Applied Mathematics, 1979, 32 (3): 313-357.

[65] CLAERBOUT J F. Imaging the Earth's Interior [M]. California: Geophysics Department Stanford University,1985.

[66] REYNOLDS A C. Boundary conditions for the numerical solution of wave propagation problems[J]. GEOPHYSICS,1978,43(6):1099-1110.

[67] HIGDON R L. Absorbing boundary conditions for difference approximations to the multi-dimensional wave equation [J]. Mathematics of Computation, 1986, 47 (176): 437-459.

[68] LIU Y,SEN M K. A hybrid scheme for absorbing edge reflections in numerical modeling of wave propagation[J]. Geophysics,2010,75(2):A1-A6.

[69] LIU Y,SEN M K. A hybrid absorbing boundary condition for elastic staggered-grid modelling[J]. Geophysical Prospecting,2012,60(6):1114-1132.

[70] SOCHACKI J,KUBICHEK R,GEORGE J,et al. Absorbing boundary conditions and surface waves[J]. Geophysics,1987,52(1):60-71.

[71] LI X,YAO G,NIU F,et al. Waveform inversion of seismic first arrivals acquired on irregular surface[J]. Geophysics,2022,87(3):R291-R304.

[72] LOMBARD B,PIRAUX J. Numerical treatment of two-dimensional interfaces for acoustic and elastic waves[J]. Journal of Computational Physics,2004,195(1):90-116.

[73] BLEIBINHAUS F,RONDENAY S. Effects of surface scattering in full-waveform inversion[J]. Geophysics,2009,74(6):WCC69-WCC77.

[74] HAYASHI K,BURNS D R,TOKSöZ M N. Discontinuous-Grid Finite-Difference Seismic Modeling Including Surface Topography[J]. Bulletin of the Seismological Society of America,2001,91(6):1750-1764.

[75] JASTRAM C,TESSMER E. Elastic modelling on a grid with vertically varying spacing[J]. Geophysical Prospecting,1994,42(4):357-370.

[76] 黄自萍,张铭,吴文青,等.弹性波传播数值模拟的区域分裂法[J].地球物理学报,2004,47(6):1094-1100.

[77] TESSMER E,KOSLOFF D,BEHLE A. Elastic wave propagation simulation in the presence of surface topography[J]. Geophysical Journal International,1992,108(2):621-632.

[78] NIELSEN P,IF F,BERG P,et al. Using the pseudospectral technique on curved grids for 2D acoustic forward modelling[J]. Geophysical Prospecting,1994,42(4):321-341.

[79] CHU W-H. Development of a general finite difference approximation for a general domain part I: Machine transformation[J]. Journal of Computational Physics,1971,8(3):392-408.

[80] TSENG Y-H,FERZIGER J H. A ghost-cell immersed boundary method for flow in complex geometry[J]. Journal of Computational Physics,2003,192(2):593-623.

[81] ZHANG W,CHEN X. Traction image method for irregular free surface boundaries in finite difference seismic wave simulation[J]. Geophysical Journal International,2006,167(1):337-353.

[82] ZHANG W,SHEN Y,ZHAO L. Three-dimensional anisotropic seismic wave modelling in spherical coordinates by a collocated-grid finite-difference method[J]. Geophysical Journal International,2012,188(3):1359-1381.

[83] PESKIN C S. Flow patterns around heart valves:A numerical method[J]. Journal of Computational Physics,1972,10(2):252-271.

[84] GHIAS R,MITTAL R,DONG H. A sharp interface immersed boundary method for compressible viscous flows[J]. Journal of Computational Physics,2007,225(1):528-553.

[85] BERTHELSEN P A,FALTINSEN O M. A local directional ghost cell approach for incompressible viscous flow problems with irregular boundaries[J]. Journal of Computational Physics,2008,227(9):4354-4397.

[86] MITTAL R,DONG H,BOZKURTTAS M,et al. A versatile sharp interface immersed boundary method for incompressible flows with complex boundaries[J]. J. Comput. Phys.,2008,227(10):4825-4852.

[87] ZHAO S. A fourth order finite difference method for waveguides with curved perfectly conducting boundaries[J]. Computer Methods in Applied Mechanics and Engineering,2010,199(41):2655-2662.

[88] ALMUHAIDIB A M,TOKSöZ M N. Finite difference elastic wave modeling with an irregular free surface using ADER scheme[J]. Journal of Geophysics and Engineering,2015,12(3):435-447.

[89] GAO L,BROSSIER R,PAJOT B,et al. An immersed free-surface boundary treatment for seismic wave simulation[J]. geophysics,2015,80(5):T193-T209.

[90] HU W. An improved immersed boundary finite-difference method for seismic wave

propagation modeling with arbitrary surface topography[J]. Geophysics, 2016, 81(6): T311-T322.

[91] 李振春,肖建恩,曲英铭,等. 时间域起伏自由地表正演模拟综述[J]. 地球物理学进展,2016,31(1):300-309.

[92] MUIR F, DELLINGER J, ETGEN J, et al. Modeling elastic fields across irregular boundaries[J]. Geophysics, 1992, 57(9): 1189-1193.

[93] GRAVES R W. Simulating seismic wave propagation in 3D elastic media using staggered-grid finite differences[J]. Bulletin of the Seismological Society of America, 1996, 86(4): 1091-1106.

[94] ZAHRADNíK J í, MOCZO P, HRON F E. Testing four elastic finite-difference schemes for behavior at discontinuities[J]. Bulletin of the Seismological Society of America, 1993, 83(1): 107-129.

[95] OPRŠAL I, ZAHRADNíK J. Elastic finite-difference method for irregular grids[J]. Geophysics, 1999, 64(1): 240-250.

[96] BAYLISS A, JORDAN K E, LEMESURIER B J, et al. A fourth-order accurate finite-difference scheme for the computation of elastic waves[J]. Bulletin of the Seismological Society of America, 1986, 76(4): 1115-1132.

[97] OHMINATO T, CHOUET B A. A free-surface boundary condition for including 3D topography in the finite-difference method[J]. Bulletin of the Seismological Society of America, 1997, 87(2): 494-515.

[98] HICKS G J. Arbitrary source and receiver positioning in finite-difference schemes using Kaiser windowed sinc functions[J]. Geophysics, 2002, 67(1): 156-165.

[99] YAO G, DA SILVA N V, DEBENS H A, et al. Accurate seabed modeling using finite difference methods[J]. Computational Geosciences, 2018, 22(2): 469-484.

[100] GRAY S H, MARFURT K J. Migration from topography: Improving the near-surface image[M]//Canadian Journal of Exploration Geophysics, 1995.

[101] LI X, YAO G, NIU F, et al. An immersed boundary method with iterative symmetric interpolation for irregular surface topography in seismic wavefield modelling[J]. Journal of Geophysics and Engineering, 2020, 17(4): 643-660.

[102] CHATTOPADHYAY S, MCMECHAN G. Imaging conditions for prestack reverse-time migration[J]. Geophysics, 2008, 73(3): S81-S89.

[103] 何兵寿,张会星,魏修成,等. 双程声波方程叠前逆时深度偏移的成像条件[J]. 石油地球物理勘探, 2010, 45(2): 237-243.

[104] CHANG W, MCMECHAN G. Reverse-time migration of offset vertical seismic profiling data using the excitation-time imaging condition[J]. Geophysics, 1986, 51(1): 67-84.

[105] LOEWENTHAL D, HU L Z. Two methods for computing the imaging condition

for common-shot prestack migration[J]. 1991,56(3):378-381.

[106] 薛东川. 几种叠前逆时偏移成像条件的比较[J]. 石油地球物理勘探,2013,48(02):157-158,222-227,332,157-158.

[107] CLAERBOUT J F. Toward a unified theory of reflector mapping[J]. Geophysics,1971,36(3):467-481.

[108] 王保利,高静怀,陈文超,等. 地震叠前逆时偏移的有效边界存储策略[J]. 地球物理学报,2012,55(7):2412-2421.

[109] CLAPP R G. Reverse time migration：Saving the boundaries[C]//Reverse time migration:Boundaries,2009.

[110] SYMES W. Reverse time migration with optimal checkpointing[J]. Geophysics,2007,72(5):SM213-SM221.

[111] CLAPP R G. Reverse time migration with random boundaries[M]. SEG Technical Program Expanded Abstracts 2009. 2009:2809-2813.

[112] BAYSAL E,KOSLOFF D D,SHERWOOD J W C. A two-way nonreflecting wave equation[J]. Geophysics,1984,49(2):132-141.

[113] LOEWENTHAL D,STOFFA P L,FARIA E L. Suppressing the unwanted reflections of the full wave equation[J]. Geophysics,1987,52(7):1007-1012.

[114] LIU F,ZHANG G,MORTON S,et al. An effective imaging condition for reverse-time migration using wavefield decomposition[J]. Geophysics,2011,76(1):S29-S39.

[115] YOON K,MARFURT K. Reverse-time migration using the Poynting vector[J]. Exploration Geophysics,2006,37(1):102-107.

[116] 刘红伟,刘洪,邹振,等. 地震叠前逆时偏移中的去噪与存储[J]. 地球物理学报,2010,53(9):2171-2180.

[117] 杜启振,朱钇同,张明强,等. 叠前逆时深度偏移低频噪声压制策略研究[J]. 地球物理学报,2013,56(7):2391-2401.